高等院校课程思政系列教材

大学计算机信息技术教程

主　编　李　娟　　沈维燕
副主编　朱丽丽　　陈月霞　　邹凌君
　　　　古秋婷　　郭海凤　　范小春
　　　　陈爱萍　　仓基云　　徐永华

南京大学出版社

图书在版编目(CIP)数据

大学计算机信息技术教程 / 李娟,沈维燕主编. —
南京 : 南京大学出版社,2023.1
ISBN 978 - 7 - 305 - 26462 - 7

Ⅰ. ①大… Ⅱ. ①李… ②沈… Ⅲ. ①电子计算机—
高等学校—教材 Ⅳ. ①TP3

中国国家版本馆 CIP 数据核字(2023)第 003515 号

本书的出版得到了以下项目的资助:
◆ 2018—2019 年江苏省高校在线开放课程:《大学计算机信息技术》
◆ 校"课程思政"教学工作坊:计算机工程学院教学工作坊
◆ 校"思政优秀教学团队":计算机基础教学团队

出版发行　南京大学出版社
社　　址　南京市汉口路 22 号　　　邮　　编　210093
出 版 人　金鑫荣
书　　名　大学计算机信息技术教程
主　编　李　娟　沈维燕
责任编辑　王秉华　　　　　　　编辑热线　025 - 83595860
照　　排　南京开卷文化传媒有限公司
印　　刷　丹阳兴华印务有限公司
开　　本　787 mm×1092 mm　1/16　印张 21　字数 529 千
版　　次　2023 年 1 月第 1 版　2023 年 1 月第 1 次印刷
ISBN　978 - 7 - 305 - 26462 - 7
定　　价　56.00 元

网　　址:http://www.njupco.com
官方微博:http://weibo.com/njupco
微信服务号:NJUyuexue
销售咨询热线:(025)83594756

前　言

　　《大学计算机信息技术教程》的编写宗旨是为高等院校学生提供计算机基础知识,培养学生利用计算机解决问题的能力与素质,为将来应用计算机知识与技术解决自己专业实际问题打下基础。我们邀请长期从事计算机基础教学的专家进行指导,组织长期从事计算机基础教学的教师进行编写。

　　本书按照高等学校大学生培养目标,围绕2022年版全国计算机等级考试一级(MS OFFICE)和二级公共基础知识考试大纲要求编写。全书共七章,分别为计算机基础知识、计算机系统、因特网基础与简单应用、数据结构与算法、程序设计基础、软件工程基础和数据库设计基础。每章附有习题和参考答案,帮助学生自我检测各章节掌握情况。本书作为大学计算机信息技术课程的教材,帮助学生将所学的知识点进行串联,从而更系统地掌握计算机信息技术基础知识。本书还可以作为全国计算机等级考试辅导用书,适合于一级 MS OFFICE 和二级公共基础知识的辅导用书,希望能够帮助同学们在全国计算机等级考试中取得优异的成绩。

　　本书由李娟、沈维燕策划主编,第一章到第七章的内容分别由沈维燕、朱丽丽、陈月霞、邹凌君、古秋婷、郭海凤、范小春、陈爱萍、仓基云负责收集整理,最后由沈维燕、李娟统稿、审核。在我院领导陈冠亚、徐永华的督促、指导下,以及南大出版社的单宁老师帮助下完稿。在编写过程中,也得到了本校从事大学计算机信息技术课程教学的老师们大力支持和帮助,他们提出了许多宝贵的修改意见和合理化建议,在此一并表示感谢。

　　由于作者水平有限,本书中难免有不妥和错误之处,欢迎广大读者批评指正。

编　者

2023 年 1 月

目　录

第一章　计算机基础知识 ……………………………………………………… 1

  1.1　计算机的发展 …………………………………………………………… 1

  1.2　信息的表示与存储 ……………………………………………………… 37

  1.3　多媒体技术简介 ………………………………………………………… 48

  1.4　计算机病毒及其防治 …………………………………………………… 64

  1.5　小　结 …………………………………………………………………… 68

  1.6　课程思政 ………………………………………………………………… 69

  1.7　习　题 …………………………………………………………………… 74

第二章　计算机系统 …………………………………………………………… 76

  2.1　计算机的硬件系统 ……………………………………………………… 76

  2.2　计算机的软件系统 ……………………………………………………… 91

  2.3　操作系统 ………………………………………………………………… 96

  2.4　小　结 …………………………………………………………………… 122

  2.5　课程思政 ………………………………………………………………… 122

  2.6　习　题 …………………………………………………………………… 126

第三章　因特网基础与简单应用 …………………………………………… 128

  3.1　计算机网络基本概念 …………………………………………………… 128

  3.2　因特网基础 ……………………………………………………………… 134

  3.3　使用简单的因特网应用 ………………………………………………… 140

  3.4　小　结 …………………………………………………………………… 159

  3.5　课程思政 ………………………………………………………………… 160

  3.6　习　题 …………………………………………………………………… 163

第四章　数据结构与算法 …………………………………………………… 165

  4.1　算法 ……………………………………………………………………… 165

  4.2　数据结构的基本概念 …………………………………………………… 171

  4.3　线性表及其顺序存储结构 ……………………………………………… 179

  4.4　栈和队列 ………………………………………………………………… 184

  4.5　线性链表 ………………………………………………………………… 188

  4.6　树与二叉树 ……………………………………………………………… 196

  4.7　查找技术 ………………………………………………………………… 206

　　4.8　排序技术 ·· 207
　　4.9　课程思政 ·· 213
　　4.10　习　题 ·· 217

第五章　程序设计基础 ·· 220
　　5.1　程序设计方法与风格 ·· 220
　　5.2　结构化程序设计 ·· 221
　　5.3　面向对象的程序设计 ·· 224
　　5.4　课程思政 ·· 231
　　5.5　习　题 ·· 233

第六章　软件工程基础 ·· 234
　　6.1　软件工程的基本概念 ·· 234
　　6.2　结构化分析方法 ·· 241
　　6.3　结构化设计方法 ·· 248
　　6.4　程序编码 ·· 261
　　6.5　软件测试 ·· 262
　　6.6　软件调试 ·· 269
　　6.7　软件维护 ·· 272
　　6.8　软件工程所面临的主要问题 ···································· 273
　　6.9　课程思政 ·· 273
　　6.10　习　题 ·· 278

第七章　数据库设计基础 ·· 280
　　7.1　数据库系统的基本概念 ·· 280
　　7.2　数据模型 ·· 287
　　7.3　关系代数 ·· 295
　　7.4　数据库设计与管理 ·· 301
　　7.5　课程思政 ·· 309
　　7.6　习　题 ·· 313

附　录 ·· 316
　　附录1　全国计算机等级考试一级计算机基础及 MS Office 应用考试大纲(2022 年版)
　　　　　 ··· 316
　　附录2　全国计算机等级考试一级计算机基础及 MS Office 试题样例 ·········· 319
　　附录3　全国计算机等级考试二级公共基础知识考试大纲(2022 年版)·········· 323
　　附录4　全国计算机等级考试二级公共基础知识样题及参考答案样题 ············ 325

习题参考答案 ·· 327

第一章 计算机基础知识

计算机算是人类历史上伟大的发明之一,虽说迄今为止只有将近70年的历程,但在人类科学发展的历史上,还没有哪门学科像计算机科学这样发展得如此迅速,并对人类的生活、生产、学习和工作产生如此巨大的影响。

计算机是一门科学,也是一种自动、告诉、精确地对信息进行存储、传送与加工处理的电子工具。掌握以计算机为核心的信息技术的基础知识和应用能力,是信息社会中必备的基本素质。本章从计算机的基础知识讲起,为进一步学习和使用计算计算机打下必要的基础。通过本章的学习,应掌握以下内容。

1. 计算机的发展简史、特点、分类及其应用领域。
2. 计算机中数据、字符和汉字的编码。
3. 多媒体技术的基本知识。
4. 计算机病毒的概念和防治。

1.1 计算机的发展

在人类文明发展的历史长河中,计算机工具经历了从简单到复杂、从低级到高级的发展过程。如绳结、算筹、算盘、计算尺、手摇机械计算机、电动机械计算机、电子计算机等,它们在不同的历史时期发挥了各自的作用,而且也孕育了电子计算机的设计思想和雏形。本节介绍计算机的发展历程、特点、应用、分类和发展趋势。

1.1.1 电子计算机简介

第二次世界大战爆发带来了强大的计算需求。宾夕法尼亚大学电子工程系的教授莫克利和他的研究生埃克特计划采用真空管建造一台通用电子计算机,帮助军方计算弹道轨迹。1943年,这个计划被军方采纳,莫克利和艾克特开始研制电子数字积分计算机(Electronic Numerical And Calculator, ENIAC),并于1946年研制成功。ENIAC如图1.1所示。

图 1.1 第一台电子数字计算机 ENIAC

ENIAC 的主要元件是电子管,每秒钟能完成 5 000 次加法运算,300 多次乘法运算,比当时最快的计算工具快了 300 倍。该机器使用了 1 500 个继电器、18 800 个电子管,占地 170 平方米,重达 30 多吨,耗电 150 千瓦,耗资 40 万美元,真可谓"庞然大物"。用 ENIAC 计算题目时,首先要根据题目的计算步骤预先编号一条条指令,再按指令连接好外部线路,然后启动它自动运行并输出结果。当要计算另一个题目时,必须重复进行上述工作,所以只有少数专家才能使用。尽管这是 ENIAC 的明显弱点,但它使过去要借助机械分析机用 7 到 20 小时才能计算一条弹道的工作时间缩短到 30 秒,使科学家们从奴隶般的计算中解放出来。至今人们仍然公认,ENIAC 的问世标志了计算机时代的到来,它的出现具有划时代的伟大意义。

ENIC 被广泛认为是世界上第一台现代意义上的计算机,美国人也一直为这一点而骄傲。不过直到现在,英国人仍然认为,由著名的应该数学家图灵帮助设计的,于 1943 年投入使用的一台帮助英国政府破译截获密电的电子计算机 COLOSSUS 才是世界上的第一台电子计算机。英国人认为,之所以 COLOSSUS 没有获得"世界第一"的殊荣,是因为英国政府将它作为军事机密,多年来一直守口如瓶的缘故。究竟谁是"世界第一"对于我们并不重要,重要的是他们卓越的研究改变了这个世界。

ENIAC 证明电子真空管技术可以大大提高计算速度,但 ENIAC 本身存在两大缺点:一是没有存储器;二是用布线接板进行控制,电路连线烦琐耗时,要花几个小时甚至几天时间,在很大程度上抵消了 ENIAC 的计算速度。为此,莫克利和埃克特不久后开始研制新的机型——电子离散变量自动计算机(Electronic Discrete Variable Automatic Computer,EDVAC)。几乎与此同时,ENIAC 项目组的一个研究人员冯·诺依曼来到了普林斯顿高级研究院(Institute for Advanced Study, IAS),开始研制他自己的 EDVAC,即 IAS(是当时最快的计算机)。这位美籍匈牙利数学家归纳了 EDVAC 的主要特点如下:

(1) 计算机的程序和程序运行所需要的数据以二进制形式存放在计算机的存储器中。

(2) 程序和数据存放在存储器中,即程序存储的概念。计算机执行程序时,无须人工干预,能自动、连续的执行程序,并得到预期的结果,即存储程序控制原理。

根据冯·诺依曼的原理和思想,决定了计算机必须有输入、存储、运算、控制和输出五个组成部分。

IAS 计算机对 EDVAC 进行了重大的改进,成为现代计算机的基本雏形。今天计算机的基本结构仍采用冯·诺依曼的原理和思想,所以人们称符合这种设计的计算机为冯·诺依曼机,冯·诺依曼也被誉为"现代电子计算机之父"。

从第一台电子计算机诞生至今的近 70 年中,计算机技术以前所未有的速度迅猛发展。一般根据计算机所采用的物理器件,将计算机的发展分为如下几个阶段,如表 1.1 所示。

表 1.1　计算机发展的四个阶段

年代 部件	第一阶段 (1946—1959)	第二阶段 (1959—1964)	第三阶段 (1964—1972)	第四阶段 (1972 至今)
主机电子器件	电子管	晶体管	中小规模集成电路	大规模、超大规模集成电路
内存	汞延迟线	磁芯存储器	半导体存储器	半导体存储器
外存储器	穿孔卡片、纸带	磁带	磁带、磁盘	磁盘、磁带、光盘等大容量存储器
处理速度 (每秒指令数)	几千条	几万至几十万条	几十万至几百万条	上千亿至万亿条

第一代计算机是电子管计算机(1946—1958 年),硬件方面,逻辑元件采用的是真空电子管,主存储器采用汞延迟线电子管数字计算机、阴极射线示波管静电存储器、磁鼓、磁芯;外存储器采用的是磁带。软件方面采用的是机器语言、汇编语言。特点是体积庞大、功耗高、可靠性差、速度慢(一般为每秒几千次至几万次)、成本高、内存容量小,主要用于军事和科学研究工作。UNIVAC-I(UNIVersal Automatic Computer,通用自动计算机)是第一代计算机的代表。第一台产品于 1951 年交付美国人口统计局使用。它的交付使用标志着计算机从实验室进入了市场,从军事应用领域转入了数据处理领域。

第二代晶体管计算机(1958—1964 年)采用晶体管作为基本物理器件。与第一代计算机相比,晶体管计算机体积小、成本低、功能强、可靠性高。与此同时,计算机软件也有了较大的发展,出现了监控程序并发展成为后来的操作系统,高级程序设计语言 Basic、FORTRAN 和 COBOL 的推出使编写程序的工作变得更为方便并实现了程序兼容,同时使计算机工作的效率大大提高。除了科学计算机外,计算机还用于数据处理和事务处理。IBM-7000 系列机是第二代计算机的代表。

第三代计算机的主要元件是小规模集成电路(Small Scale Integrated circuits,SSI)和中规模集成电路(Medium Scale Integrated circuits,MSI)(1964—1970 年)。所谓集成电路(Integrated Circuit,简称 IC)是用特殊的工艺将完整的电子线路制作在一个半导体硅片上形成的电路。与晶体管计算机相比,集成电路计算机的体积、重量、功耗都进一步减小,运算速度、逻辑运算功能和可靠性都进一步提高。硬件方面,逻辑元件采用中、小规模集成电路(MSI、SSI),主存储器仍采用磁芯。软件方面,操作系统进一步完善,高级语言种类增多,提出了结构化、模块化的程序设计思想,出现了结构化的程序设计语言 Pascal,出现了并行处理、多处理机、虚拟存储系统以及面向用户的应用软件。计算机的可靠性和存储容量进一步提高,外部设备种类繁多,使计算机和通信技术密切结合起来,广泛地应用到科学计算、数据处理、事务管理、工业控制等领域。这一时期的计算机同时向标准化、多样化、通用化、机种系列化方向发展。IBM-360 系列是最早采用集成电路的通用计算机,也是影响最大的第三代计算机。

第四代计算机的特征是采用大规模集成电路(Large Scale Integrated circuits,LSI)和超大规模集成电路(Very Large Scale Integrated circuits,VLSI)(1970 年至今)。计算机重量和耗电量进一步减少,计算机性能价格比基本上以每 18 个月翻一番的速度上升,符合著名的摩尔定律。操作系统向虚拟操作系统发展,各种应用软件产品丰富多彩,大大扩展了计算机的应用领域。IBM4300 系列、3080 系列、3090 系列和 9000 系列是这一时期的主流产品。

随着集成度更高的特大规模集成电路(Super Large Scale Integrated circuits，SLSI)技术的出现,使计算机朝着微型化和巨型化两个方向发展。尤其是微处理器的发明使计算机在外观、处理能力、价格以及实用性等方面发生了深刻的变化。20 世纪 70 年代后期出现的微型计算机体积小、重量轻、性能高、功耗低、价格便宜,使得计算机异军突起,以迅猛的态势渗透到工业、教育、生活等各个领域。

由于集成技术的发展,半导体芯片的集成度更高,每块芯片可容纳数万乃至数百万个晶体管,并且可以把运算器和控制器都集中在一个芯片上、从而出现了微处理器,并且可以用微处理器和大规模、超大规模集成电路组装成微型计算机,就是人们常说的微电脑或 PC 机。微型计算机体积小,价格便宜,使用方便,但它的功能和运算速度已经达到甚至超过了过去的大型计算机。另一方面,利用大规模、超大规模集成电路制造的各种逻辑芯片,已经制成了体积并不很大,但运算速度可达一亿甚至几十亿次的巨型计算机。

我国在 1956 年,由周恩来总理亲自提议、主持、制定我国《十二年科学技术发展规划》,选定了"计算机、电子学、半导体、自动化"作为"发展规划"的四项内容,并制定了计算机科研、生产、教育发展计划。我国由此开始了计算机研制的起步。

1958 年研制出第一台电子计算机;

1965 年研制出第二代晶体管计算机;

1974 年研制出第三代集成电路计算机;

1977 年研制出第一台微机 DJS-050;

1983 年研制成功"银河-Ⅰ"超级计算机,运行速度超过 1 亿次/秒;

2001 年成功制造出首枚高性能通用 CPU——龙芯一号;

2003 年 12 月,我国自主研发出百万亿次曙光 4 000 L 超级服务器;

2009 年,国防科大研制出"天河一号",其峰值运算速度达到千万亿次/秒;

2013 年,国防科大研制出"天河二号",其峰值运算速度达到亿亿次/秒,成为第 41 届世界超级计算机 500 强中第一名;

2016 年 6 月,由国家并行计算机工程技术研究中心研制的"神威·太湖之光"称为世界上第一台突破 10 亿亿次/秒的超级计算机,创造了速度、持续性、功耗比三项指标世界第一,至此中国已连续 4 年占据全球超算排行榜的最高席位。2017 年再次斩获世界超级计算机排名榜单 TOP500 第一名。到 2020 年 6 月,全球超级计算机 TOP500 榜单公布,神威·太湖之光排名第四。

1.1.2　计算机的特点、应用和分类

计算机能够按照程序确定的步骤,对输入的数据进行加工处理、存储或传送,以获得期望的输出信息,从而利用这些信息来提高工作效率和社会生产率以及改善人们的生活质量。计算机之所以具有如此强大的功能,能够应用于各个领域,这是有它的特点决定的。

1. 计算机的特点

计算机主要具有以下一些特点。

1) 高速、精确的运算能力

目前世界上已经有超过每秒 10 亿亿次运算速度的计算机。2016 年 6 月公布的全球超

级计算机 500 强排名显示,我国的"神威·太湖之光"以最快的速度排名世界第一,其实测运算速度最快可以达到每秒 12.54 亿亿次,是排名第二的"天河二号"超级计算机速度的 2.28 倍。

2)准确的逻辑判断能力

计算机能够进行逻辑处理,也就是说它能够"思考"。这是计算机科学界一直为之努力实现的,虽然它现在的"思考"只局限在某一个专门的方面,还不具备人类思考的能力,但在信息查询等方面,已能够根据要求进行匹配检索,这已经是计算机的一个常规应用。

3)强大的存储能力

计算机能储存大量数字、文字、图像、视频、声音等各种信息,"记忆力"大得惊人,如它可以轻易地"记住"一个大型图书馆的所有资料。计算机强大的储存能力不但表现在容量大,还表现在"长久"。对于需要长期保存的数据和资料,无论是以文字形式还是以图像的形式,计算机都可以长期保存。

4)自动功能

计算机可以将预先编好的一组指令(称为程序)先"记"下来,然后自动地逐条取出这些指令并执行,工作过程完全自动化,不需要人的干预,而且可以反复进行。

5)网络与通信功能

计算机技术发展到今天,不仅可将一个个城市的计算机连成一个网络,而且能将一个个国家的计算机连在一个计算机网上。目前最大、应用范围最广的"国际互联网"(Internet)连接了全世界 200 多个国家和地区数亿台的各种计算机。在网上的所有计算机用户可共享网上资料、交流信息、互相学习,将世界变成地球村。

计算机网络功能的重要意义是:他改变了人类交流的方式和信息获取的途径。

2. 计算机的应用

计算机问世之初,主要用于数值计算,"计算机"也因此而得名。而今的计算机几乎和所有学科相结合,在经济社会各方面起着越来越重要的作用。我国的计算机工业虽然起步较晚,但在改革开放后取得了很大的发展,缩短了与世界的距离。现在,计算机网路在交通、金融、企业管理、教育、邮电、商业等各个领域得到了广泛的应用。

1)科学计算

科学计算主要是使用计算机进行数学方法的实现和应用。今天,计算机"计算"能力的提高推进了许多科学研究的进展,如著名的人类基因序列分析计划、人造卫星的轨道测算等。国家气象中心使用计算机,不但能够快速及时地对气象卫星云图数据进行处理,而且可以根据对大量历史气象数据的计算进行天气预测。在网络应用越来越深入的今天,"云计算"也将发挥越来越重要的作用。所以,这些在没有使用计算机之前是根本不可能实现的。

2)数据/信息处理

数据/信息处理也称为非数值计算。随着计算机科学技术的发展,计算机的数据不仅包括"数",而且包括更多的其他数据形式,如文字、图像、声音等。计算机在文字处理方面已经改变了纸和笔的传统应用,它所产生的数据不但可以被存储、打印,还可以进行编辑、复制等。这是目前计算机应用最多的一个领域。

当今社会已从工业社会进入信息社会,信息已经成为赢得竞争的重要资源。计算机也广泛应用于政府机关、企业、商业、服务业等行业中,利用计算机进行数据、信息处理不仅能使人们从繁重的事务性工作中解脱出来,去做更多创造性的工作,而且能够满足信息利用与分析的高频度、及时的、复杂性要求,从而使得人们能够通过以获取的信息去生产更多更有价值的信息。

3) 过程控制

过程控制是指利用计算机对生产过程、制造过程或运行过程进行检测与控制,即通过实时监控目标对象的状态,及时调整被控对象,使被控对象能够正确地完成生产、制造或运行。

过程控制广泛应用在各种工业环境中,这不只是控制手段的改变,而且拥有众多优点。第一,能够替代人在危险、有害的环境中作业。第二,能在保证同样质量的前提下连续作业,不受疲劳、情感等因素的影响。第三,能够完成人所不能完成的有高精度、高速度、时间性、空间性等要求的操作。

4) 计算机辅助

计算机辅助是计算机应用的一个非常广泛的领域。几乎所有过去由人进行的具有设计性质的过程都可以让计算机帮助实现部分或全部工作。计算机辅助(或称为计算机辅助工程)主要有:计算机辅助设计(Computer Aided Design,CAD)、计算机辅助制造(Computer Aided Manufacturing,CAM)、计算机辅助教育(Computer-Assisted(Aided) Instruction,CAI)、计算机辅助技术(Computer Aided Technology /Test/Translation/Typesetting,CAT)、计算机仿真模拟(Simulation)等。

计算机模拟和仿真是计算机辅助的重要方面。在计算机中起着重要作用的集成电路,如今他的设计、测试之复杂是人工难以完成的,只有计算机才能做到。再如,核爆炸和地震灾害的模拟,都可以通过计算机来实现,它能够帮助科学家进一步认识被模拟对象的特征。对一般应用,如设计一个电路,使用计算机模拟就不需要电源、示波器、万用表等工具进行传统的预实验,只需要把电路图和使用的元器件通过软件输入到计算机中,就可以得到所需的结果,并可以根据这个结果修改设计。

5) 网络通信

计算机技术和数字通信技术发展并相融合产生计算机网络。通过计算机网络,把多个独立的计算机系统联系在一起,把不同地域、不同国家、不同行业、不组织的人们联系在一起,缩短了人们之间的距离,改变了人们的生活和工作方式。通过网络,人们坐在家里通过计算机便可以预订机票、车票,可以购物,从而改变了传统服务业、商业单一的经营方式。通过网络,人们还可以用与远在异国他乡的亲人、朋友实时的传递消息。

6) 人工智能

人工智能(Artificial Intelligence,AI)是用计算机模拟人类的某些智力活动。利用计算机可以进行图像和物体的识别,模拟人类的学习过程和探索过程。人工智能研究期望赋予计算机以更多人的只能,如机器翻译、智能机器人等,都是利用计算机模拟人类的智力活动。人工智能是计算机科学发展以来一直处于前沿的研究领域,其主要研究内容包括自然语言理解、专家系统、机器人以及定理自动证明等。目前,人工智能已应用于机器人、医疗诊断、故障诊断、计算机辅助教育、案件侦破、经营管理等诸多方面。

7) 多媒体应用

多媒体是包括文本(Text)、图形(Graphics)、图像(Image)、音频(Audio)、视频(Video)、动画(Animation)等多种信息类型的综合。多媒体技术是指人和计算机交互的进行上述多种媒介信息的捕捉、传输、转换、编辑、存储、管理，并由计算机综合处理成表格、文字、图形、动画、音频、视频等视听信息有机结合的表现形式。多媒体技术拓宽了计算机的应用领域，使计算机广泛应用于商业、服务业、教育、广告宣传、文化娱乐、家庭等方面。同时，多媒体技术与人工智能技术的有机结合还促进了虚拟现实（Virtual Reality）、虚拟制造（Virtual Manufacturing）技术的发展，使人们可以在计算机迷你的环境中，感受真实的场景，通过计算机仿真制造零件和产品，感受产品各方面的功能与性能。

8）嵌入式系统

并不是所有计算机都是通用的。有许多特殊的计算机用于不同的设备中，包括大量的消费电子产品和工业制造系统，都是把处理器芯片嵌入其中，完成特定的处理任务。这些系统称为嵌入式系统。如数码相机、数码摄像机以及高档电动玩具等都使用了不同功能的处理器。

3. 计算机的分类

随着计算机技术和应用的发展，计算机的家族庞大，种类繁多，可以按照不同的方法对其进行分类。

按计算机处理数据的类型可以分为模拟计算机、数字计算机、数字和模拟计算机。模拟计算机的主要特点是：参与运算的数值由不间断的连续量表示，其运算过程是连续的。模拟计算机由于受元器件质量影响，其计算精度较低，应用范围较窄，目前已很少生产。数字计算机的主要特点是：参与运算的数值用离散的数字量表示，其运算过程按数字位进行计算。数字计算机由于具有逻辑判断等功能，是近似人类大脑的"思维"方式进行工作，所以又被称为"电脑"。

按计算机的用途可分为通用计算机和专用计算机。通用计算机能解决多种类型的问题，通用性强，如 PC（Personal Computer，个人计算机）；专业计算机则配备有解决特定问题的软件和硬件，能够高速、可靠地解决特定问题，如在导弹和火箭上使用的计算机大部分都是专业计算机。

按计算机的性能、规模和处理能力，如体积、字长、运算速度、存储容量、外部设备和软件配置等，可将计算机分为巨型机、大型通用机、微型计算机、工作站、服务器等。

1）巨型机

巨型机是指速度快、处理能力最强的计算机，现在称其为高性能计算机。目前，IBM 公司的"红杉"超级计算机是世界上运算速度最快的高性能计算机。高性能计算机数量不多，但有着重要和特殊的途径。运用这些超级计算机之后，复杂计算得以实现。在军事上，可用于战略防御系统、大型预警系统、航天测控系统。在民用方面，可用于大区域中长期天气预报、大面积物探信息处理系统、大型科学计算和模拟系统等。

中国的巨型机事业的开拓者之一、2002 年国家最高科学技术奖获得者金怡濂院士在 20 世纪 90 年代初提出了一个我国超大规模巨型计算机研制的全新的、跨越式的方案，这一方案把我国巨型机的峰值运算速度从每秒 10 亿次提升到每秒 3 000 亿次上，跨越了两个数量级，闯出了一条中国巨型机赶超世界先进水平的发展道路。

2）大型通用机

大型通用机是对一类计算机的习惯称呼，其特点是通用性强，具有较高的运算速度、极强的处理能力和极大的性能覆盖，运算速度为一百万次至几千万次，主要应用在科研、商业和管理部门。通常人们称大型机为"企业级"计算机，其通用性强，但价格比较贵。

大型机系统可以是单处理机、多处理机或多个子系统的复合体。

在信息化社会里,随着信息资源的剧增,带来了信息通信、控制和管理等一系列问题,而这正是大型机的特长。未来将赋予大型机更多的使命,它将覆盖"企业"所有的应用领域,如大型事务处理、企业内部的信息管理与安全保护、大型科学与工程计算等。

3) 微型计算机

在第四代计算机中,微型计算机的发展是最迅猛的,以微处理器为中央处理单元而组成的计算机成为个人计算机(PC),PC 的出现使计算机真正面向了个人。由于微型计算机具有体积小、性价比高的优势,它使计算机进入人们生活的方方面面,成为大众化的信息处理工具,进而引发计算机网络的蓬勃发展。

微型计算机是微电子技术飞速发展的产物。微型计算机的发展最早追溯到第一代微处理器芯片 Intel 4004。1974 年 12 月,美国人爱德华·罗伯茨利用 Intel 8080 组装了一台很小的计算机,命名为牛郎星(Altair)。人们普遍认为,这就是世界上第一台用微处理器装配的微型计算机。1976 年,美国硅谷"家酿计算机俱乐部"的两位青年,史蒂夫·乔布斯(Steve Jobs)和斯蒂夫·沃兹尼亚克(Stephen Wozniak),在汽车库里用较便宜的 6502 微处理器装配了一台计算机,有 8 KB 存储器,能显示高分辨率图形。为了纪念乔布斯当年在苹果园打工的历史,这台计算机被命名为"苹果 I"(Apple I),这是第一次应客户要求成批生产的真正的微型计算机产品,为领导时代潮流的个人计算机的发展铺平了道路。

自 IBM 公司于 1981 年采用 Intel 的微处理器推出 IBM PC 以来,微型计算机因其小、巧、轻、使用方便、价格便宜等优点在过去 30 年里得到了迅速的发展,成为计算机的主流。自此,人类社会从此跨入了个人计算机的新纪元。此后,IBM PC 历经了 PC/XT、IBM - PC/AT、386、486、586(奔腾机)的发展,至今,绝大多数人使用的微型计算机仍是 IBM PC 系列。微型计算机技术在近 10 年内发展速度迅猛,平均每 2 年芯片的集成度可提高一倍,性能提高一倍,价格降低一半。今天,微型计算机涉及的应用已经遍及社会各个领域:从工厂生产控制到政府的办公自动化,从商店数据处理到家庭的信息管理,几乎无处不在。

随着社会信息化进程的加快,强大的计算机性能对每一个用户必不可少,移动办公必将成为一种重要的办公方式。因此,一种可随身携带的"便携机"应运而生,笔记本电脑就是其中的典型产品之一,它适用于移动和外出使用的特长深受人们的欢迎。

PC 机的出现使得计算机真正面向个人,真正成为大众化的信息处理工具。现在,人们手持一部"便携机",便可同过网络随时随地与世界上任何一个地方实现信息交流与通信。原来保存在桌面和书柜里的部分信息将存入随身携带的电脑里。人走到哪里,以个人机(特别是便携机)为核心的移动信息系统就跟到哪里,人类想着信息化的自由王国又迈进了一大步。

如果以公元 2000 年作为科技史的一个分水岭,那么公元 2000 年之前可以称为"PC"时代;而公元 2000 年之后则可以称为"后 PC"(Post-Personal Computer)时代。

简单地说,后 PC 时代是指将计算机、通信和消费产品的技术结合起来,以网络应用为主,各种电子设备具备上网功能。后 PC 时代的网络通信的两大特色为"无限"和"无线"。"无限"指的是上网的工具与应用将无所限制,"无线"则指的是人们将慢慢远离有线传输。

在后 PC 时代,网络在人们的生活中扮演着重要角色。网络使用者不仅可以通过个人计算机上网,而且可以通过数字机顶盒(Set Top Box, STB)、掌上电脑、移动电话等电子产品上网,这是个人计算机功能被取代的例证之。用无线传输的方式,人们无论走到哪里,都可上网并传输资料。

如今,对于网络产品和专用设备,如用户边缘设备(Customer Edge,CE)、手持计算机、网络计算机、专用计算机等,其易用性和可靠性深得用户的好评,不仅适合处理文档、玩游戏、浏览或收发电子邮件,也适合商务活动的要求。尽管它们属于 PC 普及之后产生的产品,但这也可以看出"后 PC 时代"不是 PC 消亡的时代,而是包括 PC 在内的信息技术多元化的时代。

目前流行的苹果公司生产的电子产品如图 1.2 所示。

图 1.2　苹果电子产品

根据微型计算机是否由最终用户使用,微型计算机又可分为独立式微机(即人们日常使用的微机)和嵌入式微机(或称嵌入式系统)。嵌入式微机作为一个信息处理部件安装在应用设备里,最终用户不直接使用计算机,使用的是该应用设备,例如包含有微机的医疗设备及电冰箱、洗衣机、微波炉等家用电器等。嵌入式微机一般是单片机或单板机。

单片机是将中央处理器、存储器和输入输出接口采用超大规模集成电路技术集成到一块硅芯片上。单片机本身的集成度相当高,所以 ROM、RAM 容量有限,接口电路也不多,适用于小系统中。单板机就是在一块电路板上把 CPU、一定容量的 ROM/RAM 以及 I/O 接口电路等大规模集成电路芯片组装在一起而成的微机,并配备有简单外设如键盘和显示器,通常电路板上固化有 ROM 或者 EPROM 的小规模监控程序。

微型计算机的结构有:单片机、单板机、多芯片机和多板机。

4）工作站

工作站是一种高档的微型计算机,比微型机有更大的储存容量和更快的运算速度,通常配有高分辨率的大屏幕显示器及容量很大的内部存储器和外部存储器,具有较强的信息、图形、图像处理功能以及联网功能。工作站主要用于图像处理和计算机辅助设计等领域,具有很强的图形交互与处理能力,因此在工程领域,特别是在计算机辅助设计领域得到了广泛的应用,无怪乎人们称工作站是专为工程师设计的计算机。工作站一般采用开放式系统结构,即将机器的软、硬件接口公开,并尽量遵守国际工业界的流行标准,以鼓励其他厂商和用户围绕工作站开发软、硬件产品。目前,多媒体等各种新技术已普遍集成到工作站中,使其更具特色。而它的应用领域也已从最初的计算机辅助设计扩展到商业、金融、办公领域,并频频充当网络服务器的角色。

5）服务器

"服务器"一词描述了计算机在应用中的角色,而不是反映机器的档次。服务器作为网络的结点,存储、处理网络上 80% 的数据、信息,因此也被称为网络的灵魂。

近年来,随着 Internet 的普及,各种档次的计算机在网络中发挥着各自不同的作用,而服务器在网络中扮演着最主要的角色。服务器可以是大型机、小型机、工作机或高档微机。服务器可以提供信息浏览、电子邮件、文字传送、数据库等多种业务服务。

服务器主要有以下特点:

（1）只有在客户机的请求下才为其提供服务。

（2）服务器对客户透明。一个与服务器通信的用户面对的是具体的服务,完全不必知道服务器采用的是什么机型及运行的是什么操作系统。

（3）服务器严格地说是一种软件的概念。一台作为服务器使用的计算机通过安装不同的服务器软件,可以同时扮演几种服务器的角色。

1.1.3　计算科学研究与应用

最初的计算机,只是为了军事上大数据量计算的需要,而今的计算机可听、说、看,远远超出了"计算的机器"这样狭义的概念。在本节中介绍目前计算科学研究比较热门的人工智能、网格计算、大数据、云计算、量子通信与量子计算机、虚拟现实技术和区块链技术的知识。

1. 人工智能

2016 年机器人"AlphaGo"前 3 局战胜了代表人类围棋最高水平的李世石,李世石在第 4 局在劣势的情况下战胜了"AlphaGo",这则新闻引起了人们对人工智能技术的广泛关注。2017 年,机器人"AlphaGo"与我国著名围棋选手柯洁对战,以 3∶0 赢得胜利。如图 1.3 所示,一时间成为社会议论的热门话题,人们对人工智能技术有了更加深入的了解。人工智能技术是通过模拟人类思维方式创新而来的一种技术,人类通过控制技术可以对其进行操作,近年来人工智能技术广泛应用到人们的日常生活中,包括语音识别技术、自动处理技术等。随着我国科学技术的不断发展,人工智能技术在性能以及应用范围等诸多方面也得到了拓展。由此可见,人工智能技术在社会不断进步中有着广阔的发展前景。

图 1.3　人机大战现场

为了能够顺应时代的发展,同时提高自身的核心竞争力,社会各行各业越来越多地应用人工智能技术,并且对此技术提出了更高的要求。人工智能技术不但为人们生活提供了诸多便利,也为各个领域的自动化生产水平的提升奠定了良好的基础,常见的人工智能技术包括语音识别、图像识别等,同时也包含更加高级的科学技术,例如,专家系统应用、自然语言处理等。当前,人工智能技术的应用和发展,不断推动我国社会经济持续发展,引导科技产业进入全新的时代。

（1）什么是人工智能

人工智能是研究、解释和模拟人类智能、行为及其规律的一门学科,它具有很强的信息化及智能化的特点,其应用能够促进各大领域智能化及信息化发展。人工智能不仅适应了信息时代发展要求,还适应了社会现代化发展的需求,故成为一种现代化技术发展新趋势。而从人类智能方面来说,人工智能是指基于人类智能活动规律而构建起来的智能化人工系统,能够代替人类完成一些简单的工作,同时也可以进行一些具有人类智力的工作,诸如一些简单的推理、判断及证明等,因此被应用于心理学、哲学、社会科学、基因工程、纳米科学等领域,使科学技术得到了跨越式发展。

（2）人工智能的发展历程

人工智能的发展经历了如下3个阶段:

1）兴起阶段

人工智能技术起源于20世纪50年代,当时人们已经对人工智能有了一定程度了解,并且在相关学者的研究下提出了它的概念,这之后很多学者及专家都依照这些概念对其进行了更深层次的研究,并取得了很好的研究成果,例如,已经研发出的表处理(LISP)语言、机器定理等,人工智能取得了进一步的发展。但该阶段的人工智能在各学科领域应用时还存在一些问题及局限性,所以需要更进一步去完善和改进,但当时其他相关技术并没有成熟,因此在一定程度上阻碍了人工智能技术的发展。

2）应用阶段

人工智能技术在20世纪70年代便进入了应用阶段,在该阶段相关专业已经提出了知识工程的概念,很大程度上促进了商品化专家系统、智能系统的完善和建立。这两种系统在世界各国得到了应用,并受到了广泛好评,这为人工智能技术的高速发展奠定了良好的基础。但该阶段的专家系统还存在一些漏洞,这不利于一些问题的处理,在一定程度上影响了人工智能技术的发展。

（3）人工智能主要应用领域

1）智能家居

智能家居是基于物联网技术,通过智能硬件、软件系统、云计算平台构成一套完整的家居生态圈,如图1.4所示。用户可以远程控制设备,设备间可以互联互通,并进行自我学习等,来整体优化家居环境的安全性、节能型、便捷性等。值得一提的是,近年来随着智能语音成功地打开了家居市场,也为未来更多的智能家居用品培养了用户习惯。目前家居市场的智能产品种类繁杂,如何打通这些产品之间的沟通壁垒,以及建立安全可靠的智能家居服务环境,是该行业下一步的发力点。

图 1.4　智能家居

2）智能零售

人工智能在零售领域的应用已经十分广泛，无人便利店、智慧供应链、客流统计、无人

图 1.5　智慧零售

仓/无人车等都是热门方向。京东自主研发的无人仓采用大量智能物流机器人进行协同与配合，通过人工智能、深度学习、图像智能识别、大数据应用等技术，让工业机器人可以有自主的判断和行为，完成各种复杂的任务，在商品分拣、运输、出库等环节实现自动化。图谱科技等公司将人工智能技术应用于客流统计，通过人脸识别实现客流统计功能，门店可以从性别、年龄、表情、新老顾客、滞留时长等维度建立到店客流的用户画像，为调整运营策略提供数据基础，帮助门店运营从匹配真实到店客流的角度提升转换率，实现智慧零售，如图 1.5 所示。

3）智能交通

智能交通系统（ITS）是通信、信息和控制技术在交通系统中集成应用的产物，如图1.6所示。目前，ITS 应用最广泛的地区是日本，其次是美国、欧洲等。ITS 方面的应用主要是通过对交通中的车辆流量、行车速度进行采集和分析，可以对交通进行实时监控和调度，有效提高通行能力，简化交通管理，降低环境污染。

图 1.6　智能交通

4）智能医疗

目前，垂直领域的图像算法和自然语言处理技术已经基本可以满足医疗行业的需求，市场上出现了众多技术服务商，例如，提供智能医学影像技术的尚德韵兴，研发人工智能细胞识别医学诊断系统的智微信科，提供智能辅助诊断服务平台的若水医疗，统计及处理医疗数据的易通天下等。尽管智能医疗在辅助诊疗、疾病预测、医疗影像辅助诊断、药物开发等方面发挥重要作用，但由于各医院之间医学影像数据、电子病历等不流通，导致企业与医院之间合作不透彻，如图1.7所示。

图1.7 智能医疗

5）智能教育

科大讯飞等企业早已开始探索人工智能在教育领域的应用。通过图像识别，可以使用机器批改试卷、识题答题等；通过语音识别可以纠正、改进发音；而人机交互可以进行在线答疑解惑等。人工智能和教育的结合在一定程度上可以改善教育行业师资分布不均衡、费用高昂等问题，从工具层面给师生提供更有效的学习方式，但还不能对教育内容产生较多实质性的影响。科大讯飞生产的阿尔法蛋机器人将人工智能与儿童教育相结合，帮助儿童更好地学习，如图1.8所示。

图1.8 阿尔法蛋
机器人

总之，人工智能技术已被应用到各大领域，推动各行各业信息化及智能化发展，使我国社会经济及科学技术水平得到了提高。人工智能技术与其他现代化技术相比，更具有信息化及智能化的特点，因此得到了社会各方人士的关注。但就目前来说，我国的人工智能技术还不够成熟，其发展比较慢且受其他技术牵制，所以进一步研究人工智能技术是十分重要的。

2. 网格计算

随着计算机的普及，个人计算机进入家庭，由此产生了计算机的利用率问题。越来越多的计算机处于闲置状态。互联网的出现使得连接、调用所有这些拥有闲置计算资源的计算机系统成为现实。

一个非常复杂的大型计算任务通常需要用大量的计算机或巨型计算机来完成。网格计算研究如何把一个需要非常巨大的计算能力才能解决的问题分成许多小的部分，然后把它们分配给多台计算机进行处理，最后把这些计算结果综合起来得到最终结果，从而圆满完成一个大型计算任务。对于用户来讲，关心的是任务完成的结果，并不需要知道任务是如何切分以及哪台计算机执行了哪些小任务。这样，从用户的角度看，就好像拥有一台功能强大的虚拟计算机,这就是网格计算的思想。

网格计算是专门针对复杂科学计算的新型计算模式。这种计算模式利用互联网把分散在不同地理位置的电脑组织成一个"虚拟的超级计算机",其中每一台参与计算的计算机就是一个"结点",而整个计算是由成千上万个"结点"组成的"一张网格",所以这种计算方式称为网格计算。这样组织起来的"虚拟的超级计算机"有两个优势:一是数据处理能力超前,二是能充分利用网上的闲置处理能力。

网格计算包括任务管理、任务调度和资源管理,它们是网格计算的三要素。用户通过任务管理向网格提交任务,为任务制定所需的资源,删除任务,检测任务的运行状态;任务调度根据任务的类型、所需的资源、用户的可用资源等情况安排运行日程和策略;资源管理则负责检测网格中资源的状况。

网格计算技术的特点是:

(1) 能够提供资源共享,实现应用程序的互连互通。网格与计算机网络不同,计算机网络实现的是一种硬件的连通,而网格能实现应用层面的连通。

(2) 协同工作。很多网格结点可以共同处理一个项目。

(3) 基于国际的开放技术标准。

(4) 网格可以提供动态的服务,能够适应变化。

网格计算机技术是一场计算的革命,它将全世界的计算机联合起来协同工作,它被人们视为 21 世纪的新型网络基础架构。

3. 大数据

(1) 什么是大数据

研究机构高德纳(Gartner)的定义:大数据是指需要新处理模式才能具有更强的决策力、洞察发现力、流程优化能力的海量、高增长率和多样化的信息资产。

维基百科的定义:大数据指的是所涉及的资料量规模巨大到无法通过目前主流软件工具,在合理时间内达到撷取、管理、处理并整理成为可以帮助企业作出经营决策目的的信息。

麦肯锡公司的定义:大数据是指无法在一定时间内用传统数据库软件对其内容进行采集、存储、管理和分析的数据集合。

大数据并不是一种新的产品,也不是一种新的技术,就如同十几年前提出的"海量数据"的概念一样,大数据是数字化时代出现的一种现象,如图 1.9 所示。

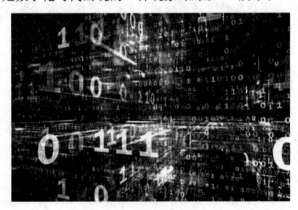

图 1.9　大数据

那么海量数据与大数据的差别何在？从翻译的角度看，"大数据"和"海量数据"均来自英语，"big data"翻译为"大数据"，而"large-scale data"或者"vast data"则翻译为"海量数据"。从数据组成的角度看，海量数据包括结构化和半结构化的交易数据，而大数据除此以外还包括非结构化数据和交互数据在内的所有数据集，其规模或复杂程度超出了常用技术按照合理的成本和时限捕捉、管理及处理这些数据集的能力。可见，大数据由海量交易数据、海量交互数据和海量数据处理三大主要的技术趋势汇聚而成。

20 世纪 60 年代，数据一般存储在文件中，由应用程序直接管理；70 年代构建了关系数据模型，数据库技术为数据存储提供了新的手段；80 年代中期，数据仓库由于具有面向主题、集成性、时变性和非易失性的特点，成为数据分析和联机分析的重要平台；随着网络的普及和 Web 2.0 网站的兴起，基于 Web 的数据库和非关系型数据库等技术应运而生。目前，智能手机和社交网络的广泛使用，使得各种类型的数据呈指数增长，渐渐超出了传统关系型数据库的处理能力，数据中存在的关系和规则难以被发现，而大数据技术很好地解决了这个难题，它能够在成本可承受的条件下，在较短的时间内，将数据采集到数据仓库中，用分布式技术框架对非关系型数据进行异质性处理，通过数据挖掘与分析，从大量化、多类别的数据中提取价值，大数据技术将是 IT 领域新一代的技术与架构。

（2）大数据的特征

大数据具有"4V"特征，即数据体量巨大（Volume）、数据种类繁多（Variety）、流动速度快（Velocity）和价值密度低（Value）。

1）数据体量巨大

大数据通常指 10 TB 规模以上的数据量。之所以会产生如此巨大的数据量，一是由于各种仪器的使用，使人们能够感知到更多的事物，这些事物的部分甚至全部数据就可以被存储；二是由于通信工具的使用，使人们能够全时段的联系，机器对机器（M2M）方式的出现，使得交流的数据量成倍增长；三是由于集成电路价格降低，使得很多东西有了智能的成分。

2）数据种类繁多

随着传感器种类的增多以及智能设备、社交网络等的流行，数据类型也变得更加复杂，不仅包括传统的关系数据类型，还包括以网页、视频、音频、E-mail、文档等形式存在的未加工的、半结构化的和非结构化的数据。

3）流动速度快

通常所理解的速度是数据的获取、存储以及挖掘有效信息的速度，但我们现在处理的数据是 PB 级代替了 TB 级，考虑到"超大规模数据"和"海量数据"也有规模大的特点，大数据强调数据是快速动态变化的流式数据，数据流动的速度快到难以用传统的系统去处理。

4）价值密度低

数据量呈指数增长的同时，隐藏在海量数据中的有用信息却没有按照相应比例增长，反而使我们获取有用信息的难度加大。以视频监控为例，连续的监控过程，可能有用的数据仅有一两秒。

大数据的"4V"特征表明其不仅仅是数据海量，对于大数据的分析将更加复杂、更追求速度、更注重实效。

（3）大数据在国内外的应用情况

大数据的应用极为广泛，它涉及人类吃穿住行的各个方面，并且正以惊人的速度进行扩展。

　　首先看一下国内外名企关于大数据的应用分布：电子商务方面有京东、天猫、拼多多等；人力资源行业有 SPA、IBM 等；互联网企业有谷歌、百度、腾讯、新浪等；零售企业有沃尔玛、ZARA 等；制造业企业有联想、宝马等。

　　现实生活中应用大数据的例子比比皆是，比较典型的集中应用如下。

　　1）2020 年，我们在抗击新型冠状病毒肺炎联防联控中，大数据技术用于疫情分析，聚焦重点地区、重点省份，特别是聚焦关键时间节点，提供人员的流动信息以及疫情态势的分析。

　　2）在日本汽车行业中，专家通过仔细分析驾驶员最常使用的坐姿数据，并将该数据应用于汽车防盗系统中，从而减少了盗车事件的发生。

　　3）美国联合包裹运送服务公司（UPS）利用电子设备对车辆所要到达的目的地进行实时的数据分析，同时利用产生的这些大数据来获取最佳行车路径，从而提高了快递的配送效率。

　　4. 云计算

　　大数据与云计算的关系就像一枚硬币的正反面，不仅相互独立还相互依存。大数据注重海量信息的存储、分析和处理，而云计算则注重数据计算的方式、方法。因此，大数据必然无法用单台计算机进行处理，必须采用分布式架构。大数据分析的特色在于对海量数据进行分布式数据挖掘，但它必须依托云计算的分布式处理、分布式数据库和云存储、虚拟化技术。

　　随着信息技术的飞速发展，云计算已成为一种普遍认可的计算模式。近年来，云计算的应用为用户提供了各种可靠的资源服务，它是一种一切皆为服务的模式，为用户提供高质量的服务。另外，云计算与"互联网＋"的结合，使云计算得到了新的发展和应用。现阶段，由于得到相关技术标准和各个服务层协议的支撑，一些云计算产品为客户提供了高品质的服务体验，因此云计算具有广阔的发展前景。

　　（1）什么是云计算

　　云计算（Cloud Computing）是分布式计算的一种，指的是通过网络"云"将巨大的数据计算处理程序分解成无数个小程序，然后，通过多部服务器组成的系统分析和处理这些小程序得到结果并返回给用户。云计算早期就是简单的分布式计算，解决任务分发，并进行计算结果的合并。因而，云计算又称为网格计算。通过这项技术，用户可以在很短的时间内（几秒）完成对数以万计的数据的处理，从而实现强大的网络服务。

　　"云"实质上就是一个网络，狭义上讲，云计算就是一种提供资源的网络，使用者可以随时获取"云"上的资源，按需求量使用，并且可以看成无限扩展的，只要按使用量付费就可以。就像自来水厂一样，我们可以随时接水，并且不限量，按照自己家的用水量，付费给自来水厂就可以。

　　从广义上来说，云计算是与信息技术、软件、互联网相关的一种服务，是一种按使用量付费的模式，可以从可配置的计算资源共享池中获取所需的资源，这种计算资源共享池叫作"云"。云计算机把许多计算资源集合起来，通过软件实现自动化管理，只需要很少的人参与，就能快速提供资源。也就是说，计算能力作为一种商品，可以在互联网上流通，就像水、电、煤气一样，可以方便地取用，且价格较为低廉。

总之,云计算不是一种全新的网络技术,而是一种全新的网络应用的概念,云计算的核心概念就是以互联网为中心,在网络上提供快速且安全的云计算服务与数据存储,让每一个使用互联网的人都可以使用网络上庞大的计算资源与数据中心。

（2）云计算特点

云计算的可贵之处在于高灵活性、可扩展性和高性价比等,与传统的网络应用模式相比,其具有如下优势与特点。

1）虚拟化技术

必须强调的是,虚拟化突破了时间、空间的界限,是云计算最为显著的特点。虚拟化技术包括应用虚拟和资源虚拟两种。众所周知,物理平台与应用部署的环境在空间上是没有任何联系的,正是通过虚拟平台对相应终端操作完成数据备份、迁移和扩展等。

2）动态可扩展

云计算具有高效的运算能力,在原有服务器的基础上增加云计算功能能够使运算速度迅速提高,最终实现动态扩展虚拟化的层次达到对应用进行扩展的目的。

3）按需部署

计算机中包含了许多应用程序和软件等,不同的应用对应的数据资源库不同,所以用户运行不同的应用需要较强的计算能力对资源进行部署,而云计算平台能够根据用户的需求快速配备计算能力及资源。

4）灵活性高

目前市场上大多数 IT 资源、软件、硬件都支持虚拟化,如存储网络、操作系统和开发软硬件等。虚拟化要素统一放在云系统资源虚拟池当中进行管理,可见云计算的兼容性非常强,不仅可以兼容低配置机器、不同厂商的硬件产品,还能够兼容许多外设获得更高的计算性能。

5）可靠性高

服务器发生故障也不影响计算与应用的正常运行,因为单点服务器出现故障可以通过虚拟化技术将分布在不同物理服务器上面的应用进行恢复或者利用动态扩展功能部署新的服务器进行计算。

6）性价比高

将资源放在虚拟资源池中统一管理,在一定程度上优化了物理资源,用户不再需要昂贵、占空间的主机,可以选择相对廉价的 PC 组成云,一方面减少费用,另一方面计算性能不逊于大型主机。

7）可扩展性

用户可以利用应用软件的快速部署条件更为简单快捷地将自身所需的已有业务以及新业务进行扩展。例如,计算机云计算系统中出现设备的故障,对于用户来说,无论是在计算机层面上,或是在具体应用上均不会受到影响,可以利用云计算具有的动态扩展功能来对其他服务器开展有效扩展。这样一来就能够确保任务得以有序完成。在对虚拟化资源进行动态扩展的情况下,同时能够高效扩展应用,提高计算机云计算的操作水平。

（3）云计算的应用

较为简单的云计算技术已经普遍应用于如今的互联网服务中,最为常见的就是搜索引擎和网络邮箱。大家最为熟悉的搜索引擎莫过于谷歌和百度了,在任何时刻都可以在搜索引擎上搜索自己想要的资源,通过云端共享数据资源。而网络邮箱也是如此,在过去,寄一封邮件是一件比较麻烦的事情,也是一个很慢的过程,而在云计算技术和网络技术的推动下,电子邮箱成为社会生活中的一部分,只要在网络环境下,就可以实现实时的邮件寄发。云计算的应用已经融入现今的社会生活,如图 1.10 所示。

图 1.10　云计算

1) 存储云

存储云又称云存储,是在云计算技术的基础上发展起来的一个新的存储技术,如图1.11所示。云存储是一个以数据存储和管理为核心的云计算系统。用户可以将本地的资源上传至云端上,也可以在任何地方连入互联网来获取云上的资源。大家所熟知的谷歌、微软等大型公司均有云存储的服务,在国内,百度云和微云是市场占有量最大的存储云。存储云向用户提供了存储容器服务、备份服务、归档服务和记录管理服务等,大大方便了使用者对资源的管理。

图 1.11　存储云

2) 医疗云

医疗云是指在云计算、移动技术、多媒体、大数据以及物联网等新技术的基础上,结合医疗技术,使用"云计算"来创建医疗健康服务云平台,实现了医疗资源的共享和医疗范围的扩大,如图 1.12 所示。因为云计算技术的运用与结合,医疗云提高了医疗机构的效率,方便居民就医。像现在医院的预约挂号、电子病历、医保等都是云计算与医疗领域结合的产物,医疗云还具有数据安全、信息共享、动态扩展、布局全国的优势。

图 1.12 医疗云

3) 金融云

金融云是指利用云计算的模型,将信息、金融和服务等功能分散到庞大分支机构构成的互联网"云"中,旨在为银行、保险和基金等金融机构提供互联网处理和运行服务,同时共享互联网资源,从而解决现有问题并且达到高效、低成本的目标。2013 年 11 月,阿里云整合阿里巴巴旗下资源推出阿里金融云服务,如图 1.13 所示。其实,这就是现在基本普及了的快捷支付,由于金融与云计算的结合,现在只需要在手机上简单操作,就可以完成银行存款、购买保险和基金买卖。现在,不仅阿里巴巴,苏宁金融、腾讯等企业均推出了自己的金融云服务。

图 1.13 阿里金融云

4) 教育云

教育云实质上是指教育信息化的一种发展。具体地说,教育云可以将所需要的任何教育硬件资源虚拟化,然后将其传入互联网中,可以向教育机构和学生、老师提供一个方便快捷的平台,现在流行的慕课就是教育云的一种应用。慕课(MOOC)是指大规模开放式的在线课程,在国内,中国大学 MOOC 是很好的教育平台,如图 1.14 所示。2013 年 10 月,清华大学推出 MOOC 平台——学堂在线,许多大学也使用学堂在线开设了一些课程的 MOOC。

图 1.14　中国大学 MOOC

5. 量子通信与量子计算机

(1) 量子通信

量子通信是指利用量子纠缠效应进行信息传递的一种通信方式,是近 20 年发展起来的新型交叉学科,是量子论和信息论相结合的新的研究领域。量子通信主要涉及量子密码通信、量子远程传态和量子密集编码等,近年来这门学科已逐步从理论走向实验,并向实用化发展。高效安全的信息传输日益受到人们的关注,量子通信基于量子力学的基本原理,并以此成为国际上量子物理和信息科学的研究热点。

单个光量子不可分割和量子不可克隆原理的奇特性质,为我们提供了一种新型的安全通信方式,称为量子密钥分发、量子保密通信,简称量子通信。

在量子通信的过程中,发送方和接收方采用单光子的状态作为信息载体来建立密钥,可能遇到的窃听方法有以下三种。

第一种可能遇到的窃听方法是将信息载体分割成两部分,让其中一部分继续传递,而对另一部分进行状态测量以获取密钥信息。但由于信息载体是单光子,不可分割,因此这种方法不可行。

第二种可能遇到的窃听方法是窃听者截取单光子后,测量其状态,然后根据测量结果发送一个相同状态的光子给接收方,以使其窃听行为不被察觉。但由于窃听者的测量行为会对光子的状态产生扰动,其发送给接收方的光子的状态与其原始状态会存在偏差。这样,发送方和接收方可以利用这个偏差来探测到窃听行为。

第三种可能遇到的窃听方法是窃听者截取单光子后,通过复制单光子的状态窃取信息,但按前面所讲的量子不可克隆原理,未知的量子态不可能被精确复制。

因此,量子通信的安全性受到量子力学基本原理的充分保障。无论破译者掌握了多么先进的窃听技术、多强大的破译能力,只要量子力学规律成立,量子通信就无法被破译。

(2) 量子通信的作用与意义

由于通信终端、传输信道、服务器等多个环节均存在着安全性隐患,网络信息安全面临着严重的威胁。通常,人们可以采用身份认证(确保是授权用户)、传输加密(确保传输过程中的安全)、数字签名(确保数据不被篡改)等手段来确保信息安全。在传统信息安全体系中,这些手段都是依赖于计算复杂度的加密算法来实现的。然后一旦拥有足够强大的计算能力,所有依赖于计算复杂度的加密算法都可能会被破解。

量子通信克服了经典加密技术内在的安全隐患,能够确保身份认证、传输加密以及数字签名等技术手段的无条件安全,可以从根本上解决国防、金融、政务、商业等领域的信息安全问题。量子通信是最早走向实用化和产业化的量子信息技术,普遍被国际上认为是事关国家信息安全的战略性必争领域。

（3）量子计算机

简单地说,量子计算机是一种可以实现量子计算的机器,是一种通过量子力学规律实现数学和逻辑运算,以及处理和存储信息的系统,如图1.15所示。它以量子态为记忆单元和信息存储形式,以量子动力学演化为信息传递与加工基础的量子通信与量子计算,在量子计算机中其各种硬件的尺寸达到原子或分子的量级。量子计算机是一种物理系统,它能存储和处理量子力学变量的信息。

图1.15　量子计算机

经典计算机从物理上可以被描述为对输入信号序列按一定算法进行变换的机器,其算法由计算机的内部逻辑电路来实现。

在量子计算机中,基本信息单元叫作量子位（Qubit）、昆比特或量子比特,不同于传统计算机,这种计算机并不是二进制原理,而是按照性质4个一组组成的单元。量子计算机是以量子态作为信息的载体,运算对象是量子比特序列。量子比特是两个正交量子态的任意叠加态,从而实现了信息的量子化。

与现有计算机类似,量子计算机同样主要有存储元件和逻辑门构成,但是它们又同现在计算机上使用的这两类元件大不一样。现有计算机上,数据用二进制位存储,每位只能存储一个数据,非0即1。而在量子计算机中采用量子位存储,由于量子叠加效应,一个量子位可以是0或1,也可以既存储0又存储1。这就是说量子位存储的内容可以是0和1的叠加。由于一个二进制位只能存储一个数据,所以几个二进制位就只能存储几个数据。而一个量子位可以存储4个数据,所以 n 个量子位就可以存储 2^n 个数据。这样,便大大提高了量子计算机的存储能力。

量子计算机突出的优点有两个,一是能够实现量子并行计算,可加快解题速度;二是存储能力大大提高。它的弱点也有两个,一是受环境影响大;二是纠错不太容易。

（4）量子计算机的基本原理

量子计算机是一种基于量子理论而工作的计算机。追本溯源,对可逆机的不断探索促进了量子计算机的发展。量子计算机装置遵循量子计算的基本理论,处理和计算是量子信息,运行的是量子算法。1981年,美国阿拉贡国家实验室（ANL）最早提出了量子计算的基本理论。

1）量子比特

经典计算机信息的基本单元是比特,比特是一种有两个状态的物理系统,用0与1表示。在量子计算机中,基本信息单位是量子比特,用两个量子态“|0>”和“|1>”代替经典比特状态0和1.量子比特相较于比特来说,有着独一无二的存在特点,它以两个逻辑态的叠

加态的形式存在,这表示的是两个状态,是 0 和 1 的相应量子态叠加。

2）态叠加原理

现代量子计算机模型的核心技术便是态叠加原理,属于量子力学的一个基本原理。一个体系中,每种可能的运动方式就被称作态。在微观体系中,量子的运动状态无法确定,呈现统计性,与宏观体系确定的运动状态相反,量子态就是微观体系的态。

3）量子纠缠

当两个粒子相互纠缠时,一个粒子的行为会影响另一个粒子的状态,此现象与距离无关,理论上即使相隔足够远,量子纠缠现象依旧能被检测到。因此,当两个粒子中的一个粒子的状态发生变化时,即此粒子被操作时,另一个粒子的状态也会相应随之改变。

4）量子并行原理

量子并行计算是量子计算机能够超越经典计算机的最引人注目的先进技术。量子计算机以指数形式存储数字,通过将量子位增至 300 个就能存储比宇宙中所有原子还多的数字,并能同时进行运算。函数计算不通过经典循环方法,可直接通过幺正变换得到,大大缩短工作损耗能量,真正实现可逆计算。

6. 虚拟现实技术

虚拟现实技术(Virtual Reality,VR),又称灵境技术,是 20 世纪末发展起来的一项全新的技术。虚拟现实技术囊括计算机、电子信息、仿真技术于一体,其基本实现方式是计算机模拟虚拟环境给人以环境沉浸感。随着社会生产力和科学技术的不断发展,各行各业对 VR 技术的需求日益旺盛,VR 技术也取得了巨大进步,并逐步成为一个新的科学技术领域。

（1）什么是虚拟现实技术

顾名思义,虚拟现实就是虚拟和现实相互结合。从理论上来讲,虚拟现实技术是一种可以创建和体验虚拟世界的计算机仿真系统,它利用计算机生成一种模拟环境,使用户沉浸到该环境中。虚拟现实技术就是利用现实生活中的数据,通过计算机技术产生的电子信号,将其与各种输出设备结合使其转化为能够让人们感受到的现象,这些现象可以是现实中真真切切的物体,也可以是我们肉眼所看不到的物质,通过三维模型表现出来。因为这些现象不是我们直接所能看到的,而是通过计算机技术模拟出来的现实中的世界,故称为虚拟现实,如图 1.16 所示。

图 1.16　虚拟现实技术

　　虚拟现实技术得到了越来越多人的认可,用户可以在虚拟现实世界体验到真实的感受,其模糊环境的真实性与现实世界难辨真假,让人有身临其境的感觉;同时虚拟现实具有人类所拥有的感知功能,例如,听觉、视觉、触觉、味觉、嗅觉等;它具有超强的仿真系统,实现了人机交互,使人在操作过程中,可以随意操作并且得到环境真实的反馈。

　　(2) 虚拟现实技术的分类

　　VR 涉及学科众多,应用领域广泛,系统种类繁杂,这是由其研究对象、研究目标和应用需求决定的。从不同角度出发,可对 VR 系统做出不同分类。

　　1) 根据沉浸式体验角度分类

　　沉浸式体验分为非交互式体验、人—虚拟环境交互式体验和群体—虚拟环境交互式体验等几类。该角度强调用户与设备的交互体验,相比之下,非交互式体验中的用户更为被动,所体验的内容均为提前规划好的,即便允许用户在一定程度上引导场景数据的调度,也仍没有实质性的交互行为,如场景漫游等,用户几乎全程无事可做;而在人—虚拟环境交互式体验系统中,用户则可用诸如数据手套、数字手术刀等设备与虚拟环境进行交互,此时的用户可感知虚拟环境的变化,进而能产生在相应现实世界中可能产生的各种感受。

　　如果将该套系统网络化、多机化,多个用户共享一套虚拟环境,便得到群体—虚拟环境交互式体验系统,如大型网络交互游戏等,此时的 VR 系统与真实世界无甚差异。

　　2) 根据系统功能角度分类

　　系统功能分为规划设计、展示娱乐、训练演练等几类。规划设计系统可用于新设施的实验验证,可大幅缩短研发时长,降低设计成本,提高设计效率,城市排水、社区规划等领域均可使用,如 VR 模拟给排水系统,可大幅减少原本需用于实验验证的经费;展示娱乐类系统适用于提供给用户逼真的观赏体验,如数字博物馆、大型 3D 交互式游戏、影视制作等,如 VR 技术早在 20 世纪 70 年代便被用于拍摄特效电影;训练演练类系统则可应用于各种危险环境及一些难以获得操作对象或实操成本极高的领域,如外科手术训练、空间站维修训练等。

　　(3) 虚拟现实技术的特征

　　虚拟现实技术具有如下特征。

　　1) 沉浸性

　　沉浸性是虚拟现实技术最主要的特征,就是让用户成为并感受到自己是计算机系统所创造环境中的一部分,虚拟现实技术的沉浸性取决于用户的感知系统,当使用者感知到虚拟世界的刺激时,包括触觉、味觉、嗅觉、运动感知等,便会产生思维共鸣,造成心理沉浸,感觉如同进入真实世界。

　　2) 交互性

　　交互性是指用户对模拟环境内物体的可操作程度和从环境得到反馈的自然程度,使用者进入虚拟空间,相应的技术让使用者跟环境产生相互作用,当使用者进行某种操作时,周围的环境也会做出某种反应。如使用者接触到虚拟空间中的物体,那么使用者手上应该能够感受到,若使用者对物体有所动作,物体的位置和状态也应改变。

　　3) 多感知性

　　多感知性表示计算机技术应该拥有很多感知方式,如听觉、触觉、嗅觉等。理想的虚拟现实技术应该具有一切人所具有的感知功能。由于相关技术,特别是传感技术的限制,目前大多数虚拟现实技术所具有的感知功能仅限于视觉、听觉、触觉、运动等几种。

4）构想性

构想性也称想象性，使用者在虚拟空间中，可以与周围物体进行互动，可以拓宽认知范围，创造客观世界不存在的场景或不可能发生的环境。构想可以理解为使用者进入虚拟空间，根据自己的感觉与认知能力吸收知识，发散拓宽思维，创立新的概念和环境。

5）自主性

自主性是指虚拟环境中物体依据物理定律动作的程度。例如，受到力的推动时，物体会向力的方向移动、翻倒、从桌面落到地面等。

（4）虚拟现实技术的应用

虚拟和现实技术主要应用在以下几个方面。

1）虚拟现实在影视娱乐中的应用

近年来，随着虚拟现实技术在影视业的广泛应用和发展，也出现了一些虚拟现实技术体验馆，此体验馆可以让观影者体会到置身于真实场景之中的感觉，让体验者沉浸在影片所创造的虚拟环境之中。同时，随着虚拟现实技术的不断创新，此技术在游戏领域也得到了快速发展。虚拟现实技术是利用计算机产生的三维虚拟空间，而三维游戏刚好是在此技术之上的应用，三维游戏几乎包含了虚拟现实的全部技术，使得游戏在保持实时性和交互性的同时，也大幅提升了游戏的真实感。

2）虚拟现实在教育中的应用

如今，虚拟现实技术已经成为促进教育发展的一种新型教育手段。传统的教育有时只是给学生灌输知识，而利用虚拟现实技术可以帮助学生打造生动、逼真的学习环境，学生通过真实感受来增强记忆。相比于被动灌输，利用虚拟现实技术进行自主学习更容易让学生接受，也更容易激发学生的学习兴趣。此外，各大院校利用虚拟现实技术还建立了与学科相关的虚拟实验室来帮助学生学习。

3）虚拟现实在设计领域的应用

虚拟现实技术在设计领域小有成就，如室内设计，人们可以利用虚拟现实技术把室内结构、房屋外形表现出来，使之变成可以看到的物体和环境。同时，在设计初期，设计师可以将自己的想法通过虚拟现实技术模拟出来，可以在虚拟环境预先看到室内的实际效果，这样既节省了时间，又降低了成本。

4）虚拟现实在医学方面的应用

医学专家们利用计算机，在虚拟空间中模拟出人体组织和器官，让学生在其中进行模拟操作，并且能让学生感受到手术刀切入人体肌肉组织、触碰到骨头的感觉，使学生能够更快地掌握手术要领。而且，主刀医生在手术前，也可以建立一个病人身体的虚拟模型，在虚拟空间中先进行一次手术预演，这样能够大大提高手术的成功率，让更多的病人得以痊愈。

5）虚拟现实在军事方面的应用

由于虚拟现实的立体感和真实感，在军事方面，人们将地图上的山川地貌、海洋湖泊等数据通过计算机进行编写，利用虚拟现实技术，能将原本平面的地图变成一幅三维立体的地形图，再通过全息技术将其投影出来，这更有助于进行军事演习等训练。

除此之外，现在的战争是信息化战争，战争机器都朝着自动化方向发展，无人机便是信息化战争的最典型产物。无人机由于它的自动化以及便利性深受各国喜爱，在战士训练期间,可以利用虚拟现实技术去模拟无人机的飞行、射击等工作模式。战争期间,军人也可以通过眼镜、头盔等机器操控无人机进行侦察任务,减小战争中军人的伤亡率。虚拟现实技术能将无人机拍摄到的场景立体化,降低操作难度,提高侦察效率。

6) 虚拟现实在航空航天方面的应用

由于航空航天是耗资巨大的工程,所以,人们利用虚拟现实技术和计算机的统计模拟,在虚拟空间中重现了现实中的宇宙飞船与飞行环境,航天员在虚拟空间中进行飞行训练和实验操作,极大地减少了实验经费和降低了实验的危险系数。

7. 区块链技术

区块链技术作为近年来信息技术体系的一个重要组成部分,已经成为金融科技的底层支持技术,它会成为未来信息技术发展的主要趋势之一。国内外学者对区块链技术的生产力功能、社会影响、人文价值等方面,进行了有益的哲学或社会学层面的反思。区块链技术发展的过程与结果的非线性特点越来越明显,引发了学界对该技术价值可控性与不可控性这一内在矛盾的深刻反思。总体上,区块链技术作为信息技术体系的新生事物,需要合理的价值规范,在一定的价值框架下健康发展。

(1) 什么是区块链技术

1) 区块链

从数据的角度来看,区块链是一种几乎不可能被更改的分布式数据库,或称为分布式共享总账(Distributed Shared General Ledger),这里的"分布式"不仅体现为数据的分布式存储,也体现为数据的分布式记录(由系统参与者来集体维护)。区块链能实现全球数据信息的分布式记录(可以由系统参与者集体记录,而非由一个中心化的机构集中记录)与分布式存储(可以存储在所有参与记录数据的节点中,而非集中存储于中心化的机构节点中)。从效果的角度来看,区块链可以生成一套记录时间先后的、不可篡改的、可信任的数据库,这套数据库是去中心化存储且数据安全能够得到有效保证的。

区块链是一种把区块以链的方式组合在一起的数据结构。它适合存储简单的、有先后关系的、能在系统内验证的数据,用密码学保证了数据的不可篡改和不可伪造。它能够使参与者对全网交易记录的事件顺序和当前状态建立共识。

2) 区块链技术

区块链技术是一种去中心化、去信任的集体维护数据库技术,其本质是一种互联网协议。区块链技术拥有显著的应用优势:去中心化的分布式结构应用于现实中可节省大量的中介成本,不可篡改的时间戳特征可解决数据追踪与信息防伪问题,安全的信任机制可解决现今物联网技术的核心缺陷,灵活的可编程特性可规范现有市场秩序。

如今的区块链技术概括起来是指通过去中心化和去信任的方式集体维护一个可靠的数据库。其实,区块链技术并不是一种单一的、全新的技术,而是多种现有技术(如加密算法、P2P 文件传输等)整合的结果,这些技术与数据库巧妙地组合在一起,形成了一种新的数据记录、传递、存储与呈现的方式。过去,人们将数据记录、存储的工作交给中心化的机构来完成,而区块链技术则让系统中的每个人都可以参与数据的记录、存储。区块链技术在没有中央控制点的分布式对等网络下,使用分布式集体运作的方法,构建了一个点对点的自组织网络。通过复杂的校验机制,区块链数据库能够保持完整性、连续性和一致性,即使部分参与人作假也无法改变区块链的完整性,更无法篡改区块链中的数据。

（2）区块链技术的特征

区块链技术的主要特征如下。

1）去中心化

区块链节技术不依赖额外的第三方管理机构或硬件设施，没有中心管制，除了自成一体的区块链本身，通过分布式核算和存储，各个节点实现了信息的自我验证、传递和管理。去中心化是区块链最突出、最本质的特征。

2）开放性

区块链技术的基础是开源的，除了交易各方的私有信息被加密外，区块链的数据对所有人开放，任何人都可以通过公开的接口查询区块链数据和开发相关应用，因此整个系统信息高度透明。

3）独立性

基于协商一致的规范和协议（类似散列算法等各种数学算法），整个区块链系统不依赖其他第三方，所有节点能够在系统内自动安全地验证、交换数据，不需要任何人为的干预。

4）安全性

只要不能掌握超过一半的数据节点，就无法肆意操控修改网络数据，这使区块链本身变得相对安全，避免了主观人为的数据变更。

5）匿名性

除非有法律规范要求，单从技术上来讲，各区块节点的身份信息不需要公开或验证，信息传递可以匿名进行。

（3）区块链核心技术

1）分布式账本

分布式账本指的是交易记账由分布在不同地方的多个节点共同完成，而且每个节点记录的都是完整的账目，因此它们都可以参与监督交易的合法性，同时也可以共同为其作证。

跟传统的分布式存储有所不同，区块链的分布式存储的独特性主要体现在两个方面：一是区块链每个节点都按照块链式结构存储完整的数据，传统分布式存储一般是将数据按照一定的规则分成多份进行存储；二是区块链每个节点的存储都是独立的、地位等同的，依靠共识机制保证存储的一致性，而传统分布式存储一般通过中心节点往其他备份节点同步数据。区块链没有任何一个节点可以单独记录账本数据，从而避免了单一记账人被控制或者被贿赂而记假账的可能性。也由于其记账节点足够多，理论上讲除非所有的节点被破坏，否则账目就不会丢失，从而保证了账目数据的安全性。

2）非对称加密

存储在区块链上的交易信息是公开的，但是账户身份信息是高度加密的，只有在数据拥有者授权的情况下才能访问到，从而保证了数据的安全和个人的隐私。

3）共识机制

共识机制就是所有记账节点之间怎么达成共识，去认定一个记录的有效性，这既是认定的手段，也是防止篡改的手段。区块链提出了4种不同的共识机制，适用于不同的应用场景，在效率和安全性之间取得平衡。这4种共识机制是工作量证明机制、权益证明机制、委托权益证明机制和容量证明机制。

区块链的共识机制具备"少数服从多数"以及"人人平等"的特点，其中"少数服从多数"

并不完全指节点个数，也可以是计算能力、股权数或者其他计算机可以比较的特征量。"人人平等"是当节点满足条件时，所有节点都有权优先提出共识结果、直接被其他节点认同后并最后有可能成为最终共识结果。

4）智能合约

智能合约基于这些可信的不可篡改的数据，自动执行一些预先定义好的规则和条款。以保险为例，如果说每个人的信息（包括医疗信息和风险发生的信息）都是真实可信的，那就很容易在一些标准化的保险产品中进行自动化理赔。在保险公司的日常业务中，虽然交易不像银行和证券行业那样频繁，但是对可信数据的依赖却是有增无减的。因此，笔者认为利用区块链技术，从数据管理的角度切入，能够有效地帮助保险公司提高风险管理能力。具体来讲主要分为投保人的风险管理和保险公司的风险监督。

（4）区块链技术的应用

区块链技术主要应用在以下几个方面。

1）区块链技术在金融领域的应用

区块链在国际汇兑、信用证、股权登记和证券交易所等金融领域有着潜在的巨大应用价值。将区块链技术应用在金融行业中，能够省去第三方中介环节，实现点对点的直接对接，从而在大大降低成本的同时，快速完成交易支付。

2）区块链技术在物联网和物流领域的应用

区块链在物联网和物流领域也可以天然结合。通过区块链可以降低物流成本，追溯物品的生产和运送过程，并且提高供应链管理的效率。该领域被认为是区块链一个很有前景的应用方向。

区块链通过节点连接的散状网络分层结构，能够在整个网络中实现信息的全面传递，并能够检验信息的准确程度。这种特性在一定程度上提高了物联网交易的便利性和智能化。区块链＋大数据的解决方案就利用了大数据的自动筛选过滤模式，在区块链中建立信用资源，可双重提高交易的安全性，并提高物联网交易的便利程度，为智能物流模式的应用节约时间成本。区块链节点具有十分自由的进出能力，可独立地参与或离开区块链体系，而对整个区块链体系没有任何干扰。区块链＋大数据解决方案就是利用了大数据的整合能力，促使对物联网基础用户的拓展更具有方向性，便于在智能物流的分散用户之间实现用户拓展。

3）区块链技术在数字版权领域的应用

区块链技术在公共管理、能源、交通等领域的应用与民众的生产、生活息息相关，可以用区块链技术来改造这些领域的中心化特质。区块链提供的去中心化的完全分布式 DNS 服务，通过网络中各个节点之间的点对点数据传输服务就能实现域名的查询和解析，可用于确保某个重要的基础设施的操作系统和固件没有被篡改，可以监控软件的状态和完整性，发现不良的篡改，并确保使用物联网技术的系统所传输的数据没有经过篡改。

4）区块链技术在数字版权领域的应用

通过区块链技术，可以对作品进行鉴权，证明文字、视频、音频等作品的存在，保证权属的真实性、唯一性。作品在区块链上被确权后，后续交易都会进行实时记录，实现数字版权的全生命周期管理，也可作为司法取证中的技术性保障。例如，美国纽约一家创业公司 Mine Labs 开发了一个基于区块链的元数据协议，这个名为媒体链（Mediachain）的系统利用星际文件系统（InterPlanetary File System，IPFS）实现对数字作品版权的保护，主要是面向数字图片的版权保护应用。

5) 区块链技术在保险领域的应用

在保险理赔方面,保险机构负责资金归集、投资、理赔,往往管理和运营成本较高。通过智能合约的应用,既无须投保人申请,也无须保险公司批准,只要触发理赔条件,就可以实现保单自动理赔。一个典型的应用案例就是 LenderBot,它允许人们通过 Facebook Messenger 的聊天功能,注册定制化的微保险产品,为个人之间交换的高价值物品进行投保,而区块链在保险合同中替代了第三方角色。

6) 区块链技术在公益领域的应用

区块链上存储的数据,高可靠且不可篡改,天然适合用在社会公益领域。公益流程中的相关信息,如捐赠项目、募集明细、资金流向、受助人反馈等,均可以存放于区块链上,并且有条件进行透明公开公示,方便社会监督。

1.1.4　未来计算机的发展趋势

在计算机诞生之初,很少有人能深刻地预见计算机技术对人类产生的巨大的潜在影响,甚至没有人能预见计算机的发展速度是如此迅猛,超出了人们的想象。计算机已广泛应用于科研、国防、工业、交通、通信以及人们日常工作生活等各个领域。计算机应用的广泛和深入对计算机的发展提出了多样化的要求。展望未来,计算机技术的发展又会沿着一条什么样的轨道前行呢? 计算机的发展表现为两个方面:一是朝着巨型化、微型化、网络化和智能化的趋势发展;二是朝着非冯·诺依曼结构的模式发展。

1. 电子计算机的发展方向

从类型上来看,电子计算机技术正在向巨型化、微型化、网络化和智能化方向发展。

1) 巨型化

巨型化是指计算机的计算速度更快、存储容量更大、功能完善、可靠性更高,其运算速度可达每秒万万亿次,存储容量超过几百 T 字节。巨型机的应用范围如今已日趋广泛,在航空航天、军事工业、气象、电子、人工智能等几十个学科领域发挥着巨大作用,特别是在尖端科学技术和军事国防系统的研究开发中,体现了计算机科学技术的发展水平。

巨型机(超级计算机)的研制是国家综合国力、科技竞争力和信息化建设能力的重要体现,已经成为世界各国争夺的战略制高点。1993 年,德国曼海姆大学(University of Mannheim)的汉斯、埃里克等人发起并创建了全球超级计算机 TOP500 排名榜。TOP500 目前由德国曼海姆大学、美国田纳西大学、美国能源研究科学计算中心以及劳伦斯伯克利国家实验室联合举办,每年排名两次,已发展成为全世界极具影响的超级计算机排名榜,是衡量各国超级计算机水平的最重要的参考依据。美、英、法、德、日是超级计算机研发和应用的传统强国,其中美国具有优势地位。

2019 年 11 月的全球超级计算机 TOP500 排行榜中,入选榜单的全部超级计算机的浮点运算速度都已突破每秒千万亿次。我国的计算机上榜数量位列第一,美国位列第二,日本排名第三。

本次超级计算机 TOP500 的前 5 名如下。

第 1 名:Summit(美国),即"顶点",是 IBM 公司和美国能源部橡树岭国家实验室推出的超级计算机。它创下了每秒 14.86 亿亿次的浮点运算的纪录。

第 2 名：Sierra(美国)，即"山脊"，位于美国加利福尼亚州劳伦斯利弗莫尔国家实验室，速度为每秒 9.46 亿亿次浮点运算。

第 3 名：Sunway TaihuLight(中国)，即"神威·太湖之光"，由中国国家并行计算机工程技术研究中心开发，安装在无锡国家超级计算机中心，它由超过 1 000 万个 SW26010 处理器内核提供支持，如图 1.17 所示。

第 4 名：Tianhe-2A(中国)，即"天河二号"，由国防科技大学开发，部署在广州国家超级计算机中心。它结合使用 Intel Xeon 和 Matrix-2000 处理器，实现了每秒 6.14 亿亿次浮点运算的速度结果，如图 1.18 所示。

第 5 名：Frontera(美国)，是前 10 名中唯一的新超级计算机，采用 Intel Xeon Platinum 8280 处理器的 Dell C6420 系统，安装在美国得克萨斯大学。

图 1.17　神威·太湖之光　　　　　　图 1.18　天河二号

2) 微型化

微型计算机从过去的台式机迅速向便携机、掌上机、膝上机发展，其低廉的价格、方便的使用、丰富的软件，受到人们的青睐。因为微型计算机可渗透到诸如仪表、家用电器、导弹弹头等中小型计算机无法进入的领域，所以也是工业控制过程的心脏，使仪器设备实现"智能化"。随着微电子技术的进一步发展，微型计算机必将以更优的性价比受到人们的欢迎。

3) 网络化

网络化指利用现代通信技术和计算机技术，把分布在不同地点的计算机互联起来，按照网络协议互相通信，以共享软件、硬件和数据资源。计算机网络是计算机技术发展中崛起的又一重要分支，是现代通信技术与计算机技术结合的产物。目前，计算机网络在交通、金融、企业管理、教育、电信、商业、娱乐等各行各业中得到了广泛的应用，网络化已经在人们的生活中无处不在了。

4) 智能化

智能化指计算机模拟人的感觉和思维过程的能力。智能化是计算机发展的一个重要方向。智能计算机具有解决问题和逻辑推理的功能以及知识处理和知识库管理的功能等。它是让计算机来模拟人的感觉、行为、思维过程的机理，使计算机具备视觉、听觉、语言、行为、思维、逻辑推理、学习、证明等能力，形成智能型、超智能型计算机。未来的计算机将能接受自然语言的命令，有视觉、听觉和触觉，但可能不再有现在计算机的外形，体系结构也会不同。

目前已研制出的机器人有的可以替代人从事危险环境中的劳动,有的能与人下棋等,这都从本质上扩充了计算机的能力,使计算机成为可以越来越多的替代人的思维活动和脑力劳动的电脑。

5) 发展非冯·诺依曼结构模式

从第一台计算机诞生到现在,各种类型的计算机都以存储程序原理和二进制编码方式进行工作,仍然属于冯·诺依曼型计算机。

"冯·诺依曼瓶颈"这个词是由约翰·巴克斯(John Backus)1997 年获得图灵奖时首次提出来的。由于冯·诺依曼结构体系采用单数据单控制流,在 CPU 以摩尔定律高速发展的时代,数据的输入、输出(即流量),相对 CPU 的运算速率来说远远不够。当 CPU 需要在一些巨大数据上进行些简单指令操作时,数据输入、输出时 CPU 处于闲置状态,这就限制了计算机运算速度的提高。

自 20 世纪 60 年代开始,人们提出了制造非冯·诺依曼型计算机的想法,并朝着两个大方向努力,一是创建新的程序设计语言,即所谓的"非冯·诺依曼语言",主要有 Lisp、Prolog 等;二是从计算机元器件方面,例如提出了量子器件等方面的探索。

2. 未来新一代的计算机

计算机中最重要的核心部件是芯片,芯片制造技术的不断进步是推动计算机技术发展的动力。目前的芯片主要采用光蚀刻技术制造,即让光线透过刻有线路图的掩膜照射在硅片表面以进行线路蚀刻。当前主要是用紫外光进行光刻操作,随着紫外光波长的缩短,芯片上的线宽将会继续大幅度缩小,同样大小的芯片上可以容纳更多的晶体管,从而推动半导体工业继续前进。但是,当紫外光线波长缩短到小于 193 nm 时(蚀刻线宽 0.18 nm),传统的石英透镜组会吸收光线而不是将其折射或弯曲。因此,研究人员正在研究下一代光刻技术(Next Generation Lithography,NGL),包括极紫外(EUV)光刻技术、离子束投影光刻技术(Ion Projection Lithography,IPL)、角度限制投影电子束光刻技术(SCALPEL)以及 X 射线光刻技术。然而,以硅为基础的芯片制造技术的发展技术的发展不是无限的。专家预言,随着晶体管的尺寸接近纳米级,不仅芯片发热等副作用逐渐显现,电子的运行也难以控制,晶体管将不再可靠。下一代计算机无论是从体系结构、工作原理,还是器件及制造技术,都应该进行颠覆性的变革了。

随着计算机技术的发展,PC 成为我们工作上的工具、生活中的控制中心是必然的事情。计算机的未来充满了变数。性能的大幅度提高是毋庸置疑的,而实现性能的飞跃却有多种途径。不过性能的大幅提升并不是计算机发展的唯一路线,计算机的发展还应当变得越来越人性化,同时也要注重环保等。

基于集成电路的计算机短期内还不会退出历史舞台,一些新型计算机正在被加紧研究,包括能识别自然语言的计算机、高速超导计算机、激光计算机、分子计算机、DNA 计算机、神经元计算机和生物计算机等。

未来计算机将人从重复、枯燥的信息处理中解脱出来,从而改变我们的工作、生活和学习方式,给人类拓展了更大的生存和发展空间。随着计算机技术朝着巨型化、微型化、网络化、智能化的方向不断发展,未来将出现各种各样的新型计算机。

1) 模糊计算机

1956 年,英国人查德创立了模糊信息的理论。依照模糊理论,判断问题不是以是和非两种绝对的值或 0 和 1 两种数字来表示,而是取许多值,如接近、几乎、差不多及差得远等模糊值来表示。用这种模糊的、不确切的判断进行工程处理的计算机就是模糊计算机。模糊计算机是建立在模糊数学基础上的计算机。模糊计算机除具有一般计算机的功能外,还具有学习、思考、判断和对话的能力,可以立即辨识外界物体的形状和特征,甚至可帮助人从事复杂的脑力劳动。日本科学家把模糊计算机应用在地铁管理上。日本东京以北 320 km 的仙台市的地铁列车在模糊计算机的控制下,自 1986 年以来一直安全、平稳地行驶着,车上的乘客可以不必攀扶拉手吊带,这是因为,在列车行进中模糊逻辑"司机"判断行车情况的错误几乎比人类司机要少 70%。1990 年,松下公司把模糊计算机装在洗衣机里,能根据衣服的肮脏程度、衣服的质料调节洗衣机程序。我国有些品牌的洗衣机也装上了模糊逻辑芯片。此外,人们还把模糊计算机装在吸尘器里,可以根据灰尘量以及地毯的厚实程度调节吸尘器的功率。模糊计算机还能用于地震灾情判断、疾病医疗诊断、发酵工程控制、海空导航巡视等多个方面。

　　未来的计算机将在模式识别、语言处理、句式分析和语义分析等综合处理能力上获得重大突破。它可以识别孤立单词、连续单词、连续语言和特定或非特定对象的自然语言(包括口语)。今后,人类将越来越多地同机器对话,人们将向个人计算机"口授"信件,同洗衣机"讨论"保护衣物的程序,或者用语言"制服"不听话的录音机。键盘和鼠标的时代将渐渐结束。

　　2) 生物计算机

　　微电子技术和生物工程这两项高科技的互相渗透,为研制生物计算机提供了可能。20世纪 70 年代以来,人们发现脱氧核糖核酸(Deoxyribonucleic Acid, DNA)处在不同的状态下可产生有信息和无信息的变化。联想到逻辑电路中的 0 与 1、晶体管的导通或截止、电压的高或低、脉冲信号的有或无等,激发了科学家们研制生物元件的灵感。1995 年,来自各国的 200 多位有关专家共同探讨了 DNA 计算机的可行性,认为生物计算机是以生物电子元件构建的计算机,而不是模仿生物大脑和神经系统中信息传递、处理等相关原理来设计的计算机。其生物电子元件是利用蛋白质具有的开关特性,用蛋白质分子制成集成电路,形成蛋白质芯片、红血素芯片等。利用 DNA 化学反应,通过和酶的相互作用可以使某基因代码通过生物化学的反应转变为另一种基因代码,转变前的基因代码可以作为输入数据,反应后的基因代码可以作为运算结果。利用这一过程可以制成新型的生物计算机,其性能是由元件与元件之间电流启闭的开关速度来决定的。用蛋白质制成的计算机芯片,它的一个存储点只有一个分子大小,但它的存储容量可以达到普通计算机的十亿倍。由蛋白质构成的集成电路,其大小只相当于硅片集成电路的十万分之一,而且它的运算速度更快。这种 DNA 计算机的工作原理是以瞬间发生的化学反应为基础,通过和酶的相互作用,将发生过程进行分子编码,把二进制数翻译成遗传密码的片段,每个片段就是著名的双螺旋的一个链,然后对问题以新的 DNA 编码形式加以解答。和普通的计算机相比,DNA 计算机的优点是体积小,但存储的信息量却超过现在世界上所有的计算机。

　　3) 光子计算机

　　光子计算机是一种用光信号进行数字运算、信息存储和处理的新型计算机,运用集成光路技术,把光开关、光存储器等集成在一块芯片上,再用光导纤维连接成计算机。1990 年 1月底,贝尔实验室研制成世界上第一台光子计算机,尽管它的装置很粗糙,由激光器、透镜、棱镜等组成,只能用来计算。但是,它毕竟是光子计算机领域中的一大突破。正像电子计算机的发展依赖于电子器件,尤其是集成电路一样,光子计算机的发展也主要取决于光逻辑元件和光存储元件,即集成光路的突破。近30年来只读光盘(Compact Disc Read-Only Memory,CD-ROM)、可视光盘(Video Compact Disc,VCD)和数字通用光盘(Digital Versatile Disc,DVD)的接踵出现,是光存储研究的巨大进展。网络技术中的光纤信道和光转换器技术已相当成熟。光子计算机的关键技术,即光存储技术、光互联技术、光集成器件等方面的研究都已取得突破性的进展,为光子计算机的研制、开发和应用奠定了基础。现在,全世界除了贝尔实验室外,日本和德国的其他公司都投入巨资研制光子计算机,未来将会出现更加先进的光子计算机。

光子计算机是利用激光作为载体进行信息处理的计算机,又叫光脑,其运行速度将比普通的电子计算机快至少1 000倍。它依靠激光束进入由反射镜和透镜组成的阵列中来对信息进行处理。与电子计算机的相似之处是,光子计算机也靠一系列逻辑操作来处理和解决问题。光束具有在一般条件下互不干扰的特性,这使得光子计算机能够在极小的空间内开辟很多平行的信息通道,密度大得惊人。

4)超导计算机

1911年,昂尼斯发现纯汞在4.2 K低温下电阻变为零的超导现象,超导线圈中的电流可以无损耗地流动。在计算机诞生之后,超导技术的发展使科学家们想到用超导材料来替代半导体制造计算机。早期的工作主要是延续传统半导体计算机的设计思路,只不过是将半导体材料制备的逻辑门电路改为用超导体材料制备。从本质上讲,并没有突破传统计算机的设计架构。而且,在20世纪80年代中期以前,超导材料的超导临界温度仅在液氦温区,实施超导计算机的计划费用昂贵。然而,在1986年左右出现重大转机,高温超导体的发现使人们可以在液氦温区外获得新型超导材料,于是超导计算机的研究又获得了各方面的广泛重视。超导计算机具有超导逻辑电路和超导存储器,其能耗小,运算速度是传统计算机无法比拟的。高速超导计算机的耗电仅为半导体器件计算机的几千分之一,它执行一条指令只需10^{-9}秒,比半导体元件快十几倍。以目前的技术制造出的超导计算机的集成电路芯片的大小只有$3\sim5$ mm^2。

5)量子计算机

量子计算机的目的是解决计算机中的能耗问题,其概念源于对可逆计算机的研究。

传统计算机与量子计算机之间的区别是传统计算机遵循着众所周知的经典物理规律,而量子计算机则是遵循着独一无二的量子动力学规律,是一种信息处理的新模式。在量子计算机中,用"量子位"来替代传统电子计算机的二进制位。二进制位只能用0和1两个状态表示信息,而量子位则用粒子的量子力学状态来表示信息,两个状态可以在一个"量子位"中并存。量子位既可以用于表示二进制位的0和1,也可以用这两个状态的组合来表示信息。正因为如此,量子计算机被认为可以进行传统电子计算机无法完成的复杂计算,其运算速度将是传统电子计算机无法比拟的。

由年轻的华裔科学家艾萨克·庄领衔的IBM公司科研小组向公众展示了迄今最尖端的"5比特量子计算机"。研究量子计算机的目的不是要用他来取代现有的计算机,而是要使计算的概念焕然一新,这是量子计算机与其他计算机,如光子计算机和生物计算机等的不同之处。目前关于量子计算机的应用材料研究仍然是其中的一个基础研究问题。

6）分子计算机

分子计算机正在酝酿和研制中。美国惠普公司和加州大学于 1999 年宣布,他们成功研制出了分子计算机中的逻辑门电路,其线宽只有几个原子的直径之和。预计分子计算机的运算速度将是目前计算机的 1 000 亿倍,最终将取代硅芯片计算机。

7）神经元计算机

人类神经网络的强大与神奇是人们所共知的。将来,人们将制造出能够完成类似人脑功能的计算机系统,即人造神经元网络。神经元计算机最有前途的应用领域是国防:它可以识别物体和目标,处理复杂的雷达信号,决定要击毁的目标。神经元计算机具有联想式信息存储、对学习的自然适应性、数据处理中的平行重复现象等性能。

1.1.5 信息技术

1. 信息化社会与计算机文化

（1）信息化社会与信息技术

信息化社会也称信息社会,是指以信息技术为基础,以信息产业为支柱,以信息价值的生产为中心,以信息产品为标志的社会。信息化社会的基本特征就是“万事万物皆成智力信息”,就连人本身也会被信息化,如身份证编码、证件编码等。

人类社会发展至今,已经历过狩猎技术、农业技术、工业技术三种社会技术,今天正面临着第四种社会技术——信息技术的发展。

狩猎技术的核心是石器和语言,其本质是人类从被动地适应环境（觅食活动）转变为能动地改造环境（劳动）,这是人类社会发展过程中发生的质的变化。

农业技术的核心是以锄、犁等为代表的农具和文字。文字的产生,有助于人类智慧的记忆、保存和交流,使得智慧的保存和交流冲破了时间和空间的限制。

工业技术的核心是以蒸汽机为代表的动力机械,人以机器生产来代替手工劳动。利用蒸汽机,人类第一次实现了热能到机械能的转换,成为人类征服和改造自然的强大的物质力量。产业革命的实质是能源的利用。

信息技术的核心是计算机、微电子和通信技术的结合。以往我们把能源和物质材料看成人类赖以生存的两大要素,而今组成社会物质社会文明的要素除了能源和材料,还有信息。信息技术从生产力变革和智力开发这两个方面推动着社会文明的进步,成为社会发展更为重要的动力源泉。在信息化社会中信息将起主要作用。

（2）人类面临的第六次信息革命

人类在认识世界的过程中,逐步认识到信息、物质材料和能源是构成世界的三大要素。信息交流在人类社会文明发展过程中发挥着重要的作用。

人类经历了数次信息革命,其中第一次是语言的使用,第二次是文字的使用,第三次是印刷术的发明,第四次是电话、广播和电视的使用。从 20 世纪 60 年代开始第五次信息革命产生的信息技术,则是计算机、微电子与通信技术相结合的技术,即计算机及其网络的应用。而第六次信息革命则是智能互联网的出现。

经过几十年发展,传统互联网已经失去了发展的空间,在一定程度上走到了瓶颈,未来将是全新的智能互联网时代。毫无疑问,智能互联网依然需要和传统互联网一样的网络,这个网络不仅需要高速度,它还应该是广覆盖的,在社会生活任何一个地方都存在,即实时和泛在的。

　　传统的网络还只是信息传输,我们只关注信息的流动,而很少关注信息的存储和分析。在智能互联网世界里,越来越多的用户在使用网络,甚至生活的所有事情都在这个网络中进行,云存储记录了我们每一次网络活动,包括访问的网站、电子商务的交易、玩了什么游戏、导航去了何地、看了什么影片等,所有的这些信息,都不再像传统世界那样发生过就消失了。因此,对这些数据进行整理、挖掘和分析,就具有巨大的价值。所以智能互联网具有由高速移动网络大数据分析和挖掘、智能感应能力综合形成的能力。互联网和移动互联网是基础,但是必须要用数据挖掘,数据分析来整合,而智能感应能力让传统的信息传输增加了感应能力,这些能力整合起来,形成的力量是传统互联网无法比拟的。

　　(3) 计算机文化

　　文化离不开语言,所以当技术触动了语言,也就动摇了文化本身。计算机技术已经创造了并且还在继续创造着不同于传统自然语言的计算机语言。这种计算机语言已从简单的应用发展到多种复杂的对话,并逐步发展到能像传统自然语言一样表达和传递信息。可以说,计算技术引起了计算机语言的重构和再生。

　　数据库的诞生使知识和信息的存储在数量与性质上都发生了质的变化,这引起了人类社会记忆系统的更新。

　　计算机技术使语言和知识的相互交流发生了根本性变化。也就是说,计算机技术冲击着人类的思维和信息交流方式,冲击着人类社会各个领域,改变着人类的观念和社会结构,这就导致了一种全新的文化模式——计算机文化素养的出现,也就是信息时代文化的出现。

　　计算机具有逻辑思维功能,这样计算机就可以独立进行加工,产生进一步的思维活动,最后产生思维成果。于是造就智能计算机战胜围棋世界冠军的奇迹。可以认为,计算机思路活动是一种物化思维,是人脑思维的一种延伸,克服了人脑思维和自然语言方面的许多局限性。其高速、大容量、长时间自动运行等特性大大提高了人类的思维能力。可以说,现代人类文化创造活动中,越来越离不开计算机的辅助。

　　计算机已不是单纯的一门科学技术,它还是进行国际交流、推动全球经济与社会发展的重要手段。虽然计算机也是人脑创造的,但是它具有一定的逻辑思维和判断能力,有着部分人脑的功能,能完成某些人脑才能完成,甚至是人脑完成不了的任务。计算机应用介入人类社会的方方面面,从而让其创造和形成的科学思想、科学方法、科学精神、价值标准等成为一种崭新的文化观念。所以计算机文化也被称为人类在书本世界之外的第二文化。这是信息时代的特征文化,它不是属于某一国家、某一民族的一种地域文化,而是一种时域文化,是人类社会发展到一定阶段的时代文化。

　　计算机作为当今信息处理的工具,在信息获取、存储、处理、交流传播方面充当着核心的角色。个人计算机(Personal Computer, PC)的出现只有 40 多年,在人类文明发展的历史长河中仅仅是一瞬。但在人类现代文明史中,还没有任何一个产业能够像 PC 这样在如此短的时间内取得如此辉煌的成就,也没有任何一种产品能够在人们生活和工作中发挥如此重要的作用。随着 PC 的出现,计算机的应用渗透到人类生活的各个方面。计算机信息技术使人类智慧得以充分发挥,在人类历史上创造了真正的奇迹。

2. 信息技术

信息技术(Information Technology,IT)的飞速发展促进了信息社会的到来。半个多世纪以来,人类社会正由工业社会全面进入信息社会,其主要动力就是以计算机技术、通信技术和控制技术为核心的现代信息技术的飞速发展和广泛应用。纵观人类社会发展史和科学技术史,信息技术在众多的科学技术群体中越来越显示出强大的生命力。随着科学技术的飞速发展,各种高新技术层出不穷,日新月异,但是最主要、发展最快的仍然是信息技术。

(1)信息技术的定义

随着信息技术的发展,信息技术的内涵也在不断变化,因此至今仍没有统一的定义。一般来说,信息的采集、加工、存储和利用过程中的每一种技术都是信息技术,这是一种狭义的定义。在现代信息社会中,技术发展能够导致虚拟现实的产生,信息技术本质也被改写,一切可以用二进制进行编码的东西都被称为信息。因此,联合国教科文组织对信息技术的定义是:应用在信息加工和处理中的科学、技术与工程的训练方法和管理技巧;上述方面的技巧和应用;计算机及其与人、机的相互作用;与之相应的社会、经济和文化等诸种事物。在这个目前世界范围内较为统一的定义中,信息技术一般是指一系列与计算机相关的技术。该定义侧重于信息技术的应用,对信息技术可能对社会、科技、人们的日常生活产生的影响及其相互作用进行了广泛的研究。

信息技术不仅包括现代信息技术,还包括现代文明之前的原始时代和古代社会中与那个时代相对应的信息技术。不能把信息技术等同为现代信息技术。现代信息技术是借助以微电子学为基础的计算机技术和电信技术的结合而形成的手段,对声音的、图像的、文字的、数字的和各种传感信号的信息进行获取、加工、处理、储存、传播和使用的能动技术。

(2)现代信息技术的内容

一般来说,信息技术包含三个层次的内容:信息基础技术、信息系统技术和信息应用技术。

1)信息基础技术

信息基础技术是信息技术的基础,包括新材料、新能源、新器件的开发和制造技术。近几十年来、发展最快、应用最广泛、对信息技术以及整个高科技领域的发展影响最大的是微电子技术和光电子技术。

微电子技术是随着集成电路,尤其是超大规模集成电路而发展起来的一门新的技术。微电子技术包括系统电路设计、器件物理、工艺技术、材料制备、自动测试以及封装、组装等一系列专门的技术,微电子技术是微电子学中各项工艺技术的总和。

光电子技术是由光子技术和电子技术结合而成的新技术,涉及光显示、光存储、激光等领域,是未来信息产业的核心技术。

2)信息系统技术

信息系统技术是指有关信息的获取、传输、处理、控制的设备和系统的技术。感测技术、通信技术、计算机与智能技术和控制技术是它的核心和支撑技术。

感测技术就是获取信息的技术,主要是对信息进行提取、识别或检测并能通过一定的计算方式显示计算结果。

通信技术,一般是指电信技术,国际上称为远程通信技术。

计算机与智能技术是以人工智能理论和方法为核心,研究如何用计算机去模拟、延伸和扩展人的智能;如何设计和建造具有高智能水平的计算机应用系统;如何设计和制造更聪明的计算机。一个完整的智能行为周期为:从机器感知,到知识表达;从机器学习,到知识发现;从搜索推理,到规划决策;从智能交互,到机器行为,到人工生命等,构成了智能科学与技术学科特有的认识对象。

控制技术是指对组织行为进行控制的技术。控制技术是多种多样的,常用的控制技术有信息控制技术和网络控制技术两种。

3) 信息应用技术

信息应用技术是针对种种实用目的,如信息管理、信息控制、信息决策而发展起来的具体的技术群类。如工业自动化、办公自动化、家庭自动化、人工智能和互联通信技术等,它们是信息技术开发的根本目的所在。

信息技术在社会的各个领域得到了广泛的应用,显示出了强大的生命力。纵观人类科技发展的历程,还没有一项技术像信息技术一样对人类社会产生如此巨大的影响。

(3) 现代信息技术的发展趋势

展望未来,在社会生产力发展、人类认识和实践活动的推动下,信息技术将得到更深、更广、更快的发展,其发展趋势可以概括为数字化、多媒体化、高速度、网络化、宽频带、智能化等。

1) 数字化

当信息被数字化并经由数字网络流通时,一个拥有无数可能性的全新世界便由此揭开序幕。大量信息可以被压缩,并以光速进行传输,数字传输的品质又比模拟传输的品质要好得多。许多种信息形态能够被结合、被创造,例如多媒体文件。无论在世界的任何地方,都可以立即存储和取用信息,这是即时存取了大部分人类文明进化的记录。新的数字产品也将被制造出来,有些小巧得可以放进你的口袋里,有些则足以对商业和个人生活的各层面都造成重大影响。

2) 多媒体化

随着未来信息技术的发展,多媒体技术将文字、声音、图形、图像、视频等信息媒体与计算机集成在一起,使计算机的应用由单纯的文字处理进入文、图、声、影集成处理。随着数字化技术的发展和成熟,以上每一种媒体都将被数字化并容纳进多媒体的集合里,系统将信息整合在人们的日常生活中,已接近与人类的工作方法和思维方式来设计与操作。

3) 高速度、网络化、宽频带

目前,几乎所有的国家都在进行最新一代的信息基础设施建设,即建设宽频信息高速公路。尽管今日的 Internet 已经能够传输多媒体信息,但仍然被认为是一条频带宽度低的网络路径,被形象地称为一条花园小径。下一代的 Internet 技术(Internet 2)的传输速率将可以达到 2.4 GB/s。实现宽频的多媒体网络是未来信息技术的发展趋势之一。

4) 智能化

直到今日,不仅是信息处理装置本身几乎没有智慧,作为传输信息的网络也几乎没有智能。对于大多数人而言,只是为了找寻有限的信息,却要在网络上耗费许多时间。随着未来信息技术向着智能化的方向发展,在超媒体的世界里,"软件代理"可以替人们在网络上漫游。"软件代理"不再需要浏览器,它本身就是信息的寻找器,它能够收集任何可能想要在网络上获取的信息。

1.2　信息的表示与存储

计算机科学的研究主要包括信息的采集、存储、处理和传输,而这些多与信息的量化和表示密切相关。本节从信息的定义出发,对数据的表示、转换、处理、存储方法进行论述,从而得出计算机对信息的处理方法。

1.2.1　数据与信息

数据是对客观事物的符号表示。数值、文字、语言、图形、图像等都是不同形式的数据。

信息(Information)是现代生活和计算机科学中一个非常流行的词汇。一般来说,信息既是对各种事物变化和特征的反映,又是事物之间相互作用、相互联系的表征。人通过接收信息来认识事物,从这个意义上来说,信息是一种知识,是接受者原来不了解的知识。

计算机科学中的信息通常被认为是能够用计算机处理的有意义的内容或消息,它们以数据的形式出现,如数值、文字、语言、图形、图像等。数据是信息的载体。

数据与信息的区别是:数据处理之后产生的结果为信息,信息具有针对性、时效性。尽管这是两种不同的概念,但人们在许多场合把这两个词互换使用。信息有意义,而数据没有。例如,当测量一个病人的体温时,假定病人的体温是 39℃,则写在病历上的 39℃ 实际上是数据。39℃ 这个数据本身是没有意义的:39℃ 是什么意思? 什么物质是 39℃? 但是,当数据以某种形式经过处理、描述或与其他数据比较时,便赋予了意义。例如,这个病人的体温是 39℃,这才是信息,这个信息是有意义的——39℃ 表示病人发烧了。

信息同物质、能源一样重要,是人类生存和社会发展的三大基本资源之一。可以说信息不仅维系着社会的生存和发展,而且在不断地推动着社会和经济的发展。

1.2.2　计算机中的数据

ENIAC 是一台十进制的计算机,它采用十个真空管来表示一位十进制数。冯·诺依曼在研制 IAS 时,感觉这种十进制的表示和实现方式十分麻烦,故提出了二进制的表示方法,从此改变了整个计算机的发展历史。

二进制只用“0”和“1”两个数码。相对十进制而言,采用二进制表示不但运算简单、易于物理实现、通用性强,更重要的优点是所占的空间和所消耗的能量小得多,机器可靠性高。

计算机内部均用二进制来表示各种信息,但计算机及外部交互仍采用人们熟悉和便于阅读的形式,如十进制数据、文字显示以及图形描述等。其间的转换,则由计算机系统的硬件和软件来实现。转换过程如图 1.19 所示。例如,各种声音被麦克风接收,生成的电信号为模拟信号(在时间和幅值上连续变化的信号),必须经过一种被称为模/数(A/D)转换器的器件将其转换为数字信号,再送入计算机中进行处理和储存;然后将处理结果通过一种被称为数/模(D/A)转换器的器件将数字信号转换为模拟信号,我们通过扬声器听到的才是连续的正常的声音。

图 1.19　各类数据在计算机中的转换过程

1.2.3　计算机中数据的单位

1. 位(bit)

位是度量计算机中数据的最小单位。在数字电路和计算机技术中采用二进制表示数据,代码只有 0 和 1,比特 0 和比特 1 无大小之分。采用多个数码(0 和 1 的组合)来表示一个数,其中的每一个数码称为 1 位。

2. 字节(Byte)

一个字节由 8 位二进制数字组成(1 Byte＝8 bit)。字节是信息组织和存储的基本单位,也是计算机体系结构的基本单位。

早期的计算机并无字节的概念。20 世纪 50 年代中期,随着计算机逐渐从单纯用于科学计算扩展到数据处理领域,为了体系结构上兼顾表示"数"和"字符",就出现了"字节"。IBM 公司在设计其第一台超级计算机 STRETCH 时,根据数值运算的需要,定义机器字长为 64 位。对于字符而言,STRETCH 的打印机只有 120 个字符,本来每个字符用 7 位二进制位数表示即可(因为 $2^7＝128$,所以最多可表示 128 个字符),但其设计人员考虑到以后字符集扩充的可能,决定用 8 位来表示一个字符。这样 64 位字长可容纳 8 个字符,设计人员把它叫作 8 个"字节",这就是字节的来历。

为了便于衡量存储器的大小,统一以字节(Byte,B)为单位。

千字节　1 KB＝1 024 B＝2^{10} B

兆字节　1 MB＝1 024 KB＝2^{20} B

吉字节　1 GB＝1 024 MB＝2^{30} B

太字节　1 TB＝1 024 GB＝2^{40} B

3. 字长

在计算机诞生初期,受各种因素限制,计算机一次能够同时(并行)处理 8 个二进制位。人们将计算机一次能够并行处理的二进制位称为该机器的字长,也称为计算机的一个"字"。随着电子技术的发展,计算机的并行能力越来越强,计算机的字长通常是字节的整倍数,如 8 位、16 位、32 位,发展到今天微型机的 64 位,大型机已达 128 位。

字长是计算机的一个重要指标,直接反映一台计算机的计算能力和计算精度。字长越长,计算机的数据处理速度越快。

1.2.4　进位计数制及其转换

日常生活中,人们使用的数据一般是十进制表示的,而计算机中所有的数据都是使用二进制表示的。但为了书写方便,也采用八进制或十六进制形式表示。下面介绍数制的基本概念及不同数制之间的转换方法。

1. 进位计数制

多位数码中每一位的构成方法以及从低位到高位的进位规则称为进位计数制(简称数制)。

如果采用 R 个基本符号(例如 $0,1,2,\cdots,R-1$)表示数值,则称 R 数制,R 称该数制的基数(Radix),而数制中固定的基本符号称为"数码"。处于不同位置的数码代表的值不同,与它所在位置的"权"值有关。任意一个 R 进制数 D 均可展开为:

$$(D)_R = \sum_{i=-m}^{n-1} k_i \times R^i$$

其中 R 为计数的基数;k_i 为第 i 位的系数,可以为 $0,1,2,\cdots,R-1$ 中的任何一个;R^i 称为第 i 位的权。表 1.2 给出了计算机中常用的几种进位计数制。

表 1.2 计算机中常用的几种进位计数制得表示

进制位	基数	基本符号	权	形式表示
二进制	2	0,1	2^1	B
八进制	8	0,1,2,3,4,5,6,7	8^1	O
十进制	10	0,1,2,3,4,5,6,7,8,9	10^1	D
十六进制	16	0,1,2,3,4,5,6,7,8,9,A,B,C,D,E,F	16^1	H

表 1.2 中,十六进制的数字符号除了十进制中的 10 个字符,还使用了 6 个英文字母;A,B,C,D,E,F,它们分别等于十进制的 10,11,12,13,14,15。

在数字电路和计算机中,可以用括号加数制基数下表的方法表示不同数制的数,如 $(25)_{10}$、$(1101.101)_2$、$(37F.5B9)_{16}$,或者表示为 $(25)_D$、$(1101.101)_B$、$(37F.5B9)_H$。

表 1.3 是十进制数 0~15 与等值二进制、八进制、十六进制数的对照表。

表 1.3 不同进制数的对照表

十进制	二进制	八进制	十六进制
0	0000	00	0
1	0001	01	1
2	0010	02	2
3	0011	03	3
4	0100	04	4
5	0101	05	5
6	0110	06	6
7	0111	07	7
8	1 000	10	8
9	1001	11	9

十进制	二进制	八进制	十六进制
10	1010	12	A
11	1011	13	B
12	1100	14	C
13	1101	15	D
14	1110	16	E
15	1111	17	F

可以看出,采用不同的数制表示同一个数时,基数越大,则使用的位数越少。比如十进制数 15,需要 4 位二进制数来表示,只需要 2 位八进制来表示,只需要 1 位十六进制数来表示——这也是为什么在程序的书写中一般采用八进制或十六进制表示数据的原因。在数制中有一个规则,就是 N 进制一定遵循"逢 N 进一"的进位规则,如十进制就是"逢十进一",二进制就是"逢二进一"。

2. R 进制转换为十进制

在人们熟悉的十进制系统中,9658 还可以表示成如下的多项形式:

$$(9658)_D = 9 \times 10^3 + 6 \times 10^2 + 5 \times 10^1 + 8 \times 10^0$$

上式中的 10^3、10^2、10^1、10^0 是各位数码的权。可以看出,个位、十位、百位和千位上的数字只有乘上它们的权值,才能真正表示它的实际数值。

将 R 进制数按权展开求和即可得到相应的十进制数,这就实现了 R 进制对十进制的转换。例如:

$$
\begin{aligned}
(234)_H &= (2 \times 16^2 + 3 \times 16^1 + 4 \times 16^0)_D \\
&= (512 + 48 + 4)_D \\
&= (564)_D \\
(234)_O &= (2 \times 8^2 + 3 \times 8^1 + 4 \times 8^0)_D \\
&= (128 + 24 + 4)_D \\
&= (156)_D \\
(10110)_B &= (1 \times 2^4 + 0 \times 2^3 + 1 \times 2^2 + 1 \times 2^1 + 0 \times 2^2)_D \\
&= (16 + 4 + 2)_D \\
&= (22)_D
\end{aligned}
$$

表 1.4 给出了部分二进制的权值。

表 1.4　部分二进制的权值

权	(值)$_2$	(值)$_{10}$
2^0	1	1
2^1	10	2
2^2	100	4

权	(值)$_2$	(值)$_{10}$
2^3	1 000	8
2^4	10 000	16
2^5	100 000	32
2^6	1 000 000	64
2^7	10 000 000	128
2^8	100 000 000	256
2^9	1 000 000 000	512
2^{10}	1 000 000 0000	1 024

3. 十进制转换为 R 进制

将十进制数转换为 R 进制数时，可将此数分成整数与小数两部分分别进行转换，然后再拼接起来即可。

下面分析整数部分的转换方法。一个十进制数 D 可以写成如下形式：

$$(D)_{10} = k_{n-1} \times 2^{n-1} + k_{n-2} \times 2^{n-2} + \cdots + k_1 \times 2^1 + k_0 \times 2^0$$
$$= 2 \times (k_{n-1} \times 2^{n-2} + k_{n-2} \times 2^{n-3} + \cdots + k_1) + k_0 \qquad (1.1)$$

若将 $(D)_{10}$ 除以 2，则得到商为 $k_{n-1} \times 2^{n-2} + k_{n-2} \times 2^{n-3} + \cdots + k_1$，余数为 k_0——二进制数的最低位（Least Significant Bit，LSB，最低有效位）。再将商写成如下形式：

$$k_{n-1} \times 2^{n-2} + k_{n-2} \times 2^{n-3} + \cdots + k_1 = 2 \times (k_{n-1} \times 2^{n-3} + k_{n-2} \times 2^{n-4} + \cdots + k_2) + k_1 \qquad (1.2)$$

若将式(1.2)再除以 2，则得到余数为 k_1——二进制数的次低位……

根据上面的分析可知，将整数部分除以 2，得到的余数为二进制数的最低位；每次将得到的商除以 2，得到二进制数的其余各位。当商为 0 时，得到余数 k_{n-1}——二进制数的最高有效位（Most Significant Bit，MSB）。

因此，将一个十进制整数转换成 R 进制数可以采用"除 R 逆序取余"法，即将十进制整数连续地除以 R 取余数，直到商为 0，余数从右到左排列，首次取得的余数排在最右边。

小数部分转换成 R 进制数采用"乘 R 顺序取整"法，即将十进制小数不断乘以 R 取整数，直到小数部分为 0 或达到要求的精度为止（当小数部分永远不会达到 0 时）；所得的整数从小数点之后自左往右排列，取有效精度，首次取得的整数排在最左边。

【例 1-1】 将十进制数 225.8125 转换成二进制数。

转换结果为：$(225.8125)_D = (11100001.1101)_B$。

【例 1-2】 将十进制数 225.15 转化成八进制数，要求结果精确到小数点后 5 位。

转换结果为：$(225.15)_D \approx (341.11463)_O$

4. 二进制与八进制、十六进制之间的转换

二进制数非常适合计算机内部数据的表示和运算，但书写起来位数比较长，如表示一个十进制数 1024，写成等值的二进制就需 11 位，很不方便，也不直观。而八进制和十六进制数比等值的二进制数的长度短得多，而且它们之间转换也非常方便。因此在书写程序和数据到二进制数的地方，往往采用八进制数或十六进制数的形式。

由于二进制数、八进制和十六进制之间存在特殊关系：$8^1 = 2^3$、$16^1 = 2^4$，即 1 位八进制数相当于 3 位二进制数，1 位十六进制数相当于 4 位二进制数，因此转换方法就比较容易。八进制数与二进制数，十六进制数之间的关系如表 1.5 所示。

表 1.5　八进制数与二进制数、十六进制数之间的关系

八进制数	对应二进制数	十六进制数	对应二进制数	十六进制数	对应二进制数
0	000	0	0000	8	1000
1	001	1	0001	9	1001
2	010	2	0010	A	1010
3	011	3	0011	B	1011

八进制数	对应二进制数	十六进制数	对应二进制数	十六进制数	对应二进制数
4	100	4	0100	C	1100
5	101	5	0101	D	1101
6	110	6	0110	E	1110
7	111	7	0111	F	1111

根据这种对应关系,二进制数转换成八进制数时,以小数点为中心向左右两边分组,每3位为一组,两头不足3位补0即可。同样,二进制数转换成十六进制数只需要每4位为一组进行分组分别进行转换即可。例如:将二进制数(10101011.110101)B转换成八进制数:

$$(\underset{2}{010} \ \underset{5}{101} \ \underset{3}{011}. \ \underset{6}{110} \ \underset{5}{101})_B = (253.65)_O(整数高位补0)$$

又如:将二进制数(10101011.110101)$_B$转换成十六进制数:

$$(\underset{A}{1010} \ \underset{B}{1011}. \ \underset{D}{1101} \ \underset{4}{0100})_B = (AB.D4)_H(小数低位补0)$$

同样,将八(十六)进制数转换成二进制数,只要将1位转换为3(4)位即可。例如:

$$(2731.62)_O = (\underset{2}{010} \ \underset{7}{111} \ \underset{3}{011} \ \underset{1}{001}. \ \underset{6}{110} \ \underset{2}{010})_B$$

$$(2D5C.74)_H = (\underset{2}{0010} \ \underset{D}{1101} \ \underset{5}{0101} \ \underset{C}{1100}. \ \underset{7}{0111} \ \underset{4}{0100})_B$$

注意:整数前的高位0和小数后的低位0可以不写,例如(010 111 011 001. 110 010)$_B$可以写为(10 111 011 001. 110 01)B。

1.2.5 字符的编码

字符包括西文字符(字母、数字、各种符号)和中文字符,即所有不可做算术运算的数据。由于计算机是以二进制的形式存储和处理数据的,因此字符也必须按特定的规则进行二进制编码才能进入计算机。字符编码的方法很简单,首先确定需要编码的字符总数,然后将每一个字符按顺序确定序号,序号的大小无意,仅作为识别与使用这些字符的依据。字符形式的多少涉及编码的位数。对西文与中文字符,由于形式的不同,使用不同的编码。

1. 西文字符的编码

计算机中的数据都是用二进制编码表示的,用以表示字符的二进制编码称为字符编码。计算机中最常用的字符编码是 ASCII(American Standard Code for Information Interchange,美国信息交换标准代码),被国际标准化组织指定为国际标准。ASCII 码有7位码和8位码两种版本。国际通用的是7位 ASCII 码,用7位码二进制数表示一个字符的编码,共有$2^7 = 128$个不同的编码值,相应可以表示128个不同字符的编码,如表1.6所示。

表1.6中对大小写英文字母、阿拉伯数字、标点符号及控制符等特殊符号规定了编码,表中每个字符都对应一个数值,称为该字符的 ASCII 码值。其排列次序为 $b_6 b_5 b_4 b_3 b_2 b_1 b_0$,$b_6$ 为最高位,b_0 为最低位。

表 1.6　7 位 ASCII 码表

符号　　　$b_6 b_5 b_4$ $b_3 b_2 b_1 b_0$	000	001	010	011	100	101	110	111
0000	NUL	DEL	SP	0	@	P	.	p
0001	SOH	DC1	!	1	A	Q	a	q
0010	STX	DC2	"	2	B	R	b	r
0011	EXT	DC3	#	3	C	S	c	s
0100	EOT	DC4	S	4	D	T	d	t
0101	ENQ	NAK	%	5	E	U	e	u
0110	ACK	SYN	&.	6	F	V	f	v
0111	BEL	ETB	'	7	G	W	g	w
1000	BS	CAN	(	8	H	X	h	x
1001	HT	EM	)	9	I	Y	i	y
1010	LF	SUB	*	:	J	Z	j	z
1011	VI	ESC	+	;	K	[	k	{
1100	FF	FS	,		L	\	l	|
1101	CR	GS	—		M	]	m	}
1110	SO	RS	.		N	↑	n	~
1111	SI	US	/		O	↓	o	DEL

　　从 ASCII 码表中看出,有 34 个非图形字符(又称为控制字符)。例如:

SP(Space)编码是 0100000　　　　　　　　空格

CR(Carriage Return)编码是 0001101　　　　回车

DEL(Delete)编码是 1111111　　　　　　　删除

BS(Back Space)编码是 0001000　　　　　　退格

　　其余 94 个可打印字符,也称为图形字符。在这些字符中,从小到大排列有 0~9、A~Z、a~z,且小写比大写字母的码值大 32,即位 b_5 为 0 或 1,有利于大、小写字母之间的编码转换。有些特殊的字符编码是容易记忆的,例如:

　　"a"字符的编码为 1100001,对应的十进制数是 97,则"b"的编码值是 98。

　　"A"字符的编码为 1000001,对应的十进制数是 65,则"B"的编码值是 66。

　　"0"数字字符的编码为 0110000,对应的十进制数是 48,则"1"的编码值是 49。

　　计算机的内部用一个字节(8 个二进制位)存放一个 7 位 ASCII 码,最高位置为 0。

2. 汉字的编码

　　ASCII 码只对英文字母、数字和标点符号进行了编码。为了使计算机能够处理、显示、打印、交换汉字字符,同样也需要对汉字进行编码。我国于 1980 年发布了国家汉字编码标准 GB 2312—80,全称是《信息交换用汉字编码字符集—基本集》(简称 GB 码或国际标码)。

根据统计,把最常用的 6 763 个汉字分成两级:一级汉字有 3 755 个,按汉语拼音字母的次序排列;二级汉字有 3 008 个,按偏旁部首排列。由于一个字节只能表示 256 种编码,是不足以表示 6 763 个汉字的,所以一个国标码用两个字节表示一个汉字,每个字节的最高位为 0。

为避开 ASCII 码表中的控制码,将 GB 2312—80 中的 6 763 个汉字分为 94 行、94 列,代码表分 94 个区(行)和 94 个位(列)。由区号(行号)和位号(列号)构成了区位码。区位码最多可以表示 94×94=8 836 个汉字。区位码有 4 位十进制数字组成,前两位为区号,后两位为位号。在区位码中,01~09 区为特殊字符,10~55 区为一级汉字,56~87 区为二级汉字。例如汉字"中"的区位码位 5 448,即它位于第 54 行、第 48 列。

区位码是一个 4 位十进制数,国标码是一个 4 位十六进制数。为了与 ASCII 码兼容,汉字输入区位码与国标码之间有一个简单的转换关系。具体方法是:将一个汉字的十进制区号和十进制位号分别转换成十六进制;然后再分别加上 20H(十进制就是 32),就成为汉字的国标码。例如,汉字"中"字的区位码与国标码及转换如下:

区位码　　　5448D　3630H

国标码　　　8680D　3630H＋2020H＝5650H

二进制表示为:$(00110110\ \ 00110000)_B + (00100000\ \ 00100000)_B$
$= (01010110\ \ 01010000)_B$

世界上使用汉字的地方除了中国大陆,还有中国台湾及港澳地区、日本和韩国,这些地区和国家使用了与中国大陆不同的汉字字符集。中国台湾、香港等地区使用的汉字是繁体字即 BIG5 码。

1992 年通过的国际标准 ISO 10646,定义了一个用于世界范围各种文字及各种语言的书面形式的图形字符集,基本上收全了上面国家和地区使用的汉字。Unicode 编码标准对汉字集的处理与 ISO 10646 相似。

GB 2312—80 中因有许多汉字没有包括在内,为此有了 GBK 编码(扩展汉字编码),它是对 GB 2312—80 的扩展,共收录了 21003 个汉字,支持国际标准 ISO 10646 中的全部中日韩汉字,也包含了 BIG5(台、港、澳)编码中的所有汉字。GBK 编码于 1995 年 12 月发布。目前 Windows 95 以上的版本都支持 GBK 编码,只要计算机安装了多语言支持功能,几乎不需要任何操作就可以在不同的汉字系统之间自由变换。"微软拼音""拼音""紫光"等几种输入法都支持 GBK 字符集。2001 年我国发布了 GB 18030 编码标准,它是 GBK 的升级,GB 18030 编码空间约为 160 万码位,目前已经纳入编码的汉字约为 2.6 万个。

3. 汉字的处理过程

我们知道,计算机内部只能识别二进制数,任何信息(包括字符、汉字、声音、图像等)在计算机中都是以二进制形式存放的。那么,汉字究竟是怎样被输入到计算机中,在计算机中又是怎样存储,然后又经过何种转换,才在屏幕上显示或在打印机上打印出汉字的?

从汉字编码的角度看,计算机对汉字的信息的处理过程实际上是各种汉字编码间的转换过程。这些编码主要包括:汉字输入码、汉字内码、汉字地址码、汉字字形码等。这一系列的汉字编码及转换、汉字信息处理中的各编码及流程如图 1.20 所示。

从图 1.20 中了可以看出:通过键盘对每个汉字输入规定的代码,即汉字的输入码(例如拼音输入码)。不论哪一种汉字输入方法,计算机都将每个汉字的汉字输入码转换为相应的国标码,然后再转换为机内码,就可以在计算机内存储和处理了。输出汉字时,先将汉字的机内码通过简单的对应关系转换为相应的汉字地址码,然后通过汉字地址码对汉字库进行访问,从字库中提取汉字的字形码,最后根据字形数据显示和打印出汉字。

图 1.20   汉字信息处理系统的规模

1) 汉字输入码

为将汉字输入计算机而编制的代码称为汉字输入码,也叫外码。汉字输入码是利用计算机标准键盘上按键的不同排列组合来对汉字的输入进行编码。目前汉字输入编码法的开发研究种类繁多,已多达数百种。一个好的输入码应是:编码短,可以减少按键的次数;重码少,可以实现盲打;好学好记,便于学习和掌握。但目前还没有一种全部符合上述要求的汉字输入法编码方法。目前常用的输入法类别有:音码、形码、语音输入、手写输入或扫描输入等。实际上,区位码也是一种输入法,其最大优点是一字一码的无重码输入,最大的缺点是代码难以记忆。

可以想象,对于同一个汉字,不同的输入法有不同的输入码。例如:"中"字的全拼音输入码是"zhong",其双拼输入码是"vs",而五笔的输入时"kh"。这种不同的输入码通过输入字典转换统一到标准的国标码。

2) 汉字内码

汉字内码是为在计算机内部对汉字进行存储、处理的汉字编码,它应满足汉字的存储、处理和传输的要求。当一个汉字输入计算机后转换为内码,才能在机器内传输、处理。汉字内码的形式也有多种多样。目前,对应于国标码,汉字的内码用 2 个字节存储,并把每个字节的最高二进制位置"1"作为汉字内码的标识,以免与单字节的 ASCII 码产生歧义。如果用十六进制来表述,就是把汉字国标码的每个字节上加一个(80)H(即二进制数10000000)。所以,汉字的国标码与其内码存在下列关系:

汉字的内码=汉字的国标码+(8080)$_H$

例如,在前面已知"中"字的国标码(5650)$_H$,则根据上述关系式得:

"中"字的内码="中"字的国标码(5650)$_H$+(8080)$_H$=(D6D0)$_H$

二进制表示为:(01010110　01010000)$_B$+(10000000　10000000)$_B$

=(11010110　11010000)$_B$

由此看出:西文字符的内码是 7 位 ASCII 码,一个字节的最高位为 0。每个西文字符的 ASCII 码值均小于 128。为了与 ASCII 码兼容,汉字用两个字节来存储,区位码再分别加上 20H,就成为汉字的国标码。计算机内部为了能够区分是汉字还是 ASCII 码,将国标码每个字节的最高位由 0 变为 1(也就是说汉字内码的每个字节都大于 128),变换后的国标码称为汉字内码。

4. 汉字字形码

经过计算机处理的汉字信息,如果要显示或打印出来供阅读,则必须将汉字内码转换成人们可读方块汉字。汉字字形码又称汉字字模,用于汉字在显示屏或打印机输出。汉字字形码通常有两种表示方式:点阵和矢量表示方式。

用点阵表示字形时,汉字字形码指的就是这个汉字字形点阵的代码。根据输出汉字的要求不同,点阵的多少也不同。简易型汉字为 16×16 点阵,普通型汉字为 24×24 点阵,提高型汉字为 32×32 点阵、48×48 点阵,等等。图 1.21 显示了"次"字的 16×16 字形点阵和代码。

在一个 16×16 的网格中用点描出一个汉字,如"次"字,整个网格分为 16 行 16 列,每个小格用 1 位二进制编码表示,有点的用"1"表示,没有点的用"0"表示。这样,从上到下,每一行需要 16 个二进制位,占两个字节,如第一行的点阵编码是(0080)H。描述整个汉字的字形需要 32 个字节存储空间。汉字的点阵字形编码仅用于构造汉字的字库。一般对应不同的字体(如宋体、楷体、黑体)有不同的字库,字库中存储了每个汉字的点阵代码。字模点阵只能用来构成字库,而不能用于机内存储。输出汉字时,先根据汉字内码从字库中提取汉字的字形数据,然后根据字形数据显示和打印出汉字。

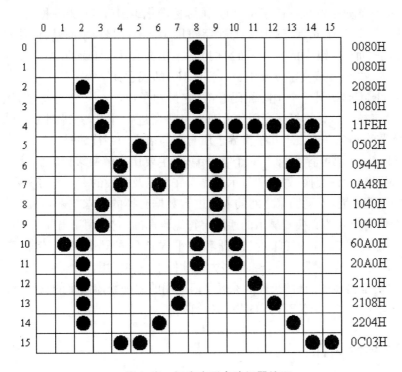

图 1.21 汉字字形点阵机器编码

点阵规模愈大,字形愈清晰美观,所占存储空间也愈大。两级汉字大约占用 256 KB。点阵表示方式的缺点是字形放大后产生的效果差。

矢量表示方式存储的是描述汉字字形的轮廓特征。当要输出汉字时,通过计算机的计算,由汉字字形描述生成所需大小和形状的汉字点阵。矢量化字形描述与最终文字显示的大小、分辨率无关,因此可产生高质量的汉字输出。Windows 中使用的 TrueType 技术就是汉字的矢量表示方式,它解决了汉字点阵字形放大后出现锯齿现象的问题。

5. 汉字地址码

汉字地址码是指汉字字库(这里主要指整字形的点阵式字模库)中存储汉字字形信息的

逻辑地址码。需要向输出设备输出汉字时,必须通过地址码对汉字库进行访问。汉字库中,字形信息都是按一定顺序(大多是按标准汉字交换码中汉字的排列顺序)连续存放在存储介质中,所以汉字地址码也大多是连续有序的,而且与汉字内码间有着简单的对应关系,以简化汉字内码到汉字地址码的转换。

6. 其他汉字内码

GB 2312—80 国标码只能表示和处理 6 763 个汉字,为了统一表示世界各国、各地区的文字,便于全球范围的信息交流,各级组织公布了各种汉字内码。

(1) GBK 码(扩充汉字内码规范)是我国制定,对多达 2 万多的简、繁汉字进行了编码,是 GB 2312—80 码的扩充。这种内码仍以 2 字节表示一个汉字,第一个字节为(81)H~(FE)H,第二个字节为(40)H~(FE)H。虽然第二个字节的最左边不一定是 1,但因为汉字内码总是 2 字节连续出现的,所以即使与 ASCII 码混合在一起,计算机也能够加以正确区别。简体版中文 Windows 95/98/2000/XP 使用的是 GBK 内码。

(2) UCS 码(通过多八位编码字符集)是国际标准化组织(ISO)为各种语言字符制定的编码标准。ISO/IEC 10646 字符集中的每个字符用 4 字节(组号、平面号、行号和字位号)唯一地表示,第一平面(00 组中的 00 平面)称为基本多文种平面(Basic Multilingual Plane,BMP),包含字母文字、音节文字以及中、日、韩(CJK)的表意文字等。

(3) Unicode 编码是另一个国际编码标准,它最初是由 Apple 公司发起制定的通用多文种字符集,后来被多家计算机厂商组成 Unicode 协会进行开发,并得到计算机界的支持,成为能用双字节编码统一地表示几乎世界上所有书写语言的字符编码标准。

目前,Unicode 编码可容纳 65 536 个字符编码,主要用来解决多语言的计算问题,如不同国家的字符标准,允许交换、处理和显示多语言文本以及公用的专业符号和数学符号。随着 Internet 的迅速发展,不同国家之间的人们进行数据交换的需求越来越大,Unicode 编码因此成为当今最为重要的交换和显示的通用字符编码标准,它适用于当前所有已知的编码,覆盖了美国、欧洲、中东、非洲、印度、亚洲和太平洋地区的语言以及专业符号。目前,Unicode 编码在网络、Windows 系统和很多大型软件中得到应用。

(4) BIG5 码是目前中国台湾、香港地区普遍适用的一种繁体汉字的编码标准。中文繁体版 Windows 95/98/2000/XP 使用的是 BIG5 内码。

1.3　多媒体技术简介

多媒体技术是一门跨科学的综合技术,它使得高效而方便地处理文字、声音、图像和视频等多种媒体信息成为可能。不断发展的网络技术又促进了多媒体技术在教育培训、多媒体通信、游戏娱乐等领域的应用。在本节中将介绍多媒体的特征、多媒体的数字化和多媒体数据的压缩。

1.3.1　多媒体的特征

在日常生活中媒体(Medium)是指文字、声音、图像、动画和视频等内容。多媒体(Multimedia)技术是指能够同时对两种或两种以上的媒体进行采集、操作、编辑、存储等综合处理的技术。多媒体技术集声音、图像、文字于一体,集电视录像、光盘存储、电子印刷和计算机通信技术之大成,将人类引入更直观、更加自然、更加广阔的信息领域。

按照一些国际组织如国际电话电报咨询委员会(CCITT,现 ITU)制定的媒体分类标准,可以将媒体分为感觉媒体、表示媒体、表现媒体、存储媒体和传输媒体五大类。

多媒体技术具有交互性、集成性、多样性、实时性等特征,这也是它区分于传统计算机系统的显著特征。

1. 相互性

人们日常通过看电视、读报纸等形式单向地、被动地接受信息,而不能双向地、主动地编辑、处理这些媒体的信息。在多媒体系统中用户可以主动地编辑、处理各种信息,具有人—机交互功能。交互性是多媒体技术的关键特征,没有交互性的系统就不是多媒体系统。交互性是指多媒体系统向用户提供交互式使用、加工和控制信息的手段,从而为应用开辟了更加广阔的领域,也为用户提供更加自然的信息存取手段。交互可以增加对信息的注意力和理解力,延长信息的保留时间。

2. 集成性

多媒体技术集成了许多单一的技术,如图像处理技术、声音处理技术等。多媒体能够同时表示和处理多种信息,但对用户而言,它们是集成一体的。这种集成包括信息的统一获取、存储、组织和合成等方面。

3. 多样性

多媒体信息是多样化的,同时也指媒体输入、传播、再现和展示手段的多样化。多媒体技术使人们的思维不再局限于顺序、单调和狭小的范围。这些信息媒体包括文字、声音、图像、动画等,它扩大了计算机所能处理的信息空间,使计算机不再局限于处理数值、文本等,使人们能得心应手地处理更多信息。

4. 实时性

实时性是指在多媒体系统中声音及活动的视频图像是强实时的(Hard Realtime)。多媒体系统提供了对这些媒体实时处理和控制的能力。多媒体系统除了像一般计算机一样能够处理离散媒体,如文本、图像外,它的一个基本特征就是能够综合地处理带有时间关系的媒体,如音频、视频和动画,甚至是实况信息媒体。这就意味着多媒体系统在处理信息时有着严格的时序要求和很高的速度要求。当系统应用扩大到网络范围之后,这个问题将会更加突出,会对系统结构、媒体同步、多媒体操作系统及应用服务提出相应的实时化要求。在许多方面,实时性确实已经成为多媒体系统的关键技术。

1.3.2　媒体的数字化

多媒体信息可以从计算机输出界面向人们展示丰富多彩的文、图、声信息,而在计算机内部都是转换成 0 和 1 后进行处理和存储的。

1. 声音

(1) 声音的概述

声音是一种重要的媒体,其种类繁多,如人的语言、动物的声音、乐器声、机器声等。声音是通过一定介质(如空气、水等)传播的连续波,在物理学中称为声波。声波是连续变化的模拟量,它有振幅、周期和频率三个重要指标。

1) 振幅

声音的振幅通常是指音量,它是声波波形的高低幅度,表示声音信号的强弱程度。

2) 周期

声音信号的周期是指两个相邻声波之间的时间长度,即重复出现的时间间隔,以秒(s)为单位。

3) 频率

声音信号的频率是指每秒信号变化的次数,即周期的倒数,以赫兹(Hz)为单位。

音频信号是一种连续变化的模拟信号,而计算机只能处理和记录数字信号,所以音频信号要经过一定的处理变成二进制数据后才能交给计算机进行编辑与保存。模拟音频与数字音频在录制、保存和播放的过程中区别都很大。模拟音频的录制是声音波形的记录,将波形所对应的电信号存储在不同的介质上,如磁带、唱片等。播放的时候将介质上的信号还原为声音波形,然后放大输出。数字音频是将模拟的声音信号变换为计算机能够识别的二进制数据进行加工处理,播放时将数字信号还原为模拟信号,然后放大输出。

(2) 声音的基本特点

声音有以下几个特点:

1) 声音的传播方式

声音的传播必须依靠介质(如空气、水等)的振动进行传播。声源依靠自身的振动,带动周围的介质进行振动,并以波的形式进行传播。人耳通过耳膜感觉到传播过来的振动,再反映到大脑,就听到了声音。声音在不同介质中的传播速度和衰减率都是不一样的,这两个因素导致了声音在不同介质中传播的距离不同。

2) 声音的频率范围

声音按频率可分为三种:次声波、可听声波和超声波。人类听觉能听到的声音频率范围为 20 Hz～20 kHz。声音频率低于 20 Hz 的为次声波,高于 20 KHz 的为超声波。人的发声器官发出的声音频率是 80 Hz～3 400 Hz,但是人说话的声音频率通常为 300 Hz～30 000 Hz,在这种频率范围内的信号称为语音信号。频率范围又叫"频域"或"频带",不同种类的声源的频带宽度差异很大。一般情况下,声源的频带越宽,表现力越好,层次也越丰富。例如,调频广播的声音比调幅广播好、宽带音频设备的重放声音质量比高级音响设备的重放声音质量好。尽管宽带音频设备的频带已经超出人耳可听范围,但正是因为这一点,它把人们的感觉和听觉充分地调动起来,产生了极佳的声音效果,部分常见声源的频带宽度如表 6-1 所示。

3) 声音的传播方向

声音以振动波的形式从声源向四周传播,人类在辨别声源的位置时,首先依靠声音到达左、右耳的微小时间差和强度差异进行辨别,然后经过大脑综合分析,判断出声音来自哪个方位。从声源直接达到人类听觉器官的声音叫"直达声";直达声的方位最容易辨别。但是,在现实生活中,我们周围存在森林、建筑等各种障碍物,声音多是从声源出发后,经过多次反射才到达人的耳朵,被人们所听到,这种声音被称为"反射声"。

4) 声音的三要素

声音的三要素是音调、音强和音色。

① 音调

音调即声音的高低,与声音的频率有关,频率越高,音调越高,通过调整声音的频率能够改变音调。不同的声源有它自己特定的音调,如果改变了声音的音调,则声音会发生质的转变,使人们无法辨别声源本来的样子。

② 音强

音强即声音的响度,又可称为音量。音强与声波的振幅成正比,振幅越大,音强越大。唱片、CD 盘以及其他形式的声音载体中的音强是一定的,通过播放设备的音量控制,可以改变聆听时的响度。如果要改变原始声音的音强,可以在声音数字化以后,使用音频控制软件提高音强。

③ 音色

音色指声音的感觉特性,与波形相关。声音分纯音和复音两种类型。所谓纯音,是指振幅和周期均为常数的声音;复音则是具有不同频率和不同振幅的混合声音,自然声中大部分声音是复音。在复音中,最低频率的声音是"基音",它是声音的基调;其他频率的声音称为"谐音"。

(3) 声音的数字化

声音用电表示时,声音信号是在时间和幅度上都连续的模拟信号。而计算机只能存储和处理离散的数字信号。将连续的模拟信号变成离散的数字信号就是数字化。数字化的基本技术是脉冲编码调制(Pulse Code Modulation,PCM),主要包括采样、量化、编码 3 个基本过程。

为了记录声音信号,需要每隔一定的时间间隔获取声音信号的幅度值,并记录下来——这个过程称为采样。采样即是以固定的时间间隔对模拟波形的幅度值进行抽取,把时间上连续的信号变成时间上离散的信号。该时间间隔称为采样周期,其倒数称为采样频率。显而易见,获取幅度值的时间间隔越短,记录的信息就越精确,由此带来的问题是:需要更多的存储空间。因此,需要确定一个合适的时间间隔,既能记录足够复现原始声音信号的信息,又不浪费过多的存储空间。

根据奈奎斯特采样定理,当采样频率大于或等于声音信号最高频率的两倍时,就可以将采集到的样本还原成原声音信号。例如:人的语音频率一般在 80~3 400 Hz 之间,则采样频率选为 8 kHz 就能基本上还原人的语音信号。

获取到的样本幅度值用数字量来表示——这个过程称为量化。量化就是将一定范围内的模拟量变成某一最小数量单位的整数倍。表示采样点幅值的二进制数称为量化位数,它是决定数字音频质量的另一重要参数,一般为 8 位、16 位。量化位数越大,采集到的样本精度就越高,声音的质量就越高。当量化位数越多,需要的存储空间也就越多。

记录声音时,每次只产生一组声波数据,称单声道;每次产生两组声波数据,称双声道。双声道具有空间立体效果,但所有占空间比单声道多一倍。

经过采样、量化后,还需要进行编码,即将量化后的数值转换成二进制码组。编码是将量化的结果用二进制数的形式表示。有时也将量化和编码过程统称为量化。

最终产生的音频数据量按照下面公式计算:

音频数据量(B)=采样时间(S)×采样频率(Hz)×量化位数(b)×声道数/8

例如,计算 3min 双声道,16 位量化位数,44.1 kHz 采样频率声音的不压缩的数据量为：

音频数据量＝180×44 100×16×2/8＝31 752 000B≈30.28MB

（4）声音文件格式

数字音频以文件的形式保存在计算机里。数字音频文件的保存格式常用的主要有 WAV、MP3、WMA、MIDI、RA、CDA 等。专业数字音乐工作者一般使用非压缩的 WAV 格式进行操作，而普通用户更乐于接受压缩比高、文件量相对较小的 MP3 或 WMA 格式。

1）WAVE 文件

WAV 是微软采用的波形声音文件存储格式，它是以".wav"作为文件的扩展名，是 Windows 操作系统专用的数字音频文件格式，是微软公司和 IBM 公司共同开发的 PC 标准声音格式，是最早的数字音频格式。主要针对外部音源（麦克风、录音机）录制，然后经声卡转换成数字化信息，播放时还原成模拟信号由扬声器输出。WAV 文件直接记录了真实声音的二进制采样数据，没有采用压缩算法，通常文件较大，多用于存储简短的声音片段。它是对声音信号进行采样、量化后生成的声音文件。

在 Windows 平台下，WAV 格式是被支持得最好的音频格式，所有音频软件都能完美支持。由于本身可以达到较高的音质的要求，因此，WAV 也是音乐编辑创作的首选格式，适合保存音乐素材。

2）MP3 文件

MPEG 是指采用 MPEG(.mp1/.mp2/.mp3)音频压缩标准进行压缩的文件。MPEG 音频文件的压缩是一种有损压缩，根据压缩质量和编码复杂程度的不同可分为 3 层 (MPEG-1 Audio Player1/2/3)，分别对应 MP1、MP2、MP3 这三种音频文件，压缩比分别为 4：1、6：1～8：1、10：1～12：1。其中 MP3 文件因为其压缩比高、音质接近 CD、制作简单、便于交换等优点，非常适合在网上传播，是目前使用最多的音频格式文件。

动态影像专家压缩标准音频层 3（Moving Picture Experts Group Audio Layer Ⅲ，MP3）距今已有将近 30 年的历史，诞生于德国。MP3 是指 MPEG 标准中的声音部分的压缩方式。MP3 通过记录未压缩的数字音频文件的音高、音色和音量信息，在它们相对变化不大时，用同一信息代替，并且用一定的算法对原始的声音文件进行代码替换处理，这样就可以将原始数字音频文件压缩，得到相对于压缩前很小的 MP3 文件。该格式的文件的特点是压缩比高、文件数据量小、音质好，能够通过多种播放器进行播放，压缩比约在 10:1 左右。如未压缩的 10 MB 左右的 CD 音质的音乐，经过 MP3 压缩以后只有 1MB 左右，且音质能够保证基本不失真，但是同 CD 音质相比，MP3 要差很多。

3）WMA 文件

WMA(Windows Media Audio)是微软公司力推的一种音频格式，是一种压缩的离散文件或流式文件。这种格式是以减少数据流量但保持音频的方法来达到更高的压缩比，其压缩比一般可以达到 18：1，生成的文件大小只有相应 MP3 文件的一半。MP3 播放器通常都支持 WMA 文件的播放。

与以往的编码方式不同，WMA 支持防复制功能，它支持通过 Windows Media Rights Manager 加入保护，可以限制播放时间和播放次数甚至播放的机器等。WMA 支持流技术，即支持一边读一边播放，因此 WMA 可以很轻松地实现在线广播。

4）RA 文件

RealAudio 文件是由 Real Network 公司推出的一种网络音频压缩文件格式，采用了"音频流"技术，它的压缩比可以达到 96∶1，其最大的特点就是可以实时传输音频信息，尤其是在网速较慢的情况下，仍然可以较为流畅地传送数据，因此 RealAudio 主要适用于网络上的在线播放。现在的 RealAudio 文件格式主要有 RA（RealAudio）、RM（RealMedia，RealAudio G2）、RMX（RealAudio Secured）3 种，这些文件的共性在于随着网络带宽的不同而改变声音的质量，在保证大多数人听到流畅声音的前提下，使带宽较宽的听众获得较好的音质。与 WMA 一样，RA 不但支持边读边播放，还支持使用特殊协议来隐匿文件的真实网络地址，从而实现只在线播放而不提供下载的欣赏方式。它最大的特点是充分利用宽频资源发挥音质潜力，适用于线上收听。

5）MIDI 文件

乐器数字接口（Musical Instrument Digital Interface，MIDI）不是数字化的声音，它是规定了乐器、计算机、音乐合成器以及其他电子设备之间交换音乐信息的一组标准规定。MIDI 文件中的数据记录的是一些关于乐曲演奏的内容，而不是实际的声音。因此 MIDI 文件要比 WAV 文件小很多，而且易于编辑、处理。MIDI 文件的缺点是播放声音的效果依赖于播放 MIDI 的硬件质量，但整体效果都不如 WAV 文件。产生 MIDI 音乐的方法有很多种，常用的有 FM 合成法和波表合成法。MIDI 文件记录的是一系列指令而不是数字化后的波形数据，其 MIDI 文件的扩展名有".mid"、".rmi"等。

6）VOC 文件

VOC 文件是声霸卡使用的音频文件格式，它以".voc"作为文件的扩展名。

7）APE 文件

APE 是一种无失真压缩格式。这种格式的压缩比远低于其他格式，能够做到真正无损，因此获得了不少用户的青睐。在现有的不少无失真压缩方案中，APE 文件的特点是音质非常好，适用于高品质的音乐欣赏及收藏。APE 是一种有着突出性能的格式，有令人满意的压缩比和压缩速度，成为不少用户交流发烧音乐的一个选择。

其他的音频文件格式还有很多，例如，AU 文件主要用在 Unix 工作站上，它以".au"作为文件的扩展名；AIF 文件是苹果机的音频文件格式，它以".aif"作为文件的扩展名，等等。

2. 图像

图像是多媒体中最基本、最重要的数据，图像有黑白图像、灰度图像、彩色图像、摄影图像等。计算机能够记录和处理的只能是数字信息，而我们通常所接触的自然景象或图像是模拟信号，在交于计算机进行处理前需要通过一些设备进行的必要的数字转换，例如，通过数码相机、扫描仪等将模拟信号转换成数字图像。

所谓图像一般是指自然界中的客观景物通过某种系统的映射，使人们生产的视觉感受。例如照片、图片和印刷品等。在自然界中，景和物有两种形态，即动和静。静止的图像称为静态图像；活动的图像称为动态图像。静态图像根据其在计算机中生成的原理不同，分为矢量图形和位图图像两种。动态图像又分为视频和动画。习惯上将通过摄像机拍摄得到的动态图像称为视频，而用计算机或绘画的方法生成的动态图像称为动画。

（1）图像与图形

表达或生成图像通常有两种方法：点位图法和矢量图法。点位图法就是将一幅图像分成很多小像素,每个像素用若干二进制位表示像素的颜色、属性等信息。矢量图法就是用一些指令来表示一幅图,如画一条 100 像素长的红色直线、画一个半径为 50 个像素的圆等。

1) 位图图像

一幅图像可以近似地看成是由许许多多的点组成的,因此它的数字化通过采样和量化就可以得到。图像的采样就是采集组成一幅图像的点。量化就是将采集到的信息转换成相应的数值。组成一幅图像的每个点被称为是一个像素,像素是能够独立赋予颜色和亮度的最小单位。每个像素的值表示其颜色、属性等信息。存储图像颜色的二进制数的位数,称为颜色深度。如 3 位二进制数可以表示 8 种不同的颜色,因此 8 色图的颜色深度是 3。真彩色图的颜色深度是 24,可以表示 16 777 412 种颜色。

通常情况下,位图图像可以通过扫描仪或者数码相机得到的图像。由于位图图像是由多个像素组成的,所以它不是独立的图形对象,如果要编辑其中部分区域的图像,必须精确选取需要编辑的像素,再进行编辑处理。能够处理位图图像的软件有 Photoshop、PhotoDraw 等。

2) 图像的数字化

① 图像的获取

图像的获取方式有很多,按采集途径的不同可以分为外部采集和内部采集。外部采集主要通过数码相机、扫描仪等获取计算机外部的图像信息;内部采集主要是用存储设备、网络视频抓图等方式获取图像信息。图像的获取途径主要有以下几种:

◇ 绘图软件

图像编辑软件一般都具备图像的绘制、编辑加工处理的功能,同时能够进行色彩、纹理、图案等的填充和加工处理。对于一些常用的小型图标或徽标等绘制或处理起来很方便。

◇ 扫描仪

扫描仪是一种可以将静态图像输入计算机中的图像输入设备,是快速获取全彩色数字图像最简单的工具。各种漂亮的图片、照片以及各类报纸杂志资料等都可以通过扫描仪扫描后输入计算机中,以实现对这些图像的编辑处理以及输出。相对于手工录入文本,扫描文本效率要高很多。扫描仪扫描图片时,受分辨率的影响很大,扫描仪的分辨率越高,获得的数字图像中像素就越多,对原始图像中的细节部分表现就越强,数据量也会越大。色彩位数是评价扫描仪性能的另一个重要参数,色彩位数越高,所能得到色彩的范围越大,对颜色的区分越细腻。一般的扫描仪至少是 30 位色,好一点的能够达到 36 位色。另外还有灰度、扫描速度以及能够支持的幅面类型也都是评价扫描仪的指标。

◇ 数码相机

数码相机是一种光、电、机一体化的产品,与胶片相机相比,数码相机可以通过拍摄景物很轻易地得到数字图像,无论是专业的摄影人员还是普通百姓都能够使用它拍摄出精美的照片。而且数码相机均有标准接口,可以很容易地将拍摄的照片转到计算机中,应用相当广泛。

◇ 从屏幕上获取图像

用户可以利用键盘上的"Print Screen"键或者屏幕图像捕捉软件对屏幕上的图像进行截取并保存,成为可以利用的图像资源。常用的一些视频播放器通常都具备抓图的功能,能够从当前播放的视频中捕捉图像。

◇ 网络获取图像

Internet 日益普及,且资源相当丰富,通过网络能够获取我们想要的大部分信息资源,图像也不例外。我们可以在网络上找到自己想要的图像资源,通过下载工具下载到本地计算机即可进行再利用。

◇ 从存储设备中获取图像

磁盘、光盘等是重要的存储设备,这些设备上可以存放大量的图片资源,我们可以通过复制的方式从这些设备上获取想要的图片资源,并进行编辑利用。

② 图像的采样

图像的采样就是将连续的图像转换成离散的数字信号的过程。通常情况下,一幅图像可以由若干行与若干列的像素构成,如水平方向上有 M 行像素,竖直方向上有 N 列像素,这样整幅图片就由 M×N 个像素构成,M×N 也被称为图像的分辨率。描述图像的像素越多图像越清晰,存储量也越大。

③ 图像的量化

采样得到的亮度值在空间上是连续的,把采样后所得到的这些连续表示的像素值离散化为整数值的过程被称为量化。在量化时,所确定的离散整数值的个数称为量化级数,表示量化的亮度值所需要的二进制位数被称为量化字长,也称为图像的深度。一般用 8 位、16 位、24 位和 32 位来表示图像的颜色,用 24 位来表示的颜色被称为真彩色。通常情况下,黑白图的颜色深度为 1 位,灰度图的颜色深度为 8 位,占用 1 字节,灰度级别为 256 级。

④ 图像的编码与压缩

图像的编码就是按照一定的格式将图像采样、量化以后所得的离散数据记录下来。分辨率和像素位的颜色深度决定了图像文件的大小,分辨率越高,颜色深度值越大,图像数据量也就越大。图像数字化后最主要的特征之一就是数据量比较大,如一幅 640 * 480 像素的"24 位真彩色"图像的数据量可达到 1MB。这样的数据量给网络传输以及数据存储带来了较大的压力。因此,对于数字图像的存储和传输都要对数据进行压缩处理。一般情况是将原始数据压缩后存放在磁盘上或者传输,当用到它时才把数据解压缩以还原。

3) 图像的特征

现实中的图像是一种模拟信号,而计算机能够存储、编辑、处理的只能是经过数字化处理的图像。所以计算机处理图像之前必须进行图像的数字化处理,使之成为计算机能够接受的显示和存储格式。

① 分辨率

分辨率是影响图像显示质量的重要因素,它分为图像分辨率和显示分辨率。

◇ 图像分辨率是用来确定组成一幅图像的像素数目,图像分辨率用每英寸点数(Dots Per Inch,DPI)表示,是图像像素密度的度量方法。图像分辨率越高,组成该图像的像素数目越多,看起就越逼真。

◇ 显示分辨率是确定屏幕上显示图像的区域的大小,即构成全屏显示的像素的个数。显示分辨率用每英寸像素(Pixels Per Inch,PPI)表示。例如,通常使用的计算机屏幕分辨率设置为 1 024 * 768 像素,它分为当前显示分辨率和最大显示分辨率,当前显示分辨率由当前设置的参数决定,最大显示分辨率由物理硬件性能决定,如显示器、显卡性能等。对于同样大小的显示器,显示分辨率越高,像素的密度就越大,在字号相同的情况下字体显示就越小。

② 颜色深度

颜色深度是指记录每个像素所使用的二进制位数,颜色深度值越大,显示的图像色彩越丰富,组成的画面越好看,但是数据量也越大。实际应用中,彩色图像和灰度图像的颜色分别用 4 位、8 位、16 位、24 位、32 位二进制表示,如 8 位的颜色深度能够表示 256 种颜色。

③ 颜色类型

颜色分为真彩色、伪彩色和调配色三种类型。

① 真彩色是指图像中的每个像素值都分成 R、G、B 三个基色。每个基色分量决定其基色的强度,这样产生的颜色称为真彩色。如一幅图像的像素深度为 24 位,分 3 个 8 位来表示 R、G、B 三个基色分量,可以表示的颜色为 $2^8 \times 2^8 \times 2^8 = 2^{24}$ 种,也称为 24 位颜色,即真彩色或全彩色。

② 伪彩色图像中,图像的每个像素值不代表颜色,而是颜色索引值或代码值,该值是色彩查找表中某一项的入口地址。根据这个索引值可以查找出包含实际的 R、G、B 的强度值,通过这种索引映射的方法产生的色彩称为伪彩色。

③ 调配色是通过每个像素的 R、G、B 分量分别作为单独的索引值进行变换。经相应的色彩变换表找出各自的基色强度,用变换后的 R、G、B 强度值产生的色彩。调配色的效果一般比伪彩色要好。

4) 图像的数据量

图像的数据量与图像的分辨率、图像的颜色深度均有关系。图像的分辨率越高、颜色深度值越大,图像效果越逼真,数据量也越大。图像的数据量按如下公式计算:

图像数据量(Byte)=图像的总像素 * 颜色深度/8(B)

当一幅图像是分辨率为 640×480 像素的"24 位真彩色"图像,则其文件大小为:640×480×24/8≈1 MB。

5) 图像文件格式

① BMP 格式

BMP 是一种与硬件设备无关的图像文件格式,使用范围非常广。它采用位映射存储格式,除了颜色深度可选以外,不采用其他任何压缩,因此,BMP 文件所占用的空间很大。BMP 文件的颜色深度可选 1 位、4 位、8 位及 24 位。BMP 文件存储数据时,图像的扫描方式是按从左到右、从下到上的顺序。

由于 BMP 文件格式是 Windows 环境中交换与图有关的数据的一种标准,因此在 Windows 环境中运行的图形图像软件都支持 BMP 图像格式。

② JPEG 格式

JPEG 是由联合图像专家组(Joint Photographic Experts Group)指定的压缩标准,是一种有损压缩算法。他能够用有损压缩的方式去除图像的冗余数据,虽然压缩比比较高,但仍然能生动形象地展示图像。JEPG 格式适合处理各种连续色调的彩色或灰度图像(如风景、人物照片),目前的浏览器也都支持 JPEG 图像格式,因为此格式的文件下载速度快,所以其也广泛应用于 Web 网页。目前绝大多数数码相机和扫描仪可直接生成 JPEG 格式的图像文件。

③ GIF 格式

GIF(Graphics Interchange Format,图像交换格式)是美国 CompuServe 公司开发的图像文件格式。GIF 格式属于无损压缩算法,并支持透明背景,同时支持线图、灰度图和索引图像,支持最大的颜色数为 256 色。GIF 格式压缩比高、磁盘空间占用少、下载速度快、可以存储简单的动画。GIF 格式的图像还采用了累进显示方式,即在图像传输过程中,用户可以先看到图像的轮廓,随着传输过程的继续而逐步看到图像的细节,所以它被广泛应用于 Internet。

④ TIFF 格式

TIFF(Tag Image File Format)称为标记图像文件格式,一般是二进制文件格式。支持多种压缩方法,大量应用于图像的扫描和桌面出版方面。它的特点是图像格式复杂、存储细微层次的信息较多,有利于原稿的复制,但占用的存储空间也非常大。

⑤ PSD 格式

PSD 格式是图像处理软件 Photoshop 的专用格式(Photoshop Document)。PSD 格式包含 Photoshop 软件在设计图像过程中的各种图层通道等设计记录,以便于对所设计图像进行修改。在各种图像格式中,PSD 的存取速度比其他格式快很多,但是只有很少的几种图像处理软件能够读取此格式。

⑥ PNG 格式

PNG(Portable Network Graphic,便携式网络图像)是网上较新的图像文件格式。它是目前保证最不失真的格式,采用无损压缩方式来减小文件,它吸取了 GIF 和 JPEG 两种图像格式的优点,存储形式丰富。用 PNG 来储存灰度图像时颜色深度可达 16 位,存储彩色图像时颜色深度可达 48 位。PNG 格式具有很快的显示速度,但不支持动画。

⑦ ICO 格式

格式的图像称为图标(Icon)文件,用来定义程序、文档和快捷方式的图标。同一个 ICO 文件中可以包含 16×16 像素、32×32 像素、48×48 像素等多种分辨率和多种颜色的图标,用于在不同的场合显示。这种格式的图像数据量一般比较小。

6) 矢量图形

矢量图形即我们通常所说的图形,它主要是由计算机软件绘制得到的。它是用一个集合指令来描述构成幅图形所要包含的所有信息,如直线、矩形、圆、圆弧、曲线等的形状、位置、颜色等各种属性和参数,然后通过数学公式计算得到图形。显示图形时需要相应的软件读取和解释这些指令,再通过数学公式计算最终转换成屏幕上所能显示的颜色和形状,当数据量较大的时候,显示的速度也会变慢。

通常所用的 AutoCAD、3ds MAX 等软件处理的就是图形,图形只保存算法和特征点的信息,无论是处理还是再现均需要通过重新计算得到,相对于数据量偏大的图像来说,矢量图形占用的存储空间较小,但是相对来说,矢量图所表达的图片信息效果不如位图图像所表达的信息。如果制作一些标志性的简单内容或者一些真实感不是很强的内容时可以选用矢量图形,如徽标、动画等。矢量图形放大或缩小都不失真。

7) 矢量图形与位图图像的区别

矢量图形与位图图像最大的区别是,矢量图形不受分辨率的影响,可以在屏幕上任意地放大、缩小、改变比例和扭曲等,图形不会因为上述操作而影响清晰度和质量。位图图像中,每个像素所占用的二进制位数与整个图像所能表达的颜色数目有很大的关系。颜色数目越多,占用的二进制位数越多,位图图像的数据量也会随之迅速增加。例如,一幅 256 种颜色的位图图像,每个像素需要占用 1 字节;而一幅真彩色的位图图像,每个像素需要占用 3 字节,是 256 色图像的 3 倍。

(2) 视频与动画

1) 视频概述

① 视频的特点

视频的图像是运动的,内容随时间的变化而变化,伴随的声音与运动图像同步。信息容量较大,集成了影像、声音、文本等多种信息。

② 模拟视频

模拟视频信号的图像和声音信息在时间和幅度上都是连续的。早期视频的获取、存储和传输都采用模拟方式。人们在电视上所见到的视频图像就是以模拟电信号的形式进行记录,并以模拟调幅的方式在空间进行传播,再用磁带录像机将其模拟信号记录在磁盘上。模拟信号在处理和传输的过程中有一定的衰减,不适于网络传输,不便于分类检索和编辑,且无论记录的视频画面多么清晰,经过长时间存放后,其质量都会有显著的下降,经过多次复制后,画面会有明显失真,影响观看效果。

③ 数字视频

模拟视频转换为数字视频的过程也称为视频的数字化,模拟视频通过采样、量化、编码可以得到数字视频,数字视频是基于数字技术记录视频信息的,它在时间和幅度上都是离散的,它克服了模拟视频的许多不足,降低了视频信号传输和存储的成本,可以无限次地复制而不会产生失真,便于计算机编辑处理或者二次创作。

④ 扫描

电视图像是电子束在荧光屏上扫描产生的,扫描分为隔行扫描和逐行扫描。在逐行扫描中,电子束从显示屏的左上角一行接一行地扫到右小角,扫描一遍显示一帧完整的图像。隔行扫描中,电子束先扫描奇数行,再扫描偶数行,因此一帧图像由两次扫描得到,分别称为奇数场和偶数场。

与隔行扫描相比,逐行扫描的显示图像更稳定,被计算机显示器和电视机所广泛采用。

⑤ 电视制式

世界各国采用的电视制式主要有以下三种,它们具有不同的扫描特性。

◇ PAL 制式

PAL 是德国 1962 年研制的一种电视制式。它的特点是每秒 25 帧,每帧 625 行。水平分辨率为 240～400 像素,隔行扫描,扫描频率为 50 Hz,宽高比例为 4∶3。本制式主要应用于中国、澳大利亚、南非,以及欧洲、南美洲等国家和地区。

◇ NTSC 制式

NTSC 是 1953 年美国研制的一种兼容的彩色电视制式。它的特点是每秒 30 帧,每帧 526 行,水平分辨率为 240～400 像素,隔行扫描,扫描频率为 60 Hz,宽高比例为 4∶3。本制式主要被美国、加拿大、墨西哥、日本等国家采用。

◇ SECAM 制式

SECAM 是法国于 1965 年提出的一种标准。它的特点是每秒 25 帧,每帧 625 行,隔行扫描,扫描频率为 50 Hz,宽高比例为 4∶3。扫描特性与 PAL 制式类似,差别在于 SECAM 中的色度信号是由频率调制的,两个色差信号是按行的顺序传输的。本制式主要应用于法国、俄罗斯、东欧和中东等国家和地区。

2) 动态图像的数字化

人眼看到的一幅图像消失后,还将在视网膜上滞留几毫秒,动态图像正是根据这样的原理而产生的。动态图像是将静态图像以每秒钟 n 幅的速度播放,当 n≥25 时,显示在人眼中的就是连续的画面。

模拟视频进入计算机前需要进行数字化处理,即模数转换和色彩空间变换等。视频数字化是指在一段时间内以一定的速度对视频信号进行捕捉并加以采样后,形成数字化数据的处理过程。获取数字视频信息主要有两种方式:一种是将模拟视频信号数字化,即在一段时间内以一定的速度对连续的视频信号进行采集。所谓采集是将模拟的视频信号经硬件设备数字化,然后将数据存储起来。在编辑和播放视频信息时,再将数据从存储介质中读出,经过硬件设备还原成模拟信号输出。这种方法需要用录像机、摄像机及视频捕捉卡。录像机和摄像机负责采集实际景物,视频采集卡将模拟的视频信号数字化;另一种是利用数字摄像机拍摄实际景物,从而直接获得无失真的数字视频信号。

3) 视频文件数据压缩

视频的数据压缩实际上就是对视频图像信号的数据压缩,它是根据一帧画面的图像内容特点和相邻画面的图像内容特点进行压缩的。

动态图像实际上是由一幅幅静态图像组成的。由于人眼存在时间错觉,将相邻间隔的图像连续地播放出来便形成了活动的图像,这是形成动态图像的根本。

对于连续变化的相邻图像,相邻图像画面越接近,错觉感越高;画面变化越多,错觉感越低。相邻的图像实际上是时间上的感觉,因而时间错觉感越高,压缩处理也就越容易;时间错觉感越低,压缩处理也就越难。

4) 视频文件格式

视频的文件格式一般与其使用的标准有关,常见的有 AVI 文件格式、MOV 文件格式、MPG 文件格式等。

① AVI 文件格式

音频视频交错格式(Audio Video Interleaved,AVI)是 Video for Windows 的标准格式。它是一种将视频信息与同步音频信号结合在一起存储的多媒体文件格式。它以帧为存储动态视频的基本单位,在每一帧中,都是先存储音频数据,再存储视频数据。整体看起来,音频数据和视频数据相互交叉存储。播放时,音频流和视频流交叉使用处理器的存取时间,保持同期同步。这种格式不仅解决了音频和视频的同步问题,而且具有通用和开放的特点。它可以在任何版本的 Windows 环境下工作,且具有扩展功能。AVI 的优点是兼容性好、调用方便、图像质量好、缺点是文件的数据量大、所需的存储空间大。

② MOV 文件格式

MOV 文件是 Quick Time 视频处理软件所选用的视频文件格式,用于保存音视频信息,其文件的扩展名为.mov,MOV 格式的视频文件可以采用不压缩或压缩方式。它具有先进的视频和音频功能,多种操作系统都支持它的运行,其图像画面的质量比 AVI 文件要好。

③ MPEG 文件格式

动态图像专家组（Moving Pictures Experts Group，MPEG）由国际标准化组织（International Standards Organization，ISO）与国际电工委员会（International Electrotechnical Commission，IEC）于 1988 年联合成立，专门致力于运动图像（MPEG 视频）及其伴音编码（MPEG 音频）的标准化工作。MPEG 是运动图像压缩算法的国际标准，现已被绝大多数的计算机平台支持。它包括 MPEG-1，MPEG-2 和 MPEG-4。MPEG-1 被广泛地应用于视频压缩盘片（Video Compact Disk，VCD）的制作，绝大多数的 VCD 采用 MPEG-1 格式压缩。MPEG-2 应用在数字视频光盘（Digital Video/Versatile Disk，DVD）的制作方面以及高清晰电视广播（High Definition Television，HDTV）和一些高要求的视频剪辑、处理方面。MPEG-4 是一种新的压缩算法，使用这种算法的高级流格式（Advanced Streaming Format，ASF）可以把一部 120 分钟长的电影压缩为 300 MB 左右的视频流，可供用户在网上观看。MPEG 格式视频的文件扩展名通常是". mpeg"或". mpg"。

④ WMV 文件格式

WMV（Windows Media Video，Windows 媒体视频）是微软公司推出的一种数字流媒体格式，是 Windows Media 的核心，是一种在 Internet 上实时传播多媒体数据的技术标准，使用 Windows Media Player 可播放 ASF 和 WMV 两种格式的文件。在同等视频质量下，WMV 格式的体积非常小，因此很适合在网上播放和传输。

⑤ RM 文件格式

RM（RealMedia）是 RealNetworks 公司所定制的音频视频压缩规范，是目前在 Internet 上跨平台的客户/服务器结构的多媒体应用标准。用户可以使用播放器对符合 RealMedia 技术规范的网络音频/视频资源进行实况转播，并且 RealMedia 可以根据不同的网络传输速率制定出不同的压缩比率，从而实现在低速率的网络上进行影像数据实时传送和播放，满足人们边下载边播放的需要。RealMedia 标准的多媒体文件又称为流媒体格式文件，其扩展名为". rm"、". ram"或". ra"。

⑥ MKV 文件格式

MKV 是一种新的多媒体封装格式，这个封装格式可以把多种不同编码的视频及不同格式的音频和语言不同的字母封装到一个文件中。它也是一种开放源代码的多媒体封装格式。MKV 同时还可以提供非常好的交互功能，而且比 MPEG 文件更方便、强大。

⑦ ASF 文件格式

ASF（Advanced Stream Format）是高级流格式，主要优点包括：本地或网络回访、可扩充的媒体类型、部件下载以及扩展性好等。

5）计算机动画概述

① 计算机动画的概念

计算机动画是在传统动画的基础上发展起来的，传统动画实际上是采用连续播放静止图像的方法产生物体运动的效果。计算机动画是指利用人的视觉暂留的生理特性采用图形与图像的处理技术，借助于编程或动画制作软件生成一系列的可以实时播放的景物画面，其中当前帧是前一帧的部分修改。

② 动画的视觉原理

人的视觉系统具有"视觉暂留"的特性，即人观察过物体后，物体的影像在人的视网膜上会有短暂的停留。如果一系列的每次变化很小的图像连续播放,就容易使人误认为物体是运动的,而视频以及动画均是利用这一特性实现的。实验证明,如果动画或电影的画面刷新频率为每秒 24 帧左右,则人眼能够看到连续的画面效果。每秒 24 帧的速率是电影放映的标准,它能够有效地使运动的画面连续流畅。但是每秒 24 帧的刷新频率会使人眼感觉到画面的闪烁,要消除闪烁感画面刷新频率还要提高一倍,因此电影画面的刷新频率实际上的每秒 48 帧。

③ 计算机动画的特点

计算机动画的原理与传统动画的原理基本相同,只是在传统动画的基础上把计算机技术用在动画的处理和应用中。使用动画可以清晰地表现出一个事件的过程,或是展现出一个活灵活现的画面。计算机动画的关键技术体现在计算机动画制作的软件及硬件上。动画制作软件是由计算机专业人员开发的制作动画的工具,而动画设计制作人员只需要简单交互操作或简单的脚本编写就能够实现复杂的动画效果。目前的计算机动画制作软件很多,不同的动画软件、硬件,制作出的动画效果也不同。虽然制作的复杂程度不同,但是动画制作的基本原理是一样的。运动是动画的本质要素,计算机动画是采用连续播放静止图像的方法产生景物运动的效果。运动泛指使画面发生改变的动作,不仅包括景物的运动,还包括虚拟摄像机的运动、纹理、色彩的变化等,输出的方式也有很多种。

④ 计算机动画的分类

根据研究角度的不同,计算机动画可以有多种分类方法。根据运动的控制方式可将计算机动画分为实时动画和逐帧动画两种。根据画面景物的透视效果及真实感程度,计算机动画分为二维动画和三维动画两种。根据计算机处理动画的方式不同,计算机动画分为造型动画、帧动画和算法动画三种。根据动画的表现效果分,计算机动画又可分为路径动画、调色板动画和变形动画三种。

⑤ 动画与视频的区别

动画与视频主要从产生画面的形式进行区分,动画的画面是通过设计人员进行设计创作后由计算机生成的画面,并不存在于自然界或者是对自然界的模拟,而视频的每一帧画面为实时获得的景物图像,一般由摄像机摄制而成。

6) 动画文件的格式

计算机动画现在应用得比较广泛,由于应用领域不同,其动画文件也存在着不同类型的存储格式。计算机动画可分为传统的位图动画和矢量动画。位图和矢量也不是绝对对立的,在很多动画制作软件中,两种格式能够被同时使用。目前比较流行的动画文件形式是 GIF 动画和 Flash 动画,它们也是互联网上使用最为广泛的动画形式。

① GIF 格式

GIF 采用无损数据压缩方法中的压缩比较高的 LZW 算法,文件较小。它不仅是图像文件格式,还可以在一个文件中存放多幅彩色图像,如果把存在于一个文件中的多幅图像数据逐幅读出并显示到屏幕上,就可以构成一种最简单的动画。

② SWF 格式

SWF 格式是 Macromedia 公司的产品 Flash 的矢量动画格式,它采用曲线方程描述其内容,而不是由点阵组成内容,因此这种格式的动画在缩放时不会失真,非常适合描述由几何图形组成的动画,如教学演示等。这种格式的动画可以与 HTML 文件充分结合,并能添加 MP3 音乐,因此被广泛地应用于网页上,成为一种"准流式媒体文件"。

1.3.3　多媒体数据压缩

多媒体信息数字化之后,其数据量往往非常庞大。为了存储、处理和传输多媒体信息,人们考虑采用压缩的方法来减少数据量。通常是将原始数据压缩后存放在磁盘上或是以压缩形式来传输,仅当用到它时才把数据解压缩以还原,以此来满足实际的需求。

1. 无损压缩

数据压缩可以分为两种类型:无损压缩和有损压缩。无损压缩是利用数据的统计冗余进行压缩,又称可逆编码,其原理是统计被压缩数据中重复数据的出现次数来进行编码。解压缩是对压缩的数据进行重构,重构后的数据与原来的数据完全相同。无损压缩能够确保解压后的数据不失真,是对原始对象的完整复制。

无损压缩的主要特点是压缩比较低,一般为 2∶1~5∶1,通常广泛应用于文本数据、程序以及重要图形和图像(如指纹图像、医学图像)的压缩。如压缩软件 WinZip、WinRAR 就是基于无损压缩原理设计的,因此可用来压缩任何类型的文件。但由于压缩比的限制,所以仅使用无损压缩技术不可能解决多媒体信息存储和传输的所有问题。常用的无损压缩算法包括行程编码、霍夫曼编码(Huffman)、算术编码、LZW(Lempel Ziv Welch)编码等。

1) 行程编码

行程编码(Run-Length Encoding,RLE)简单直观,编码和解码速度快。其压缩比与压缩数据本身有关,行程长度大,压缩比就高,适用于计算机绘制的图像如 BMP、AVI 格式文件。对于彩色照片,由于色彩丰富,采用行程编码压缩比会较小。

2) 熵编码

根据信源符号出现的概率的分布特性进行码率压缩的编码方式称为熵编码,也叫统计编码。其目的在于在信源符号和码字之间建立明确的一一对应关系,以便在恢复时能准确地再现原信号,同时要使平均码长或码率尽量小。熵编码包括霍夫曼编码和算术编码。

3) 算术编码

算术编码的优点是每个传输符号不需要被编码成整数"比特"。虽然算术编码实现方法复杂一些,但通常算术编码的性能优于霍夫曼编码。

JPEG 标准:是第一个针对静止图像压缩的国际标准。JPEG 标准制定了两种基本的压缩编码方案:以离散余弦变换为基础的有损压缩编码方案和以预测技术为基础的无损压缩编码方案。JPEG 成员对多幅图像的测试结果表明,算术编码比霍夫曼编码提高了 5% 左右的效率,因此在 JPEG 扩展系统中用算术编码取代了霍夫曼编码。JPEG 2000 与 JPEG 最大的不同之处在于,它放弃了 JPEG 所采用的以离散余弦变换为主的区块编码方式,而采用以离散小波变换为主的多解析编码方式。此外,JPEG 2000 还将彩色静态画面采用的 JPEG 编码方式与二值图像采用的 JBIG 编码方式统一起来,成为适应各种图像的通用编码方式。

MPEG 标准:规定了声音数据和电视图像数据的编码和解码过程、声音和数据之间的同步等问题。MPEG-1 和 MPEG-2 是数字电视标准,其内容包括 MPEG 电视图像、MPEG 声音及 MPEG 系统等内容。MPEG-4 是 1999 年发布的多媒体应用标准,其目标是在异种结构网络中能够具有很强的交互功能并且能够高度可靠地工作。MPEG-7 是多媒体内容描述接口标准，其应用领域包括数字图书馆、多媒体创作等。

2. 有损压缩

有损压缩又称不可能编码，有损压缩是指压缩后的数据不能够完全还原成压缩前的数据，与原始数据不同但是非常接近压缩方法。有损压缩也称破坏性压缩，以损失文件中某些信息为代价来换取较高的压缩比，其损失的信息多是对视觉和听觉感知不重要的信息，但压缩比通常较高，一般为几十到几百，常用于音频、图像和视频的压缩。

典型的有损压缩编码方法有预测编码、变换编码、基于模型编码、分形编码及矢量量化编码等。

1）预测编码

预测编码是根据离散信号之间存在着一定相关性的特点，利用前面一个或多个信号对下一个信号进行预测，然后对实际值和预测值之差进行编码和传输。在接收端把差值与实际值相加，恢复原始值。在同等精度下，就可以用比较少的"比特"进行编码，达到压缩的目的。

预测编码中典型的压缩方法有脉冲编码调制（Pulse Code Modulation，PCM）、差分脉冲编码调制（Differential Pulse Code Modulation，DPCM）、自适应差分脉冲编码调制（Adaptive Differential Pulse Code Modulation，ADPCM）等，它们较适合于声音、图像数据的压缩，因为这些数据由采样得到，相邻采样值之间相差不会很大，可以用较少位来表示。

2）变换编码

变换编码是指先对信号进行某种函数变换，从一种信号空间变换到另一种信号空间，然后再对信号进行编码。如将时域信号变换到频域，因为声音、图像信号在频域中其能量相对集中在直流及低频部分，高频部分则只包含少量的细节，如果去除这些细节，并不影响人类对声音或图像的感知效果，所以对变换后的信号进行编码，能够大大压缩数据。

变换编码包括四个步骤：变换、变换域采样、量化和编码。变换本身并不进行数据压缩，它只把信号映射到另一个域，使信号在变换域里容易进行压缩，变换后的样值更独立和有序。典型的变换有离散余弦变换 DCT、离散傅里叶变换（Discrete Fourier Transform，DFT）、沃尔什—哈达码变换（Walsh-Hadamard Translation，WHT）和小波变换等。量化将处于取值范围 X 的信号映射到一个较小的取值范围 Y 中，压缩后的信号比原信号所需的比特数减少。

3）基于模型编码

如果把以预测编码和变换编码为核心的基于波形的编码称作第一代编码技术，则基于模型的编码就是第二代编码技术。

基于模型编码的基本思想是：在发送端，利用图像分析模块对输入图像提取紧凑和必要的描述信息，得到一些数据量不大的模型参数；在接收端，利用图像综合模块重建原图像，是对图像信息的合成过程。

4）分形编码

分形编码法的目的是发掘自然物体（如天空、云雾、森林等）在结构上的自相似形，这种自相似形是图像整体与局部相关性的表现。分形编码正是利用了分形几何中的自相似的原理来实现的。首先对图像进行分块，然后寻找各块之间的相似形，这里相似形的描述主要是依靠仿射变换确定的。一旦找到了每块的仿射变换，就保存这个仿射的系数。由于每块的数据量远大于仿射变换的系数,因而图像得以大幅度的压缩。

分形编码以其独特新颖的思想,成为目前数据压缩领域的研究热点之一。分形编码以及基于模型编码与经典图像编码方法相比,在思想和思维上有了很大的突破,理论上的压缩比可超出经典编码方法两三个数量级。

5)矢量量化编码

矢量量化编码也是在图像、语音信号编码技术中研究得较多的新型量化编码方法之一。在传统的预测和变换编码中,首先将信号经某种映射变换变成一个数的序列,然后对其逐个进行标量量化编码。而在矢量量化编码中,则是把输入数据几个一组地分成多组,成组地量化编码,即:将这些数看成一个 k 维矢量,然后以矢量为单位逐个进行量化。矢量量化是一种限失真编码,其原理仍可用信息论中信息率失真函数理论来分析。

1.4　计算机病毒及其防治

20 世纪 60 年代,被称为计算机之父的数学家冯·诺依曼在其遗著《计算机与人脑》中,详细论述了程序能够在内存中进行繁殖活动的理论。计算机病毒的出现和发展是计算机软件技术发展的必然结果。本节介绍计算机病毒的特征、原理及分类,并对典型病毒与其他破坏型程序,如宏病毒、木马程序、蠕虫等进行了分析,最后给出计算机病毒的诊断与防预措施。

1.4.1　计算机病毒的特征和分类

要真正地识别病毒,及时地查杀病毒,就有必要对病毒有较详细的了解,知道计算机病毒到底是什么,又是怎样分类的。

1. 计算机病毒

当前,计算机安全的最大威胁是计算机病毒(Computer Virus)。计算机病毒实质上是一种特殊的计算机程序。这种程序具有自我复制能力,可非法入侵而隐藏在存储媒体中的引导部分、可执行程序或数据文件中。当病毒被激活时,源病毒能把自身复制到其他程序体内,影响和破坏程序的正常执行和数据的正确性。有些恶性病毒对计算机系统具有极大的破坏性。计算机一旦感染病毒,病毒就可能迅速扩散,这种现象和生物病毒入侵生物体并在生物体内传染一样。

在《中华人民共和国计算机信息系统安全保护条例》中,计算机病毒被明确定义为:"计算机病毒,是指编制或者在计算机程序中插入的破坏计算机功能或者破坏数据,影响计算机使用并且能够自我复制的一组计算机指令或者程序代码"。

计算机病毒一般具有寄生性、破坏性、传染性、潜伏性和隐蔽性的特征。

1)寄生性

它是一种特殊的寄生程序,不是一个通常意义下的完整的计算机程序,而是寄生在其他可执行的程序中,因此,它能享有被寄生的程序所能得到的一切权利。

2)破坏性

破坏是广义的,不仅仅是指破坏系统、删除或修改数据甚至格式化整个磁盘,它们或是破坏系统,或是破坏性数据并使之无法恢复,从而给用户带来极大的损失。

3）传染性

传染性是病毒的基本特征。计算机病毒往往能够主动地将自身的复制品或变种传染到其他未染毒的程序上。计算机病毒只有在运行时才具有传染性。此时，病毒寻找符合传染条件的程序或文件，然后将病毒代码嵌入其中，达到不断传染的目的。判断一个程序是不是计算机病毒的最重要因素就是其是否具有传染性。

4）潜伏性

病毒程序通常短小精悍，寄生在别的程序上使得其难以被发现，在外界激发条件出现之前，病毒可以在计算机内的程序中潜伏、传播。

5）隐蔽性

计算机病毒是一段寄生在其他程序中的可执行程序，具有很强的隐蔽性。当运行受感染的程序时，病毒程序能首先获得计算机系统的监控权，进而能监视计算机的运行，并传染其他程序。但不到发作时机，整个计算机系统看上去一切如常，很难被察觉，其隐蔽性使广大计算机用户对病毒失去应有的警戒性。

计算机病毒是计算机科学发展过程中出现的"污染"，是一种新的高科技类型犯罪。它可以造成重大的政治、经济危害。因此，舆论谴责计算机病毒是"射向文明的黑色子弹"。

2. 计算机病毒的分类

计算机病毒的分类方法很多，按计算机病毒的感染方式，分为如下五类：

（1）引导区型病毒

通过读 U 盘、光盘及各种移动存储介质感染引导区型病毒，感染硬盘的主引导记录，当硬盘主引导记录感染病毒后，病毒就企图感染每个插入计算机进行读写的移动盘的引导区。这类病毒常常将其病毒程序替代主引导区中的系统程序。引导区病毒总是先于系统文件装入内存储器，获得控制权并进行传染和破坏。

（2）文件型病毒

这类病毒主要感染扩展名为.COM、.EXE、.DRV、.BIN、.SYS 等可执行文件。通常寄生在文件的首部或尾部，并修改程序的第一条指令。当染毒程序执行时就先跳转去执行病毒程序，进行传染和破坏。这类病毒只有当带毒程序执行时才能进入内存，一旦符合激发条件就发作。

（3）混合型病毒

这类病毒既传染磁盘的引导区，也传染可执行文件，兼有上述两类病毒的特点。混合型病毒综合系统型和文件型病毒的特性，它的"性情"也就比系统型和文件型病毒更为"凶残"。这种病毒通过这两种方式来传染，更增加了病毒的传染性以及存活率。不管以哪种方式传染，只要中毒就会经开机或执行程序而感染其他的磁盘或文件，此种病毒也是最难杀灭的。

（4）宏病毒

开发宏可以让工作变得简单、高效。然而，黑客利用了宏具有的良好扩展性编制寄存在 Microsoft Office 文档或模板的宏中的病毒。它只感染 Microsoft Word 文档（DOC）和模板文件（DOT），与操作系统没有特别的关联。它们大多以 Visual Basic 或 Word 提供的宏程序语言编写，比较容易制造。它能通过 E-mail 下载 Word 文档附件等途径蔓延。当对感染宏病毒的 Word 文档操作时（如打开文档、保存文档、关闭文档等操作）它就进行破坏和传播。宏病毒还可衍生出各种变形病毒，这种"父生子子生孙"的传播方式实在让许多系统防不胜防,这也使宏病毒称为威胁计算机系统的"第一杀手"。Word 宏病毒破坏造成的结果是:不能正常打印;封闭或改变文件名称或存储路径,删除或随意复制文件;封闭有关菜单,最终导致无法正常编辑文件。

(5) Internet 病毒(网络病毒)

Internet 病毒大多是通过 E-Mail 传播的。"黑客"是危害计算机系统的源头之一,"黑客"利用通信软件,通过网络非法进入他人的计算机系统,截取或篡改数据,危害信息安全。

如果网络用户收到来历不明的 E-mail,不小心执行了附带的"黑客程序",该用户的计算机系统就会被偷偷修改注册表信息,"黑客程序"也会悄悄地隐藏在系统中。当用户运行Windows 时,"黑客程序"会驻留在内存,一旦该计算机联入网络,外界的"黑客"就可以监控该计算机"为所欲为"。已经发现的"黑客程序"有 BO(Back Orifice)、Netbus、Netspy、Backdoor 等。

3. 计算机感染病毒的常见症状

计算机病毒虽然很难检测,但是,只要细心留意计算机的运行状况,还是可以发现计算机感染病毒的一些异常情况。例如:

(1) 磁盘文件数目无故增多。

(2) 系统的内存空间明显变小。

(3) 文件的日期/时间值被修改成最近的日期或时间(用户自己并没有修改)。

(4) 感染病毒后的可执行文件的长度通常会明显增加。

(5) 正常情况下可以运行的程序突然因内存不足而不能装入。

(6) 程序加载时间或程序执行时间比正常时明显变长。

(7) 计算机经常出现死机现象或不能正常启动。

(8) 显示器上经常出现一些莫名其妙的信息或异常现象。

我国计算机病毒应急处理中心通过对互联网监测发现新型后门程序 Backdoor_Undef. CDR,该后门程序利用一些常用的应用软件信息,诱骗计算机用户点击下载运行。一旦点击运行,恶意攻击者就会通过该后门远程控制计算机用户的操作系统,下载其他病毒或是恶意木马程序,进而盗取用户的个人私密数据信息,甚至控制监控摄像头等。该后门程序运行后,会在受感染的操作系统中释放一个伪装成图片的动态链接库 DLL 文件,之后将其添加成系统服务,实现后门程序随操作系统开机而自动启动运行。

另外,该后门程序一旦开启后门功能,就会收集操作系统中用户的个人私密数据信息,并且远程接受并执行恶意攻击者的代码指令。如果恶意攻击者远程控制了操作系统,那么用户的计算机名与 IP 地址就会被窃取。随后,操作系统会主动访问恶意攻击者指定的Web 网址,同时下载其他病毒或是恶意木马程序,更改计算机用户操作系统中的注册表、截获键盘与鼠标的操作、对屏幕进行截图等,给计算机用户的隐私和其操作系统的安全带来较大的危害。

还有"代理木马"新变种 Trojan_Agent. DDFC。专家说,该变种是远程控制的恶意程序,自身为可执行文件,在文件资源中捆绑动态链接库资源,运行后鼠标没有任何反应,以此来迷惑计算机用户,且不会进行自我删除。

变种运行后,将自身复制到系统目录中重命名为一个可执行文件,随即替换受感染操作系统的系统文件;用同样的手法替换掉系统中即时聊天工具的可执行程序文件,并设置成开机自动运行。在计算机用户毫不知情的情况下,恶意程序就可以自动运行加载。

该变种还会在受感染操作系统的后台自动记录键盘按键信息,然后保存在系统目录下的指定文件中。迫使操作系统与远程服务器进行连接,发送被感染机器的用户名、操作系统、CPU 型号等信息。除此之外,变种还会迫使受感染的操作系统主动连接访问互联网中指定的 Web 服务器,下载其他木马、病毒等恶意程序。

随着制造病毒和反病毒双方较量的不断深入,病毒制造者的技术越来越高,病毒的欺骗性、隐蔽性也越来越好。用户要在实践中细心观察,发现计算机的异常现象。

4. 计算机病毒的清除

如果计算机染上了病毒,文件被破坏了,最好立即关闭系统。如果继续使用,会使更多的文件遭受破坏。针对已经感染病毒的计算机,专家建议立即升级系统中的防病毒软件,进行全面杀毒。一般的杀毒软件都具有清除/删除病毒的功能。清除病毒是指把病毒从原有的文件中清除掉,恢复原有文件的内容,删除是指把整个文件删除掉。经过杀毒后,被破坏的文件有可能恢复成正常文件。对未感染病毒的计算机建议打开系统中防病毒软件的“系统监控”功能,从注册表、系统进程、内存、网络等多方面对各种操作进行主动防御。

用反病毒软件消除病毒是当前比较流行的做法。它既方便,又安全,一般不会破坏系统中的正常数据。特别是优秀的反病毒软件都有较好的界面和提示,使用相当方便。通常,反病毒软件只能检测出已知的病毒并消除它们,不能检测出新的病毒或病毒的变种。所以,各种反病毒软件的开发都不是一劳永逸的,而要随着新病毒的出现而不断升级。目前较著名的反病毒软件都具有实时检测进程驻留在系统的后台中,随时检测是否有病毒入侵。

目前较流行的杀毒软件有诺顿、卡巴斯基、金山毒霸及 360 杀毒软件等。

1.4.2　计算机病毒的预防

计算机感染病毒后,用反病毒软件检测和消除病毒是被迫的处理措施。况且已经发现相当多的病毒在感染之后会永久性地破坏被感染程序,如果没有备份将不易恢复。所以,我们要有针对性的防范。所谓防范,是指通过合理、有效的防范体系及时发现计算机病毒的侵入,并能采取有效的手段阻止病毒的破坏和传播,保护系统和数据安全。

计算机病毒主要通过移动存储介质(如 U 盘、移动硬盘)和计算机网络两大途径进行传播。人们从工作实践中总结出一些预防计算机病毒的简易可行的措施,这些措施实际上是要求用户养成良好的使用计算机的习惯,具体归纳如下。

① 安装有效的杀毒软件并根据实际需求进行安全设置。同时,定期升级杀毒软件并经全盘查毒、杀毒。

② 扫描系统漏洞,及时更新系统补丁。

③ 未经检测过是否感染病毒的文件、光盘、U 盘及移动硬盘等移动存储设备在使用前应首先用杀毒软件查毒后再使用。

④ 分类管理数据。对各类数据、文档和程序应分类备份保存。

⑤ 尽量使用具有查毒功能的电子邮箱,尽量不要打开陌生的可疑邮件。

⑥ 浏览网页、下载文件时要选择正规的网站。

⑦ 关注目前流行病毒的感染途径、发作形式及防范方法,做到预先防范,感染后及时查毒以避免遭受更大损失。

⑧ 有效管理系统内建的 Administrator 账户、Guest 账户以及用户创建的账户,包括密码理、权限管理等。

⑨ 禁用远程功能,关闭不需要的服务。

⑩ 修改 IE 浏览器中与安全相关的设置。

计算机病毒的防治宏观上讲是一系统工程,除了技术手段之外还涉及诸多因素,如法律、教育、管理制度等。从教育着手,是防止计算机病毒的重要策略。通过教育,使广大用户认识到病毒的严重危害,了解病毒的防治常识,提高尊重知识产权的意识,增强法律、法规意识,最大限度地减少病毒的产生与传播。

1.5 小结

在第一台电子计算机 ENIAC 诞生后,美籍匈牙利科学家冯·诺依曼提出了存储程序和计算机采用二进制的思想,至今计算机采用的基本结构仍是冯·诺依曼型,其基本工作原理仍是存储程序和程序控制。

根据计算机所采用的物理元器件的不同,将计算机的发展划分为四大阶段,第一代计算机~第四代计算机分别采用电子管、晶体管、中小规模集成电路、大规模和超大规模集成电路作为基本物理元器件。

计算机在科学计算、数据/信息处理、过程控制、计算机辅助、网络通信、人工智能、多媒体应用等领域得到了广泛的应用。计算机有不同的分类方法,可以按计算机处理数据的类型、用途、性能、规模和处理能来分。随着计算机科学的飞速发展,人工智能、网络计算、中间件技术和云计算等诸多新技术都在研究与应用中。

计算机中的数据都是以二进制形式存储、传输和加工处理的。数据的最小单位是 b,存储容量的基本单位是 B,数据单位还有 KB、MB、GB、TB、PB、EB 等。常用的数制表示有二进制、八进制、十进制和十六进制。

计算机中最常见的字符编码是 ASCII 码,它用 7 位二进制数来表示一个字符,共有 128 个英文字母、数字、标点符号和控制符。汉字的编码是用两个字节来表示一个汉字,每个字节的最高位为 0。为了与 ASCII 码兼容,区位码与国际码之间的转换方法是:一个汉字的十进制区号、位号分别转换成十六进制,再分别加上 20H(十进制是 32),就成为汉字的国标码。国标码的每个字节加上 80H(即每个字节的最高二进制位置"1")就是汉字机内码,这样汉字就可以在计算机内存储和处理了。机内码通过简单的对应关系转换为相应的汉字地址码,从字库中提取汉字的字形码,便可以显示和打印汉字。

数据与信息的采集、加工、存储、传输和利用过程中的每一种技术都是信息技术。信息技术包含信息基础技术、信息系统技术和信息应用技术。信息技术的发展趋势可以概括为数字化、多媒体化、高速度、网络化、宽频带、智能化等、

多媒体技术是一门跨学科的综合技术,是指利用计算机综合处理文字、声音、图像、视频等多种媒体,并将这些媒体有机结合的技术,具体包括数据存储技术、数据压缩技术、多媒体数据库技术、多媒体通信技术等。

多媒体技术的显著特征包括交互性、集成性、多样性、实时性等。交互性是多媒体的关键特征,它向用户提供了交互式使用。加工和控制多媒体信息的手段。

　　原始多媒体信号首先经过采样、量化及编码进行数字化,视频信息处理技术主要包括视频信息的获取、编辑、处理与显示技术。视频数据采用不同方法压缩后存储成不同格式的文件。多媒体信息的数据压缩可以分为两种类型:无损压缩和有损压缩。

　　计算机病毒是人为编写的一段程序代码或指令集合,能够通过复制自身而不断传播病毒,并在病毒发作时影响计算机功能或毁坏数据。计算机病毒一般具有可执行性、传染性、可触发性、破坏性、隐蔽性和针对性等特征。为了确保计算机系统和数据安全,应安装有效的杀毒软件,并定期升级杀毒软件;同时采取防范措施,阻止计算机病毒的破坏和传播。

1.6　课程思政

曾经在中国最受欢迎、使用最普遍的计算工具——算筹与珠算

　　全世界都公认,在世界计算工具的早期发展史上,东方的所做出的贡献尤为突出。早在商代,中国就开始使用十进制记数法了,领先世界长达一千余年。周朝,算筹问世了。

　　算筹是中国独特的一种计算工具。算筹是一种竹制、木制或骨制的小棍,在棍上刻有数字。把算筹放在地面或盘中,就可以一边摆弄小棍,一边进行运算,"运筹帷幄"中的"运筹"就是指移动筹棍,当然运筹还含有筹划的意思。用筹进行计算(筹算)很方便,在古代中国使用得也很普遍,秦始皇及张良等政治家都亲自进行过布筹计算。

　　算筹是当时世界上最先进的一种计算工具。筹算使我国数学家创造出了卓越的数学成果,使我国古代数学曾长期处于世界领先地位。筹算的规则得到了发展,同时算筹本身的缺点也暴露了出来。为了便于使用,人们尽管对算筹做了改进,把它从圆柱形变为方形,但形式上的一些改良,仍不能适应运算步骤的发展,念歌诀摆弄算筹时,往往能"得心"但不"应手",特别是当计算较为复杂时,算筹摆弄既不方便又会弄得十分繁乱,因此这种

计算工具到非改革不可的时候了。算筹最终被新一代计算工具——珠算盘取代了。

　　在人类以往所用过的计算工具中,珠算盘是一种既古老,又仍充满青春活力的计算装置。在世界文明的四大发源地,即黄河流域、印度河流域、尼罗河流域及幼发拉底河流域,都

曾经出现过形式各异的"算盘"。但沿用至今的,只有这一种"珠算盘"了,这种计算工具目前在我国及亚洲一些国家仍然较为流行。

珠算盘是计算工具史上的第一项重大变革。它可能萌芽于汉代,到南北朝时已定型。珠算是由算筹演变而来的。在筹算时,上面每一根筹当五,下面每一根筹当一,这与珠算盘上档一珠当五,下档每一珠当一完全一致,由于在打算盘时,会遇到某位数字等于或超过十的情况,所以珠算盘采用上二珠下五珠的形式。珠算利用进位制记数,通过拨动算珠进行运算,而且算盘本身能存贮数字,因此可以边算边记录结果。打算盘的人,只要熟记运算口诀,就能迅速算出结果,进行加减比用电子计算器还快。由于珠算盘结构简单,操作方便迅速,价格低廉又便于携带,在我国的经济生活中长期发挥着重要作用,并盛行不衰,在电子计算器出现以前,是我国最受欢迎、使用最普遍的一种计算工具。

这些计算工具不仅带动了计算器的发展,也为现代计算器发展奠定了良好的基础,进而成为现代社会应用广泛的计算工具。在人类文明发展的历史长河中,计算机工具经历了从简单到复杂、从低级到高级的发展过程。它们在不同的历史时期发挥了各自的作用,而且也孕育了电子计算机的设计思想和雏形。

中国超级计算机逆袭之路

超级计算机的概念

超级计算机就是具有超量级计算能力的机器,简单打个比方,就拿我们的个人电脑而言,它的性能已经很强大了,可以完成很多人力无法完成的工作,但是如果这个使用者是国家,要处理很庞大的计算,像这样的个人电脑就完全不够用了,最简单的解决办法就是将成千上万台电脑连接在一起,让它们一起用功,将性能发挥到最大,而这些计算机叠加在一起的集群,就是超级计算机。

超级计算机的用途

那超级计算机主要是用来做什么呢?超级计算机的地位,不亚于卫星,同样是国之重器。它广泛应用于模拟核试验、生物医药、新材料研究、天气预报、太空探索、人类基因测序等领域,还有最主要的一项是有利于建立联合作战的战争模拟系统,可以通过虚拟现实技术,搭建起士兵训练的模拟环境,模拟计算机系统可以模拟敌方的地理数据、战机性能、军舰性能、坦克性能等,对士兵进行有针对性的训练,从而节约大量成本。

　　不过,超级计算机最早是被美国发明出来的,而且美国曾经一度做到了全球的垄断,那中国是什么时候拥有自己的超级计算机的呢?

中国在超算领域的探索

　　这就不得不说在 20 世纪 80 年代,中国石油工业部为了更好地进行地质勘探,斥巨资向美国购买了一台 IBM 大型计算机,然而,东西虽然买过来了,但是美国为了封锁超级计算机的核心技术,并没有将使用的自由权交给中国。

　　美国在这件事上做得很过分,他们为了不让核心技术泄密,让这台超级计算机安置在一个透明的玻璃房中,要求中国的科研人员在使用超级计算机的时候,被美国全程监控,不仅这样,中国的科研人员研究出来的内容,也要交给美国审查,摆明了就是想要得到中国的研究成果,看中国发展到什么地步,要研究什么内容,而且连计算机的启动密码和机房钥匙也在美国手中。

　　这就是中国在超级计算机领域的"玻璃房"事件,也是中国在超级计算机领域受到的巨大侮辱之一,这成为每一个中国科研工作者永远的伤疤。

中国在超算领域的发展

　　于是,在 1986 年 863 计划实施之后,中国开始了超级计算机的研发之路。

　　从 1986 年到 2016 年这三十年的时间里,无数的超级计算机工作者投入这项伟大的工程中,中国也在超级计算机领域全面开花,前后有国防科技大学的银河系列、天河系列,中科院的曙光系列,联想的深腾系列,无锡江南计算机研究所的神威系列,都曾一度霸榜世界第一的位置，让世界惊叹中国在超算领域的弯道超车表现。

以下是一些标志性的时间节点：

2004年，中科院成功研制"曙光4000"十万亿次计算，进入世界超算500强前十。

2008年，中科院成功研制"曙光5000"百亿次计算机，同样进入世界超算500强前十。

2009年，国防科技大学成功研制"天河一号"千万亿次计算机，我国也成为第二个可以成功研制千万亿次计算机的国家。

2010年6月，中科院成功研制"星云"千万亿次计算机，成为世界超算500强第二名。

同年11月，国防科技大学升级的"天河-1A"系统，成为世界超算500强第一名。

2010年底，江南计算机研究所的"神威·蓝光"成为第一个全部采用国产CPU、同时实现千万亿次计算的超级计算机。

2013年6月开始，国防科技大学的"天河二号"，连续六次位居世界超算500强第一名。

2016年底，第一次由全国产CPU制造的"神威·太湖之光"取代第一的位置，并连续四年霸占世界超算500强榜首。

从没有技术到掌握核心技术，从世界小白变为世界超级计算机天花板的存在，中国再次向世界证明了中国的实力。三十多年的时间，无数的科研工作者用血和汗水换来了中国超级计算机技术的进步和响当当的荣誉。

中国超级计算机的竞争

蝉联四年世界超级计算机500强第一名的"神威·太湖之光"在2020年被反超。日本的富岳超级计算机异军突起，成功夺得榜首，而中国的"神威·太湖之光"也滑落至第四名。一夜之间，"日本超级计算机为什么会超越中国超级计算机"的话题铺天盖地袭来，逐渐有质疑声传来：中国还能否重回榜首？中国的超级计算机真的比不上日美吗？

这里就来告诉大家，为什么中国"神威·太湖之光"会跌落至第四名。首先，排名之间的更替是很正常的现象，毕竟中国的"神威·太湖之光"已经连续霸占榜首四年。其次，每个国家超级计算机的实力如何，并不是只看排名，看得更多的是在这个榜单中，一个国家能排进前五百的超级计算机数目。

以中国与美国为例：

2016年，在全球超级计算机500强中，中国占有167个席位，美国占有165个席位；

2020年，在全球超级计算机500强中，中国占有的席位上升至226个席位，美国占有的席位下降至109个席位。孰强孰弱，一眼便知。

中国超算的未来

这个新项目，就是中国的压轴大作：E级超级计算机——天河三号。

E级超级计算机"天河三号"的计算速度，可以达到每秒百亿亿次，这将彻底打破超级计算机千万亿次计算速度的格局。而且这一次的"天河三号"，在芯片方面采用的是我国自主研发的飞腾FT2000芯片。在架构方面，同样采用的是我国自主研发的天河高速互联通信，真正实现了超算的全国产。如此惊人的超级计算机一旦出现，中国超算重回全球第一，又有何难呢？

　　2022 年 5 月 31 日，今年上半年的全球超级计算机 500 强榜单揭晓，首次入榜的美国超级计算机"前沿"位列榜首，这是全球首台运算能力达每秒 100 亿亿次浮点运算的超算。中国共有 173 台超算上榜，上榜总数蝉联第一。

1.7　习　题

一、选择题

1. 1946 年诞生了世界上第一台电子计算机，它的英文名字是（　　）。

A. UNIVAC_I 　　　　B. EDVAC 　　　　　C. ENIAC 　　　　　　D. MARK-II

2. 在冯·诺依曼型体系结构的计算机中引进了两个重要的概念，它们是（　　）。

A. 引入 CPU 和内存存储器的概念 　　　　B. 采用二进制和存储程序的概念

C. 机器语言和十六进制 　　　　　　　　D. ASCII 编码和指令系统

3. 现代电子计算机发展的各个阶段的区分标志是（　　）。

A. 元器件的发展水平 　　　　　　　　　B. 计算机的运算速度

C. 软件的发展水平 　　　　　　　　　　D. 操作系统的更新换代

4. 办公自动化（OA）是计算机的一项应用，按计算机应用的分类，它属于（　　）。

A. 科学计算 　　　　B. 辅助设计 　　　　C. 实时控制 　　　　D. 数据处理

5. 计算机最早的应用领域是（　　）。

A. 辅助工程 　　　　B. 过程控制 　　　　C. 数据处理 　　　　D. 数值计算

6. 英文缩写 CAD 的中文意思是（　　）。

A. 计算机辅助设计 　　　　　　　　　　B. 计算机辅助制造

C. 计算机辅助教学 　　　　　　　　　　D. 计算机辅助管理

7. 将十进制数 97 转换成无符号二进制整数等于（　　）。

A. 1011111 　　　　B. 1100001 　　　　C. 1101111 　　　　D. 1100011

8. 与十六进制数 AB 等值的十进制数是（　　）。

A. 171 　　　　　　B. 173 　　　　　　C. 175 　　　　　　D. 177

9. 下列各进制的整数中，值最大的是（　　）。

A. 十进制数 10 　　　　　　　　　　　　B. 八进制数 10

C. 十六进制数 10　　　　　　　　　　　D. 二进制数 10

10. 与二进制 101101 等值的十六进制数是（　　）。

A. 1D　　　　　　B. 2C　　　　　　C. 2D　　　　　　D. 2E

11. 大写字母"B"的 ASCII 码值是（　　）。

A. 65　　　　　　B. 66　　　　　　C. 41H　　　　　　D. 97

12. 在计算机中，20 GB 的硬盘可以存放的汉字个数是（　　）。

A. 10×1 000×1 000 Bytes　　　　　　B. 20×1 024 MB

C. 10×1 024×1 024 KB　　　　　　　D. 20×1 000×1 000 KB

13. 计算机中所有信息的存储都采用（　　）。

A. 十进制　　　　　B. 十六进制　　　　　C. ASCII 码　　　　　D. 二进制

14. 国际通用的 ASCII 码的码长是（　　）。

A. 7　　　　　　B. 8　　　　　　C. 12　　　　　　D. 16

15. 汉字在计算机内部的传输、处理和存储都使用汉字的（　　）。

A. 字形码　　　　　B. 输入码　　　　　C. 机内码　　　　　D. 国际码

16. 存储 24×24 点阵的一个汉字信息，需要的字节数是（　　）。

A. 48　　　　　　B. 72　　　　　　C. 144　　　　　　D. 192

17. 下列描述中不正确的是（　　）。

A. 多媒体技术最主要的两个特点是集成性和交互性

B. 所有计算机的字长都是固定不变的，都是 8 位

C. 计算机的存储容量是计算机的性能指标之一

D. 各种高级语言的编译系统都属于系统软件

18. 多媒体处理的是（　　）。

A. 模拟信号　　　　　B. 音频信号　　　　　C. 视频信号　　　　　D. 数字信号

19. 下面叙述和计算机安全相关的是（　　）。

A. 设置 8 位以上开机密码且定期更换

B. 购买安装正版的反病毒软件且病毒库及时更新

C. 为所使用的电脑安装设置防火墙

D. 上述选项全部都是

20. 计算机病毒是指"能够侵入计算机系统并在计算机系统中潜伏、传播，破坏系统正常工作的一种具有繁殖能力"的（　　）。

A. 特殊程序　　　　　B. 源程序　　　　　C. 特殊微生物　　　　　D. 流行性感冒病毒

第二章　计算机系统

首先要搞清楚什么是计算机。计算机是能按照人的要求接受和存储信息,自动进行数据处理和计算,并输出结果的机器系统。计算机由硬件和软件两部分组成,它们共同协作运行应用程序,处理和解决实际问题。其中,硬件是计算机赖以工作的实体,是各种物理部件的有机结合。软件是控制计算机运行的灵魂,是由各种程序以及程序所处理的数据组成。计算机系统通过软件协调各硬件部件,并按照指定要求和顺序进行工作。

通过本章的学习,应掌握以下内容:

1. 计算机硬件系统的组成、功能和工作原理。
2. 计算机软件系统的组成和功能,系统软件与应用软件的概念和作用。
3. 计算机的性能和主要技术指标。
4. 操作系统的概念和功能。

2.1　计算机的硬件系统

硬件是计算机的物质基础,没有硬件就不能称其为计算机。尽管各种计算机在性能、用途和规模上有所不同,但其基本结构都遵循冯·诺依曼型体系结构,人们称符合这种设计的计算机是冯·诺依曼计算机。冯·诺依曼计算机由输入、存储、运算、控制和输出五个部分组成。

2.1.1　运算器

运算器(Arithmetic Unit,AU)是计算机处理数据、形成信息的加工厂,它的主要功能是对二进制数进行算术运算或逻辑运算,所以,也称其为算术逻辑部件(Arithmetic and Logic Unit,ALU)。所谓算术运算,就是数的加、减、乘、除以及乘方、开方等数学运算。而逻辑运算则是指逻辑变量之间的运算,即通过与、或、非等基本操作对二进制数进行逻辑判断。

计算机之所以能完成各种复杂操作,最根本的原因是运算器的运行。参加运算的数全部是在控制器的统一指挥下从内存储器中取到运算器,由运算器完成运算任务。

由于在计算机内,各种运算均可归结为相加和移位这两个基本操作,所以,运算器的核心是加法器。为了能将操作数暂时存放,能将每次运算的中间结果暂时保留,运算器还需要若干个寄存数据的寄存器(Register)。若一个寄存器既保存本次运算的结果而又参与下次的运算,它的内容就是多次累加的和,这样的寄存器又叫作累加器。

运算器的处理对象是数据,处理的数据来自存储器,处理后的结果通常送回存储器或暂存在运算器中。数据长度和表示方法对运算器的性能影响极大。字长的大小决定了计算机的运算精度,字长越大,所能处理的数的范围越大,运算精度越高处理速度越快。

以"1+2＝?"为例,看看计算机工作的全过程。在控制器的作用下,计算机分别从内存中读取操作数$(01)_2$和$(10)_2$,并将其暂存在寄存器 A 和寄存器 B 中。运算时,两个操作数同时传送至运算单元电路(ALU),在 ALU 中完成加法操作。执行后的结果根据需要被传送至存储器的指定单元或运算器的某个寄存器中,如图 2.1 所示。

图 2.1　运算器的结构示意图

运算器的性能指标是衡量整个计算机性能的重要因素之一,与运算器相关的性能指标包括计算机的字长和运算速度。

◇ 字长:是指计算机运算部件一次能同时处理的二进制数据的位数(见 1.2.3 节)。作为存储数据,字长越长,则计算机的运算精度就越高;作为存储数据指令,则计算机的处理能力就越强。目前普遍使用的 Intel 和 AMD 微处理器大多是 32 位和 64 位的,意味着该类型的微处理器可以并行处理 32 位或 64 位二进制数的算术运算和逻辑运算。

◇ 运算速度:计算机的运算速度通常是指每秒钟所能执行加法指令的数目,常用百万次/秒(Million Instructions Per Second,MIPS)来表示。这个指标更能直观地反映机器的性能。

2.1.2　控制器

控制器(Control Unit,CU)是计算机的心脏,由它指挥全机各个部件自动、协调地工作。控制器的基本功能是根据指令计数器中指定的地址从内存取出一条指令,对指令进行译码,再由操作控制部件有序地控制各部件完成操作码规定的功能。控制器也记录操作中各部件的状态,使计算机能有条不紊地自动完成程序规定的任务。

从宏观上看,控制器的作用是控制计算机各部件协调工作。从微观上看,控制器的作用是按一定顺序产生机器指令以获得执行过程中所需要的全部控制信号,这些控制信号作用于计算机的各个部件以使其完成某种功能,从而达到执行指令的目的。所以,对控制器而言,真正的作用是对机器指令执行过程的控制。

控制器由指令寄存器(IR)、指令译码器(ID)、程序计数器(PC)和操作控制器(OC)4 个部件组成。IR 用以保存当前执行或即将执行的指令代码;ID 用来解析和识别 IR 中所存放指令的性质和操作方法;OC 则根据 ID 的译码结果,产生该指令执行过程中所需的全部控制信号和时序信号;PC 总是保存下一条要执行的指令地址,从而使程序可以自动、持续地运行。为控制器的一般模型如图 2.2 所示。

图 2.2　控制器的一般模型

1. 机器指令

为了让计算机按照人的意识和思维正确运行,必须设计一系列计算机可以真正识别和执行的语言——机器指令,指令是构成程序的基本单位。机器指令是按照一定格式构成的二进制代码串,它用来描述计算机可以理解并执行的基本操作。计算机只能执行指令,并被指令所控制。

机器指令通常由操作码和操作数两部分组成。

(1) 操作码:指出计算机应执行何种操作的一个命令词,例如加、减、乘、除、取数、存数等,每一种操作均有各自的代码,称为操作码。

(2) 操作数:指明操作码执行时的操作对象。操作数的形式可以是数据本身,也可以是存放数据的内存单元地址或寄存器名称。操作数又分为源操作数和目的操作数,源操作数指明参加运算的操作数来源,目的操作数地址指明保存运算结果的存储单元地址或寄存器名称。

指令的基本格式如图 2.3 所示。

图 2.3　指令的基本格式

2. 指令的执行过程

计算机的工作过程就是按照控制器的控制信号自动、有序地执行指令的过程。指令是计算机正常工作的前提。所有程序都是由一条条指令序列组成的。一条机器指令的执行需要获得指令、分析指令、生成控制信号、执行指令,大致过程如下:

(1) 取指令:从存储单元地址等于当前程序计数器的内容的那个存储单元中读取当前要执行的指令,并把它存放到指令寄存器中。

(2) 分析指令:指令译码器分析该指令(称为译码)。

(3) 生成控制信号:操作控制器根据指令译码器的输出(译码结果),按一定的顺序产生执行该指令所需的所有控制信号。

(4) 执行指令:在控制信号的作用下,计算机各部分完成相应的操作,实现数据的处理和结果的保存。

(5) 重复执行:计算机根据指令计数器中新的指令地址,重复执行上述 4 个过程,直至执行到指令结束。

控制器和运算器是计算机的核心部件,这两部分合称中央处理器(Central Processing

Unit),简称 CPU,在微型计算机中通常也称作微处理器(MPU)。微型计算机的发展与微处理器的发展是同步的。

时钟主频是指 CPU 的时钟频率,是微型计算机性能的一个重要指标,它的高低一定程度上决定了计算机速度的快慢。主频以吉赫兹(GHz)为单位。一般地说,主频越高,速度越快。由于微处理器发展迅速,微型计算机的主频也在不断地提高。目前酷睿处理器的主频在 3.2 GHz 左右。

2.1.3 存储器

存储器(Memory)是存储程序和数据的部件。它可以自动完成程序或数据的存取,是计算机系统中的记忆设备。存储器分为内存(又称主存)和外存(又称辅存)两大类。内存是主板上的存储部件,用来存储当前正在执行的数据、程序和结果;内存容量小,存取速度快,但断电后其中的信息全部丢失。外存是磁性介质或光盘等部件,用来存放各种数据文件和程序文件等需要长期保存的信息;外存容量大,存取速度慢,但断电后所保存的内容不会丢失。计算机之所以能够反复执行程序或数据,就是由于有存储器的存在。

CPU 不能像访问内存那样直接访问外存,当需要某一程序或数据时,首先应将其调入内存,然后再运行。一般的微型计算机中都配置了高速缓冲存储器(Cache),这时内存包括主存和高速缓存两部分。

1. 内存

存储器是用来存储数据和程序的"记忆"装置,相当于存放资料的仓库。计算机中的全部信息,包括数据、程序、指令以及运算的中间数据和最后的结果都要存放在存储器中。

存储器分内存储器和外存储器两种。内存储器按功能又可分为随机存取存储器(RAM)和只读存储器(ROM)。

1) 随机存取存储器

通常所说的计算机内存容量均指 RAM 容量,即计算机的主存。RAM 有两个特点,第一个特点是可读/写性,说的是对 RAM 既可以进行读操作,又可以进行写操作。读操作时不破坏内存已有的内容,写操作时才改变原来已有的内容。第二个特点是易失性,即电源断开(关机或异常断电)时,RAM 中的内容立即丢失。因此微型计算机每次启动时都要对RAM 进行重新装配。

RAM 又可分为静态随机存储器(SRAM)和动态随机存储器(DRAM)两种。计算机内存条采用的是 DRAM,如图 2.4 所示。DRAM 中"动态"的含义是指每隔一个固定的时间必须对存储信息刷新一次。因为 DRAM 是用电容来存储信息的,由于电容存在漏电现象,存储的信息不可能永远保持不变,为了解决这个问题,需要设计一个额外电路对内存不断地进行刷新。DRAM 的功耗低,集成度高,成本低。SRAM 是用触发器的状态来存储信息的,只要电源正常供电,触发器就能稳定地存储信息,无须刷新,所以 SRAM 的存取速度比DRAM 快。但 SRAM 具有集成度低、功耗大、价格高的缺陷。

几种常用 RAM 简洁如下:

① 同步动态随机存储器(SDRAM)是奔腾计算机系统普遍使用的内存形式,它的刷新周期与系统时钟保持同步,使 RAM 和 CPU 以相同的速度同步工作,减少了数据存取时间。

图 2.4　内存条

② 双倍速率 SDRAM(DDRRAM)使用了更多、更先进的同步电路,它的速度是标准 SDRAM 的两倍。

③ 存储器总线式动态随机存储器(RDRAM)被广泛地应用于多媒体领域。

2) 只读存储器

CPU 对只读存储器(ROM)只取不存,ROM 里面存放的信息一般由计算机制造厂写入并经过固化处理,用户是无法修改的,即使断电,ROM 中的信息也不会丢失。因此,ROM 中一般存放计算机系统管理程序,如监控程序、基本输入/输出系统模块 BIOS 等。

几种常用 ROM 简介如下:

① 可编程只读存储器(PROM)可实现对 ROM 的写操作,但只能写一次。其内部有行列式的熔丝,视需要利用电流将其烧断,写入所需信息。

② 可擦除可编程只读存储器(EPROM)可实现数据的反复擦写。使用时,利用高电压将信息编程写入,擦除时将线路曝光于紫外线下,即可将信息清空。EPROM 通常在封装外壳上会预留一个石英透明窗以方便曝光。

③ 电可擦可编程只读存储器(EEPROM)可实现数据的反复擦写,其使用原理类似 EPROM,只是擦除方式是使用高电场完成,因此不需要透明窗曝光。

3) 高速缓冲存储器

高速缓冲存储器(Cache)主要是为了解决 CPU 和主存速度不匹配,为提高存储器速度而设计的。Cache 一般用 SRAM 存储芯片实现,因为 SRAM 比 DRAM 存取速度快而容量有限。

Cache 产生的理论依据——局部性原理。局部性原理是指计算机程序从时间和空间都表现出"局部性":① 时间的局部性:最近被访问的内存内容(指令或数据)很快还会被访问;② 空间的局部性:靠近当前正在被访问内存的内存内容很快也会被访问。

内存读写速度制约了 CPU 执行指令的效率,那么,如何能既缓解速度间的矛盾又节约成本?——设计一款小型存储器即 Cache,使其存取速度接近 CPU,存储容量小于内存。Cache 中存放什么?——CPU 最经常访问的指令和数据。根据局部性原理,当 CPU 存取某一内存单元时,计算机硬件自动地将包括该单元在内的临近单元内容都调入 Cache。这样,当 CPU 存取信息时,可先从 Cache 中进行查找。若有,则将信息直接传送给 CPU;若无,则再从内存中查找,同时把含有该信息的整个数据块从内存复制到 Cache 中。Cache 中内容命中率越高,CPU 执行效率越高。可以采用各种 Cache 替换算法(Cache 内容和内存内容的替换算法)来提高 Cache 的命中率。

Cache 按功能通常分为两类:CPU 内部的 Cache 和 CPU 外部的 Cache。CPU 内部的 Cache 称为一级 Cache,它是 CPU 内核的一部分,负责在 CPU 内部的寄存器与外部的

Cache 之间的缓冲。CPU 外部的 Cache 称为二级 Cache,它相对 CPU 是独立的部件,主要用于弥补 CPU 内部 Cache 容量过小的缺陷,负责整个 CPU 与内存之间的缓冲。少数高端处理器还集成了三级 Cache,三级 Cache 是为读取二级缓存中的数据而设计的一种缓存。具有三级缓存的 CPU 中,只有很少的数据从内存中调用,这样大大地提高了 CPU 的效率。

4)内存储器的性能指标

内存储器的主要性能指标有两个:容量和速度。

● 存储容量:指一个存储器包含的存储单元总数。这一概念反映了存储空间的大小。目前常用的 DDR3 内存条存储容量一般为 2 GB 和 4 GB。好的主板可以到 8 GB,服务器主板可以到 32 GB。

● 存取速度:一般用存储周期(也称读写周期)来表示。存取周期就是 CPU 从内存储器中存取数据所需的时间(读出或写入)。半导体存储器的存取周期一般为 60~100 ns。

2. 外存

随着信息技术的发展,信息处理的数据量越来越大。但内存容量毕竟有限,这就需要配置另一类存储器——外部存储器(简称外存)。外存可存放大量程序和数据,且断电后数据不会丢失。常见的外部储存器有硬盘、U 盘和光盘等。

1)硬盘

硬盘是微型计算机上主要的外部存储设备。它是由磁盘片、读写控制电路和驱动机构组成。硬盘具有容量大、存取速度快等优点,操作系统、可运行的程序文件和用户的数据文件一般都保存在硬盘上。

内部结构:一个硬盘内部包含多个盘片,这些盘片被安装在一个同心轴上,每个盘片有上下两个盘面,每个盘面被划分为磁道和扇区。磁盘的读写物理单位是按扇区进行读写。硬盘的每个盘面有一个读写磁头,所有磁头保持同步工作状态,即在任何时刻所有的磁头都保持在不同盘面的同一磁道。硬盘读写数据时,磁头与磁盘表面始终保持一个很小的间隙,实现非接触式读写。维持这种微小的间隙,靠的不是驱动器的控制电路,而是硬盘高速旋转时带动的气流。由于磁头很轻,硬盘旋转时,气流使磁头漂浮在磁盘表面。硬盘内部结构如图 2.5 所示。其主要特点是将盘片、磁头、电机驱动部件乃至读/写电路等做成一个不可随意拆卸的整体并密封起来,所以,防尘性能好、可靠性高,对环境要求不高。

图 2.5 硬盘及其结构示意图

硬盘容量:一个硬盘的容量是由以下几个参数决定的,即磁头数 H、柱面数 C、每个磁道

的扇区数 S 和每个扇区的字节数 B。将以上几个参数相乘,乘积就是硬盘容量,即:

$$硬盘总容量＝磁头数(H)×柱面数(C)×磁道扇区数(S)×每扇区字节数(B)$$

硬盘接口:硬盘与主板的连接部分就是硬盘接口,常见的有 ATA(高级技术附件)、SATA(串行高级技术附件)和 SCSI(小型计算机系统接口)接口。ATA 和 SATA 接口的硬盘主要应用在个人电脑上,如图 2.6 所示,SCSI 接口的硬盘主要应用于中、高端服务器和高档工作站中。硬盘接口的性能指标主要是传输率,也就是硬盘支持的外部传输速率。以前常用的 ATA 接口采用传统的 40 引脚并口数据线连接主板和硬盘,外部接口速度最大为

133 MB/s。ATA 并口线的抗干扰性太差,且排线占空间,不利计算机散热,故其逐渐被 SATA 取代。SATA 又称串口硬盘,它采用串行连接方式,传输率为 150 MB/s。SATA 总线使用嵌入式时钟信号,具备更强的纠错能力,而且还具有结构简单、支持热插拔等优点。目前最新的 SATA 标准是 SATA 3.0,传输率为 6 Gb/s。SCSI 是一种广泛应用于小型机上的高速数据传输技术。SCSI 接口具有应用范围广、带宽大、CPU 占用率低以及支持热插拔等优点。

图 2.6　ATA 接口和 SCSI 接口

硬盘转速:指硬盘电机主轴的旋转速度,也就是硬盘盘片在一分钟内旋转的最大转数。转速快慢是标志硬盘档次的重要参数之一,也是决定硬盘内部传输率的关键因素之一,在很大程度上直接影响硬盘的传输速度。硬盘转速单位为 rpm,即转/分钟。

普通硬盘转速一般有 5 400 rpm 和 7 200 rpm 两种。其中,7 200 rpm 高转速硬盘是台式机的首选,笔记本则以 4 200 rpm 和 5 400 rpm 为主。虽然已经发布了 7 200 rpm 的笔记本硬盘,但由于噪声和散热等问题,尚未广泛使用。服务器中使用的 SCSI 硬盘转速大多为 10 000 rpm,最快为 15 000 rpm,性能远超普通硬盘。

硬盘的容量有 320 GB、500 GB、750 GB、1 TB、2 TB、3 TB 等。目前市场上能买到的硬盘最大容量为 4 TB。主流硬盘各参数为 SATA 接口、500 GB 容量、7200rpm 转速和 150 MB/s传输率。

2) 闪速存储器(Flash ROM)

闪速存储器是一种新型非易失性半导体存储器(通常称 U 盘)。它是 EEPROM 的变种,Flash ROM 与 EEPROM 不同的是,它能以固定区块为单位进行删除和重写,而不是整个芯片擦写。它既继承了 RAM 存储器速度快的优点,又具备了 ROM 的非易失性,即在无电源状态仍能保持片内信息,不需要特殊的高电压就可实现片内信息的擦除和重写。

另外,USB 接口支持即插即用。当前的计算机都配有 USB 接口,在 Windows XP 操作系统下,无须驱动程序,通过 USB 接口即插即用,使用非常方便。近几年来,更多小巧、轻便、价格低廉、存储量大的移动存储产品在不断涌现并得到普及。

USB 接口的传输率有:USB 1.1 为 12 Mb/s,USB 2.0 为 480 Mb/s,USB 3.0 为 5.0 Gb/s。

3) 光盘(Optical Disc)

光盘是以光信息作为存储信息的载体来存储数据的一种物品。

类型划分:光盘通常分为两类,一类是只读型光盘,包括 CD-ROM 和 DVD-ROM

(Digital Versatile Disk-ROM)等；一类是可记录型光盘，它包括 CD-R、CD-RW（CD-Rewritable）、DVD-R、DVD＋R、DVD＋RW 等各种类型。

- 只读型光盘 CD-ROM 是用一张母盘压制而成，上面的数据只能被读取而不能被写入或修改。记录在母盘上的数据呈螺旋状，由中心向外散开，盘中的信息存储在螺旋形光道中。光道内部排列着一个个蚀刻的"凹坑"，这些"凹坑"和"平地"用来记录二进制 0 和 1。读 CD-ROM 上的数据时，利用激光束扫描光盘，根据激光在小坑上的反射变化得到数字信息。

- 一次写入型光盘 CD-R 的特点是只能写一次，写完后的数据无法被改写，但可以被多次读取，可用于重要数据的长期保存。在刻录 CD-R 盘片时，使用大功率激光照射 CD-R 盘片的染料层，通过染料层发生的化学变化产生"凹坑"和"平地"两种状态，用来记录二进制 0 和 1。由于这种变化是一次性的，不能恢复，所以 CD-R 只允许写入一次。

- 可擦写型光盘 CD-RW 的盘片上镀有银、铟、硒或碲材质以形成记录层，这种材质能够呈现出结晶和非结晶两种状态，用来表示数字信息 0 和 1。CD-RW 的刻录原理与 CD-R 大致相同，通过激光束的照射，材质可以在结晶和非结晶两种状态之间相互转换，这种晶体材料状态的互转换，形成了信息的写入和擦除，从而达到可重复擦除的目的。

- CD-ROM 的后继产品为 DVD-ROM。DVD 采用波长更短的红色激光、更有效的调制方式和更强的纠错方法，具有更高的密度，并支持双面双层结构。在与 CD 大小相同的盘片上，DVD 可提供相当于普通 CD 片 8～25 倍的存储容量及 9 倍以上的读取速度。DVD 与 CD 光盘片一样，也分为只读型光盘（DVD-ROM）、一次写入型光盘（DVD-R、DVD＋R）和可擦写型光盘（DVD-RAM、DVD-RW、DVD＋RW）。

- 蓝光光盘（BD）是 DVD 之后的下一代光盘格式之一，用以存储高品质的影音以及高容量的数据存储。蓝光的命名是由于其采用波长为 405 nm 的蓝色激光光束来进行读写操作。通常来说，波长越短的激光能够在单位面积上记录或读取的信息越多。因此，蓝光极大地提高了光盘的存储容量。

光盘容量：CD 光盘的最大容量大约是 700 MB。DVD 光盘单面最大容量为 4.7 GB、双面为 8.5 GB。蓝光光盘单面单层为 25 GB、双面为 50 GB。

倍速：衡量光盘驱动器传输速率的指标是倍速。光驱的读取速度以 150 kb/s 的单倍速为基准。后来驱动器的传输速率越来越快，就出现了倍速、四倍速直至现在的 32 倍速、40 倍速甚至更高。

3. 层次结构

上面介绍的各种存储器各有优劣，但都不能同时满足存取速度快、存储容量大和存储位价（存储每一位的价格）低的要求。为了解决这三个相互制约的矛盾，在计算机系统中通常采用多级存储器结构，即将速度、容量和价格上各不相同的多种存储器按照一定体系结构连接起来，构成存储器系统。若只单独使用一种或孤立使用若干种存储器，会大大影响计算机的性能。图 2.7 所示，存储器层次结构由上至下，速度越来越慢，容量越来越大，价位越来越低。

现代计算机系统基本都采用 Cache、主存和辅存三级存储系统。该系统分为"Cache——主存"层次和"主存—辅存"层次。前者主要解决 CPU 和主存速度不匹配问题，后者主要解决存储器系统容量问题。在存储系统中，CPU 可直接访问 Cache 和主存；辅存则通过主存与 CPU 交换信息。

图 2.7 存储器的层次结构

2.1.4 输入设备

输入设备用来向计算机输入数据和信息,其主要作用是把人们可读的信息(命令、程序、数据、文本、图形、图像、音频和视频等)转换为计算机能识别的二进制代码输入计算机,供计算机处理,是人与计算机系统之间进行信息交换的主要装置之一。例如,用键盘输入信息,敲击键盘上的每个键都能产生相应的电信号,再由电路板转换成相应的二进制代码送入计算机。目前常用的输入设备有键盘、鼠标器、摄像头、扫描仪、光笔、手写输入板、游戏杆、语音输入装置等,还有脚踏鼠标、手触输入、传感,其姿态越来越自然,使用越来越方便。

1. 键盘

键盘是迄今为止最常用、最普通的输入设备,它是人与计算机之间进行联系和对话的工具,主要用于输入字符信息。自 IBM PC 推出以来,键盘有了很大的发展。键盘的种类繁多,目前常见的键盘有 101 键、102 键、104 键、多媒体键盘、手写键盘、人体工程学键盘、红外线遥感键盘、光标跟踪球的多功能键盘和无线键盘等。键盘接口规格有两种:PS/2 和 USB。

传统的键盘是机械式的,通过导线连接到计算机。每个按键为独立的微动开关,每个开关产生一个信号,由键盘电路进行编码输入到计算机进行处理。虽然键盘在计算机发展过程中的变化不大,看似平凡,但是它在操作计算机中所扮演的角色是功不可没的!现在不论在外形、接口、内部构造和外形区分上均有不同的新设计。

键盘上的字符分布是根据字符的使用频度确定的。人的十根手指的灵活程度是不一样的、灵活一点的手指分管使用频率较高的键位,反之,不太灵活的手指分管使用频率较低的键位。将键盘一分为二,左右手分管两边,分别先按在基本键上,键位的指法分布如图 2.8 所示。

图 2.8 键盘键位分布图

2．鼠标器

鼠标器（Mouse）简称鼠标，通常有两个按键和一个滚轮，当它在平板上滑动时，屏幕上的鼠标指针也跟着移动，"鼠标器"正是由此得名。它不仅可用于光标定位，还可用来选择菜单、命令和文件，是多窗口环境下必不可少的输入设备。

IBM 公司的专利产品 TrackPoint 是专门使用在 IBM 笔记本电脑上的点击设备。它在键盘的 B 键和 G 键之间安装了一个指点杆，上面套以红色的橡胶帽。它的优点是操作键盘时手指不必离开键盘去操作鼠标，而且少了鼠标器占用桌面上的位置。

常用的鼠标有：机械鼠标、光学鼠标、光学机械鼠标、无线鼠标。鼠标接口规格有两种：PS/2 和 USB。

3．其他输入设备

输入设备除了最常用的键盘、鼠标外，现在输入设备已有很多种类，而且越来越接近人类的器官，如扫描仪、条形码阅读器、光学字符阅读器、触摸屏、手写笔、语音输入设备（麦克风）和图像输入设备（数码相机、数码摄像机）等都属于输入设备。参见图 2.9 所示。

扫描仪　　　　照相机　　　　摄像机　　　游戏操作杆

图 2.9　其他输入设备

● 图形扫描仪（Scanner）是一种图形、图像输入设备，它可以直接将图形、图像、照片或文本输入计算机中。如果是文本文件，扫描后经文字识别软件进行识别，便可保存文字。利用扫描仪输入图片在多媒体计算机中广泛使用，现已进入家庭。扫描仪通常采用 USB 接口，支持热插拔，使用便利。

● 条形码阅读器是一种能够识别条形码的扫描装置，连接在计算机上使用。当阅读器从左向右扫描条形码时，就把不同宽窄的黑白条纹翻译成相应的编码供计算机使用。许多自选商场和图书馆里都用它来帮助管理商品和图书。

● 光学字符阅读器（OCR）是一种快速字符阅读装置。它用许许多多的光电管排成一个矩阵，当光源照射被扫描的一页文件时，文件中空白的白色部分会反射光线，使光电管产生一定的电压；而有字的黑色部分则把光线吸收，光电管不产生电压。这些有、无电压的信息组合形成一个图案，并与 OCR 系统中预先存储的模板匹配，若匹配成功就可确认该图案是何字符。有些机器一次可阅读一整页的文件，称为读页机，有的则一次只能读一行。

● 触摸屏由安装在显示器屏幕前面的检测部件和触摸屏控制器组成。当手指或其他物体触摸安装在显示器前端的触摸屏时，所触摸的位置由触摸屏控制器检测，并通过接口（RS-232 串行接口或 USB 接口）送到主机。触摸屏将输入和输出集中到一个设备上，简化了交互过程。与传统的键盘和鼠标输入方式相比，触摸屏输入更直观。配合识别软件，触摸屏还可以实现手写输入。它在公共场所或展示、查询等场合应用比较广泛。缺点：一是价格因素，一个性能较好的触摸屏比一台主机的价格还要昂贵；二是对环境有一定要求，抗干扰的能力受限制;三是由于用户一般使用手指点击,所以显示的分辨率不高。

触摸屏有很多种类,按安装方式可分为外挂式、内置式、整体式、投影仪式;按结构和技术分类可分为红外技术触摸屏、电容技术触摸屏、电阻技术触摸屏、表面声波触摸屏、压感触摸屏、电磁感应触摸屏。

● 语音输入设备和手写笔输入设备使汉字输入变得更为方便、容易,免去了计算机用户学习键盘汉字输入法的烦恼,语音或手写汉字输入设备在经过训练后,系统的语言输入正确率在90%以上。但语音或手写笔汉字输入设备的输入速度还有待提高。

● 光笔是专门用来在显示屏幕上作图的输入设备。配合相应的软件和硬件,可以实现在屏幕上作图、改图和图形放大等操作。

将数字处理和摄影、摄像技术结合的数码相机、数码摄像机能够将所拍摄的照片、视频图像以数字文件的形式传送给计算机,通过专门的处理软件进行编辑、保存、浏览和输出。

2.1.5　输出设备

输出设备把各种计算结果数据或信息以数字、字符、图像、声音等形式表示出来。

输出设备的主要功能是将计算机处理后的各种内部格式的信息转换为人们能够识别的形式(如文字、图形、图像和声音等)表达出来。例如,在纸上打印出印刷符号或在屏幕上显示字符、图形等。输出设备是人与计算机交互的部件,除常用的输出设备有显示器、打印机外,还有绘图仪、影像输出、语音输出、磁记录设备等。

1. 显示器

显示器也称监视器,是微型计算机中最重要的输出设备之一,也是人机交互必不可少的设备。显示器用于显示的信息不再是单一的文本和数字,可显示图形、图像和视频等多种不同类型的信息。

1) 显示器的分类

可用于计算机的显示器有许多种,常用的有阴极射线管显示器(CRT)和液晶显示器(LCD)。CRT 显示器又有球面和纯平之分。纯平显示器大大改善了视觉效果,之后取代球面 CRT 显示器。液晶显示器为平板式,体积小、重量轻、功耗少、辐射少,现在用于移动 PC 和笔记本电脑中,已经成为 PC 主流显示器。

CRT 显示器的扫描方式有两种,即逐行扫描和隔行扫描。逐行扫描指的是拾取图像信号或在重现图像时,一行紧接一行扫描,其优点是图像细腻、无行间闪烁。隔行扫描指的是先扫 1、3、5、7 等奇数行信号,后扫描 2、4、6、8 等偶数行信号,存在行间闪烁。隔行扫描的优点是可以用一半的数据量实现较高的刷新率。但采用逐行扫描技术的图像更清晰、稳定,相比之下,长时间观看眼睛不易产生疲劳感。

2) 显示器的主要性能

在选择和使用显示器时,应了解显示器的主要特性。

(1) 像素(Pixel)与点距:屏幕上图像的分辨率或清晰度取决于能在屏幕上独立显示点的直径,这种独立显示的点称作像素,屏幕上两个像素之间的距离叫点距,点距直接影响显示效果。像素越小,在同一个字符面积下像素数就越多,则显示的字符就越清晰。目前微型计算机常见的点距有 0.31 mm、0.28 mm、0.25 mm 等。点距越小,分辨率就越高,显示器清晰度越高。

（2）分辨率：每帧的线数和每线的点数的乘积［整个屏幕上像素的数目（列×行）］就是显示器的分辨率，这个乘积数越大，分辨率就越高，是衡量显示器的一个常用指标。常用的分辨率是：640×480(256 种颜色)、1 024×768、1 280×1 024 等。如 640×480 的分辨率是指在水平方向上有 640 个像素，在垂直方向上有 480 个像素。

（3）显示存储器（简称显存）：显存与系统内存一样，显存越大，可以储存的图像数据就越多，支持的分辨率与颜色数也就越高。以下是计算显存容量与分辨率关系的公式：

所需显存＝图形分辨率×色彩精度/8

每个像素需要 8 位(一个字节)，当显示真彩色时，每个像素要用 3 个字节。能达到较高分辨率的显示器的性能较好，显示的图像质量更高。

（4）显示器的尺寸：它以显示屏的对角线长度来度量。目前主流产品的屏幕尺寸主要以 17 英寸和 19 英寸为主。传统的显示屏的宽度与高度之比一般为 4∶3,现在多数液晶显示器的宽高比为 16∶9 或 16∶10,它与人眼视野区域的形状更为相符。

3）显示卡

微型计算机的显示系统由显示器和显示卡组成，如图 2.10 历示。显示卡简称显卡或显示适配器。显示器是通过显示器接口（即显示卡）与主机连接的，所以显示器必须与显示卡匹配。不同类型的显示器要配用不同的显示卡。显示卡主要由显示控制器、显示存储器和接口电路组成。显示卡的作用是在显示驱动程序的控制下，负责接收 CPU 输出的显示数据、按照显示格式进行变换并存储在显存中，再把显存中的数据以显示器所要求的方式输出到显示器。

图 2.10　CRT、LCD 显示器和显示卡

根据采用的总线标准不同，显示卡有 ISA、VESA、PCI、VGA 兼容卡（SVGA 和 TVGA 是两种较流行的 VGA 兼容卡）、AGP(加速图形接口卡)和 PCI-Express 等类型，插在扩展槽上。早期微型计算机中使用的 ISA、VESA 显示卡除了在原机器上使用外，在市场上已经很少能见到了。AGP 在保持了 SVGA 的显示特性的基础上，采用了全新设计的 AGP 高速显示接口，显示性能更加优良。AGP 按传输能力有 AGP 2X、AGP 4X、AGP 8X。目前 PCI-Express 接口的显卡成为替代 AGP 的主流。

2. 打印机

打印机是把文字或图形在纸上输出以供阅读和保存的计算机外部设备，如图 2.11所示。一般微型计算机使用的打印机有点阵式打印机、激光打印机和喷墨式打印机三种。

图 2.11　针式、激光和喷墨打印机

1) 点阵式打印机

点阵式打印机主要由打印头、运载打印头的小车机构、色带机构、输纸机构和控制电路等几部分组成。打印头是点阵式打印机的核心部分。点阵式打印机有 9 针、24 针之分,24 针打印机可以打印出质量较高的汉字,是使用较多的点阵式打印机。

点阵式打印机在脉冲电流信号的控制下,由打印针击打的针点形成字符或汉字的点阵。这类打印机的最大优点是耗材(包括色带和打印纸)便宜,能多层套打,特别是平推打印机,因其独特的平推式进纸技术,在打印存折和票据方面,具有其他种类打印机所不具有的优势,在银行、证券、邮电、商业等领域中还在继续使用;缺点是依靠机械动作实现印字,打印速度慢,噪声大,打印质量差,字符的轮廓不光滑,有锯齿形,现已淘汰出办公和家用打印机市场。

2) 激光打印机

激光打印机是激光技术与复印技术相结合的产物,激光打印机属非击打式打印机,其工作原理与复印机相似,涉及光学、电磁、化学等。简单地说,它将来自计算机的数据转换成光,射向一个充有正电的旋转的鼓上。鼓上被照射的部分便带上负电,并能吸引带色粉末。鼓与纸接触,再把粉末印在纸上,按着在一定压力和温度的作用下熔结在纸的表面。激光打印机的优点是无噪声,打印速度快,打印质量最好,常用来打印正式公文及图表;缺点是设备价格高、耗材贵,彩色打印成本是三种打印机中最高的。

激光打印机与主机的接口过去以并行接口为主,现在多数使用 USB 接口。

3) 喷墨打印机

喷墨打印机属非击打式打印机。其工作原理是,喷嘴朝着打印纸不断喷出极细小的带电的墨水雾点,当它们穿过两个带电的偏转板时接受控制,然后落在打印纸的指定位置上,形成正确的字符,无机械击打动作。喷墨打印机的优点是设备价格低廉,打印质量高于点阵式打印机,还能彩色打印,无噪声;缺点是打印速度慢,耗材(墨盒)贵。

打印机是计算机目前最常用的输出设备之一,也是品种、型号最多的输出设备之一。

4) 打印机的性能指标

打印机的性能指标主要是打印精度、打印速度、色彩数目和打印成本等。

(1) 打印精度。打印精度也就是打印机的分辨率,它用 dpi(每英寸可打印的点数)来表示,是衡量图像清晰程度最重要的指标。

(2) 打印速度。针式打印机的打印速度通常使用每秒可打印的字符个数或行数来度量。激光打印机和喷墨打印机是一种页式打印机,它们的速度单位是每分钟打印多少页纸(PPM)。

（3）色彩表现能力。指打印机可打印的不同颜色的总数。喷墨打印机一般采用CMYK 颜色空间。

3. 其他输出设备

在微型计算机上使用的其他输出设备有绘图仪、音频输出设备、视频投影仪等。

绘图仪有平板绘图仪和滚动绘图仪两类，通常采用"增量法"在 x 和 y 方向产生位移来绘制图形。视频投影仪是微型计算机输出视频的重要设备，目前有 CRT 和 LCD 投影仪。LCD 投影仪具有体积小、重量轻、价格低且色彩丰富的特点。

4. 其他输入/输出设备

目前，不少设备同时集成了输入/输出两种功能。例如调制解调器（Modem），它是数字信号和模拟信号之间的桥梁。一台调制解调器能将计算机的数字信号转换成模拟信号，通过电话线传送到另一台调制解调器上，经过解调，再将模拟信号转换成数字信号送入计算机，实现两台计算机之间的数据通信。又如，光盘刻录机可作为输入设备，将光盘上的数据读入到计算机内存，也可作为输入设备将数据刻录到 CD-R 或 CD-RW 光盘。

计算机的输入/输出系统实际上包含输入/输出设备和输入/输出接口两部分。

输入/输出设备简称 I/O 设备，也称为外部设备，是计算机系统不可缺少的组成部分，是计算机与外部世界进行信息交换的中介，是人与计算机联系的桥梁。

2.1.6　计算机的结构

计算机硬件系统的五大部件并不是孤立存在的，它们在处理信息的过程中需要相互连接和传输。计算机的结构反映了计算机各个部件之间的连接方式。

1. 直接连接

最早的计算机基本上采用直接连接的方式，运算器、存储器、控制器和外部设备等组成部件相互之间基本上都有单独的连接线路。这样的结构可以获得最高的连接速度，但不易扩展。如由冯·诺依曼在 1952 年研制的计算机 IAS 基本上就采用了直接连接的结构。IAS 的结构如图 2.12 所示。

图 2.12　IAS 计算机的结构

IAS 是计算机发展史上最重要的发明之一，它是世界上第一台采用二进制的存储程序计算机，也是第一台将计算机分成运算器、控制器、存储器、输入设备和输出设备等组成部分的计算机，后来把符合这种设计的计算机称为冯·诺依曼机。IAS 是现代计算机的原型，大多数现代计算机仍采用这样的设计遵循冯·诺依曼提出的"存储程序控制原理"。

2. 总线结构

现代计算机普遍采用总线结构。所谓总线（Bus），就是系统部件之间传送信息的公共通道，各部件由总线连接并通过它传递数据和控制信号。总线经常被比喻为"高速公路"，它包含了运算器、控制器、存储器和 I/O 部件之间进行信息交换和控制传递所需要的全部信号。按照转输信号的性质划分，总线一般又分为如下三类：

（1）数据总线：一组用来在存储器、运算器、控制器和 I/O 部件之间传输数据信号的公共通路。一方面是用于 CPU 向主存储器和 I/O 接口传送数据，另一方面是用于主存储器和 I/O 接口向 CPU 传送数据。它是双向的总线。数据总线的位数是计算机的一个重要指标,它体现了传输数据的能力,通常与 CPU 的位数相对应。

（2）地址总线:地址总线是 CPU 向主存储器和 I/O 接口传送地址信息的公共通路。地址总线传送地址信息,地址是识别信息存放位置的编号,地址信息可能是存储器的地址,也可能是 I/O 接口的地址。它是自 CPU 向外传输的单向总线。由于地址总线传输地址信息,所以地址总线的位数决定了 CPU 可以直接寻址的内存范围。

（3）控制总线:一直用来在存储器、控制器、运算器和 I/O 部件之间传输控制信号的公共通路。控制总线是 CPU 向主存储器和 I/O 接口发出命令信号的通道,又是外界向 CPU 传送状态信息的通道。

总线在发展过程中已逐步标准化,常见的总线标准有 ISA 总线、PCI 总线、AGP 总线和 EISA 总线等,分别简要介绍如下:

（1）ISA 是采用 16 位的总线结构,适用范围广,有一些接口卡就是根据 ISA 标准生产的。

（2）PCI 是采用 32 位的高性能总线结构,可扩展到 64 位,与 ISA 总线兼容。高性能微型计算机主板上都设有 PCI 总线。该总线标准性能先进、成本较低、可扩充性好,现已成为奔腾级以上计算机普遍采用的外设接插总线。

（3）AGP 总线是随着三维图形的应用而发展起来的一种总线标准。AGP 总线在图形显示卡与内存之间提供了一条直接的访问途径。

（4）EISA 总线是对 ISA 总线的扩展。

总线结构是当今计算机普遍采用的结构,其特点是结构简单清晰、易于扩展,尤其是在 I/O 接口的扩展能力方面,由于采用了总线结构和 I/O 接口标准,用户几乎可以随心所欲地在计算机中加入新的 I/O 接口卡。图2.13是一个基于总线结构的计算机的结构示意图。

图 2.13　基于总线结构的计算机的示意图

为什么外设一定要通过设备接口与 CPU 相连,而不是如同内存那样直接挂在总线上呢? 这主要有以下几点原因:

（1）由于 CPU 只能处理数字信号,而外设的输入/输出信号有数字的,也有模拟的,所以需要由接口设备进行转换。

（2）由于 CPU 只能接收/发送并行数据,而外设的数据有些是并行的,有些是串行的,所以存在串/并信息转换的问题,这也需要接口来实现。

（3）外设的工作速度远低于 CPU,需要接口在 CPU 和外设之间起到缓冲和联络作用。外设的工作速度大多是机械级的,而不是电子级的。

所以,每个外设都要通过接口与主机系统相连。接口技术就是专门研究 CPU 与外部设备之间的数据传递方式的技术。

总线体现在硬件上就是计算机主板,它也是配置计算机时的主要硬件之一。主板上配有 CPU、内存条、显示卡、声卡、网卡、鼠标器和键盘等各类扩展槽或接口,而光盘驱动器和硬盘驱动器则通过扁缆与主板相连。主板的主要指标是:所用芯片组工作的稳定性和速度、提供插槽的种类和数量等。

为了便于不同 PC 机主板的互换,主板的物理尺寸已经标准化。现在使用的主要是 ATX 和 BTX 规格的主板。

(1)芯片组是 PC 机各组成部分相互连接和通信的枢纽,存储器控制、I/O 控制功能几乎都集成在芯片组内,它既实现了 PC 机总线的功能,又提供各种 I/O 接口及相关的控制。没有芯片组,CPU 就无法与内存、扩充卡、外设等交换信息。

芯片组一般由 2 块超大规模集成电路组成:北桥芯片和南桥芯片。北桥芯片是存储控制中心,用于高速连接 CPU、内存条、显卡,并与南桥芯片互连;南桥芯片是 I/O 控制中心,主要与 PCI 总线槽、USB 接口、硬盘接口、音频编解码器、BIOS 和 CMOS 存储器等连接,并借助 Super I/O 芯片提供对键盘、鼠标、串行口和并行口等的控制。CPU 的时钟信号也由芯片组提供。

需要注意的是,有什么样功能和速度的 CPU,就需要使用什么样的芯片组(特别是北桥芯片)。芯片组还决定了主板上所能安装的内存最大容量、速度及可使用的内存条的类型。此外,显卡、硬盘等设备性能的提高,芯片组中的控制接口电路也要相应变化。所以,芯片组是与 CPU 芯片及外设同步发展的。

(2)主板上还有两块特别有用的集成电路:一块是 Flash 存储器,其中存放的是基本输入/输出系统(BIOS),它是 PC 机软件中最基础的部分,没有它机器就无法启动;另一个集成电路芯片是 CMOS 存储器,其中存放着与计算机系统相关的一些参数(称为"配置信息"),包括当前的日期和时间、开机口令、已安装的硬件的个数及类型等。CMOS 芯片是一种易失性存储器,它由主板上的电池供电,即使计算机关机后也不会丢失所存储的信息。

BIOS 的中文名叫基本输入/输出系统,它是存放在主板上 Flash 存储器中的一组机器语言程序。由于存放在闪存,即使关机,它的内容也不会改变。每次机器加电时,CPU 总是首先执行 BIOS 程序,它具有诊断计算机故障及启动计算机工作的功能。

BIOS 主要包含四个部分的程序:加电自检程序,系统主引导记录的装入程序(简称"引导装入程序"),CMOS 设置程序和基本外围设备的驱动程序。

在计算机维修中,人们把 CPU、主板、内存、显卡加上电源所组成的系统叫最小化系统。在检修中,经常用到最小化系统,一台计算机性能的好坏就是由最小化系统加上硬盘所决定的。最小化系统工作正常后,就可以在显示器上看到一些提示信息,然后就可以对以后的工作进行操作。

2.2　计算机的软件系统

软件系统是为运行、管理和维护计算机而编制的各种程序、数据和文档的总称。

图 2.14　计算机系统层次结构

计算机系统由硬件系统和软件系统组成。硬件系统也称为裸机,裸机只能识别由 0 和 1 组成的机器代码。没有软件系统的计算机是无法工作的,它只是一台机器而已。实际上,用户所面对的是经过若干层软件"包装"的计算机,计算机的功能不仅仅取决于硬件系统,更大程度上是由所安装的软件系统决定的。硬件系统和软件系统互相依赖,不可分割。图2.14示出了计算机硬件、软件与用户之间的关系,是一种层次结构,其中硬件处于最底层,用户在最外层,而软件则是在硬件与用户之间,用户通过软件使用计算机的硬件。本节介绍软件系统的相关概念和组成。

2.2.1　软件概念

软件是计算机的灵魂,没有软件的计算机毫无用处。软件是用户与硬件之间的接口,用户通过软件使用计算机硬件资源。

1. 程序

程序是按照一定顺序执行的、能够完成某一任务的指令集合。计算机的运行要有时有序、按部就班,需要程序控制计算机的工作流程,实现一定的逻辑功能,完成特定的设计任务。Pascal 之父、结构化程序设计的先驱 Niklaus Wirth 对程序有更深层地剖析,他认为"程序＝算法＋数据结构"。其中,算法是解决问题的方法,数据结构是数据的组织形式。人在解决问题时一般分为分析问题、设计方法和求出结果三个步骤。相应地,计算机解题也要完成模型抽象、算法分析和程序编写三个过程。不同的是计算机所研究的对象仅限于它能识别和处理的数据。因此,算法和数据的结构直接影响计算机解决问题的正确性和高效性。

2. 程序设计语言

在日常生活中,人与人之间交流思想一般是通过语言进行的,人类使用的语言一般称为自然语言,自然语言是由字、词、句、段、篇等组成。而人与计算机之间的"沟通",或者说人们让计算机完成某项任务,也需要一种语言,这就是计算机语言,也称为程序设计语言,它由单词、语句、函数和程序文件等组成。程序设计语言是软件的基础和组成。随着计算机技术的不断发展,计算机所使用的"语言"也在快速地发展,并形成了体系。

1) 机器语言

在计算机中,指挥计算机完成某个基本操作的命令称为指令。所有指令的集合称为指令系统,直接用二进制代码表示指令系统的语言称为机器语言。

机器语言是直接用二进制代码指令表达的计算机语言。机器语言是唯一能被计算机硬件系统理解和执行的语言。因此,它的处理效率最高,执行速度最快,且无需"翻译"。但机器语言的编写、调试、修改、移植和维护都非常繁琐,程序员要记忆几百条二进制指令,这限制了计算机软件的发展。

2) 汇编语言

为了克服机器语言的缺点,人们想到了直接使用英文单词或缩写代替晦涩难懂的二进制代码进行编程,从而出现了汇编语言。

汇编语言是一种把机器语言"符号化"的语言。它和机器语言的实质相同,都直接对硬件操作,但汇编语言使用助记符描述程序,例如,ADD 表示加法指令,MOV 表示传递指令等。汇编语言指令和机器语言指令基本上是一一对应。

相对机器语言,汇编指令更容易掌握。但计算机无法自动识别和执行汇编语言,必须进行翻译,即使用语言处理软件将汇编语言编译成机器语言(目标程序),再链接成可执行程序在计算机中执行。汇编语言的翻译过程如图 2.15 所示。

汇编源程序		机器指令序列
MOV AX, BX	汇编程序	08D8H
ADD AX,5	⇒	050500H

图 2.15　汇编语言的翻译过程

3) 高级语言

汇编语言虽然比机器语言前进了一步,但是用起来仍然很不方便,编程仍然是一种极其烦琐的工作,而且汇编语言的通用性差。人们在继续寻找一种更加方便的编程语言,于是出现了高级语言。

高级语言是最接近人类自然语言和数学公式的程序设计语言,它基本脱离了硬件系统,如 Pascal 语言中采用"Write"和"Read"表示写入和读出操作,采用"+"、"一"、"﹡"、"÷"表示加、减、乘和除。目前常用的高级语言有 C++、C、Java、Visual Basic 等。

下面是一个简单的 C 语言程序。该程序提示用户从键盘输入一个整数,然后在屏幕上将用户输入的数字显示出来。这样的程序比汇编语言好理解:

```
#include <stdio.h>
main()
{
    int Number;
    printf("input a Number");
    scanf(&Number);
    printf("The number is %d\n", Number);
}
```

很显然,用高级语言编写的源程序在计算机中是不能直接执行的,必须翻译成机器语言程序。通常有两种翻译方式:编译方式和解释方式。

编译方式是将高级语言源程序整个编译成目标程序,然后通过链接程序将目标程序链接成可执行程序的方式。将高级语言源程序翻译成目标程序的软件称为编译程序,这种翻译过程称为编译。编译过程经过词法分析、语法分析、语义分析、中间代码生成、代码优化、目标代码生成等六个环节,才能生成对应的目标程序,目标程序还不能直接执行,还需经过链接和定位生成可执行程序后才能执行。编译过程如图 2.16(a)所示。

图 2.16(a)　高级语言程序的编译过程

解释方式是将源程序逐句翻译、逐句执行的方式,解释过程不产生目标程序,基本上是翻译一行执行一行,边翻译边执行。如果在解释过程中发现错误就给出错误信息,并停止解释和执行,如果没有错误就解释执行到最后。常见的解释型语言有 Basic 语言。编译过程如图 2.16(b)所示。

高级语言源程序 → 解释程序（解释器） → 边解释边执行，不产生目标程序

图 2.16(b)　高级语言程序的解释过程

无论是编译程序还是解释程序，其作用都是将高级语言编写的源程序翻译成计算机可以识别和执行的机器指令。它们的区别在于：编译方式是将源程序经编译、链接得到可执行程序文件后，就可脱离源程序和编译程序而单独执行，所以编译方式的效率高，执行速度快。而解释方式在执行时，源程序和解释程序必须同时参与才能运行，由于不产生目标文件和可执行程序文件，解释方式的效率相对较低，执行速度慢。

2.2.2　软件系统及其组成

计算机软件分为系统软件和应用软件两大类，如图 2.17 所示。

软件系统 ⟨
　系统软件 ⟨
　　操作系统
　　BIOS
　　语言处理系统
　　数据库管理系统
　　系统辅助处理程序
　应用软件 ⟨
　　办公软件套件
　　多媒体处理软件
　　Internet 工具软件

图 2.17　计算机软件系统的组成

1. 系统软件

系统软件是指控制和协调计算机及外部设备，支持应用软件开发和运行的软件。系统软件的主要功能是调度、监控和维护计算机系统；负责管理计算机系统中独立硬件，使得它们协调工作。系统软件使得底层硬件对计算机用户是透明的，用户在使用计算机时无需了解硬件的工作过程。

系统软件主要包括操作系统（OS）、BIOS、语言处理系统、数据库管理系统（如 ORACLE、Access 等）和系统辅助处理程序等。其中最主要的是操作系统，它提供了一个软件运行的环境，如在微型计算机中使用最为广泛的微软公司的 Windows 系统。图 2.14 所示的操作系统处在计算机系统中的核心位置，它可以直接支持用户使用计算机硬件，也支持用户通过应用软件使用计算机。如果用户需要使用系统软件，如语言处理系统和工具软件，也要通过操作系统提供支持。

系统软件是软件的基础，所有应用软件都是在系统软件上运行。系统软件主要分为以下几类：

1) 操作系统

系统软件中最重要且最基本的是操作系统。它是最底层的软件，它控制所有计算机上运行的程序并管理整个计算机的软硬件资源，是计算机裸机与应用程序及用户之间的桥梁。

没有它,用户无法使用其他软件或程序。常用的操作系统有 Windows、Linux、DOS、Unix、MacOS 等。

操作系统作为掌控一切的控制和管理中心,其自身必须是稳定和安全的,即操作系统自己不能出现故障。操作系统要确保自身的正常运行,还要防止非法操作和入侵。

2) 语言处理系统

语言处理系统是系统软件的另一大类型。早期的第一代和第二代计算机所使用的编程语言一般是由计算机硬件厂家随机器配置的。随着编程语言发展到高级语言,IBM 公司宣布不再捆绑语言软件,因此语言系统就开始成为用户可选择的一种产品化的软件,它也是最早开始商品化和系统化的软件。

3) 数据库管理系统

数据库(Database)管理系统是应用最广泛的软件。用于建立、使用和维护数据库,把各种不同性质的数据进行组织,以便能够有效地查询、检索并管理这些数据,这是运用数据库的主要目的。各种信息系统,包括从一个提供图书查询的书店销售软件,到银行、保险公司这样的大企业的信息系统,都需要使用数据库。需要说明的是,有观点认为数据库是属于系统软件,尤其是在数据库中起关键作用的数据库管理系统(DBMS)属于系统软件。也有观点认为,数据库是构成应用系统的基础,它应当被归类到应用软件中。其实这种分类并没有实质性的意义。

4) 系统辅助处理程序

系统辅助处理程序主要是指一些为计算机系统提供服务的工具软件和支撑软件,如编辑程序、调试程序、系统诊断程序等,这些程序主要是为了维护计算机系统正常运行,方便用户在软件开发和实施过程中的应用,如 Windows 中的磁盘整理工具程序等。还有一些著名的工具软件如 Norton Utility,它集成了对计算机维护的各种工具程序。实际上,Windows和其他操作系统都有附加的实用工具程序。因而随着操作系统功能的延伸,已很难严格划分系统软件和系统服务软件,这种对系统软件的分类方法也在变化之中。

2. 应用软件

应用软件是用户可以使用的各种程序设计语言,以及用各种程序设计语言编制的应用程序的集合,分为应用软件包和用户程序。应用软件包是利用计算机解决某类问题而设计的程序的集合,供多用户使用。

在计算机软件中,应用软件种类最多。它们包括从一般的文字处理到大型的科学计算和各种控制系统的实现,有成千上万种。这类为解决特定问题而与计算机本身关联不多的软件统称为应用软件。常用的应用软件有:

1) 办公软件套件

办公软件是日常办公需要的一些软件,它一般包括文字处理软件、电子表格处理软件、演示文稿制作软件、个人数据库、个人信息管理软件等。常见的办公软件套件有微软公司的Microsoft Office 和金山公司的 WPS 等。

2) 多媒体处理软件

多媒体技术已经成为计算机技术的一个重要方面,因此多媒体处理软件是应用软件领域中一个重要的分支。多媒体处理软件主要包括图形处理软件、图像处理软件、动画制作软件、音频视频处理软件、桌面排版软件等。如 Adobe 公司的 Illustrator、Photoshop、Flash、

Premiere 和 PageMaker，Ulead Systems 公司的绘声绘影，Quark 公司的 Quark X-press，等等。

　　3）Internet 工具软件

　　随着计算机网络技术的发展和 Internet 的普及，涌现了许许多多基于 Internet 环境的应用软件，如 Web 服务器软件、Web 浏览器、文件传送工具 FTP、远程访问工具 Telnet、下载工具 Flash Get，等等。

2.3　操作系统

　　很多人认为将程序输入计算机中运行并得出结果是一个很简单的过程，其实整个执行情况错综复杂、各种因素相互影响。比如，如何确定你的程序运行正确，如何保证你的程序性能最优，如何控制程序执行的全过程，这其中操作系统起了关键性的作用。

2.3.1　操作系统的概念

图 2.18　操作系统的作用与地位

　　操作系统是介于硬件和应用软件之间的一个系统软件，它直接运行在裸机上，是对计算机硬件系统的第一次扩充；操作系统负责管理计算机中各种软硬件资源并控制各类软件运行；操作系统是人与计算机之间通信的桥梁，为用户提供了一个清晰、简洁、友好、易用的工作界面。用户通过使用操作系统提供的命令和交互功能实现对计算机的操作。图 2.18 描述了程序执行过程中操作系统的作用和地位。

　　操作系统中的重要概念有进程、线程、内核态和用户态。

　　1）进程

　　进程是操作系统中的一个核心概念。进程（Process），顾名思义，是指进行中的程序，即：进程＝程序＋执行。

　　进程是程序的一次执行过程，是系统进行调度和资源分配的一个独立单位。或者说，进程是一个程序与其数据一道在计算机上顺利执行时所发生的活动，简单地说，就是一个正在执行的程序。一个程序被加载到内存，系统就创建了一个进程，程序执行结束后，该进程也就消亡了。进程和程序的关系犹如演出和剧本的关系。其中，进程是动态的，而程序是静态的；进程有一定的生命期，而程序可以长期保存；一个程序可以对应多个进程，而一个进程只能对应一个程序。

　　为什么使用进程？在冯·诺伊曼体系结构中，程序常驻外存，当执行时才被加载到内存中。为了提高 CPU 的利用率，为了控制程序在内存中的执行过程，就引进了"进程"的概念。

　　在 Windows、Unix、Linux 等操作系统中，用户可以查看到当前正在执行的进程。有时"进程"又称"任务"。例如，图 2.19 所示是 Windows 系统的任务管理器界面（按 Ctrl＋Alt＋Del 键），从图中可以看到共有 25 个进程正在运行。利用任务管理器可以快速查看进程信息，或者强行终止某个进程。当然，结束一个应用程序的最好方式是在应用程序的界面中正常退出，而不是在进程管理器中删除一个进程，除非应用程序出现异常而不能正常退出时才这样做。

现代操作系统把进程管理归纳为："程序"成为"作业"进而成为"进程"，并被按照一定规则进行调度。

程序是为了完成特定的任务而编制的代码，被存放在外存（硬盘或其他存储设备）上。根据用户使用计算机的需要，它可能会成为一个作业，也可能不会成为一个作业。

图 2.19　Windows 任务管理器

作业是程序被选中到运行结束并再次成为程序的整个过程。显然，所有作业都是程序，但不是所有程序都是作业。

进程是正在内存中被运行的程序，当一个作业被选中后进入内存运行，这个作业就成为进程。等待运行的作业不是进程。同样，所有的进程都是作业，但不是所有的作业都是进程。

2）线程

随着硬件和软件技术的发展，为了更好地实现并发处理和共享资源，提高 CPU 的利用率，目前许多操作系统把进程再"细分"成线程（Threads）。这并不是一个新的概念，实际上它是进程概念的延伸。线程是进程的一个实体，是 CPU 调度和分派的基本单位，它是比进程更小的能独立运行的基本单位。线程基本不拥有系统资源，只拥有在运行中必不可少的资源（如程序计数器，一组寄存器和栈），但是它可与同属一个进程的其他的线程共享进程所拥有的全部资源。一个线程可以创建和撤销另一个线程，同一个进程中的多个线程之间可以并发执行。

使用线程可以更好地实现并发处理和共享资源，提高 CPU 的利用率。CPU 是以时间片轮询的方式为进程分配处理时间的。如果 CPU 有 10 个时间片，需要处理 2 个进程，则 CPU 利用率为 20%。为了提高运行效率，现将每个进程又细分为若干个线程（如当前每个线程都要完成 3 件事情），则 CPU 会分别用 20% 的时间来同时处理 3 件事情，从而 CPU 的使用率达到了 60%。举例说明，一家餐厅拥有一个厨师、两个服务员和两个顾客，每个顾客点了三道不同的菜肴，则厨师可视为 CPU、服务员可理解为两个线程、餐厅即为一个程序。厨师同一时刻只能做一道菜,但他可以在两个顾客的菜肴间进行切换,使得两顾客都有菜吃而误认为他们的菜是同时做出来的。计算机的多线程也是如此,CPU会分配给每一个线程极少的运行时间,时间一到当前线程就交出所有权,所有线程被快速地切换执行,因为CPU的执行速度非常的快,所以在执行的过程中用户认为这些线程是"并发"执行的。

　　3) 内核态和用户态

　　计算机世界中的各程序是不平等的,它们有特权态和普通态之分。特权态即内核态,拥有计算机中所有的软硬件资源;普通态即用户态,其访问资源的数量和权限均受到限制。

　　究竟什么程序运行在内核态,什么程序运行在用户态呢? 关系到计算机运行根本的程序应该在内核态下执行(如CPU管理和内存管理),只与用户数据和应用相关的程序则放在用户态中执行(如文件系统和网络管理)。由于内核态享有最大权限,其安全性和可靠性尤为重要。一般能够运行在用户态的程序就让它在用户态中执行。

2.3.2　操作系统的功能

　　操作系统是最基本的和最核心的系统软件,也是当今计算机系统中不可缺少的组成部分,所有其他的软件都依赖于操作系统的支持。

　　从计算机系统的组成层次出发,操作系统是直接与硬件层相邻的第一层软件,它对硬件进行首次扩充,是其他软件运行的基础。其主要作用有以下几个方面:

　　① 管理系统资源。包括对CPU、内存储器、输入/输出设备、数据文件和其他软件资源的管理。

　　② 为用户提供资源共享的条件和环境,并对资源的使用进行合理调度。

　　③ 提供输入/输出的方便环境,简化用户的输入/输出工作,提供良好的用户界面。

　　由此可以看出,操作系统既是计算机系统资源的控制和管理者,又是用户和计算机系统之间的接口,当然它本身也是计算机系统的一部分。因此,概略地说,操作系统是用以控制和管理系统资源、方便用户使用计算机的程序的集合。

　　如果把操作系统看成是计算机系统资源的管理者,则操作系统的功能和任务主要有以下5个方面。

　　① 处理机管理。处理机(即CPU)是整个计算机硬件的核心。处理机管理的主要任务是:充分发挥处理机的作用,提高它的使用效率。

　　② 存储器管理。计算机的内存储器是计算机硬件系统中的重要资源,它的容量总是有限的。存储器管理的主要任务是:对有限的内存储器进行合理的分配,以满足多个用户程序运行的需要。

　　③ 设备管理。通常,用户在使用计算机时或多或少地用到输入/输出操作,而这些操作都要涉及各种外部设备。设备管理的主要任务是:有效地管理各种外部设备,使这些设备充分发挥效率;并且还要给用户提供简单而易于使用的接口,以便在用户不了解设备性能的情况下,也能很方便地使用它们。

　　④ 文件管理。由于内存储器是有限的,因此,大部分的用户程序和数据,甚至是操作系统本身的部分以及其他系统程序的大部分,都要存放在外存储器上。文件管理的主要任务

是：实现唯一地标识计算机系统中的每一组信息，以便能够对它们进行合理的访问和控制；以及有条理地组织这些信息，使用户能够方便且安全地使用它们。

⑤ 用户接口。为了使用户能灵活、方便地便用计算机和操作系统，有效地组织自己的工作流程，操作系统还提供了一组友好的用户接口，使整个系统能高效地运行。这也是操作系统的一个重要功能。

对于实际的操作系统，可能由于其性能、使用方式各不相同，使系统功能、基本结构、支持硬件和应用环境等方面也有所不同，因此，操作系统所要完成的任务也各不相同。

2.3.3　进程管理

1. 并发程序设计

操作系统的主要目标是提高计算机系统的处理效率，增强系统中各种硬件的并行操作能力。为了达到这个目标，必须要求程序结构适应并发处理的需要，使计算机系统中能够同时存在两个或两个以上正在执行的程序。为此引出了多道程序设计的问题。

而在多道程序系统中，因为在系统中同时有多个程序在执行，这些程序具有并发性、共享性、异步性、制约性和动态性等特点，因此，传统的程序设计方法中所用的程序概念已难以刻画、反映系统中的各种复杂情况，顺序程序的结构已不能适应系统的需要。

许多问题的处理过程有着特定的顺序，用以处理这些问题的相应程序，其执行也必然有一定的先后次序。也就是说，在这种情况下，程序中与各个操作相对应的程序段的执行一定是顺序的。这样的程序称为顺序程序。具体地说，所谓顺序程序设计，是指所设计的程序具有以下3个特点。

① 程序所规定的动作严格地按顺序执行，即每个动作都必须在上一个动作执行完成以后才开始。或者说，每个动作都必须在下一个操作开始执行之前结束。这就是程序的顺序性。

② 程序一旦开始执行，其计算结果不受外界因素的影响。也就是说，顺序程序的静态文本与其计算过程有着一一对应的关系。这就是顺序程序的封闭性。

③ 在程序运行过程中，任何两个动作之间的停顿，对程序的计算结果不发生任何影响，即程序的计算结果与它的运行速度无关。只要给定相同的初始条件，并给以同样的输入，重复执行同一个程序一定会得到相同的结果。这就是顺序程序的可再现性。

顺序程序所具有的顺序性、封闭性和可再现性的特点，使得程序设计者能够控制程序执行的过程（包括执行顺序、执行时间），对程序执行的中间结果和状态可以预先估计，这样就可以方便地进行程序的测试和调试。

为了充分利用系统资源，提高系统的效率，除了在硬件上采用通道技术、中断技术等措施，使设备间实现并行操作外，还要从软件上采取相应的措施，使多个程序能并发执行。

所谓多个程序并发执行（concurrent execution），是指一组在逻辑上互相独立的程序或程序段在执行过程中，其执行时间在客观上互相重叠，即一个程序段的执行尚未结束，另一个程序段的执行已经开始的这种执行方式。只有在多处理机系统中才可能做到物理上的真正并行，而在单处理机的系统中，这些程序只能在逻辑上或在宏观上做到并行执行。也就是说，在单处理机的情况下，并发执行是指多个程序的运行在时间上是重叠的，而并不是说这些程序在某一时刻同时占用处理机在运行。

多个程序并发执行是多道程序系统的特点。显然,并发程序的执行情况与顺序程序的执行情况是很不相同的,它比顺序程序的执行情况要复杂得多,程序设计时要考虑的因素也多得多。考虑各种并行性的程序设计方法称为并发程序设计。

并发程序在执行过程中有以下几个特点。

(1) 并发程序没有封闭性

顺序程序具有封闭性,程序执行后的输出结果与时间无关。但是,在并发程序的执行过程中,某个程序中的变量可能被另外程序的执行所改变;或者某个程序中的变量在用另外一个程序输出时,不同时刻其输出值可能是不一样的。即并发程序的输出结果与各程序执行的相对速度有关,失去了程序的封闭性这个特点。

【例 2-1】　设有两个并发程序 A 和 B 互相独立地运行,如图 2.20 所示。当程序 A 执行到 I_1 时,由于某个原因,将控制转到执行程序 B,由程序 B 打印 n 的值为 0,而后当程序 B 运行到 I_2 时,又将控制转到执行程序 A,接着 I_1 之后继续执行。

现假设程序 B 运行的速度慢一些,如果在程序 A 运行到 I_3 时,才将控制转到执行程序 B(如图中虚线所示),此时由程序 B 打印的 n 值为 1,而不是 0。

从这个例子可以看出,程序 B 的运行结果与它们的相对运行速度有关,这就说明程序没有封闭性。因为程序的执行结果与时间有关,因此,结果是不可再现的,即使输入相同的初始条件,也可能得到不同的结果,这称为"结果的不确定性"。

(2) 程序与其执行过程不是一一对应的关系

在顺序程序设计中,程序的封闭性决定了程序与其执行过程是完全对应的,程序的执行路径、执行时间和所执行的操作都可以从程序中反映出来。但在多道程序并发执行的情况下,程序的执行过程由当时的系统环境与条件所决定,程序与其执行过程就不再有一一对应的关系。当多个执行过程共享某个程序时,它们都可以调用这个程序,调用一次即对应一个执行过程,也就是说,这个共享的程序对应多个执行过程。

【例 2-2】　设有两个并发程序 A 和 B,它们在执行过程中都要调用程序 C,如图 2.21 所示。

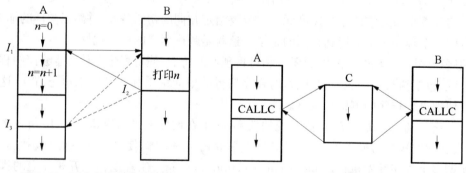

　　图 2.20　两个并发程序的执行　　　　　　图 2.21　并发程序的共享

在这种情况下,程序 C 包含在来自程序 A 和程序 B 的两个不同执行过程中。显然,程序 C 与它的执行过程并不是一一对应的。在此特别要指出,这里的程序 C 要能够为不同的程序所共享,因此,在其执行过程中本身不能有任何修改。这种可共享的过程称为纯过程或可重入过程(reentrant procedures)。例如,在多道程序环境下,两个用户作业都需要用 C 编译程序,为了减少编译程序副本,它们共享一个编译程序,这样,一个编译程序能同时为两个作业服务,即这个编译程序对应两个执行过程。在这种情况下,C编译程序必须是可重入程序。

（3）程序并发执行可以互相制约

并发程序的执行过程是复杂的,这是因为它们之间不但可能有互为因果的直接制约关系,而且还可能由于共享某些资源或过程而具有间接的互相制约关系。

【例2-3】　设有两个并发程序A和B,它们不仅共享程序S,并且它们在分别执行S时还要发生相互作用,如图2.22所示。

图 2.22　有制约关系的并发程序

在程序S中,如果规定I_1到I_3这段代码只能属于一个计算过程,则当某个执行过程到达I_1处,都要检查一下是否有其他计算在这段代码中运行,如果已有一个计算正在这段代码中运行,则要在此等待,直到已有的计算退出I_3时才唤醒在I_1处等待的计算。

现假定程序A先调用了程序S(图2.22中①),并且在穿过I_1之后到达I_2时(图2.22中②),由于某种原因将控制转到执行程序B(图2.22中③与④),而程序B又调用程序S(图2.22中⑤),并在I处等待(图2.22中⑥),这是因为已有程序A调用程序S的计算在I_1到I_3这段代码中。此时又将控制转到执行程序A调用程序S的过程(图2.22中⑦),当运行到I_3的计算时唤醒程序B调用程序S的过程,然后继续运行(图2.22中⑧),直到退出程序S返回到程序A(图2.22中⑨),或者将控制转到执行程序B调用程序S的过程。

由此可以看出,并发程序A和B在执行过程中可以互相制约。在这个例子中,其相互制约点发生在程序S中。

并发程序的这些特点说明它与顺序程序之间有着本质的区别,并发程序具有并行性和共享性,而顺序程序则以顺序性和封闭性为基本特征。

2. 进程的基本概念

在多道程序系统的环境下,程序是并发执行的,在执行过程中它们互相制约,系统与其中各程序的状态在不断地变化,因此,系统的状态和各程序在其中活动的描述一定是动态的。程序是一个静态的概念。因此,程序本身不能刻画多道程序并发执行时的动态特性和并行特性,也就不能深刻地反映并发程序的活动规律和状态变化。为此,需要引进一个能够从变化的角度,反映并发程序活动的新概念,这就是进程。

所谓进程(process),是指一个具有一定独立功能的程序关于某个数据集合的一次运行活动。前单地说,进程是可以并发执行的程序的执行过程,它是控制程序管理下的基本的多道程序单位。

　　由此可以看出,进程与程序有关,但它与程序又有本质的区别。主要反映在以下几个方面。

　　① 进程是程序在处理机上的一次执行过程,它是动态的概念。而程序只是一组指令的有序集合,其本身没有任何运行的含义,它是一个静态的概念。

　　② 进程是程序的执行过程,是一次运行活动。因此,进程具有一定的生命期,它能够动态地产生和消亡。即进程可以由创建而产生,由调度而执行,因得不到资源而暂停,以致最后由撤销而消亡。也就是说,进程的存在是暂时的。而程序是可以作为一种软件资源长期保存的,它的存在是永久的。

　　③ 进程是程序的执行过程,因此,进程的组成应包括程序和数据。除此之外,进程还包括记录进程相关信息的"进程控制块"。

　　④ 一个程序可能对应多个进程。例如,图 2.21 中的程序 C 对应了两个进程,一个是程序 A 调用它执行的进程,另一个是程序 B 调用它执行的进程。又如,当有多个 C 源程序共享一个编译程序同时进行编译时,该编译程序对应每个源程序的编译过程,都可以看作是编译程序在不同数据上的运行,因此,它对应了多个不同的进程,这些进程都运行同一个编译程序。

　　⑤ 一个进程可以包含多个程序。例如,主程序执行过程中可以调用其他程序,共同组成一个运行活动。

　　3. 进程的状态及其转化

　　进程是程序的执行过程,它具有一定的生命期,并且,在进程的存在过程中,由于系统中各进程并发执行以及相互制约的关系,使各进程的状态会不断发生变化。一般情况下,一个进程并不是自始至终都处于运行状态,而是时而处在运行状态,时而又由于某种原因暂停运行而处于等待状态,当使它暂停的原因消失后,它又处于准备运行的状态。这就是说,进程有着"走走停停"的活动规律,而它从"走"到"停"和从"停"到"走"的变化是由系统中不同事件引起的。一般来说,一个进程的活动情况至少可以划分为以下 5 种基本状态。

　　(1) 运行状态

　　处于运行状态下的进程实际上正占据着 CPU。显然,处于这种状态的进程数目不能多于 CPU 的数目。在单 CPU 的情况下,处于运行状态的进程只能有一个。

　　(2) 就绪状态

　　这种状态下的进程已获得了除 CPU 以外的一切所需的资源,只是因为缺少 CPU 而不能运行,一旦获得 CPU,它就立即投入运行。这种状态下的进程也称为逻辑上可以运行的进程。在一个系统中处于就绪状态的进程可以有多个,通过称为就绪队列的结构进行管理。在多处理器系统中,每个 CPU 都有自己的就绪队列,而每个活动进程某一时刻只会在一个就绪队列中。

　　(3) 等待状态

　　一个进程正在等待某一事件(如等待输入输出操作的完成、等待某系统资源、等待其他进程来的信息等)的发生而暂时停止执行。在这种状态下,即使把 CPU 分配给它,该进程也不能运行,即处于等待状态,又称为阻塞状态或封闭状态。处于等待状态的进程有时也称为逻辑上是不可执行的。

（4）创建状态

进程正在创建过程中，尚不能运行。

（5）终止状态

进程运行结束。

一个作业（程序）一旦被调入内存，系统就为它建立一个或若干个进程。而每个进程的创建者以建立进程控制块为标志。一个进程被创建后，并不是固定地、静止地处于某个状态，而是随着进程自身的推进和外界条件的变化其状态在不断地变化。也就是说，进程的 3 种基本状态之间在一定的条件下是可以互相转化的。图 2.23 表示了进程的 3 种基本状态之间在一定条件下的转化。进程 3 种状态之间的转换条件如下。

① 处于就绪状态的进程，一旦分配到 CPU，就转为运行状态。

② 处于运行状态的进程，当需要等待某个事件发生才能继续运行时，则转为等待状态；或者由于分配给它的时间片用完，就让出 CPU 而转为就绪状态。

③ 处于等待状态的进程，如果它等待的事件已经发生，即条件得到满足，就转为就绪状态。通常，进程创建完成后会进入就绪状态，在运行、阻塞和就绪间迁移，进行相关的任务执行；完成相关任务后，由运行状态进入终止状态，结束进程并释放相关资源。

图 2.23　进程状态的转换

4. 进程控制块及其组织

一个进程的存在，除了要有程序和操作的数据这个实体外，更重要的是，在创建一个进程时，还要建立一个能够描述该进程执行情况，能够反映该进程和其他进程以及系统资源的关系，能够刻画该进程在各个不同时期所处的状态的数据块，即进程控制块（Process Control Block，PCB）。

（1）进程控制块 PCB

进程控制块是由系统为每个进程分别建立的，用以记录对应进程的程序和数据的存储情况，记录进程的动态信息。系统根据 PCB 而感知进程的存在，根据 PCB 中的信息对进程实施控制管理。当进程结束时，系统即收回它的 PCB，进程也随之消亡。因此可以说，PCB 是一个进程存在的标志。

为了能够充分地描述一个进程，PCB 中通常应包括以下一些基本内容。

① 进程名。它是唯一标识对应进程的一个标识符或数字，系统根据该标识符来识别一个进程。

② 特征信息。它反映了该进程是不是系统进程等信息。

③ 执行状态信息。说明对应进程当前的状态。

④ 通信信息。反映该进程与其他进程之间的通信关系。例如，当进程处于等待状态，说明等待的理由等。

⑤ 调度优先数。用于分配 CPU 时参考的一种信息，它决定在所有就绪的进程中，究竟哪一个进程先得到 CPU。

⑥ 现场信息。在对应进程放弃 CPU（由运行状态转换为就绪或等待状态）时，将处理机的一些现场信息（如指令计数器值、各寄存器值等）保留在该进程的 PCB 中，当下次再恢复运行时，只要按保存值重新装配即可继续运行。

⑦ 系统栈。这是在对应进程进入操作系统时，实现子程序嵌套调用时用的栈，主要用于保留每次调用时的程序现场。系统栈的内容主要反映了对应进程在执行时的一条嵌套调用路径上的历史。

⑧ 进程映象信息。用以说明该进程的程序和数据存储情况。

⑨ 资源占有信息。指明对应进程所占有的外设种类、设备号等。

⑩ 族关系。反映该进程与其他进程间的隶属关系。例如，该进程是由哪个进程建立的，它的子进程是谁等。

除此之外，进程控制块中还包含有文件信息、工作单元等内容。总之，进程控制块中的这些信息为系统对进程的管理和控制提供了依据。

（2）进程的组织

系统中有许多进程，它们所处的状态各不相同，有的处于就绪状态，有的处于等待状态（等待的原因又各不相同），还有正在运行的进程。对这些处于不同状态的进程的物理组织形式将直接影响系统的效率。对进程的物理组织方式通常有线性表和链接表两种。

在线性表组织方式中，一种方法是将所有不同状态进程的 PCB 组织在一个表中。这种方法最为简单，适用于系统中进程数目不多的情况。其缺点是管理不方便，经常要扫描整个表，影响了整个系统的效率。

线性表形式的另一种组织方法是，分别把具有相同状态进程的 PCB 组织在同一个表中。这样就分别构成就绪进程表、各种等待事件的等待进程表以及运行进程表（多处理机系统中）。

链接表组织形式是按照进程的不同状态将相应的 PCB 放入不同的带链队列中。特别要指出的是，等待队列有多个，它们分别等待在不同的事件上，当某个事件发生后，则要把相应的等待队列中的所有 PCB 送到就绪队列中。采用链接表的优点在于使系统的进程数目不受限制，可以动态地申请；又由于各种等待状态的队列是分开的，管理起来比较方便。

5. 进程调度

进程调度（process scheduling）就是按一定策略动态地把 CPU 分配给处于就绪队列中的某一进程并使之执行的过程。进程调度亦可称为处理器调度或低级调度，相应的进程调度程序可称为分配程序或低级调度程序。高级调度是作业调度，作业调度负责对 CPU 之外的系统资源进行调度，其中包含不可抢占资源（如打印机）的分配。进程调度仅负责对 CPU 进行分配，而 CPU 属于可抢占的资源。

有两种基本的进程调度方式，即抢占方式和非抢占方式。前者指就绪队列中一旦有优先级高于当前正在运行的进程出现时，系统便立即把 CPU 分配给高优先级的进程，并保存被抢占了 CPU 的进程的有关状态信息，以便以后恢复。而对于非抢占方式，一旦 CPU 分给了某进程，即使就绪队列中出现了优先级比它高的进程，高优先级进程也不能抢占现行进程的 CPU。在任意时刻，处于运行状态的进程数至多等于计算机系统 CPU 的个数。

最基本的进程调度算法有以下几种。

（1）先来先服务调度算法

先来先服务（first-come first-served，FCFS）调度算法按照进程就绪的先后顺序来调度进程，到达得越早，就越先执行。获得 CPU 的进程，未遇到其他情况时，一直运行下去，系统只需设置一个先进先出的队列。在管理相同优先级的就绪队列时，这种方法是一种最常见策略，并且在没有其他信息时，也是一种最合理的策略。

（2）时间片轮转调度算法

时间片转轮（round-robin algorithm，RR）调度算法是系统把所有就绪进程按先后次序排队，CPU 总是优先分配给就绪队列中的第一个就绪进程，并分配给它一个固定的时间片（如 50 ms）。当该运行进程用完规定的时间片时，被迫释放 CPU 给处于就绪队列中的下一个进程，并分配给这个进程相同的时间片。每个运行完时间片的进程，当未遇到阻塞时，就被放回到就绪队列的尾部，并等待下次轮到它时再投入运行。

（3）优先级调度算法

进程调度最常用的一种简单方法，是把 CPU 分配给就绪队列中具有最高优先级的就绪进程，即优先级调度算法（priority-scheduling algorithm）。根据 CPU 是否可被抢占，优先级调度分为抢占式（preemptive）和非抢占式（non-preemptive）优先级调度算法两种。

进程的优先级通常根据以下因素确定：进程类型（比如系统进程比用户进程具有较高的优先级）、运行时间（通常规定进程优先级与进程所需运行时间成反比）及作业的优先级（根据作业的优先级来决定其所属进程的优先级）。上面是静态优先级法，每个进程的优先级在其生存周期内是一直不变的。进程也可以有动态优先级，其优先级在该进程的运行生命周期内可以改变。这样就能更精确地控制 CPU 的响应时间，在分时系统中，其意义尤为重要。比如多级反馈队列轮转法就是动态优先级调度算法。

除上面算法外还有其他一些进程调度算法。实际操作系统的调度相当复杂，都不是孤立地采用某一种算法，而是将几种算法结合起来使用并进行优化，这样可以得到效率更高的算法。

20 世纪 80 年代中期，人们提出了比进程更小的能独立运行的基本单位——线程（thread），用它来提高程序的并行程度，减少系统开销，从而可进一步提高系统的吞吐量。许多现代操作系统都在内核级提供了对线程的支持。

操作系统的主要目标之一就是充分利用系统资源，为此，它允许多个进程并发执行，并且共享系统的软硬件资源。由于各进程互相独立地动态获得，不断消耗和释放系统中的软硬件资源，这就有可能使系统出现这样一种状态：其中若干个进程均因互相"无知地"等待对方所占有的资源而无限地等待。这种状态称为死锁。因此，操作系统中还要建立相应的机制来处理进程之间的通信和同步等问题，以便解决并发程序运行时可能会由于资源不能满足而产生的死锁的检测及其预防、避免和恢复等问题。在此不再详述了。

2.3.4　存储管理

内存储器是计算机系统的重要资源之一，它为多道程序所共享，也是各程序的竞争对象，因此，对存储器（注：本节所说的存储器均指内存储器）这个资源进行有效的组织、管理和分配，也是操作系统的主要任务之一。

1. 存储管理的功能和地址重定位

（1）存储管理的功能

在多道程序系统中,存储管理一般应包括以下一些功能。

① 地址变换。要把用户程序中的相对地址转换成实际内存空间的绝对地址。

② 内存分配。根据各用户程序的需要以及内存空间的实际大小,按照一定的策略划分内存,以便分配给各个程序使用。

③ 存储共享与保护。由于各用户程序与操作系统同在内存,因此,一方面允许各用户程序能够共享系统或用户的程序和数据,另一方面又要求各程序之间互不干扰或破坏对方。

④ 存储器扩充。由于多道程序共享内存,使内存资源尤为紧张,这就要求操作系统根据各时刻用户程序允许的情况合理地利用内存,以便确保当前需要的程序和数据在内存,而其余部分可以暂时放在外存中,等确实需要时再调入内存。

（2）地址重定位

一般来说,用户在编写程序时并不知道自己的程序在执行时放在内存空间的什么区域,因此不可能用内存中的实际地址(称为物理地址)来编写程序,只能相对于某个基准地址(通常为 0 地址)来编写程序、安排指令和数据的位置,这种在用户程序中所用的地址通常称为相对地址(或逻辑地址)。当用户程序进入内存执行时,又必须要把用户程序中的所有相对地址(逻辑地址)转换成内存中的实际地址(物理地址),否则用户程序无法执行。这就是所谓的地址变换(又称地址映射)。在进行地址变换时,必须修改程序中所有与地址有关的项,也就是说,要对程序中的指令地址以及指令中有关地址的部分(称为有效地址)进行调整,这个调整过程称为地址重定位。

地址重定位建立用户程序的逻辑地址与物理地址之间的对应关系,实现方式包括静态地址重定位和动态地址重定位。静态地址重定位是在程序执行之前由操作系统的重定位装入程序完成,程序必须占用连续的内存空间,且一旦装入内存后,程序不便于移动。动态地址重定位则在程序执行期间进行,由专门的硬件机构来完成,通常采用一个重定位寄存器(relocation register,其内容是程序装入内存的起始地址),在每次进行存储访问时,将取出的逻辑地址加上重定位寄存器的内容形成物理地址。动态地址重定位的优点是不要求程序装入固定的内存空间,在内存中允许程序再次移动位置,而且可以部分地装入程序运行,同时也便于多个作业共享同一程序的副本。因此,动态地址重定位技术被广泛采用。

下面简单介绍几种基本的存储管理技术。

2. 连续存储管理

这种存储管理也称为界限地址存储管理。其基本特点是,内存空间被划分成一个个分区,即系统和用户作业都以分区为单位享用内存。

在这种内存分配方式中,地址重定位采用静态地址重定位方法,分区的存储保护可采用上、下界寄存器保护方式。为了实现地址的转换,需要设置一个基址寄存器(也称重定位寄存器)BR 与限长寄存器(也称界限寄存器)LR。具体的地址变换过程如下:

当一个作业被调入内存运行时,首先给这个作业分配一个内存分区,同时将该分区的首地址送到 BR,该分区的长度送到 LR。在该作业运行过程中,将指令中的有效地址转换成实际的内存,其转换的关系为

$$实际内存地址 D=BR+指令中的有效地址$$

如果 BR≤D<BR+LR,则按地址 D 进行访问;如果 D<BR 或 D≥BR+LR,则说明地址越界。在分区分配方式中,分区的大小可以是固定的(称为固定分区),也可以是可变的(称为可变分区或动态分区)。

在固定分区分配方式中,系统把内存划分成若干大小固定的分区,一个分区可以分给一个作业使用,直到某个作业完成后,才把其所用的分区归还系统。固定分区的大小是根据系统要处理的作业的一般规模来确定,如果分区太大,会造成内存空间的浪费,但如果分区太小,则对于稍大一些的作业就无法调入内存运行。固定分区存储管理的最大优点是简单,要求的硬件支持少;缺点是容易产生内部碎片。分配给某作业的分区中,未被使用的空闲部分称为分区的内部碎片(internal fragments)。如图 2.24(a)所示,假定每个作业分区大小为32 KB,但作业 1 实际只需要 20 KB,这样会产生 12 KB 的内部碎片。

在可变分区分配方式中,在作业调入内存时建立一个大小恰好与作业匹配的分区,这样就避免了每个分区对存储空间利用不充分的问题。可变分区虽然避免了固定分区中每个分区都可能有剩余空间的情况,但由于它的空闲区域仍是离散的,可变式分区会出现外部碎片(external fragments)。系统运行某个时刻内存分配如图 2.24(b)所示,有 3 个空闲区 1、2和 3,大小分别为 10 KB、12 KB 和 10 KB,合计 32 KB。如果当前有一个大小为 30 KB 的进程要运行,则该进程无法装入进来,因为没有大于或等于 30 KB 的连续内存。

图 2.24 内部和外部碎片例

3. 分页式存储管理

在分页存储管理方式中,作业空间被划分为页,实际的内存空间被划分为块,其中页的大小与块的大小相等。当某个作业被调入内存运行时,由重定位机构将作业中的页映射到内存空间对应的块上,从而实现地址的转换。

为了具体实现地址转换,在分页系统中,用户程序指令中的有效地址的结构如下:

当作业提出存储分配请求时,系统首先根据存储块大小把作业分成若干页。每一页可存储在内存的任意一个空白块内。这样,只要建立起程序的逻辑页和内存的存储块之间的对应关系,借助动态地址重定位技术,分散在不连续物理存储块中的用户作业就能够正常运行。

（1）分页式存储管理的地址重定位

分页式存储管理通常会在内存中为每个作业开辟一块特定区域,建立起作业的逻辑页与存储块之间的对应关系表,称为页面映象表或简称页表(page table)。最简单的页表只包含页号、块号两个内容。页表的起始地址和长度放在该作业的进程控制块 PCB 中。当前运行作业的页表由一个专用的控制寄存器(页表始址寄存器)来指定。当要运行一个新作业时,就将该作业的页表始址、长度从进程控制块中取出。

在作业执行过程中,由硬件地址分页机构自动将每条程序指令中的逻辑地址解释成两部分——页号 p 和页内地址 w。通过页号查页表得到存储块号 b,与页内地址 w 组合在一起形成,物理地址,访问内存后得到操作数据。

（2）分页式存储保护

分页式存储管理中的存储信息保护可从两个方面实现,一方面是在进行地址变换时,产生的页号应小于页表长度,否则视为越界访问,这类似于基址一限长存储保护;另一方面,可在页表中增加存取控制和存储保护的信息对:每一个存储块,可允许 4 种保护方式:禁止做任何操作、只能读、能读/写。当要访问某页时,先判断该页的存取控制和存储保护信息是否允许。添加了存取控制信息的页表表项如下:

页号	块号	存取控制信息

分页式存储管理的最大优点是能有效解决碎片问题,内存利用率高,内存分配与回收算法也一般比较简单;缺点是采用动态地址变换机构增加了硬件成本,也降低了处理机速度。

4. 分段式存储管理及段页式存储管理

（1）分段式存储管理页

分段式(segmentation)存储管理较好地解决了程序和数据的共享以及程序动态链接等问题。在分段式存储管理中,作业的地址空间由着干个逻辑分段组成,每一分段是一组逻辑意义完整的信息集合,并有自己的名字(段名)。每一段都是以 0 开始的连续的一维地址空间,整个作业则构成了二维地址空间。

分段式存储管理是以段为基本单位分配内存的,且每一段必须分配连续的内存空间,但各段之间不要求连续。由于各段的长度不一样,所以分配的内存空间大小也不一样。分段式存储管理的逻辑地址结构如下:

段号 s	段内位移 w

分段式存储管理方式管理由着干段组成的作业,并且按段来进行存储分配。分段式存储管理的关键在于如何把分段地址结构变成一维的地址结构。与分页式存储管理一样,分段式存储管理采用动态重定位技术来进行地址转换。分页的优点体现在内存空间的管理上,而分段的优点体现在地址空间的管理上。

（2）段页式存储管理

分页存储管理能有效地提高内存的利用率,而分段存储管理能够反映程序的逻辑结构以满足用户的需要，并且可以实现段的共享。段页式存储（segmentation with paging）管理则是分页和与分段两种存储管理方式的结合，它同时具备两者的优点。

段页式存储管理是目前使用较多的一种存储管理方式，它有如下特点。

① 作业地址空间进行段式管理，即将作业地址空间分成若干个逻辑分段，每段都有自己的段名。

② 每段内再分成若干大小固定的页，每段都从零开始为自己的各页依次编写连续的页号。

③ 对内存空间的管理仍然和分页存储管理样，将其分成若干个与页面大小相同的物理块，对内存空间的分配是以物理块为单位的。

④ 作业的逻辑地址包括 3 个部分：段号、段内页号和页内位移。其结构如下：

对上述 3 个部分的逻辑地址来说，用户可见的仍是段号 s 和段内位移 w，由地址变换机构将段内位移 w 的高几位作为段内页号 p，低几位作为页内位移 d。

为实现地址变换，段页式系统设立了段表和页表。系统为每个作业建立一张段表，并为每个段建立一 张页表。段表表项中至少包含段号、页表起始地址和页表长度等信息。其中，页表起始地址指出了该段的页表在内存中的起始存放地址。页表表项中至少要包括页号和块号等信息。此外，为了指出运行作业的段表起始地址和段表的长度，硬件需要有一个段表控制寄存器。

5. 虚拟存储器管理

一般来说，一个作业的大小不能超过实际内存空间的大小，实际内存空间是用户进行程序设计时可以利用的最大空间。前面所讨论的分区（固定分区和可变式分区）存储管理和分页、分段式存储管理技术，都要求作业在执行之前必须一次性地全部装入内存，这就要求作业的逻辑地址空间不能比实际的内存空间大，否则无法装入内存运行。但在实际上，根据程序的时间局部性和空间局部性，在作业运行过程中可以只让当前用到的信息进入内存，其他当前未用的信息留在外存；而当作业进一步运行需要用到外存中的信息时，再把已经用过但暂时还不会用到的信息换到外存，把当前要用的信息换到已空出的内存区中，从而给用户提供一个比实际内存空间大得多的地址空间。对于用户来说，这个特别大的地址空间就好像是可以自由使用的内存空间一样。这种大容量的地址空间并不是真实的存储空间，而是虚拟的，因此，称这样的存储器为虚拟存储器（virtual memory）。用于支持虚拟存储器的外存称为后备存储器。虚拟存储器是对主存的逻辑扩展。从程序员的角度看，外存被看作逻辑存储空间，访问的地址是一个逻辑地址（虚地址）。虚拟存储器使存储系统既具有相当于外存的容量又有接近于主存的访问速度。

（1）请求页式存储管理

与分页式存储管理不同，如果作业的所有页面并不是一次全部装入，而是根据作业运行时的实际要求只装入了目前运行所要用到的一些页，其余的页仍保存在外存，等到需要时再请求系统调入，这种分页管理称为请求页式存储管理。

请求页式存储管理与分页式存储管理在内存块的分配与回收、存储保护等方面都十分相似,不同之处在于地址重定位问题:在请求页式存储管理的地址重定位时,可能会出现所需页面不在内存的情况。此时,可以在页表表项中增加个状态位,状态位用以表示当前页是否在内存中。比如,状态位为 N 表示该页不在内存中,状态位为 Y 表示该页已在内存中。

按照分页式管理的处理,程序中的逻辑地址变换时,根据页号可查页表,如该页在内存,查找得到相应块号,转换成物理地址,执行程序指令;如该页不在内存,则会引起缺页中断(page fault)。发生缺页中断后,系统处理中断,将该页由从外存读入,并修改页表项中的状态位,填入实际内存块号,之后再转换成物理地址,继续运行程序指令。

在请求分页系统中,为了实现地址转换,需要建立一些表,它们既可以由硬件寄存器实现,也可以借助内存单元来实现:

① 作业表JT。记录每个作业的状态与资源使用的信息,主要包括作业号、页表大小、页表地址等。

② 每一个作业要有一个页表 PMT。记录该作业每一页的页号(从第 0 页开始)以及该页是否在内存的标志,如果某页已进入内存,则还记录该页在内存中的块号。

③ 存储分块表 MBT。记录内存空间中每一块的使用情况,系统实际上就是按照这个表的内容来具体分配或释放内存块。

图 2.25 表示了请求分页系统中页表、存储分块表与作业表三者之间的关系。由图2.25可以看出,系统中共有 4 个作业,开始时,作业 1、2、3 的所有页面以及作业 4 的第 0、1 页已经在内存,而作业 4 的第 2、3 页不在内存。

在需要将页面从外存调入时,内存中如果没有空闲块,就需要进行页面置换:选定某个页面(被置换的页),有时可能要把该页面写到外存中,修改相应的标志,把需要调入的页面写到这个页面上,并修改相应的页标志。发生页面置换时,如果被置换的页面在进入内存后未被修改过,则不必写回外存;如果已被修改,则必须把该页面写回外存。因此,请求页式管理在页表中一般还有修改位,以标志该页在内存中是否被修改过。

图 2.25　请求分页系统管理机构示意图

当发生缺页中断时,如果内存中已无空闲块,就要把已在内存的一些页面置换出去。页面置换算法即确定淘汰内存中的某些页所采用的策略。常用的页面置换算法包括以下几种。

① 最优算法(optimal algorithm,OPT)。最优算法是最理想的页面置换算法:从内存中移出以后不再使用的页面;如果没有这样的页面,则选择以后最长时间内不再需要访问的页面。由于页面访问后续的顺序一般难以预知,所以最优算法只具有理论上的意义。

② 先进先出算法(first in first out,FIFO)。先进先出算法总是先淘汰那些驻留在内存时间最长的页面,即先进入内存的页面会先被置换掉,因为最先进入内存的页面不再被访问的可能性最大。这种算法实现起来比较简单。

③ 最近最久未使用算法(least recently used,LRU)。如果某一页被访问了,那么它很可能马上又会被访问;反之,如果某一页很长时间没有被访问,那么最近也不太可能会被访问。最近最久未使用算法考虑了程序的局部性原理,当需要置换一页时,选择最近一段时间最久未使用的页面予以淘汰。LRU 算法能够比较普遍地适用于各种类型的程序,但是实现起来比较困难。在实际中得到广泛应用的是一种近似 LRU 的简单而有效的算法。

请求页式存储管理具有以下一些优点:

由于提供了大容量的虚拟存储器,用户的地址空间不再受内存大小的限制,大大方便了用户的程序设计;可以容纳更多的作业进入系统,更有利于多道程序的运行。另外,由于作业地址空间中的各页面都是按照需要调入内存的,不用的信息不会调入内存,很少用的信息也只是短时间驻留在内存,因此更有效地利用了内存。

(2) 请求段式存储管理

与请求页式存储管理相似,基于程序局部性原理,段式逻辑地址空间中的程序段在运行时也并不需要全部装入内存,而是在需要时再调入内存。这样,在程序运行时,首先调入一个或若干个程序段运行,在运行过程中调用到其他段时,会产生段错误(segmentation fault),操作系统就根据该段长度在内存分配一个连续的分区给该段使用。若内存中没有足够大的空闲分区,则考虑进行段的紧凑(compaction)或将某个段或某些段淘汰出去。对应于请求页式存储管理,这种存储管理技术称为请求段式存储管理(demand segmentation)。

同样的道理,还有请求段页式存储管理,在此不再详述。

2.3.5 文件管理

操作系统的重要功能之一是为计算机系统提供数据存储、数据处理和数据管理的功能。数据通常以文件形式存放在磁盘或其他外部存储介质上。在现代操作系统中,用户的程序和数据、操作系统自身的程序和数据,甚至各种外部设备,都是以文件形式提供给用户的,其使用也相当频繁。因此文件管理系统在操作系统中占有非常重要的地位。

1. 文件及文件系统

所谓文件(file),是指一组带标识(标识即为文件名)的、在逻辑上有完整意义的信息项的序列。文件所包括的范围很广。例如,用户作业、源程序和目标程序、初始数据和输出结果等,都是以文件的形式存在的;系统软件的资源,如汇编程序、编译程序和连接装配程序,以及编辑程序、调试程序和诊断程序等实用程序,也都是以文件的形式存在的。各类文件都是由文件系统来统一管理的。

所谓文件系统(file system)，是指负责存取和管理文件信息的软件机构。借助于文件系统，用可以简单、方便地使用文件，而不必考虑文件存储空间的分配，也无须知道文件的具体存放位置，文件的存储和访问均由文件系统自动处理。同时，在文件系统中，通过文件的存取权限，对文件提供保护措施，并提供转储功能，为文件复制后备副本等。总之，文件系统一方面要方便用户，实现对文件的"按名存取"；另一方面要实现对文件存储空间的组织、分配和文件信息的存储，并且要对文件提供保护和有效的检索等功能。

随着操作系统的不断发展，越来越多的功能强大的文件系统不断涌现。这里列出一些常用的具有代表性的文件系统。

① EXT2/4：Linux 最为常用的文件系统。

② NFS：网络文件系统，允许多台计算机之间共享文件系统，易于从网络中的计算机上存取文件。

③ HPFS：高性能文件系统，是 IBM OS/2 的文件系统。

④ FAT：经过了 MS-DOS 及后来的 Windows 3.x、Windows 9x、Windows NT、Windows 2000/XP 和 OS/2 等操作系统的不断改进，它已经发展出包含 FAT12、FAT16 和 FAT32 的庞大家族。

⑤ NTFS：NTFS 是微软为了配合 Windows NT 的推出而设计的文件系统，为系统提供了极大的安全性和可靠性保障。

(1) 文件类型

为了有效、方便地组织和管理文件，常对文件进行分类，以提高文件的处理速度以及更好地实现文件的保护和共享。文件依不同标准可以有多种分类方式，按用途分为系统文件、库文件(由标准的和非标准的子程序库构成的文件)和用户文件；按性质分为普通文件、目录文件和特殊文件(比如在 UNIX 系统中，所有的输入/输出设备都被看作是特殊的文件)；按保护级别分为只读文件、读写文件、可执行文件和不保护文件(用户具有一切权限)；按文件数据的形式分为源文件、目标文件和可执行文件。

(2) 文件系统模型

文件系统的传统模型为层次模型，该模型由许多不同的层组成。每一层都会使用下一层的功能特性来创建新的功能，为上一层服务。模型的每一层都在下层的基础上向上层提供更多的功能，由下至上逐层扩展，从而形成一个功能完备、层次清晰的文件系统。

文件系统层次模型对支持单个文件系统比较合适。现代操作系统一般可同时支持多个文件系统，采用了如 Sun 公司的虚拟文件系统(virtual file system，VFS)类技术，可以支持多种文件系统，如 EXT2、FAT 和 NTFS 等。

2. 文件的组织结构

(1) 文件的逻辑结构

文件的逻辑结构就是从用户观点出发所见到的文件结构，通常分为两种：记录式文件和流式文件。记录式文件在逻辑上总是被看成一组顺序记录的集合，是一种有结构的文件组织，并且根据记录长度可分为定长记录文件和变长记录文件。流式文件又称无结构文件，是由一组相关信息组合成的有序字符流。这种文件的长度直接按字节计算。

(2) 文件的物理结构

文件的物理结构是指文件在外部存储介质上的存放形式，也叫文件存储结构。它对文件的存取方法有较大的影响。文件在逻辑上看都是连续的,但在物理介质上存放时却不一定连续。基本的文件物理存储组织形式包括顺序结构、链接结构和索引结构。顺序结构把一个逻辑上连续的文件信息存放在连续编号的物理块中,只需给出首块块号和文件长度;链接结构把逻辑上连续的文件分散地存放在不同的物理块中,在各物理块中设立一个指针(称为链接字),它指示该文件的下一个物理块,最后一个块连接字为 NULL,表示该块是文件结尾;索引结构实现中,系统为每个文件建立一个索引表,其中的表项指出存放该文件的各个物理块号,索引表在文件属性说明项中指出。索引方式可以方便地进行随机存取。当文件很大时,单一索引表结构无法满足灵活性和节省内存的需要,这时可使用多重索引结构(又称多级索引结构)。

3. 文件目录管理

(1) 文件目录概念

为了根据文件名存取文件,必须建立文件名与文件在外存空间中的物理地址的对应,表示这种对应关系的数据结构称为文件目录(directory)。把若干文件目录组织在一起,以文件的形式保存在外存上,就形成了目录文件。

每一个文件在文件目录中登记为一项,作为文件系统建 立和维护文件的清单。每个文件的文件目录项又称文件控制块(file control block,FCB)。FCB 一般应该包括以下内容。

① 有关文件存取控制的信息。如文件名、用户名、文件主存取权限、授权者存取权限、文件类型和文件属性,即可读写文件、执行文件、只读文件等。

② 有关文件结构的信息。文件的逻辑结构,如记录类型、记录个数、记录长度等;文件的物理结构,如文件所在设备名、文件物理结构类型、记录存放在外存的相对位置或文件第一块的物理块号,也可指出文件索引的所在位置等。

③ 有关文件使用的信息。已打开该文件的进程数、文件被修改的情况、文件最大长度和当前大小等。

④ 有关文件管理的信息。如文件建立日期、最近修改日期和最后访问日期,以及记账信息等。

每当创建一个新文件时,系统就要为它建立一个 FCB,多个文件的 FCB 便组成了文件目录。当用户要求存取某个文件时,系统查找目录文件,先找到对应的文件目录,然后比较文件名就可找到相应文件的 FCB(文件目录项),再通过 FCB 中的文件信息就能存取文件。在文件目录实现中,为了减少检索文件访问的物理块数,会把文件目录项中的文件名和其他管理信息分开,后者单独组成称为索引节点(i-node 或 inode,也称 i 节点)的一个数据结构。这样不仅加快了目录检索速度,而且也便于实现文件的共享,有利于系统的控制和管理。

(2) 文件目录结构

为了便于对文件进行存取和管理,系统要建立一个用于存放每个文件的有关信息的文件目录。文件系统的基本功能之一,就是负责文件目录的编排、维护和检索。

根据文件目录的组织结构,可以将目录分为单级目录、二级目录、多级层次目录、无环图结构目录和图状结构目录等。

① 单级目录。单级目录(single-level directory)又称简单文件目录,它是一个线性表,在这个线性表的每一个目录项中包含以下一些信息:文件名、有关文件结构的信息(包括逻辑结构和物理结构)、有关存取控制的信息、有关管理的信息等。

目录项中究竟包括哪些内容,这要根据系统的要求而定。由于各个用户使用同一个目录表,因此,要防止不同用户对各自的文件取相同的名字。一旦文件名重复,就无法"按名存取"所需要的文件。这是简单文件目录的一个缺点。

②　二级目录。二级目录(two-level directory)结构允许每个用户建立各自的名字空间,并通过建立相应的总文件目录来管理这些名字空间。各个用户的名字空间构成了各个用户文件目录(user file directory,UFD),而管理这些用户目录的总文件目录为主目录(master file directory,MFD)。通常,在主目录中的各项说明了用户目录的名字、目录大小以及所在物理位置等信,而各用户目录中的各项说明了各文件的具体位置和其他一些属性。二级目录结构如图 2.26 所示。

图 2.26　二级目录结构

在多用户情况下,采用二级目录结构是比较方便的。当一个新用户要建立文件时,系统为其在主目录中分配一个表目,并为其分配一个存放二级目录的存储空间,同时要为新建立的文件在二级目录中分配一个表目,并分配文件存储空间。当用户要访问一个文件时,先按用户名在主目录中找到该用户的二级目录,然后在二级目录中按文件名找出该文件的起始地址并进行访问。

显然,二级目录结构解决了文件重名的问题,也可以解决文件的连接问题。实际上,只要把目录指针指向要连接的文件登记项即可实现文件共享。例如,在图 2.26 中,用户 Sun 用名字 D 连接了用户 Liu 的文件 BC。

二级目录具有以下特点:提高了文件检索速度(用户名大大缩小了需要检索的文件数量),不同用户允许文件名重名。但对同一用户,也不能有两个同名的文件存在。

③　多级层次目录。多级层次目录也叫树结构目录(tree-structured directories),是二级目录的推广。在多级层次目录中,有一个根目录和许多分目录。分目录不但可以包含文件,还可以包含下一级的分目录。这样推广就形成了多级层次目录。

相比二级目录,多级层次目录具有以下优点:既可方便用户查找文件,又可以把不同类型和不同用途的文件分类;允许文件重名:不但不同用户可以使用相同名称的文件,同一用户也可使用相同名称的文件;利用多级层次结构关系,可以更方便地制定保护文件的存取权限,有利于文件的保护。

多级层次目录也有其缺点，比如不能直接支持文件或目录的共享。为了使文件或目录可以被不同的目录所共享，进一步形成了结构更复杂的无环结构目录和图状结构目录等。

（3）存取权限

存取权限可以通过建立访问控制表（access control list，ACL）和存取权限表（capability list）来实现。访问控制表是以文件为单位建立的，存取权限表是以用户或用户组为单位建立的。存取权限表将一个用户或用户组所要存取的文件集中起来存入一张表中，其中每个表目指明用户（用户组）对相应文件的存取权限：读(r)，写(w)和执行(x)。

大型文件系统主要采用两个措施来进行安全性保护：一是对文件和目录的权限设置；二是可对文件和目录进行加密。对文件和目录的权限进行设置，就能使用户可以共享相应权限的文件数据，不仅可以为不同用户完成共同任务提供基础，而且还节省了大量的磁盘空间。

4．文件空闲区的组织

一个大容量的文件存储器要为系统和许多用户所共享。能自动地为用户文件分配存储空间，这是文件系统的又一重要功能。下面介绍几种文件存储空间管理的方案。

（1）空闲文件项和空闲区表

空闲文件项是一种最简单的空闲区管理方法。在这种方法中，空闲区与其他文件目录放在一张表中。在分配时，系统依次扫描这个目录表，从标记为空闲的项中寻找长度满足要求的项，然后把相应项的空闲标记去掉，填上文件名。在删除文件时，只要把文件名栏标记为空闲即可。

在这种空闲区管理方案中，由于空闲区与真正的目录混在一起，因此，无论是分配空间还是查找目录，效率都不高。另外，如果空闲区比所申请的区要大，则多余的部分有可能被浪费。为解决这些问题，可以采用空闲区表的方法，即将空闲区项抽出来单独构成一张表，这样可以减少目录管理的复杂性，提高文件查找和空闲区查找的速度。

（2）空闲块链

所谓空闲块链，是指将所有空闲块链接在一起。当需要空闲块时，从链头依次摘取一（些）块，且将链头指针依次指向后面的空闲块。当文件被删除而释放空闲块时，只需将被释放的空闲块挂到空闲块链的链头即可。

（3）位示图

位示图的方法是用若干字节构成一张表，表中的每一个二进制位对应一个物理块，并依次顺序编号。如果位标记为"1"，则表示对应的物理块已分配；位标记为"0"，则表示对应物理块为空闲。在存储分配时，只要把找到的空闲块位标记改为"1"；释放时，只要把相应的位标记改为"0"即可。

（4）空闲块成组链接法

在 UNIX 操作系统中，采用改进空闲块链方法来组织管理文件存储空间。其方法是，将所有的空闲块进行分组，再通过指针将组与组之间链接起来。这种空闲块的管理方法称为成组链接法。在此就不再详述了。

2.3.6　I/O 设备管理

计算机系统中外部设备种类众多，速度差异极大，接口方式也有很大不同，这使设备管理成为操作系统中最为庞杂和琐碎的部分。为了方便用户使用各种外部设备,设备管理要能为不同设备提供统一界面、发挥系统并行性且方便使用,从而使 I/O 设备被高效使用。为此,设备管理通常应具有以下基本功能:外围设备中断处理,缓冲区管理,外围设备的分配,外围设备驱动调度等。而且,为了进一步提高系统效率,操作系统还有虚拟设备及其实现等功能。

1. 输入/输出软件的层次结构

```
┌─────────────────────┐
│      用户程序        │
├─────────────────────┤
│  设备无关的I/O软件   │
├─────────────────────┤
│     设备驱动程序      │
├─────────────────────┤
│     中断处理程序      │
├─────────────────────┤
│        硬件          │
└─────────────────────┘
```

图2.27　I/O 系统的层次结构

输入/输出软件的设计目标就是将软件组织成一种层次结构,底层的软件用来屏蔽输入/输出硬件的细节,从而实现上层的设备无关性(即设备独立性),高层软件则要为用户提供一个统一、规范、方便的接口。操作系统实现时把输入/输出软件分成以下层次:中断处理程序、设备驱动程序、与设备无关的 I/O 软件、用户层的输入/输出软件,如图 2.27 所示,图中的箭头表示控制流的方向。

当用户程序从文件中读一个数据块时,需要通过操作系统的系统调用来执行此操作。设备无关的 I/O 软件首先在数据块缓冲区中查找此数据块。若未找到,则调用设备驱动程序向硬件提出相应的请求。用户进程随即堵塞,直至数据块读出。当磁盘操作结束时,硬件发一个中断给 CPU,操作系统响应中断而执行中断处理程序。中断处理程序从设备获得返回状态值,并唤醒被阻塞的用户进程来结束此次 I/O 请求处理。随后用户进程将继续进行。

2. 中断处理过程

外部设备完成了 I/O 操作后,设备控制器便向 CPU 发出一个中断请求,CPU 响应后便转向中断处理程序。在单 CPU 机器上的中断处理过程如下:

① 检查 CPU 响应中断的条件是否满足;

② 如果满足,CPU 响应中断,立即关中断(避免中断被打断);

③ 保存被中断进程的 CPU 环境:比如当前处理机的状态字 PSW 和程序计数器 PC 等的内容及其他寄存器,如段寄存器和通用寄存器等(因在中断处理时可能会用到这些寄存器);

④ 分析产生中断的原因,转入相应设备的中断处理程序;

⑤ 执行中断处理程序;

⑥ 恢复被中断进程的 CPU 现场,信息返回被中断的程序;

⑦ 开中断,CPU 继续执行。

I/O 操作完成后,驱动程序必须检查本次 I/O 操作中是否发生了错误,以便向上层软件报告。

3. 设备驱动程序

不同类型的设备甚至同一类型的不同品牌或型号的设备都可能有不同的设备驱动程序。设备驱动程序(device driver)是指驱动物理设备和 DMA 控制器或 I/O 控制等直接进行 I/O 操作的子程序集合。设备驱动程序主要负责启动对应设备进行 I/O 操作。设备驱动程序有如下功能:

① 可将接收到的抽象要求(如打开或关闭)转换为具体要求;

② 接受用户的 I/O 请求:设备驱动程序将用户的 I/O 请求排列在请求队列的队尾,检查 I/O 请求的合法性,了解 I/O 设备的状态,传递有关参数等;

③ 取出请求队列中的队首请求,将相应设备分配给它,然后启动该设备工作,完成指定的 I/O 操作;

④ 处理来自设备的中断:及时响应由控制器或通道发来的中断请求,并根据其中断类型调用相应的中断程序进行处理。

4. 与设备无关的 I/O 软件

为了实现设备独立性,就必须在与硬件紧密相关的驱动程序之上设置一层与设备无关的软件。与设备无关的软件提供适用于所有设备的常用 I/O 功能,并向用户层软件提供一个统一的接口,其主要功能如下:

① 向用户层软件提供统一接口。无论哪种设备,它们向用户所提供的接口相同,例如对各种设备的读操作,在应用程序中都用 read,而写操作则都用 write。

② 设备命名。设备无关程序负责将设备名映射到相应的设备驱动程序上。

③ 设备保护。操作系统为各个用户赋予不同的设备访问权限,以实现对设备的保护。

④ 提供一个独立于设备的块。设备无关软件屏蔽了不同设备使用的数据块大小可能不同的特点,向用户软件提供了统一的逻辑块大小。

此外,与设备无关的软件还负责对独占设备的分配与回收、设备使用缓冲区的管理及设备的差错控制(设备驱动程序无法处理的错误)等。

5. 用户层的 I/O 软件

用户层的 I/O 软件是 I/O 系统软件分层中的最上层,它面向程序员,负责与用户和设备无关的 I/O 软件通信。当接收到用户的 I/O 指令后,该层会把具体的请求发送到设备无关的 I/O 软件进行进一步的处理。它主要包含用于 I/O 操作的库例程和 SPOOLing 系统(simultaneous pe-ripheral operations on-line,即在联机情况下实现的同时外围操作)。用户层的输入/输出软件完全屏蔽了具体的硬件细节,向用户提供统一的接口。

在多道程序设计中,SPOOLing 系统是将一台独占设备改造为共享设备的一种行之有效的技术。例如,在打印一个文件之前,进程首先产生完整的待打印文件并将其放在 SPOOLing 目录下。当进程把该文件放到 SPOOLing 系统中之后,就可以认为打印过程已经完成。实际的打印作业由 SPOOLing 系统守护进程(daemon)进行处理,只有该守护进程能够真正使用打印机设备文件。

用户层 I/O 软件还会使用到缓冲技术。尽管随着计算机技术的发展,外设的速度也在不断提高,但很多设备与 CPU 的速度相差甚远。使用缓冲技术有几个方面的好处:首先,引入缓冲技术可以改善 CPU 和 I/O 设备之间速度不匹配的情况,比如上面打印中设置了缓冲区,则程序输出的数据先送到缓冲区,然后由打印机慢慢输出,使 CPU 和打印机得以并行工作;其次,虽然通道技术和中断技术可为计算机系统的并行活动提供支持,但往往由于通道数量不足而产生“瓶颈”现象,缓冲技术的引入可以减少占用通道的时间,明显提高 CPU、通道和 I/O 设备的并行程度;再次,缓冲技术的引入还可以减少外设对 CPU 的中断次数,放宽 CPU 对中断响应时间的限制。缓冲技术的引入提高了系统的处理能力和设备的利用率。

缓冲技术的实现主要是设置合适的缓冲区。缓冲区可以用硬件寄存器来实现硬缓冲,另外较经济的方式是在内存中设置软缓冲,缓冲区的大小一般与盘块的大小一样。缓冲区的个数可根据数据输入/输出的速率和加工处理的速率之间的差异情况来确定。

　6. 设备的分配与回收

　　为了方便系统的管理,进程在使用资源时必须首先向设备管理程序提出资源申请,只要是可能和安全的,便由设备分配程序根据相应的分配算法为进程分配资源。如果申请进程得不到它所申请的资源,将被放入相应资源的等待队列中,直到所需要的资源被释放后才会分配给某个等待的进程。如果进程得到了它所需要的资源,就使用该资源完成相关的操作,使用完之后通知系统,系统将及时回收这些资源,以便其他进程使用。

2.3.7　操作系统的发展

　　(1) 手工操作(无操作系统)

　　计算机发明之初,用户直接面对硬件,程序设计全部采用机器语言。人们先把程序纸带(或卡片)装上计算机,然后启动输入机把程序和数据送入计算机,接着通过控制台(console)开关启动程序运行。计算完毕,打印机输出计算结果,用户卸下并取走纸带(或卡片)。其特点是:CPU 等待手工操作,CPU 利用不充分。

　　(2) 批处理系统

　　加载一个监督软件到计算机上,在监督程序的控制下,计算机能够自动地、成批地处理一个或多个用户的作业(包括程序、数据、命令)。批处理系统又分为联机批处理系统和脱机批处理系统。联机批处理系统中作业的输入/输出由 CPU 来处理,在主机和输入机之间增加一个存储设备——磁带机。联机批处理系统在输入作业和输出结果时,CPU 还是会处于空闲状态。

　　在脱机批处理系统中,输入/输出设备脱离主机控制。增加一台不与主机直接相连,而专门用来与输入/输出设备打交道的卫星机。这样,主机不再与慢速的输入/输出设备连接,并且主机与卫星机两者并行工作,主机的计算能力得以充分发挥。

　　在 1950 年代末至 1960 年代初,计算机硬件中出现中断机构和通道技术,硬件具有了较强的并行工作能力,驻留内存的管理程序(resident monitor)被研制出来,提高了 CPU 和 I/O 设备的利用率,缩短作业的准备和建立时间,减少了人工干预和操作失误。这些系统都配备专门的计算机操作员。

　　(3) 多道程序系统

　　多道程序(multiprogramming)设计技术是指允许多个程序同时进入内存并运行。即同时把多个程序放入内存,并允许它们交替在 CPU 中运行,多个程序可共享系统中的各种硬、软件资源。当一个程序因 I/O 请求而暂停运行时,CPU 便立即转去运行另一个程序。

　　多道程序设计技术不仅使 CPU 得到充分利用,同时也改善了输入/输出设备和内存的利用率,从而提高了整个系统的资源利用率和系统吞吐量(单位时间内处理作业/程序的个数)。

　　(4) 分时系统

　　操作系统进一步发展就出现了分时操作系统。分时操作系统中对后来计算机科学和技术发展有巨大影响的是 Unix 系统,它被称为计算机/互联网行业的基石。1969 年,Ken Thompson 在 PDP-7 上写了一个作业系统和一些常用的工具程序,称之为 Unics。之后他把这一系统移植到更多的平台上,并更名为 UNIX。他和 Ritchie 共同对其进行了改造,并于 1971 年共同发明了影响深远的 C 语言。1973 年他们用 C 语言重写了 UNIX,UNIX 的正式版本发行了。这之后出现了大量不同版本的 UNIX。

UNIX 在理论上和实践上都对整个操作系统的发展产生了广泛而深远的影响，其许多设计思想被后来的操作系统所采纳。

(5) 个人计算机操作系统

20 世纪 70 年代末期出现了个人计算机(personal computer，PC)，同时出现了个人计算机操作系统，其中微软公司的 MS-DOS 和苹果公司的 CPM 是最有影响的。1984 年苹果公司的图形操作系统诞生，1992 年微软的 Windows 3.1 也面世，之后这两大系统一直在演进，伴随硬件的飞速发展发布了很多市场占有率极高的版本。1991 年 Linus 在 Internet 上发布了 Linux 操作系统，在众多爱好者的参与下，系统不断丰富完善，支持众多 CPU 和不同架构，作为开源软件的 Linux 在很多方面已经接近商用操作系统的品质和性能，极其健壮。

2007 年苹果公司在 Macworld 大会上发布了 iOS 操作系统，应用于其移动设备 iPad 和 iPhone 等。2007 年 11 月，Google 与 84 家硬件制造商、软件开发商及电信运营商组建"开放手机联盟"，共同研发改良 Android 系统。Android 是一种基于 Linux 的自由及开放源代码的操作系统，主要应用于移动设备，如智能手机和平板电脑，并逐渐扩展到其他领域中，如数学电视、数码相机、游戏机、智能手表等。

2.3.8 操作系统的种类

对操作系统进行分类的方法有很多。例如，按照计算机硬件规模的大小，可以分为大型机操作系统、小型机操作系统和微型机操作系统；按照操作系统在用户面前的应用环境以及访问方式，可以将操作系统分为多道批处理操作系统、分时操作系统和实时操作系统等。

(1) 多道批处理操作系统

多道批处理操作系统包含"多道"和"批处理"两层意思。所谓"多道"是指在计算机内存中存入多个用户作业。所谓"批处理"是指这样一种操作方式，在外存中存入大量的后备作业，作业的运行完全由系统控制，用户与其作业之间没有交互作用，用户不能直接控制其作业的运行，通常称这种方式为批操作或脱机操作。

在多道批处理操作系统中，系统资源利用率高，作业的吞吐量大，但用户不能干预自己程序的运行，对程序的调试和纠错不利。

(2) 分时操作系统

允许多个联机用户同时使用一台计算机系统进行计算的操作系统称为分时操作系统(time sharing operating system，TSOS)。分时系统把中央处理器的时间划分成时间片，轮流分配给每个联机终端用户，每个用户只能在极短时间内执行，若程序未执行完，则等待分到下次时间片时再执行。这样，系统的每个用户的每次要求都能得到快速响应，且用户感觉好像自己独占计算机。

分时操作系统具有以下特点：多路性(又称同时性，终端用户感觉上好像独占计算机)、交互性、独立性(终端用户彼此独立，互不干扰)和及时性(快速得到响应)。

(3) 实时操作系统

实时操作系统(real time operating system，RTOS)是指当外界事件或数据产生时，系统能够接收并以足够快的速度予以处理和响应，能够控制所有任务协调一致运行。目前有 3 种典型的实时系统：过程控制系统(如工业生产自动控制、航空器飞行控制和航天器发射控制)、信息查询系统(如仓库管理系统、图书资料查询系统)和事务处理系统(如飞机或铁路订票系统、银行管理系统)。

实时操作系统分为硬实时(hard real-time)操作系统及软实时(soft real-time)操作系统。硬实时操作系统必须使任务在确定的时间内完成,而软实时操作系统能让绝大多数任务在确定时间内完成。实时操作系统一般会采用基于优先级的抢占调度方式。

(4) 网络操作系统

为了使计算机能方便地传送信息和共享网络资源,将计算机加入网络中,这样的计算机上的操作系统称网络操作系统(network operating system)。网络操作系统应该具备以下几项功能:网络通信(源和目标之间无差错数据传输)、资源管理、网络管理(包括安全控制、性能监视、故障处理等)、网络服务和通信透明性(提供对多种通信协议支持等)。

(5) 分布式操作系统

分布式计算机系统是指由多台分散的计算机经网络互联而成的系统。联网的每台计算机高度自治又相互协同,能在分布式系统范围内实现资源管理、任务分配及并行地运行分布式程序。系统中的资源为所有用户共享,多台机器可以互相协作来完成同一个任务(一个程序可以分布于多台计算机上并行运行)。分布式系统中的一个节点出错不影响其他节点运行。分布式计算机系统的主要优点是健壮性强、扩充容易、可靠性高、维护方便和效率较高。

用于管理分布式计算机系统的操作系统称为分布式操作系统(distributed operating system)。它与单机的集中式操作系统的主要区别在于资源管理、进程通信和系统结构3个方面。

(6) 嵌入式操作系统

运行于嵌入式系统之上的操作系统称为嵌入式操作系统(embedded operating system)。由于资源受限,微型化是嵌入式系统的重要特点;而多种多样的硬件平台使其表现出专业化的特点;由于嵌入式系统广泛应用于过程控制、数据采集、通信、信息家电等要求迅速响应的场合,实时性也是其重要特点。

嵌入式操作系统一般要求占用内存小,需要根据系统的实际硬件资源对操作系统进行裁减定制。

2.3.9　典型操作系统

典型操作系统主要包括 Windows 、Linux、DOS 和 VxWorks 等。下面按照功能特征将操作系统分为四大类。

1. 服务器操作系统

服务器操作系统是指安装在大型计算机上的操作系统,比如 Web 服务器、应用服务器和数据库服务器等。服务器操作系统主要分为四大流派:Windows、Unix、Linux、Netware。

Windows 是由美国微软公司设计的基于图形用户界面的操作系统,因其生动友好的用户界面、简便的操作方法,吸引着成千上万的用户,成为目前装机普及率最高的一种操作系统。最新的版本是 Windows 11。

Unix 是美国 AT&T 公司 1971 年在 PDP-11 上运行的操作系统。它具有多用户、多任务的特点,支持多种处理器架构。最初的 Unix 是用汇编语言编写的,后来又用 C 语言进行了重写,使得 Unix 的代码更加的简洁紧凑,并且易移植、易阅读、易修改,为 Unix 的发展奠定了坚实的基础。但 Unix 缺乏统一的标准,且操作复杂、不易掌握,可扩充性不强,这些都限制了 Unix 的普及应用。

Linux 是一种开放源码的类 Unix 操作系统。用户可以通过 Internet 免费获取 Linux 源代码,并对其进行分析、修改和添加新功能。Linux 是一个领先的操作系统,世界上运算速度最快的 10 台超级计算机上运行的都是 Linux 操作系统。不少专业人员认为 Linux 最安全、最稳定,对硬件系统最不敏感。但 Linux 图形界面不够友好,这是影响它推广的重要原因。而 Linux 开源带来的无特定厂商技术支持等问题也是阻碍其发展的另一因素。

Netware 是 Novell 公司推出的网络操作系统。Netware 最重要的特征是基于基本模块设计思想的开放式系统结构。Netware 是一个开放的网络服务器平台,用户可以方便地对其进行扩充。Netware 系统对不同的工作平台(如 DOS、OS/2、Macintosh 等)、不同的网络协议环境如 TCP/IP 以及各种工作站操作系统提供了一致的服务。但 Netware 的安装、管理和维护比较复杂,操作基本依赖于命令输入方式,并且对硬盘识别率较低,很难满足现代社会对大容量服务器的需求。

2. PC 操作系统

PC 操作系统是指安装在个人计算机上的操作系统,如 DOS、Windows、MacOS。

DOS 是第一个个人机操作系统。它是微软公司研制的配置在 PC 机上的单用户命令行界面操作系统。DOS 功能简单、硬件要求低,但存储能力有限,而且命令行操作方式要求用户必须记住各种命令,使用起来很不方便。

Windows 与 DOS 的最大区别是前者提供了图形用户界面,使得用户的操作变得简单高效。但它最初并不能称为一个真正的操作系统,它仅是覆盖在 DOS 系统上的一个视窗界面,不支持多道程序。后来演变的 Windows NT 才属于完整的支持多道程序的操作系统。Windows Vista 是 Windows NT 的后代。Windows 是一款既支持个人机又支持服务器的双料操作系统。

MacOS 是由苹果公司自行设计开发的,专用于 Macintosh 等苹果机,一般情况无法在普通计算机上安装。MacOS 是基于 Unix 内核的操作系统,也是首个在商业领域成功的图形用户界面操作系统,它具有较强的图形处理能力,广泛用于桌面出版和多媒体应用等领域。Macintosh 的缺点是与 Windows 缺乏较好的兼容性,因此影响了它的普及。

3. 实时操作系统

实时操作系统是保证在一定时间限制内完成特定任务的操作系统,如 VxWorks。

VxWorks 操作系统是美国风河公司于 1983 年设计开发的一种嵌入式实时操作系统,是嵌入式开发环境的关键组成部分。它具有良好的持续发展能力、高性能的内核以及友好的用户开发环境,在嵌入式实时操作系统领域占据一席之地。Vxworks 支持几乎所有现代市场上的嵌入式 CPU,包括 x86 系列、MIPS、PowerPC、Freescale ColdFire、Intel i960、SPARC、SH-4、ARM、StrongARM 以及 xScaleCPU。它以其良好的可靠性和卓越的实时性被广泛地应用在通信、军事、航空、航天等高精尖技术及实时性要求极高的领域中,如卫星通信、军事演习、弹道制导、飞机导航等。

4. 嵌入式操作系统

嵌入式操作系统是以应用为中心,以计算机技术为基础,软件硬件可裁剪,适应应用系统对功能、可靠性、成本、体积、功耗严格要求的专用计算机系统。它与应用紧密结合,具有很强的专用性,必须结合实际系统需求进行合理的裁剪利用。

Palm OS 是 Palm 公司开发的专用于 PDA(Personal Digital Assistant,掌上电脑)上的

一种 32 位嵌入式操作系统。虽然其并不专门针对手机设计,但是 Palm OS 的优秀性和对移动设备的支持同样使其能够成为一个优秀的手机操作系统。Palm OS 与同步软件 HotSync 结合可以使掌上电脑与 PC 上的信息实现同步,把台式机的功能扩展到了手掌上。其最新的版本为 Palm OS 5.2。具有手机功能的 Palm PDA 如 Palm 公司的 Tungsten W,而 Handspring 公司(已被 Palm 公司收购)的 Treo 系列则是专门使用 Palm OS 的手机。

2.4　小结

计算机是一个根据用户提供的各种指令来实现信息输入、处理、存储和输出的机器。计算机由硬件系统和软件系统组成,两者缺一不可。硬件是物理设备和器件的总称,是用来完成信息交换、存储、处理和传输的基础;软件是各种程序、数据及相关文档的总称,是用来描述实现数据处理的规则。

计算机硬件与软件的辩证关系是:(1)硬件与软件是相辅相成的,硬件是计算机的物质基础,没有硬件就无所谓计算机;(2)软件是计算机的灵魂,没有软件,计算机的存在就毫无价值;(3)硬件系统的发展给软件系统提供了良好的开发环境,而软件系统的发展又给硬件系统提出了新的要求。

根据冯·诺依曼提出的"存储程序式计算机"结构思想,计算机由运算器、控制器、存储器、输入设备和输出设备五大部分组成。其中,运算器是进行算术运算和逻辑运算的部件;控制器是统一控制和指挥计算机的各个部件协同工作的部件;存储器是用来存储程序和数据的部件;输入设备是向计算机输入程序和数据的设备;输出设备是将计算机处理数据后的结果显示、打印或存储到外存上的设备。

软件是对硬件功能的扩充和完善,软件的运行最终都被转换为对硬件设备的操作。软件分为系统软件和应用软件。系统软件是管理、监控和维护计算机资源的软件,操作系统是系统软件中最基本、最重要、最核心的软件。操作系统控制和管理计算机内部各种软硬件资源,是用户和计算机之间的接口。应用软件是用户为实现某一类应用或解决某个特定问题而编制或购买的软件。

2.5　课程思政

棱镜门事件

2014 年 5 月 26 日,国务院新闻办互联网新闻研究中心发布了一份名为《美国全球监听行动纪录》的报告,这份报告称:2013 年 6 月,英国、美国和中国香港媒体相继根据美国国家安全局前雇员爱德华·斯诺登提供的文件,报道了美国国家安全局代号为"棱镜"的秘密项目,内容触目惊心。中国有关部门经过了几个月的查证,发现针对中国的窃密行为的内容基本属实。这也是"棱镜门"事件爆发近一年来,中国官方首次对涉及中国的监听窃密问题进行官方确认和表态。

从政府到手机 App,"棱镜"无处不在

"棱镜门"爆发以后,全球媒体的相关报道纷至沓来,关于美国"棱镜"项目在中国涉及范围的各种传闻也层出不穷,而上述报告的出炉显示了中国有关部门在经过查证之后证实了很多媒体报道的内容,也就是说,美国"棱镜"大范围地笼罩中国并不是耸人听闻的传说,而是不可辩驳的事实。

在这份报告中,确认了很多在美国"棱镜"项目中针对中国进行的监听和窃密行径,涉及范围包括中国政府和国家领导人、中资企业、科研机构、普通网民、广大手机用户等等,监听和窃密的广度和深度出乎很多人的意料。

报告显示中国是美国非法窃听的主要目标之一,中国的政府机构是美国窃听的重点关照对象,金融和电信行业是攻击的主要目标,中国电信、中国移动、中国联通,中国银行、中国工商银行、中国建设银行以及电信设备商华为都有涉及。

美国国家安全局还对中国顶尖高等学府清华大学的主干网络发起大规模的黑客攻击。其中2013年1月的一次攻击中,至少63部电脑和服务器被黑,而中国六大骨干网之一的"中国教育和科研计算机网"就设在清华大学。

除了这些重要的行业、部门和企业,一些和普通人生活密切相关的领域,也成为美国窃听和窃密的目标。在美国国家安全局内部,苹果和安卓手机操作系统被称作"数据资源的金矿",美英情报部门2007年就已合作监控手机应用程序,美国国家安全局一度将这方面的预算从2.04亿美元追加到7.67亿美元。

美国国家安全局多年来一直从移动设备应用程序(App)中抓取个人数据,包括个人用户的位置数据、种族、年龄和其他个人资料,这些App包括用户众多的"愤怒的小鸟"、谷歌地图(Google Map)、脸谱(Facebook)、推特(Twitter)和网络相册Flickr等。

美英两国的情报人员甚至还假扮"玩家",渗透入网络游戏《魔兽世界》《第二生命》中,收集电脑游戏玩家的记录,监视游戏玩家。而实际上,这两款游戏的中国玩家最多。更可怕的是,腾讯聊天软件QQ和中国移动的移动即时通信应用飞信竟然也在美国国家安全局的监视范围之内。

对抗网络入侵需要决心与投入

"棱镜门"事件的主角美国国家安全局(National Security Agency,NSA)是美国最为神秘的情报机构,由于过于神秘,完全不为外界甚至美国政府其他部门所了解,所以它的缩写 NSA 经常被戏称为"No Such Agency"(查无此局)。

美国国家安全局拥有一群世界一流的计算机专家和网络安全专家,他们手里握有各种途径获取的漏洞和技术优势及工具,利用这些资源实施国家级的监听活动。这些人不是简单的黑客(Hacker,指热衷于研究系统和计算机及网络内部运作的人,通常喜爱自由且不受约束)或骇客(Cracker,指恶意非法地

美国国家安全局

试图破解或破坏某个程序、系统及网络安全的人),因为他们的监听活动是一种政府主导的攻击行为,甚至更像是一种专业性极强的网络战,比如在关键节点核心设备中植入'后门',不仅可以大规模监听全球其他国家政府机构、企业、个人通信及隐私信息,更可出于某些政

治或军事目的实施突然精确瘫痪目标网络。

可以肯定的是，中国政府部门、组织和公司深知网络安全问题的重要性，也在不遗余力地将自己的系统做到尽可能的安全，但遗憾的是并没有绝对的安全。

因为攻击手段实在太多，攻击者采用10种方式攻击一个系统，只要有一种方式有效就成功了，但是在防范端，你得防住10种攻击方式才行。因此，以国家高度去实施网络安全防范这件事情，不在于其实现的难度而是在于决心和资源的投入。一个公司是无法对抗一个国家的，如果进攻者是国家级别的，那么防范者也需要进行国家层面的战略部署。

此前，斯诺登对媒体披露，美国除了"棱镜"计划，还有其他计划，如："主干道"、"码头"和"核子"等等，美国的网络"爪牙"超乎我们的想象。

大数据时代，泄密的往往是普通日常信息

过去提到窃听，我们会想到巧妙隐藏针孔摄像头和安装在各种匪夷所思地点的窃听器，美国针对中国的窃听行径由来已久，在出口到中国的飞机上、中国使馆的墙壁里、飞过中国的卫星上、海底电缆上等都曾发现过美国的窃听和窃密设备，另外美国也会采取在使馆、外企和留学生当中安插和培养特工的方式，对中国进行"监控"。

而在今天这个互联网无处不在的世界，想要了解一个人的真实生活已经不需要这些，因为仅仅通过对这个人在网络世界留下的各种印记，就可以数据还原出这个人真实生活的方方面面。

"棱镜门"事件把中国信息安全带到了一个更宏观层面，因为云计算和大数据背景下，过去那种只是对一个小的系统或者设备做风险评估的方式已经不能适应今天的形势，而是要对整个行业做综合的整体评估。因为局部的风险一旦累加起来，尤其在大数据时代，通过零散信息可能会拼接出一个重要的信息。因此，在大数据时代，遍布网络上的那些普通信息一旦达到一定数量级或者一些看似不相关的数据一旦被整合起来，在大数据手段的综合分析与深度挖掘下，就可能会泄露出关系到国家的重要信息，这无疑是一个全新而严峻的挑战。

如何对"棱镜"说NO

对于中国来说，"棱镜门"最大的意义就是唤醒了中国的危机意识，现在我们已经开始在一定程度上恢复了在网络安全方面曾经失去的话语权。

中国共产党中央国家安全委员会（简称"国安委"）正式成立，以及中央网络安全和信息化领导小组成立。这两个部门均由党和国家的最高领导人挂帅，可以说明确显示出我国对于加强网络安全和建设网络强国的决心。

"棱镜门"事件在产业中的影响力也已经开始显现，政府机构、金融、电信、教育等涉及国计民生的重要部门、行业和企业在进行网络建设的时候，都开始重视国产化和自主可控方面的问题。

最根本的方法：一是提高主观上的重视程度和防范意识，这不仅是某个部门、某个行业的事情，而是全社会每一个人都需要提升的；二是发展自己的产业，提升自主创新能力，掌握核心技术，这也是最根本的，因为只有自己的产品立得住才能真正拥有相对的安全。

网络安全必须从顶层设计、战略布局、安全文化的重塑、人才培养、产业振兴等各方面从容不迫地循序渐进。比如，从法律上明确赋予国家机构和企业对于网络信息安全所承担的社会和经济责任,并引入金融保险业等保障补偿机制,大力支持用户信息权益维权,这样才能根本改善目前不太有利的 IT 治理现状。要吸取之前美苏冷战和"星球大战"的历史教训,兼顾安全与发展的平衡。

Google 断供事件

硬件可以有库存囤货,而软件是无法存储的。所以,当华为遭遇断供风潮后,谷歌在系统层面对于华为的影响就显得更为现实和深远。

现实是面向海外市场的销售,如果没有了 Google Play、Google Map、Gmail、YouTube 这些谷歌软件,不知情的用户又有多少会选择谅解? 而更深远的影响则是将华为自研操作系统这一"备胎"加速推向前台,在未来会不会成为全球手机操作系统中的一级,虽未可知,但很可期。

免费的才是最贵的

昨日,为遵守美国政府命令,谷歌宣布暂停与华为公司的商业往来。但在今日的媒体活动上,华为董事长任正非却表态说,"谷歌是一家好公司,一家高度负责任的公司"。据任正非表示,谷歌正在跟华为讨论制定应对方案。

也就是说,谷歌公司在主观上并不愿看到这一切的发生,但客观上却又不得不遵从美国政府的命令。这对于华为而言,未来还将继续,但今天和明天怎么才能安然过渡,很大程度上取决自己的"备胎"实力。

这早已不是普通的在商言商范畴,华为面临的压力可想而知。

表面上安卓系统属于"Android 开源项目(AOSP)",所有的手机都可以使用——即使美国政府也无法左右。但是,由于手机的操作系统适配涉及方方面面,所以谷歌推出最新版的安卓系统前,一般都会拉一群安卓厂商帮忙适配优化。对于手机厂商来说,预装最新的安卓系统是吸引消费者的最佳手段之一。

而对于华为来说,以后就只能等谷歌将最新的安卓系统开源后再进行针对自家手机的优化适配。另外,在系统安全补丁上也会有一些延迟,相应的会增加一些安全性方面的隐患。

如果事情只是如此,倒也无伤根本。真正的问题在于谷歌暂停与华为的合作后,安卓的灵魂——谷歌框架服务也将随之烟消云散。

我们国内的安卓用户对于谷歌框架服务基本没有任何需求,但是华为不光做国内的生意,海外市场也是华为的半壁江山,对于华为海外业务来说,缺少谷歌框架服务,无异于晴天霹雳——可以预见的是,海外用户大概率不会因此而选择宽宏的谅解。

尽管华为早就意识到了"免费的才是最贵的",但是因为备用胎 Plan B 从未上过一线战场,没有听过前线炮声的它,能够迅速拾遗补缺,担当重任吗?

"Plan B"和原地转圈

据调研机构 Canalys 的数据显示,2018 年华为在欧洲市场的智能手机出货量为 2 620 万,同比增长 41.4%。要知道,这一成绩还是在欧洲市场整体萎靡的情况下完成的——2018 全年欧洲市场智能手机出货量缩减了 4% 至 1.97 亿部。

在海外市场,由于用户的习惯,谷歌家的 Gmail、YouTube 等应用均占据统治性地位,而且还有众多遵循谷歌应用商店规范的应用要求必须具备谷歌框架服务才能运行。

Made by Google

Google Chrome   Google Search   Google Map   Snapseed   YouTube   Android

· · · · · ·

所以,如果在海外的华为手机不再支持谷歌框架服务,消费者由此而产生的不解将会是一个难以面对的问题。

此前余承东曾表示,"我们准备了我们自己的操作系统。一旦我们无法继续使用这些系统,我们就会有所准备……这是我们的应急方案(Plan B)"。那么,当谷歌褪去,现在我们是不是只要把"Plan B"拿出来就行了? 对此,余承东的下半句话是这么说的,"华为的确拥有备用系统,但仅在必要情况下使用。说实话,我们并不想使用。"

确实,事情可不是这么简单。在硬件上,如果华为没有高通的支持,完全可以靠海思麒麟继续打天下,但是在软件上,如果没有了谷歌的生态,然后,也就很难有然后了……这主要是因为操作系统的繁荣主要涉及用户的使用习惯与应用数量两个问题。使用习惯还好解决,华为完全可以"借鉴"安卓的操作逻辑,让新的操作系统跟上消费者的步伐。但是在应用的繁荣度上,操作系统本身却无能为力,这需要大量且有效的时间积累。

何不取而代之?

从手机厂商的角度考虑,谷歌就好比风筝上的那根线,不管你飞得多高,"小辫子"始终是被攥在谷歌手里的,或者说是美国政府手里的。

今天美国政府只是让谷歌暂停于华为的合作,那明天会不会波及更多的中国手机厂商? 毫无疑问,现在的谷歌系统就如同一柄高悬于头顶的达摩克利斯之剑,成为萦绕在国产安卓手机厂商心中难以挥去的梦魇。

但是,就像所有的压力一样,它总要有释放的地方。尽管困难重重,但也由此酝酿出一个机遇,我们到底需要一款什么样的手机操作系统,华为能否走出一条更宽阔的路,成为手机操作系统中的第三种选择? 困难远比想象严重,自研备胎系统就此一飞冲天。断供门事件可以很好地激励同学掌握和创新核心技术、勇攀科技高峰,激发学生勇于创新、积极探索的科学精神。

2.6 习 题

一、选择题

1. 下列关于计算机的叙述中,不正确的一条是(　　)。

A. CPU 由 ALU 和 CU 组成　　　　　B. 内存储器分为 ROM 和 RAM

C. 最常用的输出设备是鼠标　　　　　D. 应用软件分为通用软件和专用软件

2. 下列有关计算机性能的描述中,不正确的是(　　)。

A. 一般而言,主频越高,速度越快

B. 内存容量越大,处理能力就越强

C. 计算机的性能好不好,主要看主频高不高

D. 内存的存取周期也是计算机性能的一个指标

3. 微型计算机内存储器是(　　)。

A. 按二进制数编址　　　　　　B. 按字节编址

C. 按字长编址　　　　　　　　D. 根据微处理器不同而编址不同

4. CPU、存储器、I/O 设备是通过什么连接起来的(　　)。

A. 接口　　　　B. 总线　　　　C. 系统文件　　　D. 控制线

5. 下列属于击打式打印机的有(　　)。

A. 喷墨打印机　　B. 针式打印机　　C. 静电式打印机　　D. 激光打印机

6. 下列 4 条叙述中,正确的一条是(　　)。

A. 为了协调 CPU 与 RAM 之间的速度差间距,在 CPU 芯片中又集成了高速缓冲存储器

B. PC 机在使用过程中突然断电,SRAM 中存储的信息不会丢失

C. PC 机在使用过程中突然断电,DRAM 中存储的信息不会丢失

D. 外存储器中的信息可以直接被 CPU 处理

7. 下列叙述中,正确的说法是(　　)。

A. 编译程序、解释程序和汇编程序不是系统软件

B. 故障诊断程序、排错程序、人事管理系统属于应用软件

C. 操作系统、财务管理程序、系统服务程序都不是应用软件

D. 操作系统和各种程序设计语言的处理程序都是系统软件

8. 通用软件不包括下列哪一项(　　)。

A. 文字处理软件　　B. 电子表格软件　　C. 专家系统　　　D. 数据库系统

9. 以下关于机器语言的描述中,不正确的是(　　)。

A. 每种型号的计算机都有自己的指令系统,就是机器语言

B. 机器语言是唯一能被计算机识别的语言

C. 计算机语言可读性强,容易记忆

D. 机器语言和其他语言相比,执行效率高

10. 下列有关软件的描述中,说法不正确的是(　　)。

A. 软件就是为方便使用计算机和提高使用效率而组织的程序以及有关文档

B. 所谓"裸机",其实就是没有安装软件的计算机

C. FoxPro,Oracle 属于数据库管理系统,从某种意义上讲也是编程语言

D. 通常,软件安装的越多,计算机的性能就越先进

二、填空题

1. 一般情况下,外存储器中存储的信息,在断电后_____。

2. 迄今为止,我们所使用的计算机大多是按美籍匈牙利数学家冯·诺依曼提出了关于_____的原理进行工作的。

3. 鼠标、打印机和扫描仪等设备都有一个重要的性能指标,即分辨率,其含义是每英寸的像素(点)数目,简写成 3 个英文字母为_____。

4. 操作系统能够支持用户同时运行多个应用程序,这种功能称为_____。

5. 计算机系统软件中最核心、最重要的是_____。

第三章　因特网基础与简单应用

因特网是 20 世纪最伟大的发明之一。因特网是由成千上万个计算机网络组成的,覆盖范围从大学校园网、商业公司的局域网到大型的在线服务提供商,几乎涵盖了社会的各个应用领域(如政务、军事、科研、文化、教育、经济、新闻、商业和娱乐等)。人们只要用鼠标、键盘就可以从因特网上找到所需要的任何信息,可以与世界另一端的人们通信交流,甚至一起参加视频会议。因特网已经深深地影响和改变了人们的工作、生活方式,并正以极快的速度在不断发展和更新。

本章主要介绍因特网的基础知识和一些简单的应用。通过本章的学习,应该掌握:

1. 计算机网络的基础概念。

2. 因特网基础:TCP/IP 协议工作原理,C/S 体系结构,IP 地址和域名工作原理,新一代因特网及因特网接入方式。

3. 简单的因特网应用:浏览器(IE)的使用,信息的搜索,浏览和保存,FTP 下载,电子邮件的收发,以及流媒体和手机电视的使用。

3.1　计算机网络基本概念

3.1.1　计算机网络

计算机网络是计算机技术与通信技术高度发展、紧密结合的产物。在计算机网络发展过程的不同阶段,人们对计算机网络提出了不同的定义。当前较为准确的定义为"以能够互相共享资源的方式互联起来的自治计算机系统的集合",即分布在不同地理位置上的具有独立功能的多个计算机系统,通过通信设备和通信线路互相连接起来,实现数据传输和资源共享的系统。从资源共享的角度理解计算机网络,需要把握以下两点:

(1)计算机网络提供资源共享的功能。资源包括硬件资源和软件资源以及数据信息。硬件包括各种处理器、储存设备、输入/输出设备等,比如打印机、扫描仪和 DVD 刻录机。软件包括系统软件、应用软件和驱动程序等。对于当今越来越依赖于计算机化管理的公司、企业和政府部门来讲,更重要的是共享资源,共享的目的是让网络上的每一个人都可以访问所有的程序、设备和特殊的数据,并且让资源的共享摆脱地理位置的束缚。

(2)组成计算机网络的计算机设备是分布在不同地理位置的独立的"自治计算机"组成。每台计算机的核心的基本部件,如:CPU,系统总线,网络接口等都要求存在并且独立。这样,互联的计算机之间没有明确的主从关系,每台计算机既可以联网使用,也可以脱离网络独立工作。

3.1.2　数据通信

数据通信是计算机技术和数据通信技术相结合而产生的一种新的通信方式。数据通信是指在两个计算机或终端之间以二进制的形式进行信息交换、传输数据。关于数据通信的相关概念，下面介绍几个常用术语。

1. 信道

信道是信息传输的媒介或渠道，作用是把携带有信息的信号从它的输入端传递到输出端。根据传输媒介的不同，信道可分为有线信道和无线信道两类。常见的有线信道包括双绞线、同轴电缆、光缆等；无线信道有地波传播、短波、超短波、人造卫星中继等。

2. 数字信号和模拟信号

通信的目的是为了传输数据，信号是数据的表现形式。对于数据通信技术来讲，它要研究的是如何将表示各类信息的二进制比特序列通过传输媒介在不同计算机之间传输。信号可以分为数字信号和模拟信号两类：数字信号是一种离散的脉冲序列，计算机产生的电信号用两种不同的电平表示 0 和 1。模拟信号是一种

图 3.1　数字信号与模拟信号波型对比图

连续变化的信号，如电话线上传输的按照声音强弱幅度连续变化所产生的电信号，就是一种典型的模拟信号，可以用连续的电波表示，数字信号与模拟信号的波形对比如图 3.1 所示。

3. 调制与解调

普通电话线是针对语音通话而设计的模拟信道，适用于传输模拟信号。但是计算机产生的离散脉冲表示的数字信号，因此要利用电话交换网实现计算机的数字脉冲信号的传输，就必须首先将数字脉冲信号转换成模拟信号。将发送端数字脉冲信号转换成模拟信号的过程称为调制；将接收端模拟信号还原成数字脉冲信号的过程称为解调。将调制和解调两种功能结合在一起的设备称为调制解调器（Modem），即我们通常所说的"猫"。

4. 带宽与传输速率

在模拟信道中，以带宽表示信道传输信息的能力。带宽是以信号的最高频率和最低频率之差表示，即频率的范围。频率是模拟信号波每秒的周期数，用 Hz、kHz、MHz 或 GHz 作为单位。在某一特定带宽的信道中，同一时间内，数据不仅能以某一种频率传送，而且还可以用其他不同的频率传送。因此，信道的带宽越宽（带宽数值越大），其可用的频率就越多，其传输的数据量就越大。

在数字信道中，用数据传输速率（比特率）表示信道的传输能力，即每秒传输的二进制位数（bps，比特/秒）。单位为：bps、Kbps、Mbps、Gbps 与 Tbps 等，其中：

　1 Kbps＝$1×10^3$ bps　　1 Mbps＝$1×10^6$ bps　　1 Gbps＝$1×10^9$ bps　　1 Tbps＝$1×10^{12}$ bps

研究证明，信道的最大传输速率与信道带宽之间存在着明确的关系，所以人们经常用"带宽"来表示信道的数据传输速率。"带宽"与"速率"几乎成了同义词。带宽与数据传输速率是通信系统的主要技术指标之一。

5. 误码率

误码率是指二进制比特在数据传输系统中被传错的概率，是通信系统的可靠性指标。

数据在信道传输中一定会因某种原因出现错误,传输错误是正常的和不可避免的,但是一定要控制在某个允许的范围内。在计算机网络系统中,一般要求误码率低于 10^{-6}。

3.1.3 计算机网络的形成与分类

计算机网络技术自诞生之日起,就以惊人的速度和广泛的应用程度在不断的发展。计算机网络是随着强烈的社会需求和前期通信技术的成熟而出现的。虽然计算机网络仅有几十年的发展历史,但是它经历了从简单到复杂,从低级到高级,从地区到全球的发展过程。纵观计算机网络的形成与发展历史,大致可以将它分为四个阶段。

第一阶段是 20 世纪五六十年代,面向终端的具有通信功能的单机系统。那时人们将独立的计算机技术与通信技术结合起来,为计算机网络的产生奠定了基础。人们通过数据通信系统将地理位置分散的多个终端,通过通信线路连接到一台计算机以集中方式处理不同地理位置用户的数据。

第二阶段应该从美国的 ARPANET 与分组交换技术开始。ARPANET 是计算机网络技术发展中的里程碑,它使网络中的用户可以通过本地终端使用本地计算机的软件、硬件与数据资源,也可以使用网络中其他地方的计算机的软件、硬件与数据资源,从而达到计算机资源共享的目的。ARPANET 的研究成果对世界计算机网络发展的意义是深远的。

第三阶段可以从 20 世纪 70 年代记起。国际上各种广域网、局域网与公用分组交换网发展十分迅速。各计算机厂商和研究机构纷纷发展自己的计算机网络系统,随之而来的问题就是网络体系结构与网络协议的标准化工作。国际标准化组织(International Organization for Standardization, ISO)提出了著名的 ISO/OSI 参考模型,对网络体系的形成与网络技术的发展起到了重要的作用。

第四阶段从 20 世纪 90 年代开始,迅速发展的 Internet、信息高速公路、无线网络与网络安全等技术,使得信息时代全面到来。因特网作为国际性的国际网与大型信息系统,在当今经济、文化、科学研究、教育和社会生活等方面发挥越来越多重要的作用。宽带网络技术的发展为社会信息化提供了技术基础,网络安全技术为网络应用提供了重要安全保障。

计算机网络的分类标准有很多种,主要的分类标准有根据网络所使用的传输技术分类、根据网络的拓扑结构分类、根据网络协议分类等。各种分类标准只能从某一方面反映网络的特征。根据网络覆盖的地理位置范围不同,它们所采用的传输技术也就不同,因此形成不同的网络技术特点与网络服务功能。依据这种分类标准,可以将计算机网络分为三种:局域网、城域网和广域网。

1. 局域网

局域网(Local Area Network,LAN)是一种在有限区域内使用的网络,在这个区域内的各种计算机、终端与外部设备互联成网,其传送距离一般在几公里之内,最大距离不超过 10 公里,因此适用于一个部门或一个单位组建的网络。典型的局域网例如办公室网络、企业与学校的主干局域网、机关和工厂等有限范围内的计算机网络。局域网具有高数据传输率(10 Mbps～10 Gbps)、低误码率、成本低、组网容易、易管理、易维护、使用灵活方便等优点。

2. 城域网

城域网(Metropolitan Area Network,MAN)是介于广域网和局域网之间的一种高速网络,它的设计目标是满足几十公里范围内的大量企业、学校、公司的多个局域网的互联需求,以实现大量用户之间的信息传输。

3. 广域网

广域网(Wide Area Network,WAN)又称为远程网,所覆盖的地理范围要比局域网大得多,从几十公里到几千公里,传输速率比较低,一般在 96 Kbps～45 Mbps 左右。广域网覆盖一个国家、地区,甚至横跨几个洲,形成国际性的远程计算机网络。广域网可以使用电话交换网、微波、卫星通信网或它们的组合信道进行通信,将分布在不同地区的计算机系统互联起来,达到资源共享的目的。

3.1.4　网络硬件

与计算机系统类似,计算机网络系统也有网络软件和硬件设备两部分组成。下面主要介绍常见的网络硬件设备。

1. 传输介质(Media)

局域网中常见的传输介质有同轴电缆、双绞线和光缆。随着无线网的深入研究和广泛应用,无线技术也越来越多地用来进行局域网的组建。

2. 网络接口卡(NIC)

网络接口卡(简称网卡)是构成网络必需的基本设备,用于将计算机和通信电缆连接起来,以便经电缆在计算机之间进行高速数据传输。因此,每台连接到局域网的计算机(工作站或服务器)都需要安装一块网卡。通常网卡都插在计算机的扩展槽内。网卡的种类很多,它们各有自己使用的传输介质和网络协议。

3. 交换机(Switch)

交换概念的提出是对于共享工作模式的改进,而交换式局域网的核心设备是局域网交换机。共享式局域网在每个时间片上只允许有一个结点占用公用的通信信道。交换机支持端口连接的结点之间的多个并发连接,从而增大网络宽带,改善局域网的性能和服务质量。

4. 无线 AP(Access Point)

无线 AP 也称为无线访问点或无线桥接器,即是当作传统的有线局域网络与无线局域网络之间的桥梁。通过无线 AP,任何一台装有无线网卡的主机都可以去连接有线局域网络。无线 AP 含义较广,不仅提供单纯性的无线接入点,也同样是无线路由器等类设备的统称,兼具路由、网管等功能。单纯性的无线 AP 就是一个无线交换机,仅仅是提供无线信号发射的功能,其工作原理是将电信号转换成无线电信号发送出来,形成无线网的覆盖。不同的无线 AP 型号具有不同的功率,可以实现不同程度、不同范围的网络覆盖,一般无线 AP 的最大覆盖距离可达 300 米,非常适合于在建筑物之间、楼层之间等不便于架设有线局域网的地方构建无线局域网。

5. 路由器(Router)

处于不同地理位置的局域网通过广域网进行互联是当前网络互联的一种常见的方式。路由器是实现局域网与广域网互联的主要设备。路由器检测数据的目的地址,对路径进行动态分配,根据不同的地址将数据分流到不同的路径中。如果存在多条路径,则根据路径的工作状态和忙闲情况,选择一条合适的路径,动态平衡通信负载。

3.1.5　网络软件

计算机网络的设计除了硬件,还必须要考虑软件,目前的网络软件都是高度结构化的。为了降低网络设计的复杂性,绝大多数网络都是通过划分层次,每一层都在其下一层的基础上,每一层都向上一层提供特定的服务。提供网络硬件设备的厂商很多,不同的硬件设备如何统一划分层次,并且能够保证通信双方对数据的传输理解一致,这些就要通过单独的网络软件——协议来实现。

通信协议就是通信双方都必须遵守的通信规则,是一种约定。打个比方,当人们见面,某一方伸出手时,另一方也应该伸出手与对方表示友好,如果后者没有伸手,则违反了礼仪规则,那么他们后面的交往可能就会出现问题。

计算机网络中的协议是非常复杂的,因此网络协议通常都按照结构化的层次方式来进行组织。TCP/IP 协议是当前最流行的商业化协议,被公认为是当前的工业化标准或事实标准。1974 年,出现了 TCP/IP 参考模型,图 3.2 给出了 TCP/IP 参考模型的分层结构,它将计算机网络划分为四个层次:

图 3.2　TCP/IP 参考模型

● 应用层(Application　Layer):负责处理特定的应用程序数据,为应用软件提供网络接口,包括 HTTP(超文本传输协议)、Telnet(远程登录)、FTP(文件传输协议)等协议。

● 传输层(Transport Layer):为两台主机间的进程提供端对端的通信。主要协议有 TCP(传输控制协议)和 UDP(用户数据报协议)。

● 互联层(Internet Layer):确定数据包从源端到目的端如何选择路由。互联层主要的协议有 IPv4(网际网协议版本 4)、ICMP(互联网控制报文协议)以及 IPv6(IP 版本 6)等。

● 主机至网络层(Host-to-Network Layer):规定了数据包从一个设备的网络层传输到另外一个设备的网络层的方法。

3.1.6　网络拓扑结构

拓扑学是几何学的一个分支,从图论演变过来,是研究与大小、形状无关的点、线和面构成的图形特征的方法。计算机网络拓扑是将构成网络的结点和连接结点的线路抽象成点和线,用几何关系表示网络结构,从而反映出网络中各实体的结构关系。常见的网络拓扑结构主要有星型、环型、总线型、树型和网状等几种。

1. 星型拓扑

图 3.3(a)描述了星型拓扑结构。星型拓扑结构是最早的通用网络拓扑结构形式。在星型拓扑中,每个结点与中心结点连接,中心结点控制全网的通信,任何两点之间的通信都要通过中心结点。因此,要求中心结点有很高的可靠性。星型拓扑结构简单,易于实现和管理,但是由于它是集中控制的方式的结构,一旦中心结点出现故障,就会造成全网的瘫痪,可靠性较差。

2. 总线型拓扑

图 3.3(b)描述了总线型拓扑结构。网络中各个结点由一根总线相连,数据在总线上由

(a) 星型拓扑　　　　　　　　　　　　　　(b) 总线型拓扑

(c) 树型拓扑　　　　　　　(d) 环型拓扑　　　　　　(e) 网状拓扑

图 3.3　网络拓扑结构

一个结点传向另一个结点。总线型拓扑结构的优点是：结点加入和退出网络都非常方便，总线上某一个结点出现故障也不会影响其他站点之间的通信，不会造成网络瘫痪，可靠性较高，而且结构简单，成本低，因此这种拓扑结构是局域网普遍采用的形式。

3. 树型拓扑

图 3.3(c)描述了树型拓扑结构。结点按层次进行连接，像树一样，有分支、根结点、叶子结点等，信息交换主要在上、下结点之间进行。树型拓扑可以看作是星型拓扑的一种扩展，主要适用于汇集信息的应用要求。

4. 环型拓扑

图 3.3(d)描述了环型拓扑结构。在环型拓扑结构中，各个结点通过中继器连接到一个闭合的环路上，环中的数据沿着一个方向传输，由目的结点接收。环型拓扑结构简单，成本低，适用于数据不需要在中心结点上处理而主要在各自结点上进行处理的情况。但是环中任意一个结点的故障都可能造成网络瘫痪，成为环型网络可靠性的瓶颈。

5. 网状拓扑

图 3.3(e)描述了网状拓扑结构。从图上可以看出网状拓扑没有上述四种拓扑那么明显的规则，结点的连接是任意的，没有规律。网状拓扑的优点是系统可靠性高，但是由于结构复杂，就必须采用路由协议、流量控制等方法。广域网中基本都采用网状拓扑结构。

3.1.7　无线局域网

随着计算机硬件的快速发展，笔记本电脑，掌上电脑等各种移动便携设备迅速普及，人们希望在家中或办公室里也可以一边走动一边上网，而不是被网线牵在固定的书桌上。于是许多研究机构很早就开始对计算机的无线连接而努力,使它们之间可以像有线网络一样进行通信。

常见的有线局域网建设,其中铺设、检查电缆是一项费时费力的工作,在短时间内也不容易完成。而在很多实际情况中,一个企业的网络应用环境不断更新和发展,如果使用有线网络重新布局,则需要重新安装网络线路,维护费用高、难度大。尤其是在一些比较特殊的环境当中,例如一个公司的两个部门在不同楼层,甚至不在一个建筑物中,安装线路的工程费用就更高了。因此,架设无线局域网就称为最佳解决方案。

在无线网络的发展史上,从早期的红外线技术,到蓝牙(Bluetooth),都可以无线传输数据,多用于系统互联,但却不能组建局域网。如将一台计算机的各个部件(鼠标、键盘等)连接起来,再如常见的蓝牙耳机。如今新一代的无线网络,不仅仅是简单地将两台计算机相连,更是建立无需布线和使用非常自由的无线局域网 WLAN(Wireless LAN)。在 WLAN 中有许多计算机,每台计算机都有一个无线调制解调器和一个天线,通过该天线,它可以与其他的系统进行通信。通常在室内的墙壁或天花板也有一个天线,所有机器都与它通信,然后彼此之间就可以互相通信了,如图 3.4 所示。

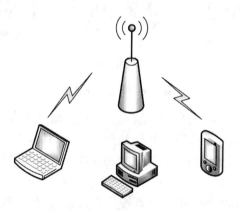

图 3.4　无线局域网示意图

在无线局域网的发展中,WiFi(Wireless Fidelity)由于其较高的传输速度、较大的覆盖范围等优点,发挥了重要的作用。WiFi 不是具体的协议或标准,它是无线局域网盟(WLANA)为了保障使用 WiFi 标志的商品之间可以相互兼容而推出的,在如今许多的电子产品如笔记本电脑、手机、PDA 等上面都可以看到 WiFi 的标志。针对无线局域网,IEEE(Institute of Electrical and Electronics Engineers,美国电气和电子工程师协会)制定了一系列无线局域网标准,即 IEEE 802.11 家族,包括 802.11b、802.11g、802.11n 等,802.11 现在已经非常普及了。随着协议标准的发展,无线局域网的覆盖范围更广,传输速率更高,安全性,可靠性等也大幅提高。

3.2　因特网基础

因特网是 Internet 的音译,因特网建立在全球网络互联的基础上,是一个全球范围的信息资源网。因特网大大缩短了人们的生活距离,世界因此变得越来越小。因特网提供资源共享、数据通信和信息查询等服务,已经逐步成为人们了解世界、学习研究、购物休闲、商业活动、结识朋友的重要途径。显然,掌握因特网的使用已经是现代人必不可少的技能。

本节将介绍因特网的基本概念和原理。

3.2.1　什么是因特网

Internet 始于 1968 年美国国防部高级研究计划局(ARPA)提出并资助的 ARPANET 网络计划,其目的是将各地不同的主机以一种对等的通信方式连接起来,最初只有四台主机。此后,大量的网络、主机与用户接入 ARPANET,很多地区性网络也接入进来,于是这个网络逐步扩展到其他国家与地区。在 ARPANET 的发展过程中,提出了 TCP/IP 协议,为 Internet 的发展奠定了基础。1985 年,美国国家科学基金会(NSF)发现 Internet 在科学研究上的重大价值,投资支持 Internet 和 TCP/IP 的发展,将美国五大超级计算机中心连接起来,组成 NSFNET,推动了 Internet 的发展。1992 年美国高级网络和服务公司(ANS)组建了新的广域网 ANSNET,传输容量是 NSFNET 的 30 倍,传输速度达到 45 Mbps,成为 Internet 的主干网。

20 世纪 80 年代,世界先进工业国家纷纷接入 Internet,使之成为全球性的互联网络。20 世纪 90 年代是 Internet 历史上发展最为迅速的时期,互联网的用户数量以平均每年翻一番的速度增长。据不完全统计,全世界已有 180 多个国家和地区加入 Internet。

由此可以看出,因特网是通过路由器将世界不同地区、规模大小不一、类型不一的网络互相连接起来的网络,是一个全球性的计算机互联网络,因此也称为"国际互联网",是一个信息资源极其丰富的世界上最大的计算机网络。

我国于 1994 年 4 月正式接入因特网,从此中国的网络建设进入了大规模发展阶段。到 1996 年初,中国的 Internet 已经形成了中国科技网(CSTNET)、中国教育和科研计算机网(CERNET)、中国公用计算机互联网(CHINANET)和中国金桥信息网(CHINAGBN)四大具有国际出口的网络体系。前两个网络主要面向科研和研究机构,后两个网络向社会提供 Internet 服务,以经营为目的,属于商业性质。

3.2.2　因特网中的客户机/服务器体系结构

计算机网络中的每台计算机都是"自治"的,既要为本地用户提供服务,也要为网络中其他主机的用户提供服务,因此每台联网计算机的本地资源都可以作为共享资源,提供给其他主机用户使用。而网络上大多数服务是通过一个服务程序进程来提供的,这些进程要根据每个获准的网络用户请求执行相应的处理,提供相应的服务,以满足网络资源共享的需要,实质上是进程在网络环境中进行通信。

在因特网的 TCP/IP 环境中,联网计算之间进程相互通信的模式主要采用客户机/服务器(Client/Server)模式,简称为 C/S 结构。在这种结构中,客户机和服务器分别表现相互通信的两个应用程序进程,所谓"Client"和"Server"并不是人们常说的硬件中的概念,特别要注意与通常称作服务器的高性能计算机区分开。C/S 结构如图 3.5 所示,其中客户机向服务器发出服务请求,服务器响应客户的请求,提供客户机所需要的网络服务。提出请求,发起本次通信的计算机进程叫作客户机进程,而响应、处理请求,提供服务的计算机进程叫作服务器进程。

图 3.5　C/S 结构示意图

因特网中常见的 C/S 结构的应用有 Telnet 远程登录、FTP 文件传输服务、HTTP 超文本传输、电子邮件服务、DNS 域名解析服务等。

3.2.3　TCP/IP 协议的工作原理

TCP/IP 协议在因特网中能够迅速发展,不仅因为它最早在 ARPANET 中使用,由美国军方指定,更重要的是它恰恰适应了世界范围内的数据通信的需要。TCP/IP 是用于因特网计算机通信的一组协议,其中包括了不同层次上的多个协议。图 3.2 中的主机至网络层是最底层,包括各种硬件协议,面向硬件;应用层面向用户,提供一组常用的应用层协议,如文件传输协议,电子邮件发送协议等;而传输层的 TCP 协议和互联网的 IP 协议是众多协议中最重要的两个核心协议。

1. IP(Internet Protocol)协议

IP 协议是 TCP/IP 协议体系中的网络层协议,它的主要作用是将不同类型的物理网络互联在一起。为了达到这个目的,需要将不同格式的物理地址转换成统一的 IP 地址,将不同格式的帧(物理网络传输的数据单元)转换成"IP 数据报",从而屏蔽了下层物理网络的差异,向上层传输提供 IP 数据报,实现无连接数据报传送服务;IP 的另一个功能是路由选择,简单说,就是从网上某个结点到另一个结点的传输路径的选择,将数据从一个结点按路径传输到另一个结点。

2. TCP(Transmission Control Protocol)协议

TCP 即传输控制协议,位于传输层。TCP 协议向应用层提供面向连接的服务,确保网上所发送的数据报可以完整地接收,一旦某个数据报丢失或损失,TCP 发送端可以通过协议机制重新发送这个数据报,以确保发送端到接收端的可靠传输。依赖于 TCP 协议的应用层主要是需要大量传输交互式报文的应用,如远程登录协议 Telnet、简单邮件传输协议 SMTP、文件传输协议 FTP、超文本传输协议 HTTP 等。

3.2.4　因特网 IP 地址和域名的工作原理

因特网通过路由器将成千上万个不同类型的物理网络互联在一起,是一个超大规模的网络。为了使信息能够准确到达因特网上指定的目的结点,必须给因特网上每个结点(主机、路由器等)指定一个全局唯一的地址标识,就像每一部电话都具有一个全球唯一的电话号码一样。在因特网通信中,通过 IP 地址和域名实现明确的目的地指向。

1. IP 地址

IP 地址是 TCP/IP 协议中所使用的互联层地址标识。IP 协议经过近 30 年的发展,主要有两个版本:IPv4 协议和 IPv6 协议,它们的最大区别就是地址表示方式不同。因特网广泛使用的是 IPv4,即 IP 地址第四版本,在本书中如果不加以说明,IP 地址是指 IPv4 地址。

IPv4 地址用 32 个比特(4 个字节)表示,为了便于管理和配置,将每个 IP 地址分为四段(一个字节为一段),每一段用一个十进制数来表示,段和段之间用圆点隔开。每个段的十进制数范围是 0~255。例如,208.20.16.23 和 100.2.8.11 都是合法的 IP 地址。一台主机的 IP 地址由网络号和主机号两部分组成。

IP 地址由各级因特网管理组织进行分配,它们被分为不同的类别。根据地址的第一段分为 5 类:0~127 为 A 类,128~191 为 B 类,192~223 为 C 类,如表 3.1 所示。另外还有 D 类和 E 类留做特殊用途。

表 3.1 常用 IP 地址的分类

网络类别	最大网络数	网络号取值范围	每个网络最大主机数
A	$126(2^7-2)$	$1 \sim 126$	$2^{24}-2=16777214$
B	$16384(2^{14})$	$128.0 \sim 191.255$	$2^{16}-2=65534$
C	$2097152(2^{21})$	$192.0.0 \sim 223.255.255$	$2^8-2=254$

但是,由于近年来因特网上的结点数量增长太快,IP 地址逐渐匮乏,很难达到 IP 设计初期希望给每一台主机都分配唯一 IP 地址的期望。因此在标准分类的 IP 地址上,又可以通过增加子网号来灵活分配 IP 地址,减少 IP 地址浪费。20 世纪 90 年代又出现了无类别域间路由技术与 NAT 网络转换技术等对 IPv4 地址进行改进的方法。

为了解决 IPv4 协议面临的各种问题,新的协议和标准诞生了——IPv6。在 IPv6 协议中包括新的协议格式、有效的分级寻址和路由结构、内置的安全机制、支持地址自动配置等特征,其中最重要的就是长达 128 位的地址长度。IPv6 地址空间是 IPv4 的 2^{96} 倍,能提供超过 $3.4*10^{38}$ 个地址。可以说,有了 IPv6,在今后因特网的发展中,几乎可以不用再担心地址短缺的问题了。

2. 域名

用数字形式的 IP 地址标识因特网上的结点,对于计算机来说是合适的。但是对于用户来说,记忆一组毫无意义的数字相当困难。为此,TCP/IP 引进了一种字符型的主机命名制,这就是域名(Domain Name)。

域名的实质就是用一组由字符组成的名字代替 IP 地址。为了避免重名,域名采用层次结构,各层次的子域名之间用圆点"."隔开,从右至左分别是第一级域名(或称顶级域名),第二级域名,…,直至主机名。其结构如下:

主机名. ….第二级域名.第一级域名

国际上,第一级域名采用的标准代码,它分组织机构和地理模式两类。由于因特网诞生在美国,所以其第一级域名采用组织机构域名,美国以外的其他国家和地区都采用主机所在地的名称为第一级域名,例如 CN(中国)、JP(日本)、KR(韩国)、UK(英国)等。

表 3.2　常用一级域名的标准代码

域名代码	意义
COM	商业组织
EDO	教育机构
GOV	政府机关
MIL	军事部门
NET	主要网络支持中心
ORG	其他组织
INT	国际组织
<country　code>	国家代码(地理域名)

根据《中国互联网络域名注册暂行管理办法》规定,我国的第一级域名是 CN,次级域名也分类别域名和地区域名,共计 40 个。类别域名有:AC(表示科研院及科技管理部门)、COM(表示工商和金融等企业)、EDU(表示教育单位)、GOV(表示国家政府部门)、ORG(表示各社会团体及民间非营利组织)、NET(表示互联网络、接入网络的信息和运行中心),共 6 个。地区域名有 34 个,如 BJ(北京市)、SH(上海市)、JS(江苏省)、ZJ(浙江省)等等

例如,www.pku.edu.cn 是北京大学的一个域名。其中 www 是主机名,pku 是北京大学的英文缩写,edu 表示教育机构,cn 表示中国。又如,yale.edu 是美国耶鲁大学的域名。

IP 地址用于因特网中的计算机,域名则用于现实生活中,用它来表示难以记忆的 IP 地址,二者之间是一一对应的关系。通常通过 DNS 服务器实现二者之间的转换,其中将域名转换为 IP 地址称之为域名解析,将 IP 地址转换为域名称之为反向域名解析。

3. DNS 原理

域名和 IP 地址都表示主机的地址,实际上是同一事物的不同表示。用户可以使用主机的 IP 地址,也可以使用它的域名。从域名到 IP 地址或者从 IP 地址到域名的转换由域名解析服务器 DNS(Domain Name Server)完成。

当用域名访问网络上某个资源地址时,必须获得与这个域名相匹配的真正的 IP 地址。这时用户将希望转换的域名放在一个 DNS 请求信息中,并将这个请求发送给 DNS 服务器。DNS 从请求中取出域名,将它转换为对应的 IP 地址,然后在一个应答信息中将结果地址返回给用户。

当然,因特网中的整个域名系统是以一个大型的分布式数据库方式工作的,并不只有一个或几个 DNS 服务器。大多数具有因特网连接的组织都有一个域名服务器。每个服务器包含连向其他域名服务器的信息,这些服务器形成一个大的协同工作的域名数据库。这样,即使第一个处理 DNS 请求的 DNS 服务器没有域名和 IP 地址的映射信息,它依旧可以向其他 DNS 服务器提出请求,无论经过几步查询,最终会找到正确的解析结果,除非这个域名不存在。

3.2.5　下一代因特网

因特网影响着人类生产生活的方方面面,然而,因特网在其诞生之初,并未预料到会有如此巨大的影响力,能深刻的改变人们的生活。因特网在其高速发展过程中,涌现出了无数的优秀技术。但是,因特网还存在着很多问题未能解决,如安全性、带宽、地址短缺、无法适应新应用的要求等。

前面章节提到的 IPv4 协议时 20 世纪 70 年代末发明的,如今过去 40 多年,用 32 位进行编址的 IPv4 地址早已不够用了,地址已经耗尽。当然,很多科学家和工程师已经早早预见到地址耗尽的问题,他们提出了无类别域间路由 CIDR 技术,使 IP 分配更加合理;NAT 地址转换技术也被大量使用,以节省大量的公网 IP。然而,这些技术只是减慢 IPv4 地址耗尽的速度,并不能从根本上解决问题。于是,人们不得不考虑改变现有的网络,采用新的地址方案、新的技术,今早过渡到下一代因特网 NGI。

什么是 NGI? 简单说,就是地址空间更大、更安全、更快、更方便的因特网。NGI 涉及多项技术,其中最核心的就是 IPv6 协议,它在扩展网络的地址容量、安全性、移动性、服务质量 QoS 以及对流的支持方面都具有明显的优势。IPv6 和 IPv4 一样仍然是网络层的协议,它的主要变化就是提供了更大的地址空间,从 IPv4 的 32 位增大到了 128 位,这意味着什么呢? 如果地球表面都覆盖着计算机,那么 IPv6 允许每平方米分配 $7 * 10^{23}$ 个地址,也就是说可以为地球上每一粒沙子都分配一个地址。假如地址消耗速度是每微秒分配 100 万个地址,则需要 10^{19} 年的时间才能将所有可能的地址分配完毕。因此,可以说使用 IPv6 之后再也不用考虑地址耗尽的问题了! 除此之外,IPv6 还提供了更灵活的首部结构,允许协议扩展,支持自动配置地址,强化了内置安全性。

目前,全球各国都在积极向 IPv6 网络迁移。专门负责制定网络标准、政策的 Internet Society 在 2012 年 6 月 6 日宣布,全球主要互联网服务提供商、网络设备厂商以及大型网站公司(包括 Google、Facebook、Yahoo、Microsoft Bing 等),于当日正式启用 IPv6 服务及产品。这意味着全球正式开展 IPv6 的部署,同时也促使广大的因特网用户逐渐适应新的变化。我国也在 2012 年 11 月于北京邮电大学进行一次 IPv6 的国际测试,未来考虑纳入"IPv6 Ready"和"IPv6 Enabled"的全球认证测试体系。

我国早在 2004 年,就开通了世界上规模最大的纯 IPv6 因特网—CERNET2(第二代中国教育和科研计算机网),在工信部正式发布的《互联网行业"十二五"发展规划》中提到"推进互联网向 IPv6 的平滑过渡。在同步考虑网络与信息安全的前提下指定国家层面推进方案,加快 IPv6 商用部署。以重点城市和重点网络为先导推进网络改造,以重点商业网站和政府网站为先导推进应用迁移,发展特色应用,积极推动固定终端和移动智能端对 IPv6 的支持,在网络中全面部署 IPv6 安全防护系统。加快 IPv6 产业链建设,形成网络设备制造、软件开发、运营服务、应用等创新链条和大规模产业。国家正在大力发展 IPv6 产业链,鼓励下一代因特网上的创新与实践。

3.2.6　因特网的接入

因特网接入方式通常有专线连接、局域网连接、无线连接和电话拨号连接 4 种。其中使用 ADSL 方式拨号连接对众多个人用户和小单位来说,是最经济、简单、采用最多的一种接入方式。无线连接也成为当前流行的一种接入方式,给网络用户提供了极大的便利。

1. ADSL

目前用电话线接入因特网的主流技术是 ADSL(非对称数字用户线路),这种接入技术的非对称性体现在上、下行速率的不同,高速下行信道向用户传送视频、音频信息,速率一般在 1.5~8 Mbps,低速上行速率一般在 16~640 Kbps。使用 ADSL 技术接入因特网对使用宽带业务的用户是一种经济、快速的方法。

采用 ADSL 接入因特网,除了需要准备一台带有网卡的计算机和一条直拨电话线外,还需向电信部门申请 ADSL 业务。由相关服务部门负责安装话音分离器、ADSL 调制解调器和拨号软件。完成安装后,就可以根据提供的用户名和口令拨号上网了。

2. ISP

要接入因特网,寻找一个合适的 Internet 服务提供商 (ISP)是非常重要的。一般 ISP 提供的功能主要有:分配 IP 地址、网关和 DNS,提供联网软件,提供各种因特网接入服务。

除了前面提到的 CHINANET、CERNET、CSTNET、CHINAGBN 这四家政府资助的 ISP 外;还有大批 ISP 提供因特网接入服务,如首都在线(263)、163、169、联通、网通、铁通等。专线接入速度快,成本较高,主要用于企业用户。

3. 无线连接

无线局域网的构建不需要布线,因此提供了极大的便捷,省时省力,并且在网络环境发生变化、需要更改的时候便于更改、维护。接入无线网需要一台无线 AP,AP 很像有线网络中的集线器或交换机,是无线局域网络中的桥梁。有了 AP,装有无线网卡的计算机或支持 WiFi 功能的手机等设备就可以与网络相连,通过 AP,这些计算机或无线设备就可以接入因特网。普通的小型办公室、家庭有一个 AP 就已经足够,甚至在几个邻居之间都可以共享一个 AP。

几乎所有的无线网络都在某一个点上连接到有线网络中,以便访问 Internet 上的文件、服务。要接入因特网,AP 还需要与 ADSL 或有线局域网连接,AP 就像一个简单的有线交换机一样将计算机和 ADSL 或有线网连接起来,从而达到接入因特网的目的。当然现在市面上已经有一些产品,如无线 ADSL 调制解调器,它相当于将无线局域网和 ADSL 的功能合二为一,只要将电话线接入无线 ADSL 调制解调器,即可享受无线网络和因特网的各种服务了。

3.3　使用简单的因特网应用

因特网已经成为人们获取信息的主要渠道,人们已经习惯每天到一些感兴趣的网站上看看新闻,收发电子邮件,下载资料,与同事朋友在网上交流,等等。本节将介绍常见的一些简单因特网应用和使用技巧。

3.3.1　网上漫游

在因特网上浏览信息是因特网最普遍也是最受欢迎的应用之一,用户可以随心所欲地在信息的海洋中冲浪,获取各种有用的信息。在开始使用浏览器上网浏览之前,先简单介绍几个与因特网相关的概念。

1. 因特网相关概念

（1）万维网 WWW

万维网有不少名字，如 3W、WWW、Web、全球信息网等。WWW 是一种建立在因特网上的全球性的、交互的、动态的、多平台的、分布式的、超文本超媒体信息查询系统，也是建立在因特网上的一种网络服务，其最主要的概念是超文本，遵循超文本传输协议（HTTP）。WWW 最初是由欧洲粒子物理实验室的 Tim Berners-Lee 创建的，目的是为分散在世界各地的物理学家提供服务，以便交换彼此的想法、工作进度及有关信息。现在 WWW 的应用已远远超出了原定的目标，成为因特网上最受欢迎的应用之一。WWW 的出现极大地推动了因特网的发展。

WWW 网站中包含很多网页（又称 Web 页）。网页是用超文本标记语言（HTML）编写的，并在 HTTP 协议支持下运行。一个网站的第一个 Web 页称为主页或者首页，它主要体现这个网站的特点和服务项目。每一个 Web 页都由一个唯一的地址（URL）来表示。

（2）超文本和超链接

超文本（Hypertext）中不仅包含有文本信息，而且还可以包含图形、声音、图像和视频等多媒体信息，因此称之为"超"文本，更重要的是超文本中还可以包含指向其他网页的链接，这种链接叫作超链接（Hyper Link）。在一个超文本文件里可以包含多个超链接，它们把分布在本地或远程服务器中的各种形式的超文本文件链接在一起，形成一个纵横交错的链接网。用户可以打破传统阅读文本时顺序阅读的老规矩，而从一个网页跳转到另一个网页进行阅读。当鼠标指针移动到含有超链接的文字或图片时，指针会变成一个手形指针，文字也会改变颜色或加下划线，表示此处有一个超链接，可以单击它转到另一个相关的网页。这对浏览来说非常方便。可以说超文本是实现浏览的基础。

（3）统一资源定位器

WWW 用统一资源定位符（URL）描述 Web 网页的地址和访问它时所用的协议。因特网上几乎所有功能都可以通过在 WWW 浏览器里输入 URL 地址实现，通过 URL 标识因特网中网页的位置。URL 的格式如下：协议://IP 地址或域名/路径/文件名，其中，协议就是服务方式或获取数据的方法，常见的有 HTTP 协议、FTP 协议等；协议后的冒号加双斜杠表示接下来是存放资源的主机的 IP 地址或域名；路径和文件名是用路径的形式表示 Web 页在主机中的具体位置（如文件夹、文件名等）。

举例来说，http://www.china.com.cn/news/tech/09/news_5.htm 就是一个 Web 页的 URL，浏览器可以通过这个 URL 得知：使用协议是 HTTP，资源所在主机的域名为 www.china.com.cn，要访问的文件具体位置在文件夹 news/tech/09 下，文件名为 news_5.htm。

（4）浏览器

浏览器是用于浏览 WWW 的工具，安装在用户的机器上，是一种客户机软件。它能够把用超文本标记语言描述的信息转换成便于理解的形式。此外，它还是用户与 WWW 之间的桥梁，把用户对信息的请求转换成网络上计算机能够识别的命令。浏览器有很多种，目前最常用的 Web 浏览器有 Google 公司的 Chrome 和 Microsoft 公司的 Internet Explorer（简称 IE）。除此之外，还有很多浏览器，如 Opera、Firefox、Safari 等。

（5）FTP 文件传输协议

FTP 即文件传输协议，是因特网提供的基本服务之一，在 TCP/IP 协议体系结构中位于应用层。使用 FTP 协议可以在因特网上将文件从一台计算机传送到另一台计算机，不管这两台计算机位置相距多远，使用的是什么操作系统，也不管它们通过什么方式接入因特网。

FTP 使用 C/S 模式工作，一般在本地计算机上运行 FTP 客户机软件，由这个客户机软件实现与因特网上 FTP 服务器之间的通信。在 FTP 服务器上运行 FTP 服务器程序，它负责为客户机提供文件的上传、下载等服务。

在 FTP 服务器程序允许用户进入 FTP 站点并下载文件之前，必须使用一个 FTP 账号和密码进行登录，一般专有的 FTP 站点只允许使用特许的账号和密码登录。还有一些FTP 站点允许任何人进入，但是用户也必须输入账户和密码，这种情况下，通常可以使用"anonymous"作为账号，使用用户的电子邮件地址作为密码即可，这种 FTP 站点被称为匿名 FTP 站点。

2. 浏览网页

浏览 WWW 必须使用浏览器。下面以 Windows 7 系统上的 Internet Explorer 9（IE9）为例，介绍浏览器的常用功能及操作方法。本书中使用的浏览器除另存说明外，均指 IE9。

（1）IE 的启动和关闭

单击 Windows 7 桌面或任务栏上 IE 的快捷方式，或单击"开始"菜单|"所有程序"|　Internet Explorer 图标均可打开 IE 浏览器。

IE9 是一个选项卡式的浏览器，可以在一个窗口中打开多个网页。单击 IE 窗口右上角的关闭按钮" ✕ "可能会出现选择"关闭所有选项卡"或"关闭当前的选项卡"的提示，如图3.6 所示。

图 3.6　IE9 浏览器的关闭提示

如果选中"总是关闭所有选项卡"前的复选框，则以后单击关闭按钮时都会直接关闭所有选项卡。

（2）IE9 的窗口介绍

IE9 浏览器界面简洁，主要由地址栏、菜单栏、工具栏、内容区域等部分组成，如图 3.7所示。

IE9 窗口上方罗列了最常用的功能：前进、后退按钮 ← → 可以方便地返回先后访问过的页面；IE9 中的地址栏 http://www.b... 可用来输入想要访问的网址，也可输入搜索的内容，是地址栏和搜索栏功能的合并；点击其中的 ▼ 按钮打开下拉菜单时能看到收藏夹、历

图 3.7　IE9 窗口

史记录,方便快捷;按钮 ⟳ 进行页面刷新, ⊠ 则是停止访问, ▣ 是用来新建一个选项卡。

　　IE 窗口最右侧有三个功能按钮 🏠 ★ ⚙ ,分别是"主页"
"收藏夹""工具"按钮。每次打开 IE 会打开一个选项卡,选项卡
中默认显示主页。主页的地址可以在 Internet 项中设置,并且
可以设置多个主页,这样打开 IE 就会打开多个选项卡显示多个
主页的内容。IE9 将收藏夹、源和历史记录集成在一起了,单击
收藏夹就可以展开小窗口。单击工具,可以看到"打印""文件"
"Internet 选项"等功能按钮。

　　若要在 IE9 界面上显示状态栏、菜单栏等,只需在浏览器窗
口上方空白区域单击鼠标右键,或在窗口左上角单击鼠标键,即
可弹出一个快捷菜单,如图 3.8 所示,可在上面勾选需要在 IE
上显示的工具栏。

　　(3)网页的浏览

　　将光标点移到地址栏内就可以输入 Web 地址了,IE 为地
址输入提供了很多方便,如:用户不用输入像"http://""ftp://"

图 3.8　IE9 显示工具栏菜单

这样的协议开始部分,IE 会自动补上;用户第一次输入某个地址时,IE 会记忆这个地址,再
次输入这个地址时,只需输入开始的几个字符,IE 就会检查保存过的地址并把与输入内容
相符合的地址罗列出来供用户选择。用户可以用鼠标上下移动选择其一,然后单击即可转
到相应地址。

　　此外,单击地址列表右端的下拉按钮,会出现曾经浏览过的 Web 地址记录,用鼠标单击
其的一个地址,相当于在地址栏中输入了这个地址并回车。

　　输入 Web 地址后,按回车键或单击"转到"按钮,浏览器就会按照地址栏中的地址转到

相应的网站或页面。

打开 IE 浏览器自动进入的页面称为主页或首页，浏览时，可能需要返回前面曾经浏览过的页面。此时，可以使用前面提到的"后退""前进"按钮来浏览最近访问过的页面。

➢ 单击"主页"按钮可以返回启动 IE 时默认显示的 Web 页。

➢ 单击"后退"按钮可以返回到上次访问过的 Web 页。

➢ 单击"前进"按钮可以返回单击"后退"按钮前看过的 Web 页。

➢ 单击"停止"按钮，可以终止当前的链接继续下载页面文件。

➢ 单击"刷新"按钮，可以重新传送该页面的内容。

注意：在单击"后退"和"前进"按钮时，可以按住不松手，会打开一个下拉列表，列出最近浏览过的几个页面，单击选定的页面，就可以直接转到该页面。

IE 浏览器还提供了许多其他的浏览方法，以方便用户的使用，如：利用"历史""收藏夹"等实现有目的的浏览，提高浏览效率。

此外，很多网站（如 Yahoo、Sohu 等）都提供到其他站点的导航，还有一些专门的导航网站（如百度网址大全、hao123 网址之家等），可以在上面通过分类目录导航的方式浏览网页，都是比较好的方法。

3. Web 页面的保存和阅读

有时我们想将精彩的、有价值的网页内容保存到本地硬盘上，这样即使断开网络连接，也可以通过硬盘脱机阅读。如果因特网接入方式是按上网时间计费，此时将 Web 页保存到硬盘上也是一种经济的上网方式，方便我们在无网络连接时阅读页面。

（1）保存 Web 页

打开要保存的 Web 网页，单击"文件"|"另存为"命令，打开"保存网页"对话框，如图3.9 所示。

图 3.9　"保存网页"对话框

　　在该对话框中,用户可设置要保存的位置、名称、类型及编码方式。在"保存类型"下拉框中,根据需要可以从"网页,全部""Web 档案,单个文件""网页,仅 HTML""文本文件"四类中选择一种。文本文件节省存储空间,但是只能保存文字信息,不能保存图片等多媒体信息。设置完毕后,单击"保存"按钮即可将该 Web 网页保存到指定位置。

　　(2) 打开已保存的网页

　　对已经保存的 Web 页,可以不用连接到因特网打开阅读,具体操作如下:在 IE 窗口上单击"文件"|"打开"命令,显示"打开"对话框,选择所保存的 Web 页的盘符和文件夹名;或者鼠标左键直接双击已保存的网页,便可以在浏览器中打开网页。

　　(3) 保存部分网页内容

　　有时需要的是页面上的部分信息,这时可以选中目标内容,运用Ctrl+C(复制)和Ctrl+V(粘贴)两个快捷键将 Web 页面上部分感兴趣的内容复制、粘贴到某一个空白文件上。可按以下步骤进行:① 用鼠标选定想要保存的页面文字;② 按下 Ctrl+C 快捷键(或通过右击快捷菜单中的"复制"命令),将选定的内容复制到剪贴板;③ 打开一个空白的 Word 文档、记事本或其他文字编辑软件,按 Ctrl+V 将剪贴板中的内容粘贴到文档中。

　　(4) 保存图片、音频等文件

　　如果要单独保存网页中的图片,可按以下步骤进行:① 鼠标右键单击要保存的图片,选择"图片另存为",弹出"保存图片"对话框,如图 3.10 所示;② 在"保存图片"对话框中设置图片的保存位置、名称及保存类型等,设置完毕后,单击"保存"按钮即可。

图 3.10　"保存图片"对话框

　　网页上常遇到指向声音文件、视频文件、压缩文件等的超链接。要下载保存这些资源,具体操作步骤如下:① 在超链接上单击鼠标右键,选择"目标另存为",弹出"另存为"对话框;② 在"另存为"对话框内选择要保存的路径,键入要保存的文件的名称,单击"保存"按钮。此时在 IE9 底部会出现一个下载传输状态窗口,如图 3.11(a)所示,包括下载完成百分比,估计剩余时间,暂停、取消等控制功能。单击"查看下载"可以打开 IE 的"查看下载"窗口,如图 3.11(b)所示,列出通过 IE 下载的文件列表,以及它们的状态和保存位置等信息,方便用户查看和跟踪下载的文件。

图 3.11(a)　下载提示框

图 3.11(b)　"查看下载"对话框

图 3.12　"Internet"选项对话框

4. 更改主页

"主页"是指每次启动 IE 后默认打开的页面,我们通常把频繁使用的网站设为主页,步骤如下:① 打开 IE 窗口,单击"工具"按钮"⚙",打开"Internet 选项"对话框,或"工具"菜单中"Internet 选项";② 单击"常规"标签,打开"常规"选项卡,如图 3.12 所示;③ 在"主页"组中,在地址框中输入百度网址,单击"确定"即可将"百度"设为主页。

如果事先打开"百度"页面,将可以直接单击"使用当前页"按钮,将"百度"设置为主页;如果不想显示任何页面,可单击"使用空白页"按钮;如果想设置多个主页,可在地址框中输入地址后按回车键继续输入其他地址。

5. "历史记录"的使用

IE会自动将浏览过的网页地址按日期先后保留在历史记录中,以备查用。灵活利用历史记录可以提高浏览效率。历史记录保留期限(天数)的长短可以设置,如果磁盘空间充裕,保留天数可以多些,否则可以少一些。用户也可以随时删除历史记录。下面简单介绍历史记录的利用和设置。

(1)"历史记录"的浏览。① 单击窗口左上方"★ 收藏夹 "按钮,IE窗口左侧会打开一个"查看收藏夹、源和历史记录"的窗口;② 选择"历史记录"选项卡,历史记录的排列方式包括:按日期查看、按站点查看、按访问次数查看、按今天的访问顺序查看,以及搜索历史记录;③ 在默认的"按日期查看"方式下,选择日期,进入下一级文件夹;④ 单击希望选择的网页文件夹图标⑤单击访问过的网页地址图标,就可以打开此网页进行浏览。

(2)"历史记录"的设置和删除。① 单击"工具"按钮,打开"Internet选项"对话框;② 在"常规"标签下单击"浏览历史记录"组中的"设置"打开设置窗口,在下方输入天数,系统默认为20天;③ 如果要删除所有的历史记录,单击"删除"按钮,在弹出的确认窗口(图3.13)中选择要删除的内容,如果勾选了"历史记录",就可以清除所有的历史记录。

图3.13　历史记录设置

6. 收藏夹的使用

在网上浏览时,人们总希望将喜爱的网页地址保存起来以备使用。IE提供的收藏夹提供保存网址的功能。

(1)将Web页地址添加到收藏夹中

打开要收藏的网页,如新浪网首页;单击"收藏夹"菜单,如图3.14所示,选择"添加到收藏夹"按钮;在弹出的"添加收藏"对话框中,可以输入名称,也可以选择存放位置,如图3.15

所示；如果想新建一个收藏文件夹，则可单击"新建文件夹"按钮，弹出"创建文件夹"对话框，如图 3.16 所示，输入文件夹即可。

图 3.14　添加到收藏夹

图 3.15　"添加收藏"对话框

图 3.16　"创建文件夹"对话框

（2）使用收藏夹中的地址

单击 IE 窗口左上方的" ⭐ 收藏夹 "按钮，或者单击"收藏夹"菜单，在"收藏夹"对话框中选择需要访问的网站，单击即可打开浏览。

（3）整理收藏夹

当收藏夹中的网址越来越多，为便于查找和使用，就需要利用收藏整理功能进行整理，使收藏夹中网页的存放更有条理，如图 3.17 所示。在收藏夹选项卡中，在文件夹或网址上单击右键就可以选择复制、剪切、重命名、删除、新建文件夹等操作，还可以使用拖曳的方式移动文件夹和网址的位置，从而改变收藏夹的组织结构。

图 3.17 "整理收藏夹"对话框

3.3.2 信息的搜索

因特网就像一个浩瀚的信息海洋,如何在其中搜索到自己需要的有用信息,是每个因特网用户要遇到的问题。利用像 yahoo、新浪等网站提供的分类站点导航,是一个比较好的寻找有用信息的方法,但其覆盖的范围大、步骤也较多。最常用的方法是利用搜索引擎,根据关键词来搜索需要的信息。

实际上,因特网上有不少好的搜索引擎,如:百度(www. baidu. com)、谷歌(www. google. com. hk)、搜狗(www. sogou. com)等都是很好的搜索工具。这里,通过百度为例,介绍一些最简单的信息检索方法,以提高信息检索效率。

具体操作步骤如下:① 在 IE 的地址栏中输入 www. baidu. com 打开百度搜索引擎的页面。在文本栏中键入关键词,如"青奥会",如图 3.18 所示。

图 3.18　百度搜索主页

② 单击文本框后面的"百度一下"按钮，开始搜索。最后，得到搜索结果页面如图 3.19 所示。

图 3.19　搜索结果页面

搜索结果页面中列出了所有包含关键词"奥运会比赛项目"的网页地址，单击某一项就可以转到相应网页查看内容了。另外，从图 3.19 上可以看到，关键词文本框上方除了默认选中的"网页"外，还有"新闻""知道""图片""视频"等标签。在搜索的时候，选择不同标签就可以针对不同的目标进行搜索，从而提高搜索的效率。

3.3.3　使用 FTP 传输文件

前面章节中简单介绍了 FTP(文件传输协议)的原理，它的应用也非常简单，这里主要介绍如何在 FTP 站点上浏览和下载文件。通过之前的学习，了解了如何用 IE 浏览器浏览网页。浏览器还有个功能,那就是可以以 Web 方式访问 FTP 站点,如果访问的是匿名 FTP 站点,则浏览器可以自动以匿名身份登录。

当要登录一个 FTP 站点时,需要打开 IE 浏览器,在地址栏输入 FTP 站点的 URL。需要注意的是,因为要浏览的是 FTP 站点,所以 URL 的协议部分应该键入 ftp,例如一个完整的 FTP 站点 URL 如下:ftp://it2.jit.edu.cn。

使用 IE 浏览器访问 FTP 站点并下载文件的操作步骤如下:

① 打开 IE 浏览器,在地址栏输入要访问的 FTP 站点地址,按回车键。

② 如果该站点不是匿名站点,则 IE 会提示输入用户名和密码,然后登录;如果是匿名站点,IE 会自动匿名登录。

FTP 站点上的资源以链接的方式呈现,可以单击链接进行浏览。当需要下载某个文件时,可使用前面介绍的方法,在链接上单击右键,选择"目标另存为",然后就可以下载到本地计算机上了。

另外,也可以在 Windows 资源管理器中查看 FTP 站点,操作步骤如下:

① 在"开始"按钮上单击右键,选择"打开 Windows 资源管理器",或在桌面上找到"计算机"图标并双击打开。

② 在资源管理器的地址栏输入 FTP 站点地址,按回车键。就跟访问本机的资源管理器一样,可以双击某个文件夹进入浏览。

③ 当有文件或文件夹需要下载时,可以在该文件或文件夹的图标上单击右键,在展开的菜单中单击"复制到文件夹……",然后在弹出的"浏览文件夹"窗口中选择要复制到的目的文件夹,然后单击"确定"按钮关闭对话框。

④ IE 会弹出一个"正在复制……"对话框。

⑤ 复制结束后,可以到复制到的文件夹中查看,就可以看到文件已经被下载到本地磁盘中了。

3.3.4　流媒体

1. 流媒体概述

在因特网上浏览、传输音/视频文件,可以采用前面介绍的 FTP 下载等方式,先把文件下载到本地硬盘里,然后再打开播放。但是一般的音/视频文件都比较大,需要本地硬盘留有一定的存储空间,而且由于网络带宽的限制,下载时间也比较长。例如现在使用较多的 ADSL 上网,即使下行带宽达到 1 Mbps,要完整下载一个 500 MB 的视频,也需要等待一个多小时。所以这种方式对于一些要求实时性较高的服务就无法适用,例如在因特网上看一场球赛的现场直播,如果等全部下载完了才能播放,那就只能等到比赛完之后才能观看,失去了直播的实时性。

流媒体方式提供了另一种在网上浏览音/视频文件的方式。流媒体是指采用流式传输的方式在因特网播放的媒体格式。流式传输时,音/视频文件由流媒体服务器向用户计算机连续、实时地传送。用户不必等到整个文件全部下载完毕,而只需要经过几秒或很短时间的启动延时即可进行观看,即"边下载边播放",这样当下载的一部分播放时,后台也在不断下载文件的剩余部分。流媒体方式不仅使播放延时大大缩短,而且不需要本地硬盘留有太大的缓存容量,避免了用户必须等待整个文件全部从因特网上下载完成之后才能播放观看的缺点。

　　因特网的迅猛发展、多媒体的普及都为流媒体业务创造了广阔的市场前景,流媒体日益流行。如今,流媒体技术已广泛应用于多媒体新闻发布、在线直播、网络广告、电子商务、视频点播、远程教育、远程医疗、网络电台、实时视频会议等方方面面。

　　2. 流媒体原理

　　实现流媒体需要两个条件:合适的传输协议和缓存。使用缓存的目的是消除时延和抖动的影响,以保证数据报顺序正确传输,从而使媒体数据能够顺序输出。

　　流式传输的大致过程如下:

　　① 用户选择一个流媒体服务后,Web 浏览器与 Web 服务器之间交换控制信息,把需要传输的实时数据从原始信息中检索出来。

　　② Web 浏览器启动音/视频客户机程序,使用从 Web 服务器检索到的相关参数对客户机程序初始化,参数包括目录信息、音/视频数据的编码类型和相关的服务器地址等信息。

　　③ 客户机程序和服务器之间运行实时流协议,交换音/视频传输所需的控制信息,实时流协议提供播放、快进、快退、暂停等命令。

　　④ 流媒体服务器通过流协议及 TCP/IP 传输协议将音/视频数据传输给客户机程序,一旦数据到达客户机,客户机程序就可以进行播放。

　　目前的流媒体格式有很多,如.asf、.rm、.ra、.mpg、.flv 等,不同格式的流媒体文件需要不同的播放软件来播放。常见的流媒体播放软件有 RealNetworks 公司出品的 RealPlayer、微软公司的 Media Player、苹果公司的 QuickTime 和 Macromedia 的 Shockwave Flash。其中 Flash 流媒体技术使用矢量图形技术,使得文件下载播放速度明显提高。

　　3. 在因特网上浏览播放流媒体

　　越来越多的网站提供了在线欣赏音/视频的服务,如新浪播客、优酷、56、bilibili、爱奇艺等。这类视频共享网站不仅提供了浏览播放的功能,还包括上传视频、收藏夹、评论、排行榜等多种互动功能,吸引了大批崇尚自由创意、喜欢收藏或欣赏在线视频的网民。

3.3.5　电子邮件

　　1. 电子邮件概述

　　电子邮件(E-mail)是因特网上使用非常广泛的一种服务。类似于普通生活中邮件的传递方式,电子邮件采用存储转发的方式进行传递,根据电子邮件地址由网上多个主机合作实现存储转发,从发信源结点出发,经过路径上若干个网络结点的存储和转发,最终使电子邮件传送到目的邮箱。电子邮件在 Internet 上发送和接收的原理可以形象地用我们日常生活中邮寄包裹来形容:当我们要寄一个包裹时,我们首先要找到任何一个有这项业务的邮局,在填写完收件人姓名、地址等信息之后包裹就寄出了,到了收件人所在地的邮局,那么对方取包裹的时候就必须去这个邮局才能取出。同样的,当我们发送电子邮件时,这封邮件是由邮件发送服务器(任何一个都可以)发出,并根据收信人的地址判断对方的邮件接收服务器而将这封信发送到该服务器上,收信人要收取邮件也只能访问这个服务器才能完成。

　　电子邮件地址的格式由三部分组成。第一部分"USER"代表用户信箱的帐号,对于同一个邮件接收服务器来说,这个帐号必须是唯一的;第二部分"@"是分隔符;第三部分是用户信箱的邮件接收服务器域名,用以标志其所在的位置。例如:xiaoming@sohu.com 就是一个电子邮件地址,它表示在"sohu. com"邮件主机上有一个名为 xiaoming 的电子邮件用户。

电子邮件都有两个基本的组成部分:信头和信体。信头相当于信封,信体相当于信件内容。信头中通常包括如下几项:

➤ 收件人:收件人的 E-mail 地址。多个收件人地址之间用分号(;)隔开;

➤ 抄送:表示同时可以接收到此信的其他人的 E-mail 地址;

➤ 主题:类似一本书的章节标题,它概括描述邮件的主题,可以是一句话或一个词。

信体就是希望收件人看到的正文内容,有时还可以包含有附件,比如照片、音频、文档等文都可以作为邮件的附件进行发送。

要使用电子邮件进行通信,每个用户必须有自己的邮箱。一般大型网站,如新浪、搜狐、网易等都提供免费电子邮箱,用户可以方便地到相应网站去申请;此外,腾讯 QQ 用户不需要申请即可拥有以 QQ 号为名称的电子邮箱。

2. Outlook 2010 的使用

为了在 Web 页上进行电子邮件的收发,还可以使用电子邮件客户机软件。在日常应用中,用后者更加方便,功能也更为强大。目前电子邮件客户机软件很多,如 Foxmail、金山邮件、Outlook 等都是常用的收发电子邮件客户机软件。虽然各软件的界面各有不同,但其操作方式基本都是类似的。下面以 Microsoft Outlook 2010 为例介绍电子邮件的撰写、收发、阅读、回复和转发等操作。

(1) 账号的设置

使用 Outlook 收发电子邮件之前,必须先对 Outlook 进行账号设置。打开 Outlook 2010,单击"文件"选项卡|"信息"按钮,进入"帐户信息"窗口,单击"添加账户"按钮,打开如图 3.20 所示"添加新账户"对话框,选中"电子邮件账户",单击"下一步"。在图 3.21 中正确填写 E-mail 地址和密码等信息,单击"下一步",Outlook 会自动联系邮箱服务器进行账户配置,稍后就会显示图 3.22,说明账户配置成功。

图 3.20　添加新帐户

图 3.21 自动设置帐户信息

图 3.22 配置帐户信息

完成后,在"文件"选项卡|"信息"中的账户信息下就可看到账户 26222××××@qq.com,此时就可使用 Outlook 进行邮件的收发了。

注意:添加电子邮件帐户时,首先要确保该帐户是可用的,同时该帐户的服务商应该允许用户使用电子邮件客户端软件进行收发操作。

(2) 撰写与发送邮件

账号设置好后就可以收发电子邮件了,先试着给自己发送一封实验邮件,具体操作如下:① 启动 Outlook,单击"开始"选项卡|"新建电子邮件"按钮,如图 3.23 所示;② 在弹出的"创建新邮件"窗口中,输入收件人电子邮箱、主题、内容,单击"发送(S)"即可完成新邮件

的撰写与发送，如图 3.24 所示。

图 3.23　新建电子邮件

图 3.24　"新建电子邮件"窗口

注意：① 如果已经将收件人邮箱添加到"通讯录"，则可以单击"收件人…"按钮，在弹出的"联系"对话框中选择收件人，如图 3.25 所示；② 在邮件的正文部分，可以像编辑 Word 文档一样，设置字体、字号、颜色等。

图 3.25　选择收件人

（3）在电子邮件中插入附件

单击工具栏中"📎附加文件"按钮可在电子邮件中添加附件，Word 文档、数码照片、压缩包等均可作为附件，如图 3.26 所示，附件将和电子邮件一起发送到目的邮箱。

图 3.26　添加附件

　　另一种插入附件的简单方法：直接把文件拖曳到发送邮件的窗口上，就会自动插入为邮件的附件。

　　（4）接收和阅读邮件

　　一般情况下，先连接到 Internet，然后启动 Outlook。如果要查看是否有新的电子邮件，则单击"发送/接收"选项卡|"发送/接收所有文件夹"按钮。此时，会出现一个邮件发送和接收的对话框，当下载完邮件后，就可以阅读查看了。

　　单击 Outlook 窗口左侧的 Outlook 栏中的"收件箱"按钮，便出现一个预览邮件窗口，双击需要阅读的邮件，即可在弹出的新窗口中阅读邮件。当阅读邮件后，可直接单击窗口"关闭"按钮，结束该邮件的阅读。

　　如果邮件中含有附件，则在邮件图标右侧会列出附件的名称，需要查看附件内容时，可单击附件名称，在 Outlook 中预览，如本例中的"双师型教师模板.doc"。某些不是文档的文件无法在 Outlook 中预览，则可以双击打开。

　　如果要保存附件到另外的文件夹中，可鼠标右键单击文件名，在弹出菜单中选择"另存为"按钮，如图 3.27 所示；在打开的"保存附件"窗口中指定保存路径，单击"保存"按钮即可。

　　（5）回复与转发邮件

　　阅读完一封邮件需要回复时，在如图 3.28 所示的邮件阅读窗口中单击"答复"或"全部答复"图标，弹出回信窗口，此时发件人和收件人的地址已由系统自动填好，原信件的内容也都显示出来作为引用内容。回信内容写好后，单击"发送"按钮，就可以完成邮件的回复。

图 3.27　保存附件

图 3.28　"答复"或"转发"邮件

如果觉得有必要让更多的人也阅读自己收到的这封信,例如用邮件发布的通知、文件等,就可以转发该邮件。在邮件阅读窗口上单击"转发"按钮。输入收件人地址,多个地址之间用逗号或分号隔开;必要时,可在待转发的邮件之下撰写附加信息;最后,单击"发送"按钮,即可完成邮件的转发。

(6) 管理联系人

利用 Outlook 2010 的"联系人"列表,可以建立一些同事和亲朋好友的通讯簿,不仅能记录他们的电子邮件地址,还可以包括电话号码、联系地址和生日等各类资料,而且还可以自动填写电子邮件地址、电话拨号等功能。

单击"开始"选项卡 |"联系人"按钮,打开联系人管理视图,如图 3.29 所示。可以在这个视图中看到已有的联系人名片,它显示了联系人的姓名、E-mail 等摘要信息。双击某个联系人的名片,即可打开详细信息查看或编辑。选中某个联系人名片,在功能区上单击"电子邮件"按钮,就可以给该联系人编写并发送邮件。

图 3.29　"联系人"信息

在功能区单击"新建联系人",打开联系人资料填写窗口,如图 3.30 所示,联系人资料包括:姓氏、名字、单位、电子邮件、电话号码、地址以及头像等;将联系人的各项信息输入到相关选项卡的相应文本框中,并单击"保存并关闭"按钮,即可完成联系人信息的添加。

图 3.30　联系人资料

3.4　小结

因特网为无数用户提供了丰富的共享资源和网络服务,其用途涵盖了社会的各个应用领域。因特网大大缩小了人们生活的距离,影响和改变了人们的生活方式,并且仍在迅猛的发展,推动社会的进步。

计算机网络是以互联、共享为主要目的,相互连接起来的,自治的计算机系统。20 世纪 60 年代至 80 年代之间,计算机技术与通信技术的结合奠定了现在计算机网络的基础。计算机网络按照覆盖的地理范围和规模不同可以分为三种类型:局域网,城域网和广域网。地理位置较近的用户计算机首先连接成局域网,同一地区的局域网之间互联形成这一地区的城域网,各地区的城域网通过广域网互联成更大规模的网络。

将网络结点和线路抽象成拓扑结构,常见的有星型、环型、总线型、网状型等拓扑结构。计算机网络系统由网络软件和硬件设备两部分组成,前者是高度结构化,层次化的,以各种通信协议为核心;后者包括网卡,交换机,路由器,线缆等硬件。近几年。随着移动终端的发展,人们希望随时随地接入网络,因此无线网络正在变得越来越受欢迎,例如 WiFi 网络。

因特网是通过路由器将世界不同地区,规模大小不一,类型不一的网络互相连接起来的网络,是一个全球性的计算机互联网络,TCP/IP 协议是当前最流行的层次化计算机网络协议族。TCP/IP 打破了网络互联的各种障碍,正是它的出现,计算机网络才变成了覆盖全球的因特网。IP 地址是 TCP/IP 协议中所使用的网络层地址标识符,用 IP 地址可以给因特网上每一个结点指定一个全局唯一的地址标识符。域名是通过 DNS 服务转换为 IP 地址的。目前全世界正在逐步过渡到下一代因特网,使用地址空间更大的 IPv6 协议,以解决安全性,地址短缺等问题。

　　常用的因特网应用包括网上漫游,信息搜索,文件传输,收发电子邮件,流媒体应用等。熟练使用搜索引擎,可以用关键词在因特网上快速找到相关的信息;使用浏览器可以让我们浏览网页,收藏喜欢的内容,或把网页及其上的内容保存到本地;电子邮件使因特网上的交流沟通变得非常便捷,而功能强大的 Outlook 之类的邮件客户机工具可以更好地管理 E-mail 账户、邮件、联系人等,让我们的工作更加高效;FTP 是常用的文件共享访问服务,使用浏览器或资源管理器都可以访问和下载;流媒体使多媒体资源的共享更加实时,流媒体技术广泛应用于多种行业,因此,有必要了解流媒体的基础概念和浏览操作方式。

3.5　课程思政

5G 是什么?

　　移动通信已经深刻地改变了人们的生活,但人们对更高性能移动通信的追求从未停止。为了应对未来爆炸性的移动数据流量增长、海量的设备连接、不断涌现的各类新业务和应用场景,第五代移动通信(5G)系统将应运而生。

　　第五代移动通信技术(5th Generation Mobile Communication Technology,简称 5G)是具有高速率、低时延和大连接特点的新一代宽带移动通信技术,5G 通信设施是实现人机物互联的网络基础设施。5G 作为一种新型移动通信网络,不仅要解决人与人通信,为用户提供增强现实、虚拟现实、超高清(3D)视频等更加身临其境的极致业务体验,更要解决人与物、物与物通信问题,满足移动医疗、车联网、智能家居、工业控制、环境监测等物联网应用需求。最终,5G 将渗透到经济社会的各行业各领域,成为支撑经济社会数字化、网络化、智能化转型的关键新型基础设施。

　　对于国家而言,5G 不仅是我国实施'网络强国'、'制造强国'战略的重要信息基础设施,更是发展新一代信息通信技术的高地。2019 年 6 月 6 日,工信部向中国的三大电信运营商以及中国广电颁发了 5G 商用牌照,2020 年 3 月 24 日,工信部发布了关于推动 5G 加快发展的通知,正式宣告中国 5G 迎来发展高峰的一年,5G 是第五代移动通信技术的简称。5G 的 G 就是代的意思,5G 就是第五代移动通信技术的简称,从 1G、2G、3G 到 4G,移动通信技术的不断革新,改变了我们每个人的生活。1G 时代,手机只能接打电话,语音信号极不稳定。2G 时代,手机不仅可以上网,还可以进行文字传输,是发送短信息的开始。2009 年初,中国颁发了三张 3G 牌照,3G 在传输声音和数据的速率上,有了巨大的提升,它能够处理图像、音乐、视频等多种媒体形式。2013 年 12 月,我国进入 4G 时代,短视频、移动支付、在线上网成为主流,移动通信技术的不断革新改变了我们每个人的生活。

　　5G 时代的到来,又将带来哪些变化呢? 5G 的第一个特点是快,数据传输速率远远高于以前的蜂窝网络,采用了三维立体的多天线技术、非正交多址、新型的调制编码技术等来共同提高 5G 的速率。最高可达 10 Gbit/s,比 4G LTE 蜂窝网络快 100 倍。能满足高清视频,虚拟现实等大数据量传输。另一个特点是时延低,从基站到终端只有一毫秒,能满足自动驾驶,远程医疗等实时应用的需求。5G的优势之三是高可靠,可靠性达到了99.999%。对于很多对可靠性要求高的业务来说,是至关重要的。5G的另个特点是高效大容量,能提供千亿设备的连接能力,满足物联网通信,实现万物互联,包括人和人、人和物、物和物的互联。未来,5G不仅能灵活的支持各种不同形态和型号的电子设备,还将与人工智能,物联网、大数据、云技术等相融合成为各行各业数字化转型的核心动力。

我国的移动通信经过了几十年的发展,几代人的努力,在3G时代实现了突破,4G实现了国际标准的并行。我国在5g的基础开发、标准制定、产品研制、测试和部署推进都处于国际上的第一梯队。报告显示,华为是全球最大电信设备供应商,引领5G标准的制定,已与全球42家运营商合作开启多张5G预商用网络,其极化码方案入选全球5G技术标准之一,于2018年年初正式发布了首款3GPP标准的5G商用芯片和5G商用终端,成为全球首家可以为客户提供端到端5G解决方案的公司。中兴目前已申请专利超过1 500件,首创的Pre5G产品已经在40多个国家60多张网络中实现部署。《华尔街日报》曾评价道,"华为在5G领域的影响力,与前几代无线网络时代中国公司的影响力,不可同日而语"。

据预测到2035年,中国5G商用将为我国直接带动的GDP增长近一万亿美元,直接创造就业机会近一千万个岗位。不久的将来,5G技术将渗透到未来社会的各个领域,构建以用户为中心全方位的信息生态系统。

北斗卫星导航系统

2020年6月23日,北斗卫星导航系统第55颗中,最后一颗卫星在西昌卫星发射中心点火升空发射成功,这意味着中国北斗卫星系统已经完成部署,开启全球组网的新征程。中国北斗卫星导航系统(英文名称:BeiDou Navigation Satellite System,简称BDS)是中国自行研制的全球卫星导航系统,也是继GPS、GLONASS之后的第三个成熟的卫星导航系统。

北斗系统由空间段、地面段和用户段三部分组成。北斗系统空间段由若干地球静止轨道卫星、倾斜地球同步轨道卫星和中圆地球轨道卫星等组成。北斗系统地面段包括主控站、时间同步/注入站和监测站等若干地面站,以及星间链路运行管理设施。北斗系统用户段包括北斗兼容其他卫星导航系统的芯片、模块、天线等基础产品,以及终端产品、应用系统与应用服务等。

北斗卫星导航系统可在全球范围内全天候、全天时为各类用户提供高精度、高可靠定位、导航、授时服务,并具备短报文通信能力,已经初步具备区域导航,定位和授时能力,定位精度为分米、厘米级别,测速精度0.2米/秒,授时精度10纳秒。

中国高度重视北斗系统建设发展,自20世纪80年代开始探索适合国情的卫星导航系统发展道路,形成了"三步走"发展战略:2000年年底,建成北斗一号系统,向中国提供服务;2012年年底,建成北斗二号系统,向亚太地区提供服务;2020年,建成北斗三号系统,向全球提供服务。

北斗一号系统　　　　　　　　北斗二号系统　　　　　　　　北斗三号系统

　　1994 年，我国启动北斗 1 号系统建设，2000 年，两颗北斗导航试验卫星相继成功发射，初步满足中国及周边区域的定位，导航、授时需求，标志着中国成为继美俄之后，世界上第三个拥有自主卫星导航系统的国家，2004 年，北斗 2 号系统建设启动，经过 8 年努力，北斗 2 号 14 颗卫星组网运行，在兼容北斗 1 号基础上，突破了连续定位和位置报告，星地双向高精度时间同步等多项关键技术，为亚太地区提供定位、测速、授时和短报文通信服务，为世界卫星导航发展贡献了中国方案。2009 年，北斗三号系统建设启动，2017 年，北斗三号以一箭双星，成功发射两颗卫星，拉开全球组网序幕。2020 年，随着第 55 颗北斗卫星组网成功，北斗导航系统将形成全球服务能力，从国内覆盖到亚太区域覆盖，再到全球覆盖。北斗三步走规划稳步推进，用 20 多年走完其他全球卫星导航系统 40 多年的发展之路。

　　北斗系统提供服务以来，已在交通运输、农林渔业、水文监测、气象测报、通信授时、电力调度、救灾减灾、公共安全等领域得到广泛应用，服务国家重要基础设施，产生了显著的经济效益和社会效益。基于北斗系统的导航服务已被电子商务、移动智能终端制造、位置服务等厂商采用，广泛进入中国大众消费、共享经济和民生领域，应用的新模式、新业态、新经济不断涌现，深刻改变着人们的生产生活方式。

　　北斗系统秉承"中国的北斗、世界的北斗、一流的北斗"发展理念，愿与世界各国共享北斗系统建设发展成果，促进全球卫星导航事业蓬勃发展，为服务全球、造福人类贡献中国智慧和力量。北斗系统为经济社会发展提供重要时空信息保障，是中国实施改革开放 40 余年来取得的重要成就之一，是新中国成立 70 年来重大科技成就之一，是中国贡献给世界的全球公共服务产品。中国将一如既往地积极推动国际交流与合作，实现与世界其他卫星导航系统的兼容与互操作，为全球用户提供更高性能、更加可靠和更加丰富的服务。

北斗卫星导航系统标识

系统标志创意说明

北斗卫星导航系统标志由正圆形、写意的太极阴阳鱼、北斗星、网格化地球和中英文文字等要素组成。

圆形构型象征中国传统文化中的"圆满",深蓝色的太空和浅蓝色的地球代表航天事业。太极阴阳鱼蕴含了中国传统文化。

北斗星是自远古时起人们用来辨识方位的依据。司南是中国古代发明的世界上最早的导航装置,两者结合既彰显了中国古代科学技术成就,又象征着卫星导航系统星地一体,为人们提供定位、导航、授时服务的行业特点,同时还寓意着中国自主卫星导航系统的名字——北斗。

网格化地球和中英文文字代表了北斗卫星导航系统开放兼容、服务全球。

3.6　习　题

一、选择题

1. 将发送端数字脉冲信号转换成模拟信号的过程称为(　　)。

A. 链路传输　　　　B. 调制　　　　　C. 解调　　　　　　D. 数字信道传输

2. 不属于 TCP/IP 参考模型中的层次是(　　)。

A. 应用层　　　　　B. 传输层　　　　C. 会话层　　　　　D. 互联层

3. 实现局域网与广域网互联的主要设备是(　　)。

A. 交换机　　　　　B. 集线器　　　　C. 网桥　　　　　　D. 路由器

4. 下列各项中,不能作为 IP 地址的是(　　)。

A. 10.2.8.112　　　　　　　　　　　B. 202.205.17.33

C. 222.234.256.240　　　　　　　　D. 159.225.0.1

5. 下列各项中,不能作为域名的是(　　)。

A. www.cernet.edu.cn　　　　　　　B. news.baidu.com

C. ftp.pku.edu.cn　　　　　　　　　D. www,cba.gov.cn

6. 下列各项中正确的 URL 是(　　)。

A. http://www.pku.edu.cn/notice/file.htm

B. http://www.pku.edu.cn/notice/file.htm

C. http://www.pku.edu.cn/notice/file.htm

D. http://www.pku.edu.cn/notice\\file.htm

7. 在 Internet 中完成从域名到 IP 地址到域名转换的是(　　)。

A. DNS　　　　　　　　　　　　　　B. FTP

C. WWW　　　　　　　　　　　　　D. ADSL

8. IE 浏览器收藏夹的作用是(　　)。

A. 收集感兴趣的页面地址　　　　　B. 记忆感兴趣的页面的内容

C. 收集感兴趣的文件内容　　　　　D. 收集感兴趣的文件名

9. 关于电子邮件,下列说法中错误的是(　　)。

A. 发件人必须有自己的 E-mail 账户　　B. 必须知道收件人的 E-mail 地址

  C. 收件人必须有自己的邮政编码   D. 可以使用 Outlook 管理联系人信息

10. 关于使用 FTP 下载文件,下列说法中错误的是( )。

  A. FTP 即文件传输协议   B. 登录 FTP 不需要账户和密码

  C. 可以使用专用的 FTP 客户机下载文件D. FTP 使用客户机/服务器模式工作

11. 无线网络相对于有线网络来说,它的优点是( )。

  A. 传输速度更快,误码率更低   B. 设备费用低廉

  C. 网络安全性好,可靠性高   D. 组网安装简单,维护方便。

12. 关于流媒体技术,下列说法中错误的是( )。

  A. 流媒体技术可以实现边下载边播放

  B. 媒体文件全部下载完成后才可以播放

  C. 流媒体可用于远程教育,在线直播等方面

  D. 流媒体格式包括.asf,.rm,.ra 等

第四章　数据结构与算法

4.1　算法

4.1.1　算法的基本概念

所谓算法是指解题方案的准确而完整的描述。

对于一个问题,如果可以通过一个计算机程序,在有限的存储空间内运行有限长的时间而得到正确的结果,则称这个问题是算法可解的,即算法就是解题的过程。但算法不等于程序,也不等于计算方法。当然,程序也可以作为算法的一种描述,但程序通常还需考虑很多与方法和分析无关的细节问题,这是因为在编写程序时要受到计算机系统运行环境的限制。通常,程序的编制不可能优于算法的设计。

1. 算法的基本特征

作为一个算法,一般应具有以下几个基本特征。

(1) 可行性(Effectiveness)

算法的可行性包括以下两个方面:

① 算法中的每一个步骤必须能够实现。如在算法中不允许执行分母为 0 的操作,在实数范围内不可能求一个负数的平方根等。

② 算法执行的结果要能够达到预期的目的。

针对实际问题设计的算法,人们总是希望能够得到满意的结果。但一个算法又总是在某个特定的计算工具上执行的,因此,算法在执行过程中往往要受到计算工具的限制,使执行结果产生偏差。例如,在进行数值计算时,如果某计算工具具有 7 位有效数字(如程序设计语言中的单精度运算),则在计算下列三个量之和时:

$$A=10^{12},B=1,C=-10^{12}$$

如果采用不同的运算程序,就会得到不同的结果,即:

$$A+B+C=10^{12}+1+(-10^{12})=0$$
$$A+C+B=10^{12}+(-10^{12})+1=1$$

而在数学上,A+B+C 与 A+C+B 是完全等价的。因此,算法与计算机公式是有差别的。在设计一个算法时,必须考虑它的可行性,否则是不会得到满意结果的。

(2) 确定性(Definiteness)

算法的确定性,是指算法中的每一个步骤都必须是有明确定义的,不允许有模棱两可的解释,也不允许有多义性。这一性质也反映了算法与数学公式的明显差别。在解决实际问题时,可能会出现这样的情况:正对某种特殊问题,数学公式是正确的,但按此数学公式设计的计算过程可能会使计算机无所适从。这是因为根据数学公式的计算过程只考虑了正常使用的情况,而当出现异常情况时,此计算过程就不能适应了。

（3）有穷性(Finiteness)

算法的有穷性,是指算法必须能在有限的时间内做完,即算法必须能在执行有限个步骤之后终止。数学中的无穷级数,在实际计算时只能取有限项,即计算无穷级数值的过程只能是有穷的。因此,一个数的无穷级数表示只是一个计算公式,而根据精度要求确定的计算过程才是有穷的算法。

算法的有穷性还应包括合理的执行时间的含义。因为,如果一个算法需要执行千万年,显然失去了实用价值。

（4）拥有足够的情报

一个算法是否有效,还取决于为算法提供的情报是否足够。通常,算法中的各种运算总是要施加到各个运算对象上,而这些运算对象又可能具有某种初始状态,这是算法执行的起点或是依据。因此,一个算法执行的结果总是与输入的初始数据有关,不同的输入将会有不同的结果输出。当输入不够或输入错误时,算法本身也就无法执行或导致执行有错。一般来说,当算法拥有足够的情报时,此算法才是有效的,而当提供的情报不够时,算法可能无效。

综上所述,所谓算法,是一组严谨地定义运算顺序的规则,并且每一个规则都是有效的,且是明确的,此顺序将在有限的次数下终止。

2. 算法的基本要素

一个算法通常由两种基本要素组成:一是对数据对象的运算和操作,二是算法的控制结构。

（1）算法中对数据的运算和操作

每个算法实际上是按解题要求从环境能进行的所有操作中选择合适的操作所组成的一组指令序列。因此,计算机算法就是计算机能处理的操作所组成的指令序列。

通常,计算机可以执行的基本操作是以指令的形式描述的。一个计算机系统能执行的所有指令的集合,称为该计算机系统的指令系统。计算机程序就是按解题要求从计算机指令系统中选择合适的指令所组成的指令序列。在一般的计算机系统中,基本的运算和操作有以下四类:

① 算术运算:主要包括加、减、乘、除等运算。

② 逻辑运算:主要包括"与""或""非"等运算。

③ 关系运算:主要包括"大于""小于""等于""不等于"等运算。

④ 数据传输:主要包括赋值、输入、输出等操作。

前面提到,计算机程序也可以作为算法的一种描述,但由于在编制计算机程序时通常要考虑很多与方法和分析无关的细节问题(如语法规则),因此,在设计算法的一开始,通常并不直接用计算机程序来描述算法,而是用别的描述工具(如流程图,专门的算法描述语言,甚至用自然语言)来描述算法。但不管用哪种工具来描述算法,算法的设计一般都应从上述四种基本操作考虑,按解题要求从这些基本操作中选择合适的操作组成解题的操作序列。算法的主要特征着重于算法的动态执行,它区别于传统的着重于静态描述或按演绎方式求解问题的过程。传统的演绎数学是以公理系统为基础的,问题的求解过程是通过有限次推演来完成的,每次推演都将对问题做进一步的描述,如此不断的推演,直到直接将解描述出来为止。而计算机算法则是一种使用一些最基本的操作,通过对已知条件一步一步地加工和变换,从而实现解题目标。这两种方法的解题思路是不同的。

(2)算法的控制结构

一个算法的功能不仅取决于所选用的操作,而且还与各操作之间的执行顺序有关。算法中各操作之间的执行顺序称为算法的控制结构。

算法的控制结构给出了算法的基本框架,它不仅决定了算法中各操作的执行顺序,而且也直接反映了算法的设计是否符合结构化原则。描述算法的工具通常有传统流程图、N-S结构化流程图、算法描述语言等。一个算法一般都可以用顺序、选择、循环三种基本控制结构组合而成。

3. 算法设计基本方法

计算机解题的过程实际上是在实施某种算法,这种算法称为计算机算法。计算机算法不同于人工处理的方法。

本节介绍工程上常用的几种算法设计方法,在实际应用时,各种方法之间往往存在着一定的联系。

(1)列举法

列举法的基本思想是,根据提出的问题,列举所有可能的情况,并用问题中给定的条件检验哪些是需要的,哪些是不需要的。因此,列举法常用于解决"是否存在"或"有多少种可能"等类型的问题,例如求解不定方程的问题。

列举法的特点是算法比较简单。但当列举的可能情况较多时,执行列举算法的工作量将会很大。因此,在用列举法设计算法时,使方案优化,尽量减少运算工作量,是应该重点注意的方面。通常,在设计列举算法时,只要对实际问题进行详细的分析,将与问题有关的知识条理化、完备化、系统化,从中找出规律;或对所有可能的情况进行分类,引出一些有用的信息,是可以大大减少列举量的。

列举原理是计算机应用领域中十分重要的原理。许多实际问题,若采用人工列举是不可想象的,但由于计算机的运算速度快,擅长重复操作,可以很方便地进行大量列举。列举算法虽然是一种比较笨拙而原始的方法,其运算量比较大,但在有些实际问题中(如寻找路径、查找、搜索等问题),局部使用列举法却是很有效的,因此,列举算法是计算机算法中的一个基础算法。

(2)归纳法

归纳法的基本思想是,通过列举少量的特殊情况,经过分析,最后找出一般的关系。显然,归纳法要比列举法更能反映问题的本质,并且可以解决列举量为无限的问题。但是,从一个实际问题中总结归纳出一般的关系,并不是一件容易的事情,尤其是要归纳出一个数学模型更为困难。从本质上讲,归纳就是通过观察一些简单而特殊的情况,最后总结出一般性的结论。

归纳是一种抽象,即从特殊现象中找出一般关系。但由于在归纳的过程中不可能对所有的情况进行列举,因此,最后由归纳得到的结论还只是一种猜测,还需要对这种猜测加以必要的证明。实际上,通过精心观察而得到的猜测得不到证实或最后证明猜测是错的,也是常有的事。

（3）递推

所谓递推，是指从已知的初始条件出发，逐次推出所要求的各中间结果和最后结果。其中初始条件或是问题本身已经给定，或是通过对问题的分析与化简而确定。递推本质上也属于归纳法，工程上许多递推关系式实际上是通过对实际问题的分析与归纳而得到的，因此，递推关系式往往是归纳的结果。

递推算法在数值计算中极为常见。但是，对于数值型的递推算法必须要注意数值计算的稳定性问题。

（4）递归

人们在解决一些复杂问题时，为了降低问题的复杂程度（如问题的规模等），一般总是将问题逐层分解，最后归纳为一些最简单的问题。这种将问题逐层分解的过程，实际上并没有对问题进行求解，而只是当解决了最后那些最简单的问题后，再沿着原来分解的逆过程逐步进行综合，这就是递归的基本思想。由此可以看出，递归的基础也是归纳。在工程实际中，有许多问题就是用递归来定义的，数学中的许多函数也是用递归来定义的。递归在可计算性理论和算法设计中占有很重要的地位。

递归分为直接递归和间接递归两种。如果一个算法 P 显式地调用自己则称为直接递归。如果算法 P 调用另一个算法 Q，而算法 Q 又调用算法 P，则称为间接递归调用。

递归是很重要的算法设计方法之一。实际上，递归过程能将一个复杂的问题归结为若干个较简单的问题，然后将这些较简单的问题再归结为更简单的问题，这个过程可以一直循环去，直到最简单的问题为止。

有些实际问题，既可以归纳为递推算法，也可以归纳为递归算法。但递归与递推的实现方法是大不一样的。递推是从初始条件出发，逐次推出所需要的结果；而递归则是从算法的本身到达递归边界。通常，递归算法要比递推算法清晰易读，其结构比较简练。特别是在许多比较复杂的问题中，很难找到从初始条件推出所需要结果的全过程，此时，设计递归算法要比递推算法容易得多。但递归算法的执行效率比较低。

（5）减半递推技术

实际问题的复杂程度往往与问题的规模有着密切的联系。因此，利用分治法解决这类实际问题是有效的。所谓分治法，就是对问题分而治之。工程上常用的分治法是减半递推技术。

所谓"减半"，是指将问题的规模减半，而问题的性质不变；所谓"递推"，是指重复"减半"的过程。

下面举例说明利用减半递推技术设计算法的基本思想。

【例 4.1】　设方程 $f(x)=0$ 在区间$[a,b]$上有实根，且 $f(a)$ 与 $f(b)$ 异号。利用二分法求该方程在区间 $[a,b]$上的一个实根。

用二分法求方程实根的减半递推过程如下：

首先取给定区间的中点 $c=(a+b)/2$。

然后判断 $f(c)$ 是否为 0。若 $f(c)=0$，则说明 c 即为所求的根，求解过程结束；如果 $f(c)\neq0$，则根据以下原则将原区间减半：

若 $f(a)f(c)<0$，则取区间的前半部分；

若 $f(b)f(c) < 0$,则取区间的后半部分。

最后判断减半后的区间长度是否已经很小:

若 $|a - b| < \varepsilon$,则过程结束,取 $(a+b)/2$ 为根的近似值;

若 $|a - b| \geqslant \varepsilon$,则重复上述的减半过程。

（6）回溯法

前面讨论的递推和递归算法本质上是对实际问题进行归纳的结果,而减半递推技术也是归纳法的一个分支。在工程上,有些实际问题是很难归纳出一组简单的递推公式或直观的求解步骤,并且也不能进行无限的列举。对于这类问题,一种有效的方法是"试"。通过对问题的分析,找出一个解决问题的线索,然后沿着这个线索逐步试探,对于每一步的试探,若试探成功,就得到问题的解,若试探失败,就逐步回退,换别的路线再进行试探。这种方法称为回溯法。回溯法在处理复杂数据结构方面有着广泛的应用。

4.1.2　算法复杂度

算法的复杂度是对算法效率的度量,主要包括时间复杂度和空间复杂度。

1. 算法的时间复杂度

所谓算法的时间复杂度,是指执行算法所需要的计算工作量,即执行过程中所需要的基本运算次数。

为了能够比较客观地反映出一个算法的效率,在度量一个算法的工作量时,不仅应该与所使用的计算机、程序设计语言以及程序编制者无关,而且还应该与算法实现过程中的许多细节无关。为此,可以用算法在执行过程中所需基本运算的执行次数来度量算法的工作量。基本运算反映了算法运算的主要特征,因此,用基本运算的次数来度量算法工作量是客观的也是实际可行的,有利于比较同一问题的几种算法的优劣。例如,在考虑两个矩阵相乘时,可以将两个实数之间的乘法运算作为基本运算,而对于所用的加法（或减法）运算忽略不计。又如,当需要在一个表中进行查找时,可以将两个元素之间的比较作为基本运算。

算法所执行的基本运算次数还与问题的规模有关。例如,两个 20 阶矩阵相乘与两个 10 阶矩阵相乘,所需要的基本运算（即两个实数的乘法）次数显然是不同的,前者需要更多的运算次数。因此,在分析算法的工作量时,还必须对问题的规模进行度量。

综上所述,算法的工作量用算法所执行的基本运算次数来度量,而算法所执行的基本运算次数是问题规模的函数,即:

$$算法的工作量 = f(n)$$

其中 n 是问题的规模。例如,两个 n 阶矩阵相乘所需要的基本运算（即两个实数的乘法）次数为 n^3,即计算工作量为 n^3,也就是时间复杂度为 n^3。

在具体分析一个算法的工作量时,还会存在这样的问题:对于一个固定的规模,算法所执行的基本运算次数还可能与特定的输入有关,而实际上又不可能将所有可能情况下算法所执行的基本运算次数都列举出来。例如,"在长度为 n 的一维数组中查找值为 x 的元素",若采用顺序搜索法,即从数组的第一个元素开始,逐个与被查值 x 进行比较。显然,如果第一个元素恰为 x,则只需要比较 1 次。但如果 x 为数组的最后一个元素,或者 x 不在数组中,则需要比较 n 次才能得到结果。因此,在这个问题的算法中,其基本运算（即比较）的次

数与具体的被查值 x 有关。

在同一个问题规模下,如果算法执行所需的基本运算次数取决于某一特定输入时,可以用以下两种方法来分析算法的工作量。

(1) 平均性态(Average Behavior)

所谓平均性态分析,是指用各种特定输入下的基本运算次数的加权平均值来度量算法的工作量。

设 x 是所有可能输入中的某个特定输入,$p(x)$ 是 x 出现的概率(即输入为 x 的概率),$t(x)$ 是算法在输入为 x 时所执行的基本运算次数,则算法的平均性态定义为:

$$A(n) = \sum_{x \in D_n} p(x)t(x)$$

其中 D_n 表示当规模为 n 时,算法执行时所有可能输入的集合。这个式子中的 $t(x)$ 可以通过分析算法来加以确定;而 $p(x)$ 必须由经验或用算法中有关的一些特定信息来确定,通常是不能解析地加以计算的。如果确定 $p(x)$ 比较困难,则会给平均性态的分析带来困难。

(2) 最坏情况复杂性(Worst-Case Complexity)

所谓最坏情况分析,是指在规模为 n 时,算法所执行的基本运算的最大次数。它定义为:

$$W(n) = \max_{x \in D_n}\{t(x)\}$$

显然,$W(n)$ 的计算要比 $A(n)$ 的计算方便得多。由于 $W(n)$ 实际上是给出了算法工作量的一个上界,因此,它比 $A(n)$ 更具有实用价值。

下面通过一个例子来说明算法复杂度的平均性态分析与最坏情况分析。

【例 4.2】 采用顺序搜索法,在长度为 n 的一维数组中查找值为 x 的元素。即从数组的第一个元素开始,逐个与被查值 x 进行比较。基本运算为 x 与数组元素的比较。

首先考虑平均性态分析。

设被查项 x 在数组中出现的概率为 q。当需要查找的 x 为数组中第 i 个元素时,则在查找过程中需要做 i 次比较,当需要查找的 x 不在数组中时(即数组中没有 x 这个元素),则需要与数组中所有的元素进行比较。即:

$$t_i = \begin{cases} i, 1 \leqslant i \leqslant n \\ n, i = n+1 \end{cases}$$

其中 $i=n+1$ 表示 x 不在数组中的情况。

如果假设需要查找的 x 出现在数组中每个位置上的可能性是一样的,则 x 出现在数组中每一个位置上的概率为 q/n(因为前面已经假设 x 在数组中的概率为 q),而 x 不在数组中的概率为 $1-q$。即:

$$p_i = \begin{cases} q/n, & 1 \leqslant i \leqslant n \\ 1-q, i = n+1 \end{cases}$$

其中 $i=n+1$ 表示 x 不在数组中的情况。

因此,用顺序搜索法在长度为 n 的一维数组中查找值为 x 的元素,在平均情况下需要做得比较次数为:

$$A(n) = \sum_{i=1}^{n+1} p_i t_i = \sum_{i=1}^{n} (q/n)i + (1-q)n = (n+1)q/2 + (1-q)n$$

如果已知需要查找的 x 一定在数组中,此时 $q=1$,则 $A(n)=(n+1)/2$。这就是说,在这种情况下,用顺序搜索法在长度为 n 的一维数组中查找值为 x 的元素,在平均情况下需要检查数组中一半的元素。

如果已知需要查找的 x 有一半的机会在数组中,此时 $q=1/2$,则:

$$A(n) = [(n+l)/4] + n/2 \approx 3n/4$$

这就是说,在这种情况下,用顺序搜索法在长度为 n 的一维数组中查找值为 x 的元素,在平均情况下需要检查数组中 3/4 的元素。

再考虑最坏情况分析。

在这个例子中,最坏情况发生在需要查找的 x 是数组中的最后一个元素或 x 不在数组中的时候,此时显然有:

$$W(n) = \max\{t_i \mid 1 \leqslant i \leqslant n+1\} = n$$

在上述例子中,算法执行的工作量是与具体的输入有关的,$A(n)$ 只是它的加权平均值,而实际上对于某个特定的输入,其计算工作量未必是 $A(n)$,且 $A(n)$ 也不一定等于 $W(n)$。但在另外一些情况下,算法的计算工作量与输入无关,即当规模为 n 时,在所有可能的输入下,算法所执行的基本运算次数是一定的,此时有 $A(n)=W(n)$。例如,两个 n 阶的矩阵相乘,都需要做 n^3 次实数乘法,而与输入矩阵的具体元素无关。

2. 算法的空间复杂度

一个算法的空间复杂度,一般是指执行这个算法所需要的内存空间。

一个算法所占用的存储空间包括算法程序所占的空间、输入的初始数据所占的存储空间以及算法执行过程中所需要的额外空间。其中额外空间包括算法程序执行过程中的工作单元以及某种数据结构所需要的附加存储空间(例如,在链式结构中,除了要存储数据本身外,还需要存储链接信息)。如果额外空间量相对于问题规模来说是常数,则称该算法是原地工作的。在许多实际问题中,为了减少算法所占的存储空间,通常采用压缩存储技术,以便尽量减少不必要的额外空间。

4.2　数据结构的基本概念

利用计算机进行数据处理是计算机应用的一个重要领域。在进行数据处理时,实际需要处理的数据元素一般有很多,而这些大量的数据元素都需要存放在计算机中,因此,大量的数据元素在计算机中如何组织,以便提高数据处理的效率,并且节省计算机的存储空间,这是进行数据处理的关键问题。

显然,杂乱无章的数据是不便于处理的。而将大量的数据随意地存放在计算机中,实际上也是"自找苦吃",对数据处理更是不利。

数据结构作为计算机的一门学科,主要研究和讨论以下三个方面的问题:

(1) 据集合中各数据元素之间所固有的逻辑关系,即数据的逻辑结构;

(2) 在对数据进行处理时,各数据元素在计算机中的存储关系,即数据的存储结构;

(3) 对各种数据结构进行的运算。

讨论以上问题的主要目的是为了提高数据处理的效率。所谓提高数据处理的效率,主要包括两个方面:一是提高数据处理的速度,二是尽量节省在数据处理过程中所占用的计算机存储空间。

本章主要讨论工程上常用的一些基本数据结构,它们是软件设计的基础。

4.2.1　什么是数据结构

计算机已被广泛用于数据处理。实际问题中的各数据元素之间总是相互关联的。所谓数据处理,是指对数据集合中的各元素以各种方式进行运算,包括插入、删除、查找、更改等运算,也包括对数据元素进行分析。在数据处理领域中,建立数学模型有时并不十分重要,事实上,许多实际问题是无法表示成数学模型的。人们最感兴趣的是分析数据集合中各数据元素之间存在什么关系,应如何组织它们,即如何表示所需要处理的数据元素。

下面通过两个实例来说明对同一批数据用不同的表示方法后,对处理效率的影响。

【例 4.3】　无序表的顺序查找与有序表的对分查找。

如图 4.1 所示是两个子表。从图中可以看出,在这两个子表中所存放的数据元素是相同的,但它们在表中存放的顺序是不同的。在图 4.1(a)所示的表中,数据元素的存放顺序是没有规律的;而在图 4.1(b)所示的表中,数据元素是按从小到大的顺序存放的。我们称前者为无序表,后者为有序表。

35	16
16	21
78	29
85	33
43	35
29	43
33	46
21	54
54	78
46	85

　　　(a) 无序表　　　　　(6) 有序表

图 4.1　数据元素存放顺序不同的两个表

下面讨论在这两种表中进行查找的问题。

首先讨论在图 4.1(a)所示的无序表中进行查找。由于在图 4.1(a)表中数据元素的存放顺序没有一定的规律,因此,要在这个表中查找某个数时,只能从第一个元素开始,逐个将表中的元素与被查数进行比较,直到表中的某个元素与被查数相等(即查找成功)或者表中所有元素与被查数都进行了比较且都不相等(即查找失败)为止。这种查找方法称为顺序查找。显然,在顺序查找中,如果被查找数在表的前部,则需要比较的次数就少;但如果被查找数在表的后部,则需要比较的次数就多。特别是当被查找数刚好是表中的第一个元素时(如被查数为35),只需要比较一次就查找成功;但当被查数刚好是表中最后一个元素(如被查数为46)或表中根本就没有被查数时(如被查数为67),则需要与表中所有的元素进行比较,在这种情况下,当表很大时,顺序查找是很费时间的。虽然顺序查找法的效率比较低,但由于图4.1(a)为无序表,没有更好的查找方法,因此只能用顺序查找。

现在再讨论在图4.1(b)所示的有序表中进行查找。由于有序表中的元素是从小到大进行排列的,在查找时可以利用这个特点,以便使比较次数大大减少。在有序表中查找一个数可以按如下步骤进行:

将被查数与表中的中间元素进行比较;若相等,则表示查找成功,查找过程结束;若被查数大于表中的这个中间元素时,则表示如果被查数在表中的话,只能在表的后半部,此时可以抛弃表的前半部而保留后半部;若被查数小于表中的这个中间元素,则表示如果被查数在表中的话,只能在表的前半部,此时可以抛弃表的后半部而保留前半部。然后对剩下的部分(前半部或后半部)再按照上述方法进行查找,这个过程一直做到在某一次的比较中相等(查找成功)或剩下的部分已空(查找失败)为止。例如,如果要在图4.1(b)所示的有序表中查找54,则首先与中间元素35进行比较,由于54大于35,再与后半部分的中间元素54进行比较,此时相等,共比较了2次就查找成功。如果采用顺序查找法,在图4.1(a)所示的无序表中查找54这个元素,需要比较9次。这种查找方法称为有序表的对分查找。

显然,在有序表的对分查找中,不论查找的是什么数,也不论要查找的数在表中有没有,都不需要与表中所有的元素进行比较,只需要与表中很少的元素进行比较。但需要指出的是,对分查找只适用于有序表,而对于无序表是无法进行对分查找的。

实际上,在日常工作和学习中也经常遇到对分查找。例如,当需要在词典中查找一个单词时,一般不是从第一页开始一页一页的往后找,而是考虑到词典中的各单词是以英文字母为顺序排列的,因此可以根据所查单词的第一个字母,直接翻到大概的位置,然后进行比较,根据比较结果再向前或向后翻,直到找到该单词为止。这种在词典中查单词的方法类似于对分查找。

由这个例子可以看出,数据元素在表中的排列顺序对查找效率是有很大影响的。

【例4.4】 设有一学生情况登记表见表4.1所示。在表4.1中,每个学生的情况是以学号为顺序排列的。

表4.1 学生情况登记表

学号	姓名	性别	年龄	成绩	学号	姓名	性别	年龄	成绩
970156	张小明	男	20	86	970163	王伟	男	20	65
970157	李小青	女	19	83	970164	胡涛	男	19	95
970158	赵凯	男	19	70	970165	周敏	女	20	87
970159	李启明	男	21	91	970166	杨雪辉	男	22	89
970160	刘华	女	18	78	学号	吕永华	男	18	61
970161	曾小波	女	19	90	970168	梅玲	女	17	93
970162	张军	男	18	80	970169	刘健	男	20	75

　　显然,如果要在表 4.1 中查找给定学号的某学生的情况是很方便的,只要根据给定的学号就可以立即找到该学生的情况。但是,如果要在该表中查找成绩在 90 分以上的所有学生的情况,则需要从头到尾扫描全表,才能将成绩在 90 分以上的所有学生找到。在这种情况下,为了找到成绩在 90 分以上的学生情况,对于成绩在 90 分以下的所有学生情况也都要被扫描到。由此可以看出,要在表 4.1 中查找给定学号的学生情况虽然很方便,但要查找成绩在某个分数段中的学生情况时,实际上需要查看表中所有学生的成绩,其效率是很低的,尤其是当表很大时更为突出。

　　为了便于查找成绩在某个分数段中的学生情况,可以将表 4.1 中所登记的学生情况进行重新组织。例如,将成绩在 90 分以上(包括 90 分,下同)、80～89 分、70～79 分、60～69 分之间的学生情况分别登记在四个独立的子表中,分别见表 4.2、表 4.3、表 4.4 与表 4.5 所示。现在如果要查找 90 分以上的所有学生的情况,就可以直接在表 4.2 中进行查找,从而避免了对成绩在 90 分以下的学生情况进行扫描,提高了查找效率。

表 4.2　成绩在 90 分以上的学生情况登记表

学号	姓名	性别	年龄	成绩	学号	姓名	性别	年龄	成绩
970159	李启明	男	21	91	970164	胡涛	男	19	95
970161	曾小波	女	19	90	970168	梅玲	女	17	93

表 4.3　成绩在 80～89 分之间的学生情况登记表

学号	姓名	性别	年龄	成绩	学号	姓名	性别	年龄	成绩
970156	张小明	男	20	86	970165	周敏	女	20	87
970157	李小青	女	19	83	970166	杨雪辉	男	22	89
970162	张军	男	18	80					

表 4.4　成绩在 70～79 分之间的学生情况登记表

学号	姓名	性别	年龄	成绩	学号	姓名	性别	年龄	成绩
970158	赵凯	男	19	70	970169	刘健	男	20	75
970160	刘华	女	18	78					

表 4.5　成绩在 60～69 分之间的学生情况登记表

学号	姓名	性别	年龄	成绩	学号	姓名	性别	年龄	成绩
970163	王伟	男	20	65	970167	吕永华	男	18	61

　　由例 4.4 可以看出,在对数据进行处理时,可以根据所做的运算不同,将数据组织成不同的形式,以便于做该种运算,从而提高数据处理的效率。

　　简单地说,数据结构是指相互有关联的数据元素的集合。例如,向量和矩阵就是数据结构,在这两个数据结构中,数据元素之间有着位置上的关系。又如,图书馆中的图书卡片目录,则是一个较为复杂的数据结构,对于列在各卡片上的各种书之间,可能在主题、作者等问题上相互关联,甚至一本书本身也有不同的相关成分。

　　数据元素具有广泛的含义。一般来说,现实世界中客观存在的一切个体都可以是数据元素。例如:

　　描述一年四季的季节名:春、夏、秋、冬可以作为季节的数据元素;表示数值的各个数:18,11、35,23,16,…可以作为数值的数据元素;表示家庭成员的各成员名:父亲、儿子、女儿可以作为家庭成员的数据元素。

　　甚至每一个客观存在的事件,如一次演出、一次借书、一次比赛等也可以作为数据元素。总之,在数据处理领域中,每一个需要处理的对象都可以抽象成数据元素。数据元素一般简称为元素。

　　在实际应用中,被处理的数据元素一般有很多,而且,作为某种处理,其中的数据元素一般具有某种共同特征。例如,{春,夏,秋,冬}这四个数据元素有一个共同特征,即它们都是季节名,分别表示了一年中的四个季节,从而这四个数据元素构成了季节名的集合。又如,{父亲,儿子,女儿}这三个数据元素也有一个共同特征,即它们都是家庭的成员名,从而构成了家庭成员名的集合。一般来说,人们不会同时处理特征完全不同且互相之间没有任何关系的各类数据元素,对于具有不同特征的数据元素总是分别进行处理。

　　一般情况下,在具有相同特征的数据元素集合中,各个数据元素之间存在有某种关系(即联系),这种关系反映了该集合中的数据元素所固有的一种结构。在数据处理领域中,通常把数据元素之间这种固有的关系简单地用前后件关系(或直接前驱与直接后继关系)来描述。

　　例如,在考虑一年四个季节的顺序关系时,则“春”是“夏”的前件(即直接前驱,下同),而“夏”是“春”的后件(即直接后继,下同)。同样,“夏”是“秋”的前件,“秋”是“夏”的后件,“秋”是“冬”的前件,“冬”是“秋”的后件。

　　在考虑家庭成员间的辈分关系时,则“父亲”是“儿子”和“女儿”的前件,而“儿子”与“女儿”都是“父亲”的后件。

　　前后件关系是数据元素之间的一个基本关系,但前后件关系所表示的实际意义随具体对象的不同而不同。一般来说,数据元素之间的任何关系都可以用前后件关系来描述。

　　1. 数据的逻辑结构

　　前面提到,数据结构是指反映数据元素之间关系的数据元素集合的表示。更通俗地说,数据结构是指带有结构的数据元素的集合。在此,所谓结构实际上就是指数据元素之间的前后件关系。

　　由上所述,一个数据结构应包含以下两方面的信息:

　　(1) 表示数据元素的信息;

　　(2) 表示各数据元素之间的前后件关系。

　　在以上所述的数据结构中,其中数据元素之间的前后件关系是指它们的逻辑关系,而与它们在计算机中的存储位置无关。因此,上面所述的数据结构实际上是数据的逻辑结构。

　　所谓数据的逻辑结构,是指反映数据元素之间逻辑关系的数据结构。

　　由前面的叙述可以知道,数据的逻辑结构有两个要素:一是数据元素的集合,通常记为D;二是D上的关系,它反映了D中各数据元素之间的前后件关系,通常记为R。即一个数据结构可以表示成:

$$B=(D,R)$$

其中 B 表示数据结构。为了反映 D 中各数据元素之间的前后件关系,一般用二元组来表示。例如,假设 a 与 b 是 D 中的两个数据,则二元组(a,b)表示 a 是 b 的前件,b 是 a 的后件。这样,在 D 中的每两个元素之间的关系都可以用这种二元组来表示。

【例 4.5】 一年四季的数据结构可以表示成:

$$B=(D,R)$$
$$D=\{春,夏,秋,冬\}$$
$$R=\{(春,夏),(夏,秋),(秋,冬)\}$$

【例 4.6】 家庭成员数据结构可以表示成:

$$B=(D,R)$$
$$D=\{父亲,儿子,女儿\}$$
$$R=\{(父亲,儿子),(父亲,女儿)\}$$

【例 4.7】 n 维向量:

$$X=(x_1,x_2,\cdots,x_n)$$

也是一种数据结构。即 $X=(D,R)$,其中数据元素的集合为:

$$D=\{x_1,x_2,\cdots,x_n\}$$

关系为:

$$R=\{(x_1,x_2),(x_2,x_3),\cdots,(x_{n-1},x_n)\}$$

对于一些复杂的数据结构来说,它的数据元素可以是另一种数据结构。

例如,$m\times n$ 的矩阵如下所示:

$$A=\begin{bmatrix} a_{11} & a_{12} & \cdots & a_{1n} \\ a_{21} & a_{22} & \cdots & a_{2n} \\ \vdots & \vdots & & \vdots \\ a_{m1} & a_{m2} & \cdots & a_{mn} \end{bmatrix}$$

这是一个数据结构。在这个数据结构中,矩阵的每一行:

$$A_i=(a_{i1},a_{i2},\cdots,a_{in}),i=1,2,\cdots,m$$

可以看成是它的一个数据元素。即这个数据结构的数据元素的集合为:

$$D=\{A_1,A_2,\cdots,A_m\}$$

D 上的一个关系为:

$$R=\{(A_1,A_2),(A_2,A_3),\cdots,(A_i,A_{i+1}),\cdots,(A_{m-1},A_n)\}$$

显然,数据结构 A 中的每一个数据元素 $A_i(i=1,2,\cdots,m)$ 又是另一个数据结构,即数据元素的集合为:

$$D_i = \{a_{i1}, a_{i2}, \cdots, a_{in}\}$$

D_i 上的一个关系为：

$$R_i = \{(a_{i1}, a_{i2}), (a_{i2}, a_{i3}), \cdots, (a_{ij}, a_{i,j+1}), \cdots, (a_{i,n-1}, a_{in})\}$$

2. 数据的存储结构

数据处理是计算机应用的一个重要领域,在实际进行数据处理时,被处理的各数据元素总是被存放在计算机的存储空间中,并且,各数据元素在计算机存储空间中的位置关系与它们的逻辑关系不一定是相同的,而且一般也不可能相同。例如,在前面提到的一年四个季节的数据结构中,"春"是"夏"的前件,"夏"是"春"的后件,但在对它们进行处理时,在计算机存储空间中,"春"这个数据元素的信息不一定被存储在"夏"这个数据元素信息的前面,而可能在后面,也可能不是紧邻在前面,而是中间被其他的信息所隔开。又如,在家庭成员的数据结构中,"儿子"和"女儿"都是"父亲"的后件,但在计算机存储空间中,根本不可能将"儿子"和"女儿"这两个数据元素的信息都紧邻存放在"父亲"这个数据元素信息的后面,即在存储空间中与"父亲"紧邻的只可能是其中的一个。由此可以看出,一个数据结构中的各数据元素在计算机存储空间中的位置关系与逻辑关系是有可能不同的。

数据的逻辑结构在计算机存储空间中的存放形式称为数据的存储结构(也称数据的物理结构)。

由于数据元素在计算机存储空间中的位置关系可能与逻辑关系不同,因此,为了表示存放在计算机存储空间中的各数据元素之间的逻辑关系(即前后件关系),在数据的存储结构中,不仅要存放各数据元素的信息,还需要存放各数据元素之间的前后件关系的信息。

一般来说,一种数据的逻辑结构根据需要可以表示成多种存储结构,常用的存储结构有顺序、链接、索引等存储结构。而采用不同的存储结构,其数据处理的效率是不同的。因此,在进行数据处理时,选择合适的存储结构是很重要的。

4.2.2　数据结构的图形表示

一个数据结构除了用二元关系表示外,还可以直观地用图形表示。在数据结构的图形表示中,对于数据集合 D 中的每一个数据元素用中间标有元素值的方框表示,一般称之为数据结点,并简称为结点;为了进一步表示各数据元素之间的前后件关系,对于关系 R 中的每一个二元组,用一条有向线段从前件结点指向后件结点。

例如,一年四季的数据结构可以用如图 4.2 所示的图形来表示。

又如,反映家庭成员间辈分关系的数据结构可以用如图 4.3 所示的图形表示。

图 4.2　一年四季数据结构的图形表示　　**图 4.3　家庭成员间辈分关系数据结构的图形表示**

显然,用图形方式表示一个数据结构是很方便的,并且也比较直观。有时在不会引起误会的情况下,在前件结点到后件结点连线上的箭头可以省去。例如,在图 4.3 中,即使将"父亲"结点与"儿子"结点连线上的箭头以及"父亲"结点与"女儿"结点连线上的箭头都去掉,也同样表示了"父亲"是"儿子"与"女儿"的前件,"儿子"与"女儿"均是"父亲"的后件,而不会引起误会。

【例4.8】 用图形表示数据结构 B=(D．R),其中:

$$D = \{d_i \mid 1 \leqslant i \leqslant 7\} = \{d_1, d_2, d_3, d_4, d_5, d_6, d_7\}$$
$$R = \{(d_i, d_3), (d_1, d_7), (d_2, d_4), (d_3, d_6), (d_4, d_5)\}$$

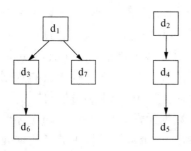

图 4.4　例 4.8 数据结构的图形表示

这个数据结构的图形表示如图 4.4 所示。

在数据结构中,没有前件的结点称为根结点;没有后件的结点称为终端结点(也称为叶子结点)。例如,在图 4.2 所示的数据结构中,元素"春"所在的结点(简称为结点"春",下同)为根结点,结点"冬"为终端结点;在图 4.3 所示的数据结构中,结点"父亲"为根结点,结点"儿子"与"女儿"均为终端结点;在图 4.4 所示的数据结构中,有两个根结点 d_1 与 d_2,有三个终端结点 d_6、d_7、d_5。数据结构中除了根结点与终端结点外的其他结点一般称为内部结点。

通常,一个数据结构中的元素结点可能是在动态变化的。根据需要或在处理过程中,可以在一个数据结构中增加一个新结点(称为插入运算),也可以删除数据结构中的某个结点(称为删除运算)。插入与删除是对数据结构的两种基本运算。除此之外,对数据结构的运算还有查找、分类、合并、分解、复制和修改等。在对数据结构的处理过程中,不仅数据结构中的结点(即数据元素)个数在动态地变化,而且,各数据元素之间的关系也有可能在动态地变化。例如,一个无序表可以通过排序处理而变成有序表;一个数据结构中的根结点被删除后,它的某一个后件可能就变成了根结点;在一个数据结构中的终端结点后插入一个新结点后,则原来的那个终端结点就不再是终端结点而成为内部结点了。有关数据结构的基本运算将在后面讲到具体数据结构时再介绍。

4.2.3　线性结构与非线性结构

如果在一个数据结构中一个数据元素都没有,则称该数据结构为空的数据结构。在一个空的数据结构中插入一个新的元素后就变为非空;在只有一个数据元素的数据结构中,将该元素删除后就变为空的数据结构。

根据数据结构中各数据元素之间前后件关系的复杂程度,一般将数据结构分为两大类型:线性结构与非线性结构。

如果一个非空的数据结构满足下列两个条件:

(1) 有且只有一个根结点;

(2) 每一个结点最多有一个前件,也最多有一个后件。

则称该数据结构为线性结构。线性结构又称线性表。

由此可以看出,在线性结构中,各数据元素之间的前后件关系是很简单的。如例 4.5 中的一年四季这个数据结构,以及例 4.7 中的 n 维向量数据结构,它们都属于线性结构。

特别需要说明的是,在一个线性结构中插入或删除任何一个结点后还应是线性结构。根据这一点,如果一个数据结构满足上述两个条件,但当在此数据结构中插入或删除任何一个结点后就不满足这两个条件了,则该数据结构不能称为线性结构。例如,如图4.5所示的数据结构显然是满足上述两个条件的,但它不属于线性结构这个类型,因为如果在这个数据结构中删除结点 A 后,就不满足上述的条件(1)。

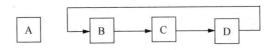

图 4.5 不是线性结构的数据结构特例

如果一个数据结构不是线性结构,则称之为非线性结构。如例 4.6 中反映家庭成员间辈分关系的数据结构,以及例 4.8 中的数据结构,它们都不是线性结构,而是属于非线性结构。显然,在非线性结构中,各数据元素之间的前后件关系要比线性结构复杂,因此,对非线性结构的存储与处理比线性结构要复杂得多。

线性结构与非线性结构都可以是空的数据结构。一个空的数据结构究竟是属于线性结构还是属于非线性结构,这要根据具体情况来确定。如果对该数据结构的运算是按线性结构的规则来处理的,则属于线性结构:否则属于非线性结构。

4.3 线性表及其顺序存储结构

4.3.1 线性表的基本概念

线性表(Linear List)是最简单、最常用的一种数据结构。

线性表由一组数据元素构成。数据元素的含义很广泛,在不同的具体情况下,它可以有不同的含义。例如,一个 n 维向量$(x_1,x_2,\cdots,x_n)$是一个长度为 n 的线性表,其中的每一个分量就是一个数据元素。又如,英文小写字母表$(a,b,c,\cdots,z)$是一个长度为 26 的线性表,其中的每一个小写字母就是一个数据元素。再如,一年中的四个季节(春,夏,秋,冬)是一个长度为 4 的线性表,其中的每一个季节名就是一个数据元素。

矩阵也是一个线性表,只不过它是一个比较复杂的线性表。在矩阵中,既可以把每一行看成是一个数据元素(即一个行向量为一个数据元素),也可以把每一列看成是一个数据元素(即一个列向量为一个数据元素)。其中每一个数据元素(一个行向量或一个列向量)实际上又是一个简单的线性表。

数据元素可以是简单项(如上述例子中的数、字母、季节名等)。在稍微复杂的线性表中,一个数据元素还可以由若干个数据项组成。例如,某班的学生情况登记表是一个复杂的线性表,表中每一个学生的情况就组成了线性表中的每一个元素,每一个数据元素包括姓名、学号、性别、年龄和健康状况 5 个数据项,见表 4.6 所示。在这种复杂的线性表中,由若干数据项组成的数据元素称为记录(Record),而由多个记录构成的线性表又称为文件(File)。因此,上述学生情况登记表就是一个文件,其中每一个学生的情况就是一个记录。

表 4.6　学生情况登记表

姓名	学号	性别	年龄	健康状况
王强	800356	男	19	良好
刘建平	800357	男	20	一般
赵军	800361	女	19	良好
葛文华	800367	男	21	较差
…	…	…	…	…

综上所述,线性表是由 $n(n \geqslant 0)$ 个数据元素 $a_1, a_2, \cdots, a_n$ 组成的一个有限序列,表中的每一个数据元素,除了第一个外,有且只有一个前件,除了最后一个外,有且只有一个后件。即线性表或是一个空表,或可以表示为:

$$(a_1, a_2, \cdots, a_i, \cdots, a_n)$$

其中 $a_i(i=1,2,\cdots,n)$ 是属于数据对象的元素,通常也称其为线性表中的一个结点。

显然,线性表是一种线性结构。数据元素在线性表中的位置只取决于它们自己的序号,即数据元素之间的相对位置是线性的。

非空线性表有如下一些结构特征:

(1) 且只有一个根结点 a_1,它无前件;

(2) 有且只有一个终端结点 a_n,它无后件;

(3) 除根结点与终端结点外,其他所有结点有且只有一个前件,也有且只有一个后件。

线性表中结点的个数 n 称为线性表的长度。当 $n=0$ 时,称为空表。

4.3.2　线性表的顺序存储结构

在计算机中存放线性表,一种最简单的方法是顺序存储,也称为顺序分配。

线性表的顺序存储结构具有以下两个基本特点:

(1) 线性表中所有元素所占的存储空间是连续的;

(2) 线性表中各数据元素在存储空间中是按逻辑顺序依次存放的。

由此可以看出,在线性表的顺序存储结构中,其前后件两个元素在存储空间中是紧邻的,且前件元素一定存储在后件元素的前面。

在线性表的顺序存储结构中,如果线性表中各数据元素所占的存储空间(字节数)相等,则要在该线性表中查找某一个元素是很方便的。

假设线性表中的第一个数据元素的存储地址(指第一个字节的地址,即首地址)为 $ADR(a_1)$,每一个数据元素占 k 个字节,则线性表中第 i 个元素 a_i 在计算机存储空间中的存储地址为:

$$ADR(a_i) = ADR(a_1) + (i-1)k$$

即在顺序存储结构中,线性表中每一个数据元素在计算机存储空间中的存储地址由该元素在线性表中的位置序号唯一确定。一般来说,长度为 n 的线性表:

$$(a_1, a_2, \cdots, a_i, \cdots, a_n)$$

在计算机中的顺序存储结构如图 4.6 所示。

图 4.6　线性表的顺序存储结构

在程序设计语言中,通常定义一个一维数组来表示线性表的顺序存储空间。因为程序设计语言中的一维数组与计算机中实际的存储空间结构是类似的,这就便于用程序设计语言对线性表进行各种运算处理。

在用一维数组存放线性表时,该一维数组的长度通常要定义得比线性表的实际长度大一些,以便对线性表进行各种运算,特别是插入运算。在一般情况下,如果线性表的长度在处理过程中是动态变化的,则在开辟线性表的存储空间时要考虑到线性表在动态变化过程中可能达到的最大长度。如果开始时所开辟的存储空间太小,则在线性表动态增长时可能会出现存储空间不够而无法再插入新的元素;但如果开始时所开辟的存储空间太大,而实际上又用不着那么大的存储空间,则会造成存储空间的浪费。在实际应用中,可以根据线性表动态变化过程中的一般规模来决定开辟的存储空间量。

在线性表的顺序存储结构下,可以对线性表进行各种处理。主要的运算有以下几种:

(1) 在线性表的指定位置处加入一个新的元素(即线性表的插入);

(2) 在线性表中删除指定的元素(即线性表的删除);

(3) 在线性表中查找某个(或某些)特定的元素(即线性表的查找);

(4) 对线性表中的元素进行整序(即线性表的排序);

(5) 按要求将一个线性表分解成多个线性表(即线性表的分解);

(6) 按要求将多个线性表合并成一个线性表(即线性表的合并);

(7) 复制一个线性表(即线性表的复制);

(8) 逆转一个线性表(即线性表的逆转)等。

下面两小节主要讨论线性表在顺序存储结构下的插入与删除的问题。

4.3.3　顺序表的插入运算

首先举一个例子来说明如何在顺序存储结构的线性表中插入一个新元素。

【例 4.9】　如图 4.7(a)所示为一个长度为 8 的线性表顺序存储在长度为 10 的存储空间中。现在要求在第 2 个元素(即 18)之前插入一个新元素 87。其插入过程如下:

首先从最后一个元素开始直到第 2 个元素,将其中的每一个元素均依次往后移动一个位置,然后将新元素 87 插入到第 2 个位置。

插入一个新元素后,线性表的长度变成了 9,如图 4.7(b)所示。

如果再要在线性表的第 9 个元素之前插入一个新元素 14,则采用类似的方法:将第 9 个元素往后移动一个位置,然后将新元素插入到第 9 个位置。插入后,线性表的长度变成了 10,如图 4.7(c)所示。

（a）长度为 8 的线性表　（b）插入元素 87 后的线性表　（c）插入元素 14 后的线性表

图 4.7　线性表在顺序存储结构下的插入

现在,为线性表开辟的存储空间已经满了,不能再插入新的元素了。如果再要插入,则会造成称为"上溢"的错误。

一般来说,设长度为 n 的线性表为:

$$(a_1, a_2, \cdots, a_i, \cdots, a_n)$$

现要在线性表的第 i 个元素 a_i 之前插入一个新元素 b,插入后得到长度为 $n+1$ 的线性表为:

$$(a_1', a_2', \cdots, a_j', a_{j+1}', \cdots, a_n', a_{n+1}')$$

则插入前后的两线性表中的元素满足如下关系:

$$a_j' = \begin{cases} a_j & 1 \leqslant j \leqslant i-1 \\ b & j = i \\ a_{j-1} & i+1 \leqslant j \leqslant n+1 \end{cases}$$

在一般情况下,要在第 $i(1 \leqslant i \leqslant n)$ 个元素之前插入一个新元素时,首先要从最后一个(即第 n 个)元素开始,直到第 i 个元素之间共 $n-i+1$ 个元素依次向后移动一个位置,移动结束后,第 i 个位置就被空出,然后将新元素插入到第 i 项。插入结束后,线性表的长度就增加了 1。

显然,在线性表采用顺序存储结构时,如果插入运算在线性表的末尾进行,即在第 n 个元素之后(可以认为是在第 $n+1$ 个元素之前)插入新元素,则只要在表的末尾增加一个元素即可,不需要移动表中的元素;如果要在线性表的第 1 个元素之前插入一个新元素,则需要移动表中所有的元素。在一般情况下,如果插入运算在第 $i(1 \leqslant i \leqslant n)$ 个元素之前进行,则原来第 i 个元素之后(包括第 i 个元素)的所有元素都必须移动。在平均情况下,要在线性表中插入一个新元素,需要移动表中一半的元素。因此,在线性表顺序存储的情况下,要插入一个新元素,其效率是很低的,特别是在线性表比较大的情况下更为突出,由于数据元素的移动而消耗较多的处理时间。

4.3.4　顺序表的删除运算

首先举一个例子来说明如何在顺序存储结构的线性表中删除一个元素。

【例 4.10】　如图 4.8(a)所示为一个长度为 8 的线性表顺序存储在长度为 10 的存储空间中。现在要求删除线性表中的第 1 个元素(即删除元素 29)。其删除过程如下:

从第 2 个元素开始直到最后一个元素,将其中的每一个元素均依次往前移动一个位置。此时,线性表的长度变成了 7,如图 4.8(b)所示。

如果再要删除线性表中的第 6 个元素,则采用类似的方法:将第 7 个元素往前移动一个位置。此时,线性表的长度变成了 6,如图 4.8(c)所示。

V(1:10)		V(1:10)		V(1:10)	
1	29	1	18	1	18
2	18	2	56	2	56
3	56	3	63	3	63
4	63	4	35	4	35
5	35	5	24	5	24
6	24	6	31	6	47
7	31	7	47	7	
8	47	8		8	
9		9		9	
10		10		10	

(a) 长度为 8 的线性表　　(b) 删除元素 29 后的线性表　　(c) 删除元素 31 后的线性表

图 4.8　线性表在顺序存储结构下的删除

一般来说,设长度为 n 的线性表为:

$$(a_1, a_2, \cdots, a_i, \cdots, a_n)$$

现要删除第 i 个元素,删除后得到长度为 $n-1$ 的线性表为:

$$(a'_1, a'_2, \cdots, a'_j, \cdots, a'_{n-1})$$

则删除前后的两线性表中的元素满足如下关系:

$$a'_j = \begin{cases} a_j & 1 \leqslant j \leqslant i-1 \\ a_{j+1} & i \leqslant j \leqslant n-1 \end{cases}$$

在一般情况下,要删除第 $i(1 \leqslant i \leqslant n)$ 个元素时,则要从第 $i+1$ 个元素开始,直到第 n 个元素之间共 $n-i$ 个元素依次向前移动一个位置。删除结束后,线性表的长度就减小了 1。

显然,在线性表采用顺序存储结构时,如果删除运算在线性表的末尾进行,即删除第 n 个元素,则不需要移动表中的元素;如果要删除线性表中的第 1 个元素,则需要移动表中所有的元素。在一般情况下，如果要删除第 $i(1\leqslant i\leqslant n)$ 个元素，则原来第 i 个元素之后的所有元素都必须依次往前移动一个位置。在平均情况下，要在线性表中删除一个元素，需要移动表中一半的元素。因此，在线性表顺序存储的情况下，要删除一个元素，其效率也是很低的，特别是在线性表比较大的情况下更为突出，由于数据元素的移动而消耗较多的处理时间。

由线性表在顺序存储结构下的插入与删除运算可以看出，线性表的顺序存储结构对于小线性表或者其中元素不常变动的线性表来说是合适的，因为顺序存储的结构比较简单。但这种顺序存储的方式对于元素经常需要变动的大线性表就不太合适了，因为插入与删除的效率比较低。

4.4　栈和队列

4.4.1　栈及其基本运算

1. 什么是栈

栈实际上也是线性表，只不过是一种特殊的线性表。在这种特殊的线性表中，其插入与删除运算都只在线性表的一端进行。即在这种线性表的结构中，一端是封闭的，不允许进行插入与删除元素；另一端是开口的，允许插入与删除元素。在顺序存储结构下，对这种类型线性表的插入与删除运算是不需要移动表中其他数据元素的。这种线性表称为栈。

栈(stack)是限定在一端进行插入与删除的线性表。

在栈中，允许插入与删除的一端称为栈顶，而不允许插入与删除的另一端称为栈底。栈顶元素总是最后被插入的元素，从而也是最先能被删除的元素；栈底元素总是最先被插入的元素，从而也是最后才能被删除的元素。即栈是按照"先进后出"(FILO—First In Last Out)或"后进先出"(LIFO—Last In First Out)的原则组织数据的，因此，栈也被称为"先进后出"表或"后进先出"表。由此可以看出，栈具有记忆作用。

通常用指针 top 来指示栈顶的位置，用指针 bottom 指向栈底。

往栈中插入一个元素称为入栈运算，从栈中删除一个元素(即删除栈顶元素)称为退栈运算。栈顶指针 top 动态反映了栈中元素的变化情况。如图 4.9 所示是栈的示意图。

图 4.9　栈示意图

栈这种数据结构在日常生活中也是常见的。例如，子弹夹是一种栈的结构，最后压入的子弹总是最先被弹出，而最先压入的子弹最后才能被弹出。又如，在用一端为封闭另一端为开口的容器装物品时,也是遵循"先进后出"或"后进先出"原则的。

2. 栈的顺序存储及其运算

与一般的线性表一样,在程序设计语言中,用一维数组 S(1：m)作为栈的顺序存储空间,其中 m 为栈的最大容量。通常,栈底指针指向栈空间的低地址一端(即数组的起始地址这一端)。如图 4.10(a)所示是容量为 10 的栈顺序存储空间,栈中已有 6 个元素;如图 4.10(b)所示与图 4.10(c)分别为入栈与退栈后的状态。

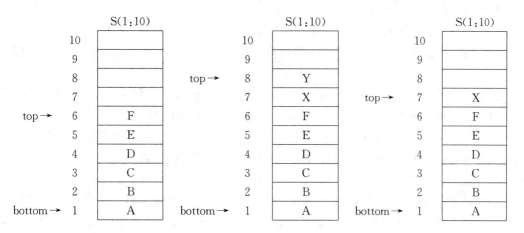

(a) 有 6 个元素的栈　　　　　(b) 插入 X 与 Y 后的栈　　　　(c) 退出一个元素后的栈

图 4.10　栈在顺序存储结构下的运算

在栈的顺序存储空间 S(1：m)中,S(bottom)通常为栈底元素(在栈非空的情况下),S(top)为栈顶元素。top=0 表示栈空;top=m 表示栈满。计算栈的元素个数:栈底-栈顶+1。

栈的基本运算有三种:入栈、退栈与读栈顶元素。下面分别介绍在顺序存储结构下栈的这三种运算。

(1) 入栈运算

入栈运算是指在栈顶位置插入一个新元素。这个运算有两个基本操作:首先将栈顶指针进一(即 top 加 1),然后将新元素插入到栈顶指针指向的位置。

当栈顶指针已经指向存储空间的最后一个位置时,说明栈空间已满,不可能再进行入栈操作。这种情况称为栈"上溢"错误。

(2) 退栈运算

退栈运算是指取出栈顶元素并赋给一个指定的变量。这个运算有两个基本操作:首先将栈顶元素(栈顶指针指向的元素)赋给一个指定的变量,然后将栈顶指针退一(即 top 减 1)。

当栈顶指针为 0 时,说明栈空,不可能进行退栈操作。这种情况称为栈"下溢"错误。

(3) 读栈顶元素

读栈顶元素是指将栈顶元素赋给一个指定的变量。必须注意,这个运算不删除栈顶元素,只是将它的值赋给一个变量,因此,在这个运算中,栈顶指针不会改变。

当栈顶指针为 0 时,说明栈空,读不到栈顶元素。

4.4.2　队列及其基本运算

1. 什么是队列

在计算机系统中,如果一次只能执行一个用户程序,则在多个用户程序需要执行时,这些用户程序必须先按照到来的顺序进行排队等待。这通常是由计算机操作系统来进行管理的。

在操作系统中,用一个线性表来组织管理用户程序的排队执行,原则是:

(1) 初始时线性表为空;

(2) 当有用户程序来到时,将该用户程序加入线性表的末尾进行等待;

(3) 当计算机系统执行完当前的用户程序后,就从线性表的头部取出一个用户程序执行。

由这个例子可以看出,在这种线性表中,需要加入的元素总是插入到线性表的末尾,并且又总是从线性表的头部取出(删除)元素。这种线性表称为队列。

队列(queue)是指允许在一端进行插入、而在另一端进行删除的线性表。允许插入的一端称为队尾,通常用一个称为尾指针(rear)的指针指向队尾元素,即尾指针总是指向最后被插入的元素;允许删除的一端称为排头(也称为队头),通常也用一个排头指针(front)指向排头元素的前一个位置。显然,在队列这种数据结构中,最先插入的元素将最先能够被删除,反之,最后插入的元素将最后才能被删除。因此,队列又称为"先进先出"(FIFO—First In First Out)或"后进后出"(LILO—Last In Last Out)的线性表,它体现了"先来先服务"的原则。在队列中,队尾指针 rear 与排头指针 front 共同反映了队列中元素动态变化的情况。如图 4.11 所示是具有 6 个元素的队列示意图。

图 4.11　共有 6 个元素的队列示意图

往队列的队尾插入一个元素称为入队运算,从队列的排头删除一个元素称为退队运算。

如图 4.12 所示是在队列中进行插入与删除的示意图。由图 4.12 可以看出,在队列的末尾插入一个元素(入队运算)只涉及队尾指针 rear 的变化,而要删除队列中的排头元素(退队运算)只涉及排头指针 front 的变化。

与栈类似,在程序设计语言中,用一维数组作为队列的顺序存储空间。

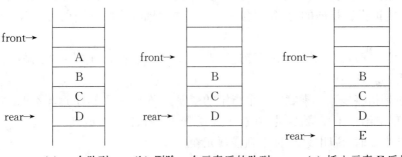

(a) 一个队列　　(b) 删除一个元素后的队列　　(c) 插入元素 E 后的队列

图 4.12　队列运算示意图

2. 循环队列及其运算

在实际应用中,队列的顺序存储结构一般采用循环队列的形式。

所谓循环队列,就是将队列存储空间的最后一个位置绕到第一个位置,形成逻辑上的环状空间,供队列循环使用,如图 4.13 所示。在循环队列结构中,当存储空间的最后一个位置已被使用而再要进行入队运算时,只要存储空间的第一个位置空闲,便可将元素加入第一个位置,即将存储空间的第一个位置作为队尾。

在循环队列中,用队尾指针 rear 指向队列中的队尾元素,用排头指针 front 指向排头元素的前一个位置,因此,从排头指针 front 指向的后一个位置直到队尾指针 rear 指向的位置之间所有的元素均为队列中的元素。

循环队列的初始状态为空,即 rear=front=m,如图 4.13 所示。

图 4.13 循环队列存储空间示意图

循环队列主要有两种基本运算:入队运算与退队运算。

每进行一次入队运算,队尾指针就进一。当队尾指针 rear=m+1 时,则置 rear=l。

每进行一次退队运算,排头指针就进一。当排头指针 front=m+1 时,则置 front=l。

如图 4.14(a)所示是一个容量为 8 的循环队列存储空间,且其中已有 6 个元素。如图 4.14(b)所示是在图 4.14(a)的循环队列中又加入了 2 个元素后的状态。如图 4.14(c)所示是在 4.14(b)的循环队列中退出了 1 个元素后的状态。

（a）具有 6 个元素的循环队列　（b）加入 X、Y 后的循环队列　（c）退出一个元素后的循环队列

图 4.14 循环队列运算示意图

由图 4.14 中循环队列动态变化的过程可以看出,当循环队列满时有 front=rear,而当循环队列空时也有 front=rear。即在循环队列中,当 front=rear 时,不能确定是队列满还是队列空。在实际使用循环队列时,为了能区分队列满还是队列空,通常还需增加一个标志

s,s 值的定义如下：

$$s = \begin{cases} 0 & \text{表示队列空} \\ 1 & \text{表示队列非空} \end{cases}$$

由此可以得出队列空与队列满的条件如下：

队列空的条件为：s＝0；

队列满的条件为：s＝1 且 front＝rear。

计算循环队列元素个数：(rear－front＋m)％m。

下面具体介绍循环队列入队与退队的运算。

假设循环队列的初始状态为空，即：s＝0，且 front＝rear＝m。

（1）入队运算

入队运算是指在循环队列的队尾加入一个新元素。这个运算有两个基本操作：首先将队尾指针进一（即 rear＝rear＋1），并当 rear＝m＋1 时置 rear＝1；然后将新元素插入到队尾指针指向的位置。

当循环队列非空（s＝1）且队尾指针等于排头指针时，说明循环队列已满，不能进行入队运算，这种情况称为"上溢"。

（2）退队运算

退队运算是指在循环队列的排头位置退出一个元素并赋给指定的变量。这个运算有两个基本操作：首先将排头指针进一（即 front＝front＋1），并当 front＝m＋1 时置 front＝1；然后将排头指针指向的元素赋给指定的变量。

当循环队列为空（s＝0）时，不能进行退队运算，这种情况称为"下溢"。

4.5　线性链表

4.5.1　线性链表的基本概念

前面主要讨论了线性表的顺序存储结构以及在顺序存储结构下的运算。线性表的顺序存储结构具有简单、运算方便等优点，特别是对于小线性表或长度固定的线性表，采用顺序存储结构的优越性更为突出。

但是，线性表的顺序存储结构在某些情况下就显得不那么方便，运算效率不那么高。实际上，线性表的顺序存储结构存在以下几方面的缺点：

（1）在一般情况下，要在顺序存储的线性表中插入一个新元素或删除一个元素时，为了保证插入或删除后的线性表仍然为顺序存储，则在插入或删除过程中需要移动大量的数据元素。在平均情况下，为了在顺序存储的线性表中插入或删除一个元素，需要移动线性表中约一半的元素；在最坏情况下，则需要移动线性表中所有的元素。因此，对于大的线性表，特别是元素的插入或删除很频繁的情况下，采用顺序存储结构是很不方便的，插入与删除运算的效率都很低。

（2）当为一个线性表分配顺序存储空间后，如果出现线性表的存储空间已满，但还需要插入新的元素时，就会发生"上溢"错误。在这种情况下，如果在原线性表的存储空间后找不到与之连续的可用空间，则会导致运算的失败或中断。显然，这种情况的出现对运算是很不利的。也就是说,在顺序存储结构下,线性表的存储空间不便于扩充。

(3) 在实际应用中,往往是同时有多个线性表共享计算机的存储空间,例如,在一个处理中,可能要用到若干个线性表(包括栈与队列)。在这种情况下,存储空间的分配将是一个难题。如果将存储空间平均分配给各线性表,则有可能造成有的线性表的空间不够用,而有的线性表的空间根本用不着或者用不满,这就使得在有的线性表空间无用而处于空闲的情况下,另外一些线性表的操作由于"上溢"而无法进行。这种情况实际上是计算机的存储空间得不到充分利用。如果多个线性表共享存储空间,对每一个线性表的存储空间进行动态分配,则为了保证每一个线性表的存储空间连续且顺序分配,会导致在对某个线性表进行动态分配存储空间时,必须要移动其他线性表中的数据元素。这就是说,线性表的顺序存储结构不便于对存储空间的动态分配。

由于线性表的顺序存储结构存在以上这些缺点,因此,对于大的线性表,特别是元素变动频繁的大线性表不宜采用顺序存储结构,而是采用下面要介绍的链式存储结构。

假设数据结构中的每一个数据结点对应于一个存储单元,这种存储单元称为存储结点,简称结点。

在链式存储方式中,要求每个结点由两部分组成:一部分用于存放数据元素值,称为数据域;另一部分用于存放指针,称为指针域。其中指针用于指向该结点的前一个或后一个结点(即前件或后件)。

在链式存储方式中,存储数据结构的存储空间可以不连续,各数据结点的存储顺序与数据元素之间的逻辑关系可以不一致,而数据元素之间的逻辑关系是由指针域来确定的。

链式存储方式既可用于表示线性结构,也可用于表示非线性结构。在用链式结构表示较复杂的非线性结构时,其指针域的个数要多一些。

1. 线性链表

线性表的链式存储结构称为线性链表。

为了适应线性表的链式存储结构,计算机存储空间被划分为一个一个小块,每一小块占若干字节,通常称这些小块为存储结点。

为了存储线性表中的每一个元素,一方面要存储数据元素的值,另一方面要存储各数据元素之间的前后件关系。为此目的,将存储空间中的每一个存储结点分为两部分:一部分用于存储数据元素的值,称为数据域;另一部分用于存放下一个数据元素的存储序号(即存储结点的地址),即指向后件结点,称为指针域。由此可知,在线性链表中,存储空间的结构如图 4.15 所示。

图 4.15　线性链表的存储空间

在线性链表中,用一个专门的指针 HEAD 指向线性链表中第一个数据元素的结点(即存放线性表中第一个数据元素的存储结点的序号)。线性表中最后一个元素没有后件,因此,线性链表中最后一个结点的指针域为空(用 NULL 或 0 表示),表示链表终止。线性链表中存储结点的结构如图 4.16 所示。线性链表的逻辑结构如图 4.17 所示。

图 4.16　线性的一个存储结点

图 4.17　线性链表的逻辑结构

下面举一个例子来说明线性链表的存储结构。

设线性表为 $(a_1, a_2, a_3, a_4, a_5)$，存储空间具有 10 个存储结点，该线性表在存储空间中的存储情况如图 4.18(a)所示。为了直观地表示该线性链表中各元素之间的前后件关系，还可以用如图 4.18(b)所示的逻辑状态来表示，其中每一个结点上面的数字表示该结点的存储序号(简称结点号)。

（a）线性链表的物理状态

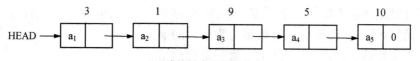

（b）线性链表的逻辑状态

图 4.18　线性链表例

一般来说，在线性表的链式存储结构中，各数据结点的存储序号是不连续的，并且各结点在存储空间中的位置关系与逻辑关系也不一致。在线性链表中，各数据元素之间的前后件关系是由各结点的指针域来指示的，指向线性表中第一个结点的指针 HEAD 称为头指针，当 HEAD=NULL(或 0)时称为空表。

对于线性链表，可以从头指针开始，沿各结点的指针扫描到链表中的所有结点。下面的算法是从头指针开始，依次输出各结点值。

上面讨论的线性链表又称为线性单链表。在这种链表中，每一个结点只有一个指针域，由这个指针只能找到后件结点，但不能找到前件结点。因此，在这种线性链表中，只能顺指针向链尾方向进行扫描,这对于某些问题的处理会带来不便,因为在这种链接方式下,由某一个结点出发,只能找到它的后件,而为了找出它的前件,必须从头指针开始重新寻找。

为了弥补线性单链表的这个缺点,在某些应用中,对线性链表中的每个结点设置两个指针,一个称为左指针(Llink),用以指向其前件结点;另一个称为右指针(Rlink),用以指向后件结点。这样的线性链表称为双向链表,其逻辑状态如图4.19所示。

图4.19　双向链表示意图

2. 带链的栈

栈也是线性表,也可以采用链式存储结构。如图4.20所示是栈在链式存储时的逻辑状态示意图。

图4.20　带链的栈

在实际应用中,带链的栈可以用来收集计算机存储空间中所有空闲的存储结点,这种带链的栈称为可利用栈。由于可利用栈链接了计算机存储空间中所有的空闲结点,因此,当计算机系统或用户程序需要存储结点时,就可以从中取出栈顶结点,如图4.21(b)所示;当计算机系统或用户程序释放一个存储结点(该元素从表中删除)时,则要将该结点放回到可利用栈的栈顶,如图4.21(a)所示。由此可知,计算机中的所有可利用空间都可以以结点为单位链接在可利用栈中。随着其他线性链表中结点的插入与删除,可利用栈处于动态变化之中,即可利用栈经常要进行退栈与入栈操作。

(a)从可利用栈取得一个结点 p

(b)将结点 p 送回可利用栈

图4.21　可利用栈及其运算

与顺序栈一样,带链栈的基本操作有以下几个:

(1) 栈的初始化。即建立一个空栈。

(2) 入栈运算。是指在栈顶位置插入一个元素。

(3) 退栈运算。是指取出栈顶元素并赋给一个指定的变量。

(4) 读栈顶元素。是指将栈顶元素赋给一个指定的变量。

　　由于带链栈利用的是计算机存储空间中的所有空闲存储节点,随栈的操作栈顶栈底指针动态变化。

　　3. 带链的队列

　　与栈类似,队列也是线性表,也可以采用链式存储结构。如图 4.22(a)所示是队列在链式存储时的逻辑状态示意图。如图 4.22(b)所示是将新结点 p 插入队列的示意图。如图 4.22(c)所示是将排头结点 p 退出队列的示意图。

(a) 带链的队列

(b) 在带链的队列中插入一个新结点

(c) 在带链的队列中删除一个结点

图 4.22　带链的队列及其运算

　　与顺序队列一样,带链队列的基本操作有以下几个:

　　(1) 队列的初始化。即建立一个空队列。

　　(2) 入队运算。是指在循环队列的队尾加入一个新元素。

　　(3) 退队运算。是指在循环队列的排头位置退出一个元素并赋给指定的变量。

　　在带链队列中,排头指针指向队列中第一个元素,队尾指针指向队列中最后一个元素。

4.5.2　线性链表的基本运算

　　线性链表的运算主要有以下几个:

* 在线性链表中包括指定元素的结点之前插入一个新元素;
* 在线性链表中删除包含指定元素的结点;
* 将两个线性链表按要求合并成一个线性链表;
* 将一个线性链表按要求进行分解;
* 逆转线性链表;
* 复制线性链表;
* 线性链表的排序;
* 线性链表的查找。

本小节主要讨论线性链表的插入与删除。

1. 在线性链表中查找指定元素

在对线性链表进行插入与删除的运算中,总是首先需要找到插入与删除的位置,这就需要对线性链表进行扫描查找,在线性链表中寻找包含指定元素值的前一个结点。当找到包含指定元素的前一个结点后,就可以在该结点后插入新结点或删除该结点后的一个结点。

在非空线性链表中寻找包含指定元素值 x 的前一个结点 p 的基本方法如下:从头指针指向的结点开始往后沿指针进行扫描,直到后面已没有结点或下一个结点的数据域为 x 为止。因此,由这种方法找到的结点 p 有两种可能:当线性链表中存在包含元素 x 的结点时,则找到的 p 为第一个遇到的包含元素 x 的前一个结点序号;当线性链表中不存在包含元素 x 的结点时,则找到的 p 为线性链表中的最后一个结点号。

2. 线性链表的插入

线性链表的插入是指在链式存储结构下的线性表中插入一个新元素。

为了要在线性链表中插入一个新元素,首先要给该元素分配一个新结点,以便用于存储该元素的值。新结点可以从可利用栈中取得。然后将存放新元素值的结点链接到线性链表中指定的位置。

假设可利用栈与线性链表如图 4.23(a)所示。现在要在线性链表中包含元素 x 的结点之前插入一个新元素 b。其插入过程如下:

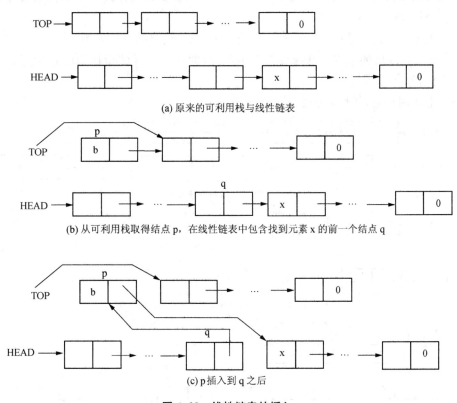

(a) 原来的可利用栈与线性链表

(b) 从可利用栈取得结点 p, 在线性链表中包含找到元素 x 的前一个结点 q

(c) p 插入到 q 之后

图 4.23　线性链表的插入

(1) 从可利用栈取得一个结点,设该结点号为 p(即取得结点的存储序号存放在变量 p 中),并置结点 p 的数据域为插入的元素值 b。经过这一步后,可利用栈的状态如图 4.23(b)所示。

（2）在线性链表中寻找包含元素 x 的前一个结点，设该结点的存储序号为 q。线性链表如图 4.23(b)所示。

（3）最后将结点 p 插入到结点 q 之后。为了实现这一步，只要改变以下两个结点的指针域内容：

① 使结点 p 指向包含元素 x 的结点（即结点 q 的后件结点）。

② 使结点 q 的指针域内容改为指向结点 p。

这一步的结果如图 4.23(c)所示。此时插入就完成了。

由线性链表的插入过程可以看出，由于插入的新结点取自于可利用栈，因此，只要可利用栈不空，在线性链表插入时总能取到存储插入元素的新结点，不会发生"上溢"的情况。而且，由于可利用栈是公用的，多个线性链表可以共享它，从而很方便地实现了存储空间的动态分配。另外，线性链表在插入过程中不发生数据元素移动的现象，只需改变有关结点的指针即可，从而提高了插入的效率。

3. 线性链表的删除

线性链表的删除是指在链式存储结构下的线性表中删除包含指定元素的结点。

为了在线性链表中删除包含指定元素的结点，首先要在线性链表中找到这个结点，然后将要删除结点放回到可利用栈。

假设可利用栈与线性链表如图 4.24(a)所示。现在要在线性链表中删除包含元素 x 的结点，其删除过程如下：

（1）在线性链表中寻找包含元素 x 的前一个结点，设该结点序号为 q。

（2）将结点 q 后的结点 p 从线性链表中删除，即让结点 q 的指针指向包含元素 x 的结点 p 的指针指向的结点。

经过上述两步后，线性链表如图 4.24(b)所示。

(a) 原来的可利用栈与线性链表

(b) 从线性链表中删除包含元素 x 的结点 p 后

(c) 将被删除后的结点 p 送回可利用栈后

图 4.24　线性链表的删除

（3）将包含元素 x 的结点 p 送回可利用栈。经过这一步后，可利用栈的状态如图4.24(c)所示。此时，线性链表的删除运算完成。

从线性链表的删除过程可以看出，在线性链表中删除一个元素后，不需要移动表的数据元素，只需改变被删除元素所在结点的前一个结点的指针域即可。另外，由于可利用栈是用于收集计算机中所有的空闲结点，因此，当从线性链表中删除一个元素后，该元素的存储结点就变为空闲，应将该空闲结点送回到可利用栈。

4.5.3　循环链表及其基本运算

前面所讨论的线性链表中，其插入与删除的运算虽然比较方便，但还存在一个问题，在运算过程中对于空表和对第一个结点的处理必须单独考虑，使空表与非空表的运算不统一。为了克服线性链表的这个缺点，可以采用另一种链接方式，即循环链表（Circular Linked List）的结构。

循环链表的结构与前面所讨论的线性链表相比，具有以下两个特点：

（1）在循环链表中增加了一个表头结点，其数据域为任意或者根据需要来设置，指针域指向线性表的第一个元素的结点。循环链表的头指针指向表头结点。

（2）循环链表中最后一个结点的指针域不是空，而是指向表头结点。即在循环链表中，所有结点的指针构成了一个环状链。

如图 4.25 所示是循环链表的示意图。其中图 4.25(a)是一个非空的循环链表，图 4.25(b)是一个空的循环链表。在此，所谓的空表与非空表是针对线性表中的元素而言。

(a) 非空循环链表

(b) 空循环链表

图 4.25　循环链表的逻辑状态

在实际应用中，循环链表与线性单链表相比主要有以下两个方面的优点：

（1）在循环链表中，只要指出表中任何一个结点的位置，就可以从它出发访问到表中其他所有的结点，而线性单链表做不到这一点。

（2）由于在循环链表中设置了一个表头结点，因此，在任何情况下循环链表中至少有一个结点存在，从而使空表与非空表的运算统一。

循环链表的插入和删除的方法与线性单链表基本相同。但由循环链表的特点可以看出，在对循环链表进行插入和删除的过程中，实现了空表与非空表的运算统一。

4.6　树与二叉树

4.6.1　树的基本概念

树(tree)是一种简单的非线性结构。在树这种数据结构中,所有数据元素之间的关系具有明显的层次特性。如图 4.26 所示为一棵一般的树。由图 4.26 可以看出,在用图形表示树这种数据结构时,很像自然界中的树,只不过是一棵倒长的树,因此,这种数据结构就用"树"来命名。

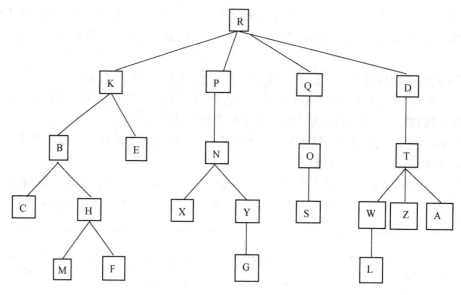

图 4.26　一般的树

在树的图形表示中,总是认为在用直线连起来的两端结点中,上端结点是前件,下端结点是后件,这样,表示前后件关系的箭头就可以省略。

在现实世界中,能用树这种数据结构表示的例子有很多。例如,如图 4.27 所示的树表

图 4.27　学校行政层次结构树

示了学校行政关系结构；如图 4.28 所示的树反映了一本书的层次结构。由于树具有明显的层次关系，因此，具有层次关系的数据都可以用树这种数据结构来描述。在所有的层次关系中，人们最熟悉的是血缘关系，按血缘关系可以很直观地理解树结构中各数据元素结点之间的关系，因此，在描述树结构时，也经常使用血缘关系中的一些述语。

图 4.28　书的层次结构树

下面介绍树这种数据结构中的一些基本特征，同时介绍有关树结构的基本术语。

在树结构中，每一个结点只有一个前件，称为父结点，没有前件的结点只有一个，称为树的根结点，简称为树的根。例如，在图 4.26 中，结点 R 是树的根结点。

在树结构中，每一个结点可以有多个后件，它们都称为该结点的子结点。没有后件的结点称为叶子结点。例如，在图 4.26 中，结点 C、M、F、E、X、G、S、L、Z、A 均为叶子结点。

在树结构中，一个结点所拥有的后件个数称为该结点的度。例如，在图 4.26 中，根结点 R 的度为 4；结点 T 的度为 3；结点 K、B、N、H 的度为 2；结点 P、Q、D、O、Y、W 的度为 1。叶子结点的度为 0。在树中，所有结点中的最大的度称为树的度。例如，图 4.26 所示的树的度为 4。一个有用小公式：树的总结点数＝树的总度数＋1。

前面已经说过，树结构具有明显的层次关系，即树是一种层次结构。在树结构中，一般按如下原则分层：

（1）根结点在第 1 层。

（2）同一层上所有结点的所有子结点都在下一层。例如，在图 4.26 中，根结点 R 在第 1 层；结点 K、P、Q、D 在第 2 层；结点 B、E、N、O、T 在第 3 层；结点 C、H、X、Y、S、W、Z、A 在第 4 层；结点 M、F、G、L 在第 5 层。

树的最大层次称为树的深度。例如，图 4.26 所示的树的深度为 5。

（3）在树中，以某结点的一个子结点为根构成的树称为该结点的一棵子树。例如，在图 4.26 中：结点 R 有 4 棵子树，它们分别以 K、P、Q、D 为根结点；结点 P 有 1 棵子树，其根结点为 N；结点 T 有 3 棵子树，它们分别以 W、Z、A 为根结点。

在树中，叶子结点没有子树。

在计算机中，可以用树结构来表示算术表达式。

在一个算术表达式中，有运算符和运算对象。一个运算符可以有若干个运算对象。例如，取正（＋）与取负（－）运算符只有一个运算对象，称为单目运算符；加（＋）、减（－）、乘（＊）、除（/）、乘幂（＊）运算符有两个运算对象，称为双目运算符；三元函数 f(x,y,z) 中的 f 为函数运算符，它有三个运算对象，称为三目运算符。一般来说，多元函数运算符有多个运算对象，称为多目运算符。算术表达式中的一个运算对象可以是子表达式，也可以是单变量（或单变数）。例如，在表达式 a＊b＋c 中，运算符"＋"有两个运算对象，其中 a＊b 为子表达式，c 为单变量；而在子表达式 a * b 中,运算符"*"有两个运算对象 a 和 b,它们都是单变量。

用树来表示算术表达式的原则如下:

① 表达式中的每一个运算符在树中对应一个结点,称为运算符结点;

② 运算符的每一个运算对象在树中为该运算符结点的子树(在树中的顺序为从左到右);

③ 运算对象中的单变量均为叶子结点。

根据以上原则,可以将表达式

$$a * (b+c/d)+e * h-g * f(s,t,x+y)$$

用如图 4.29 所示的树来表示。表示表达式的树通常称为表达式树。由图 4.29 可以看出,表示一个表达式的表达式树是不唯一的,如上述表达式可以表示成如图 4.29(a)和图 4.29(b)两种表达式树。

(a) 表达式树之一

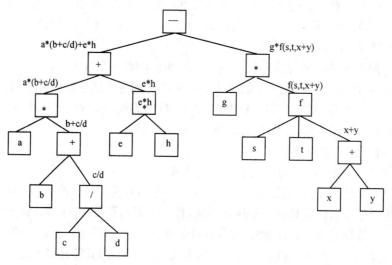

(b) 表达式树之二

图 4.29 a * (b+c/d)+e * h - g * f(s,t,x+y) 的两种表达树

　　树在计算机中通常用多重链表表示。多重链表中的每个结点描述了树中对应结点的信息，而每个结点中的链域（即指针域）个数将随树中该结点的度而定，其一般结构如图 4.30 所示。

Value(值)	Degree(度)	link₁	link₂	...	linkₙ

$$\text{Value(值)} \quad \text{Degree(度)} \quad link_1 \quad link_2 \quad \cdots \quad link_n$$

图 4.30　树链表中的结点结构

　　在表示树的多重链表中，由于树中每个结点的度一般是不同的，因此，多重链表中各结点的链域个数也就不同，这将导致对树进行处理的算法很复杂。如果用定长的结点来表示树中的每个结点，即取树的度作为每个结点的链域个数，这就可以使对树的各种处理算法大大简化。但在这种情况下，容易造成存储空间的浪费，因为有可能在很多结点中存在空链域。后面将介绍用二叉树来表示一般的树，会给处理带来方便。

4.6.2　二叉树及其基本性质

　　1. 什么是二叉树

　　二叉树（Binary Tree）是一种很有用的非线性结构。二叉树不同于前面介绍的树结构，但它与树结构很相似，并且，树结构的所有术语都可以用到二叉树这种数据结构上。

　　二叉树具有以下两个特点：

　　（1）非空二叉树只有一个根结点；

　　（2）每一个结点最多有两棵子树，且子树有左右之分，次序不可颠倒，分别称为该结点的左子树与右子树。

　　由以上特点可以看出，在二叉树中，每一个结点的度最大为 2，即所有子树（左子树或右子树）也均为二叉树，而树结构中的每一个结点的度可以是任意的。另外，二叉树中的每一个结点的子树被明显地分为左子树与右子树。在二叉树中，一个结点可以只有左子树而没有右子树，也可以只有右子树而没有左子树。当一个结点既没有左子树也没有右子树时，该结点即是叶子结点。

　　如图 4.31(a)所示是一棵只有根结点的二叉树，如图 4.31(b)所示是一棵深度为 4 的二叉树。

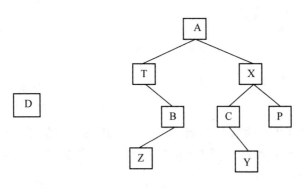

(a)只有根节点的二叉树　　　(b) 深度为4的二叉树

图 4.31　二叉图例

2. 二叉树的基本性质

二叉树具有以下几个性质：

性质 1　在二叉树的第 k 层上，最多有 $2^{k-1}(k \geqslant 1)$ 个结点。

根据二叉树的特点，这个性质是显然的。

性质 2　深度为 m 的二叉树最多有 2^m-1 个结点。

深度为 m 的二叉树是指二叉树共有 m 层。

根据性质 1，只要将第 1 层到第 m 层上的最大的结点数相加，就可以得到整个二叉树中结点数的最大值，即：

$$2^{1-1}+2^{2-1}+\cdots+2^{m-1}=2^m-1$$

性质 3　在任意一棵二叉树中，度为 0 的结点（即叶子结点）总是比度为 2 的结点多一个。

对于这个性质说明如下：

假设二叉树中有 n_0 个叶子结点，n_1 个度为 1 的结点，n_2 个度为 2 的结点，则二叉树中总的结点数为：

$$n=n_0+n_1+n_2 \tag{1}$$

由于在二叉树中除了根结点外，其余每一个结点都有唯一的一个分支进入。设二叉树中所有进入分支的总数为 m，则二叉树中总的结点数为：

$$n=m+1 \tag{2}$$

又由于二叉树中这 m 个进入分支是分别由非叶子结点射出的。其中度为 1 的每个结点射出 1 个分支，度为 2 的每个结点射出 2 个分支。因此，二叉树中所有度为 1 与度为 2 的结点射出的分支总数为 n_1+2n_2。而在二叉树中，总的射出分支数应与总的进入分支数相等，即：

$$m=n_1+2n_2 \tag{3}$$

将（3）代入（2）式有：

$$n=n_1+2n_2+1 \tag{4}$$

最后比较（1）式和（4）式有：

$$n_0+n_1+n_2=n_1+2n_2+1$$

化简后得：

$$n_0=n_2+1$$

即在二叉树中，度为 0 的结点（即叶子结点）总是比度为 2 的结点多一个。

例如，在图 4.31(b)所示的二叉树中，有 3 个叶子结点，有 2 个度为 2 的结点，度为 0 的结点比度为 2 的结点多一个。

性质 4　具有 n 个结点的二叉树，其深度至少为 $[\log_2 n]+1$，其中 $[\log_2 n]$ 表示取 $\log_2 n$ 的整数部分。

这个性质可以由性质 2 直接得到。

3. 满二叉树与完全二叉树

满二叉树与完全二叉树是两种特殊形态的二叉树。

（1）满二叉树

所谓满二叉树是指这样的一种二叉树：除最后一层外，每一层上的所有结点都有两个子结点。这就是说，在满二叉树中，每一层上的结点数都达到最大值，即在满二叉树的第 k 层上有 2^{k-1} 个结点，且深度为 m 的满二叉树有 2^m-1 个结点。

如图 4.32(a)、(b)、(c)所示分别是深度为 2、3、4 的满二叉树。

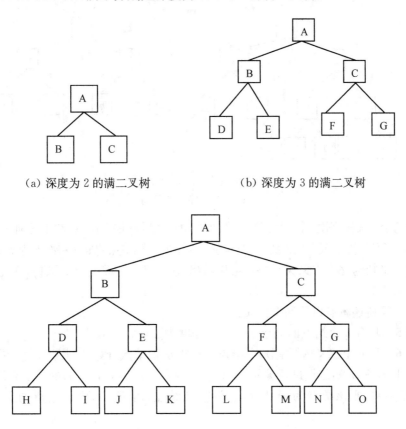

（a）深度为 2 的满二叉树　　　　　　　　（b）深度为 3 的满二叉树

（c）深度为 4 的满二叉树

图 4.32　满二叉树

（2）完全二叉树

所谓完全二叉树是指这样的二叉树：除最后一层外，每一层上的结点数均达到最大值；在最后一层上只缺少右边的若干结点。

更确切地说，如果从根结点起，对二叉树的结点自上而下、自左至右用自然数进行连续编号，则深度为 m 且有 n 个结点的二叉树，当且仅当其每一个结点都与深度为 m 的满二叉树中编号从 1 到 n 的结点一一对应时，称之为完全二叉树。

如图 4.33(a)、(b)所示分别是深度为 3、4 的完全二叉树。

(a) 深度为 3 的完全二叉树

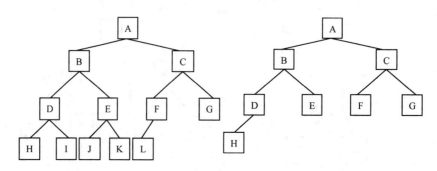

(b) 深度为 4 的完全二叉树

图 4.33　完全二叉树

对于完全二叉树来说,叶子结点只可能在层次最大的两层上出现;对于任何一个结点,若其右分支下的子孙结点的最大层次为 p,则其左分支下的子孙结点的最大层次或为 p,或为 $p+1$。

由满二叉树与完全二叉树的特点可以看出,满二叉树也是完全二叉树,而完全二叉树一般不是满二叉树。

完全二叉树还具有以下两个性质:

性质 5　具有 n 个结点的完全二叉树的深度为 $[\log_2 n]+1$。

性质 6　设完全二叉树共有 n 个结点。如果从根结点开始,按层序(每一层从左到右)用自然数 $1,2,\cdots,n$ 给结点进行编号,则对于编号为 $k(k=1,2,\cdots,n)$ 的结点有以下结论:

① 若 $k=1$,则该结点为根结点,它没有父结点;若 $k>1$,则该结点的父结点编号为 $\text{INT}(k/2)$。

② 若 $2k\leqslant n$,则编号为 k 的结点的左子结点编号为 $2k$;否则该结点无左子结点(显然也没有右子结点)。

③ 若 $2k+1\leqslant n$,则编号为 k 的结点的右子结点编号为 $2k+1$;否则该结点无右子结点。

根据完全二叉树的这个性质,如果按从上到下、从左到右顺序存储完全二叉树的各结点,则很容易确定每一个结点的父结点、左子结点和右子结点的位置。

4.6.3　二叉树的存储结构

在计算机中,二叉树通常采用链式存储结构。

与线性链表类似,用于存储二叉树中各元素的存储结点也由两部分组成:数据域与指针域。但在二叉树中,由于每一个元素可以有两个后件(即两个子结点),因此,用于存储二叉树的存储结点的指针域有两个:一个用于指向该结点的左子结点的存储地址,称为左指针域;另一个用于指向该结点的右子结点的存储地址,称为右指针域。如图 4.34 所示为二叉树存储结点的示意图。其中:L(i)为结点 i 的左指针域,即 L(i)为结点 i 的左子结点的存储地址;R(i)为结点 i 的右指针域,即 R(i)为结点 i 的右子结点的存储地址;V(i)为数据域。

Lchild	Value	Rchild
L(i)	V(i)	R(i)

图 4.34   二叉树存储结点的结构

由于二叉树的存储结构中每一个存储结点有两个指针域,因此,二叉树的链式存储结构也称为二叉链表。如图 4.35(a)、(b)、(c)所示分别表示了一棵二叉树、二叉链表的逻辑状态、二叉链表的物理状态。其中 BT 称为二叉链表的头指针,用于指向二叉树根结点(即存放二叉树根结点的存储地址)。

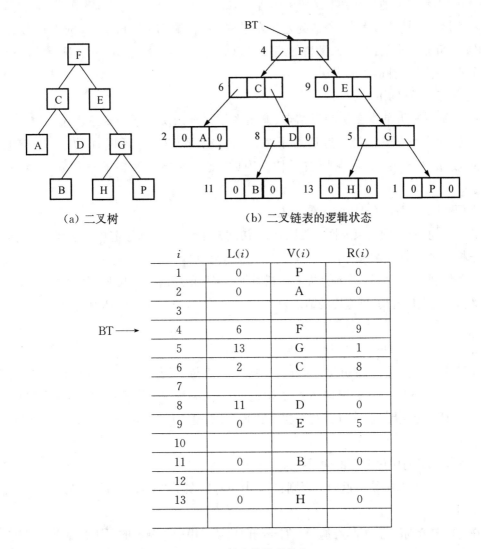

（a）二叉树   （b）二叉链表的逻辑状态

i	L(i)	V(i)	R(i)
1	0	P	0
2	0	A	0
3			
4	6	F	9
5	13	G	1
6	2	C	8
7			
8	11	D	0
9	0	E	5
10			
11	0	B	0
12			
13	0	H	0

BT ⟶ (指向第4行)

（c）二叉链表的物理状态

图 4.35   二叉树的链式存储结构

对于满二叉树与完全二叉树来说,根据完全二叉树的性质6,可以按层序进行顺序存储,这样,不仅节省了存储空间,又能方便地确定每一个结点的父结点与左右子结点的位置,但顺序存储结构对于一般的二叉树不适用。

4.6.4 二叉树的遍历

二叉树的遍历是指不重复地访问二叉树中的所有结点。

由于二叉树是一种非线性结构,因此,对二叉树的遍历要比遍历线性表复杂得多。在遍历二叉树的过程中,当访问到某个结点时,再往下访问可能有两个分支,那么先访问哪一个分支呢?对于二叉树来说,需要访问根结点、左子树上的所有结点、右子树上的所有结点,在这三者中,究竟先访问哪一个?也就是说,遍历二叉树的方法实际上是要确定访问各结点的顺序,以便不重不漏地访问到二叉树中的所有结点。

在遍历二叉树的过程中,一般先遍历左子树,然后再遍历右子树。在先左后右的原则下,根据访问根结点的次序,二叉树的遍历可以分为三种:前序遍历、中序遍历、后序遍历。下面分别介绍这三种遍历的方法。

1. 前序遍历(DLR)

所谓前序遍历是指在访问根结点、遍历左子树与遍历右子树这三者中,首先访问根结点,然后遍历左子树,最后遍历右子树;并且,在遍历左、右子树时,仍然先访问根结点,然后遍历左子树,最后遍历右子树。因此,前序遍历二叉树的过程是一个递归的过程。

下面是二叉树前序遍历的简单描述:

若二叉树为空,则结束返回。否则:(1)访问根结点;(2)前序遍历左子树;(3)前序遍历右子树。

在此特别要注意的是,在遍历左右子树时仍然采用前序遍历的方法。如果对图4.35(a)中的二叉树进行前序遍历,则遍历的结果为F,C,A,D,B,E,G,H,P(称为该二叉树的前序序列)。

2. 中序遍历(LDR)

所谓中序遍历是指在访问根结点、遍历左子树与遍历右子树这三者中,首先遍历左子树,然后访问根结点,最后遍历右子树;并且,在遍历左、右子树时,仍然先遍历左子树,然后访问根结点,最后遍历右子树。因此,中序遍历二叉树的过程也是一个递归的过程。

下面是二叉树中序遍历的简单描述:

若二叉树为空,则结束返回。否则:(1)中序遍历左子树;(2)访问根结点;(3)中序遍历右子树。

在此也要特别注意的是,在遍历左右子树时仍然采用中序遍历的方法。如果对图4.35(a)中的二叉树进行中序遍历,则遍历结果为A,C,B,D,F,E,H,G,P(称为该二叉树的中序序列)。

3. 后序遍历(LRD)

所谓后序遍历是指在访问根结点、遍历左子树与遍历右子树这三者中,首先遍历左子树,然后遍历右子树,最后访问根结点,并且,在遍历左、右子树时,仍然先遍历左子树,然后遍历右子树,最后访问根结点。因此,后序遍历二叉树的过程也是一个递归的过程。

下面是二叉树后序遍历的简单描述:

若二叉树为空,则结束返回。否则:(1) 后序遍历左子树;(2) 后序遍历右子树;(3) 访问根结点。

在此也要特别注意的是,在遍历左右子树时仍然采用后序遍历的方法。如果对图 4.35(a) 中的二叉树进行后序遍历,则遍历结果为 A, B, D, C, H, P, G, E, F(称为该二叉树的后序序列)。

由上述对二叉树的三种遍历方法可以看出,如果知道了某二叉树的前序序列和中序序列,则可以唯一的恢复该二叉树。同样,如果知道了某二叉树的后序序列和中序序列,则也可以唯一的恢复该二叉树。但如果只知道某二叉树的前序序列和后序序列,是不能唯一恢复该二叉树的。

例如:假设某二叉树的前序序列为 DBACFEG,中序序列为 ABCDEFG,则恢复该二叉树的分析过程如下:

由于在前序遍历二叉树中首先访问根节点,因此,前序序列中的第一个结点为二叉树的根结点,即 D 为二叉树的根结点。又由于在中序遍历中访问根结点的次序为居中,而访问左子树上的结点为居先,访问右子树上的结点为最后,因此,在中序序列中以根结点(D)为分界线,前面的子序列(ABC)一定在左子树中,后面的子序列(EFG)一定在右子树中。同样的道理,对于已经划分出的每一个子序列,位于前序序列最前面的一个结点为该子树的根结点,而在中序序列中位于该根结点前面的结点构成左子树上的结点子序列,位于该根结点后面的结点构成右子树上的结点子序列。这个处理过程直到所有子序列为空为止。

根据以上分析过程,该二叉树的恢复结果如图 4.36 所示。

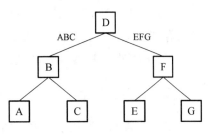

图 4.36　二叉树的恢复过程

用类似的分析方法,在已知二叉树的后序序列和中序序列的情况下恢复该二叉树的过程如下:

由于在后序遍历二叉树中访问根结点在最后,因此,后序序列中的最后一个结点为二叉树的根结点。又由于在中序遍历中访问根结点的次序为居中,而访问左子树上的结点为居先,访问右子树上的结点为最后,因此,在中序序列中以根结点为分界线,前面的子序列一定在左子树中,后面的子序列一定在右子树中。同样的道理,对于已经划分出的每一个子序列,位于后序序列最后的一个结点为该子树的根结点,而在中序序列中位于该根结点前面的结点构成左子树上的结点子序列,位于该根结点后面的结点构成右子树的结点子序列。这个处理过程直到所有子序列为空为止。

4.7　查找技术

查找是数据处理领域中的一个重要内容,查找的效率将直接影响到数据处理的效率。

所谓查找是指在一个给定的数据结构中查找某个指定的元素。通常,根据不同的数据结构,应采用不同的查找方法。平均查找长度:查找过程中关键字和给定值比较的平均次数。

4.7.1　顺序查找

顺序查找又称顺序搜索。顺序查找一般是指在线性表中查找指定的元素,其基本方法如下:

从线性表的第一个元素开始,依次将线性表中的元素与被查元素进行比较,若相等则表示找到(即查找成功);若线性表中所有的元素都与被查元素进行了比较但都不相等,则表示线性表中没有要找的元素(即查找失败)。

在进行顺序查找过程中,如果线性表中的第一个元素就是被查找元素,则只需做一次比较就查找成功,查找效率最高;但如果被查的元素是线性表中的最后一个元素,或者被查元素根本不在线性表中,则为了查找这个元素需要与线性表中所有的元素进行比较,这是顺序查找的最坏情况。在平均情况下,利用顺序查找法在线性表中查找一个元素,大约要与线性表中一半的元素进行比较。

由此可以看出,对于大的线性表来说,顺序查找的效率是很低的。虽然顺序查找的效率不高,但在下列两种情况下也只能采用顺序查找:

(1)如果线性表为无序表(即表中元素的排列是无序的),则不管是顺序存储结构还是链式存储结构,都只能用顺序查找。

(2)即使是有序线性表,如果采用链式存储结构,也只能用顺序查找。

4.7.2　二分法查找

二分法查找只适用于顺序存储的有序表。在此所说的有序表是指线性表中的元素按值非递减排列(即从小到大,但允许相邻元素值相等)。

设有序线性表的长度为 n,被查元素为 x,则对分查找的方法如下:

将 x 与线性表的中间项进行比较,若中间项的值等于 x,则说明查到,查找结束;若 x 小于中间项的值,则在线性表的前半部分(即中间项以前的部分)以相同的方法进行查找;若 x 大于中间项的值,则在线性表的后半部分(即中间项以后的部分)以相同的方法进行查找。

这个过程一直进行到查找成功或子表长度为 0(说明线性表中没有这个元素)为止。

显然,当有序线性表为顺序存储时才能采用二分查找,并且,二分查找的效率要比顺序查找高得多。可以证明,对于长度为 n 的有序线性表,在最坏情况下,二分查找只需要比较 $\log_2 n$ 次,而顺序查找需要比较 n 次。

4.8 排序技术

排序也是数据处理的重要内容。所谓排序是指将一个无序序列整理成按值非递减顺序排列的有序序列。排序的方法有很多,根据待排序序列的规模以及对数据处理的要求,可以采用不同的排序方法。本节主要介绍一些常用的排序方法。

排序可以在各种不同的存储结构上实现。在本节所介绍的排序方法中,其排序的对象一般认为是顺序存储的线性表,在程序设计语言中就是一维数组。

4.8.1 交换类排序法

所谓交换类排序法是指借助数据元素之间的互相交换进行排序的一种方法。冒泡排序法与快速排序法都属于交换类的排序方法。

1. 冒泡排序法

冒泡排序法是一种最简单的交换类排序方法,它是通过相邻数据元素的交换逐步将线性表变成有序。

冒泡排序法的基本过程如下:

首先,从表头开始往后扫描线性表,在扫描过程中逐次比较相邻两个元素的大小。若相邻两个元素中,前面的元素大于后面的元素,则将它们互换,称之为消去了一个逆序。显然,在扫描过程中,不断地将两两相邻元素中的大者往后移动,最后就将线性表中的最大者换到了表的最后,这也是线性表中最大元素应有的位置。

然后,从后到前扫描剩下的线性表,同样,在扫描过程中逐次比较相邻两个元素的大小。若相邻两个元素中,后面的元素小于前面的元素,则将它们互换,这样就又消去了一个逆序。显然,在扫描过程中,不断地将两相邻元素中的小者往前移动,最后就将剩下线性表中的最小者换到了表的最前面,这也是线性表中最小元素应有的位置。

对剩下的线性表重复上述过程,直到剩下的线性表变空为止,此时的线性表已经变为有序。

在上述排序过程中,对线性表的每一次来回扫描后,都将其中的最大者沉到了表的底部,最小者像气泡一样冒到表的前头。冒泡排序由此而得名,且冒泡排序又称下沉排序。

假设线性表的长度为 n,则在最坏情况下,冒泡排序需要经过 $n/2$ 遍的从前往后的扫描和 $n/2$ 遍的从后往前的扫描,需要的比较次数为 $n(n-1)/2$。但这个工作量不是必需的,一般情况下要小于这个工作量。

如图 4.37 所示是冒泡排序的示意图。图中有方框的元素位置表示扫描过程中最后一次发生交换的位置。由图 4.37 可以看出,整个排序实际上只用了 2 遍从前往后的扫描和

2 遍从后往前的扫描就完成了。

原序列	5	1	7	3	1	6	9	4	2	8	6
第1遍（从前往后）	5←→1		7←→3←→1←→6				9←→4←→2←→8←→6				
结果	1	5	3	1	6	7	4	2	8	6	9
（从后往前）	1	5←→3←→1			6←→7←→4←→2				8←→6		9
结果	1	1	5	3	2	6	7	4	6	8	9
第2遍（从前往后）	1	1	5←→3←→2			6	7←→4←→6			8	9
结果	1	1	3	2	5	6	4	6	7	8	9
（从后往前）	1	1	3←→2		5←→6←→4			6	7	8	9
结果	1	1	2	3	4	5	6	6	7	8	9
第3遍（从前往后）	1	1	2	3	4	5	6	6	7	8	9
最后结果	1	1	2	3	4	5	6	6	7	8	9

图 4.37　冒泡排序过程示意图

2. 快速排序法

在前面所讨论的冒泡排序法中，由于在扫描过程中只对相邻两个元素进行比较，因此，在互换两个相邻元素时只能消除一个逆序。如果通过两个（不是相邻的）元素的交换，能够消除线性表中的多个逆序，就会大大加快排序的速度。显然，为了通过一次交换能消除多个逆序，就不能像冒泡排序法那样对相邻两个元素进行比较，因为这只能使相邻两个元素进行交换，从而只能消除一个逆序。下面介绍的快速排序法可以实现通过一次交换而消除多个逆序。

快速排序法也是一种互换类的排序方法，但由于它比冒泡排序法的速度快，因此称之为快速排序法。

快速排序法的基本思想如下：

从线性表中选取一个元素，设为 T，将线性表后面小于 T 的元素移到前面，而前面大于 T 的元素移到后面，结果就将线性表分成了两部分（称为两个子表），T 插入到其分界线的位置处，这个过程称为线性表的分割。通过对线性表的一次分割，就以 T 为分界线，将线性表分成了前后两个子表，且前面子表中的所有元素均不大于 T，而后面子表中的所有元素均不小于 T。

如果对分割后的各子表再按上述原则进行分割，并且，这种分割过程可以一直做下去，直到所有子表为空为止，则此时的线性表就变成了有序表。

由此可知，快速排序法的关键是对线性表进行分割，以及对各分割出的子表再进行分割，这个过程如图 4.38 所示。

图 4.38　快速排序示意图

在对线性表或子表进行实际分割时,可以按如下步骤进行:

首先,在表的第一个、中间一个与最后一个元素中选取中项,设为 P(k),并将 P(k)赋给 T,再将表中的第一个元素移到 P(k)的位置上。

然后设置两个指针 i 和 j 分别指向表的起始与最后的位置。反复操作以下两步:

(1) 将 j 逐渐减小,并逐次比较 P(j)与 T,直到发现一个 P(j)<T 为止,将 P(j)移到 P(i)的位置上。

(2) 将 i 逐渐增大,并逐次比较 P(i)与 T,直到发现一个 P(i)>T 为止,将 P(i)移到 P(j)的位置上。

上述两个操作交替进行,直到指针 i 与 j 指向同一个位置(即 $i=j$)为止,此时将 T 移到 P(i)的位置上。

在快速排序过程中,随着对各子表不断地进行分割,划分出的子表会越来越多,但一次又只能对一个子表进行再分割处理,需要将暂时不分割的子表记忆起来,这就要用一个栈来实现。在对某个子表进行分割后,可以将分割出的后一个子表的第一个元素与最后一个元素的位置压入栈中,而继续对前一个子表进行再分割;当分割出的子表为空时,可以从栈中退出一个子表(实际上只是该子表的第一个元素与最后一个元素的位置)进行分割。重复这个过程直到栈空为止,此时说明所有子表为空,没有子表再需要分割,排序就完成了。

由此可以看出,快速排序可以设计成一个递归算法,上述处理过程由程序自动完成。

快速排序在最坏情况下需要进行 $n(n-1)/2$ 次比较,但实际的排序效率要比冒泡排序高得多。

4.8.2　插入类排序法

冒泡排序法与快速排序法本质上都是通过数据元素的交换来逐步消除线性表中的逆序。本小节讨论另一类排序的方法,即插入类排序法。

1. 简单插入排序法

所谓插入排序,是指将无序序列中的各元素依次插入到已经有序的线性表中。

我们可以想象,在线性表中,只包含第1个元素的子表显然可以看成是有序表。接下来的问题是,从线性表的第2个元素开始直到最后一个元素,逐次将其中的每一个元素插入到前面已经有序的子表中。一般来说,假设线性表中前 $j-1$ 个元素已经有序,现在要将线性表中第 j 个元素插入到前面的有序子表中,插入过程如下:

首先将第 j 个元素放到一个变量 T 中,然后从有序子表的最后一个元素(即线性表中第 $j-1$ 个元素)开始,往前逐个与 T 进行比较,将大于 T 的元素均依次向后移动一个位置,直到发现一个元素不大于 T 为止,此时就将 T(即原线性表中的第 j 个元素)插入到刚移出的空位置上,有序子表的长度就变为 j 了。

如图 4.39 所示为插入排序的示意图。图中画有方框的元素表示刚被插入到有序子表中。

```
5  1  7  3  1  6  9  4  2  8  6
   ↑
   j = 2

□1 5  7  3  1  6  9  4  2  8  6
         ↑
         j = 3

1  5  □7 3  1  6  9  4  2  8  6
            ↑
            j = 4

1  □3 5  7  1  6  9  4  2  8  6
               ↑
               j = 5

1  □1 3  5  7  6  9  4  2  8  6
                  ↑
                  j = 6

1  1  3  5  □6 7  9  4  2  8  6
                     ↑
                     j = 7

1  1  3  5  6  7  □9 4  2  8  6
                        ↑
                        j = 8

1  1  3  □4 5  6  7  9  2  8  6
                           ↑
                           j = 9

1  1  □2 3  4  5  6  7  9  8  6
                              ↑
                              j = 10

1  1  2  3  4  5  6  7  □8 9  6
                                 ↑
                                 j = 11

1  1  2  3  4  5  6  □6 7  8  9
```

图 4.39　简单插入排序示意图

在简单插入排序法中,每一次比较后最多移掉一个逆序,因此,这种排序方法的效率与冒泡排序法相同。在最坏情况下,简单插入排序需要 $n(n-1)/2$ 次比较。

2. 希尔排序法

希尔排序法(Shell Sort)属于插入类排序,但它对简单插入排序做了较大的改进。

希尔排序法的基本思想如下:

将整个无序序列分割成若干小的子序列分别进行插入排序。

子序列的分割方法如下:

将相隔某个增量 h 的元素构成一个子序列。在排序过程中,逐次减小这个增量,最后当 h 减到 1 时,进行一次插入排序,排序就完成。

增量序列一般取 $h_t = n/2^k (k=1,2,\cdots,[\log_2 n])$,其中 n 为待排序序列的长度。

如图 4.40 所示为希尔排序法的示意图。

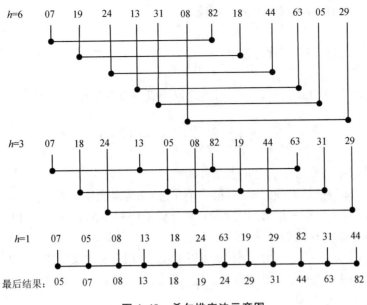

图 4.40　希尔排序法示意图

　　在希尔排序过程中,虽然对于每一个子表采用的仍是插入排序,但是,在子表中每进行一次比较就有可能移去整个线性表中的多个逆序,从而改善了整个排序过程的性能。

　　希尔排序的效率与所选取的增量序列有关。如果选取上述增量序列,则在最坏情况下,希尔排序所需要的比较次数为 $O(n^{1.5})$。

4.8.3　选择类排序法

　　1. 简单选择排序法

　　选择排序法的基本思想如下:

　　扫描整个线性表,从中选出最小的元素,将它交换到表的最前面(这是它应有的位置);然后对剩下的子表采用同样的方法,直到子表空为止。

　　对于长度为 n 的序列,选择排序需要扫描 $n-1$ 遍,每一遍扫描均从剩下的子表中选出最小的元素,然后将该最小的元素与子表中的第一个元素进行交换。如图 4.41 所示为这种排序法的示意图,图中有方框的元素是刚被选出来的最小元素。

原序列	89	21	56	48	85	16	19	47
第 1 遍选择	16	21	56	48	85	89	19	47
第 2 遍选择	16	19	56	48	85	89	21	47
第 3 遍选择	16	19	21	48	85	89	56	47
第 4 遍选择	16	19	21	47	85	89	56	48
第 5 遍选择	16	19	21	47	48	89	56	85
第 6 遍选择	16	19	21	47	48	56	89	85
第 7 遍选择	16	19	21	47	48	56	85	89

图 4.41　简单选择排序法示意图

简单选择排序法在最坏情况下需要比较 $n(n-1)/2$ 次。

2. 堆排序法

堆排序法属于选择类的排序方法。

堆的定义如下：

具有 n 个元素的序列 $(h_1, h_2, \cdots, h_n)$，当且仅当满足以下条件：

$$\begin{cases} h_i \geqslant h_{2i} \\ h_i \geqslant h_{2i+1} \end{cases} \text{或} \begin{cases} h_i \leqslant h_{2i} \\ h_i \leqslant h_{2i+1} \end{cases} \quad (i = 1, 2, \cdots, n/2)$$

时称之为堆。本节只讨论满足前者条件的堆。

由堆的定义可以看出，堆顶元素（即第一个元素）必为最大项。

在实际处理中，可以用一维数组 $H(1:n)$ 来存储堆序列中的元素，也可以用完全二叉树来直观地表示堆的结构。例如，序列 (91，85，53，36，47，30，24，12) 是一个堆，它所对应的完全二叉树如图 4.42 所示。由图 4.42 可以看出，在用完全二叉树表示堆时，树中所有非叶子结点值均不小于其左、右子树的根结点值，因此，堆顶（完全二叉树的根结点）元素必为序列的 n 个元素中的最大项。

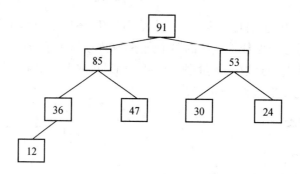

图 4.42　堆顶元素为最大的堆

在具体讨论堆排序法之前，先讨论这样一个问题：在一棵具有 n 个结点的完全二叉树（用一维数组 $H(1:n)$ 表示）中，假设结点 $H(m)$ 的左右子树均为堆，现要将以 $H(m)$ 为根结点的子树也调整为堆。这是调整建堆的问题。

例如，假设图 4.43(a) 是某完全二叉树的一棵子树。显然，在这棵子树中，根结点 47 的左、右子树均为堆。现在为了将整个子树调整为堆，首先将根结点 47 与其左、右子树的根结点值进行比较，此时由于左子树根结点 91 大于右子树根结点 53，且它又大于根结点 47，因此，根据堆的条件，应将元素 47 与 91 交换，如图 4.43(b) 所示。经过这一次交换后，破坏了原来左子树的堆结构，需要对左子树再进行调整，将元素 85 与 47 进行交换，调整后的结果如图 4.43(c) 所示。

(a)

(b)   (c)

图 4.43 调整建堆示意图

由这个例子可以看出,在调整建堆的过程中,总是将根结点值与左、右子树的根结点值进行比较,若不满足堆的条件,则将左、右子树根结点值中的大者与根结点值进行交换。这个调整过程一直做到所有子树均为堆为止。

有了调整建堆的算法后,就可以将一个无序序列建成为堆。

假设无序序列 $H(1:n)$ 以完全二叉树表示。从完全二叉树的最后一个非叶子结点(即第 $n/2$ 个元素)开始,直到根结点(即第一个元素)为止,对每一个结点进行调整建堆,最后就可以得到与该序列对应的堆。

根据堆的定义,可以得到堆排序的方法如下:

(1) 首先将一个无序序列建成堆;

(2) 然后将堆顶元素(序列中的最大项)与堆中最后一个元素交换(最大项应该在序列的最后)。不考虑已经换到最后的那个元素,只考虑前 $n-1$ 个元素构成的子序列,显然,该子序列已不是堆,但左、右子树仍为堆,可以将该子序列调整为堆。反复做第(2)步,直到剩下的子序列为空为止。

堆排序的方法对于规模较小的线性表并不适合,但对于较大规模的线性表来说是很有效的。在最坏情况下,堆排序需要比较的次数为 $O(n\log_2 n)$。

4.9 课程思政

算 法

算法是中国古代数学的优良传统。《九章算术》及其刘徽开创了中国传统数学构造性和机械化的算法模式。中国传统数学以算为主、以术为法的算法体系,同古希腊以《几何原本》为代表的逻辑演绎和公理化体系异其旨趣,在数学历史发展的进程中争雄媲美,交相辉映。吴文俊先生提出,数学机械化思想贯穿于中国传统数学,数学机械化思想是我国古代数学的精髓。他分析了中国传统数学的光辉成就在数学科学进步历程中的地位和作用。明确指出,源于西方的公理化思想和源于中国的机械化思想,对于数学的发展都发挥了巨大作用,理应兼收并蓄。现代计算机科学是算法的科学,它所需的数学方法,与《九章算术》中传统的方法体系若合符节。

《算数书》成书于西汉初年,是传世的中国最早的数学专著,它是 1984 年由考古学家在湖北江陵张家山出土的汉代竹简中发现的。《周髀算经》编纂于西汉末年,它虽然是一本关于"盖天说"的天文学著作,但是包括两项数学成就:

(1)勾股定理的特例或普遍形式。"若求邪至日者,以日下为勾,日高为股,勾股各自乘,并而开方除之,得邪至日。"——这是中国最早关于勾股定理的书面记载。

(2)测太阳高或远的"陈子测日法"。

《九章算术》在中国古代数学发展过程中占有非常重要的地位。它经过许多人整理而成,大约成书于东汉时期。全书共收集了 246 个数学问题并且提供其解法,主要内容包括分数四则和比例算法、各种面积和体积的计算、关于勾股测量的计算等。在代数方面,《九章算术》在世界数学史上最早提出负数概念及正负数加减法法则。

注重实际应用是《九章算术》的一个显著特点,该书的一些知识还传播至印度和阿拉伯,甚至经过这些地区远至欧洲。《九章算术》标志以筹算为基础的中国古代数学体系的正式形成。中国古代数学在三国及两晋时期侧重于理论研究,其中以赵爽与刘徽为主要代表人物。赵爽是三国时期吴人,在中国历史上他是最早对数学定理和公式进行证明的数学家之一,其学术成就体现于对《周髀算经》的阐释。在《勾股圆方图注》中,他还用几何方法证明了勾股定理。用几何方法求解二次方程也是赵爽对中国古代数学的一大贡献,三国时期魏人刘徽则注释了《九章算术》,其著作《九章算术注》不仅对《九章算术》的方法、公式和定理进行一般的解释和推导,而且系统地阐述了中国传统数学的理论体系与数学原理,并且多有创造,其发明的"割圆术"(圆内接正多边形面积无限逼近圆面积),为圆周率的计算奠定了基础,用刘

刘徽

徽自己的原话就是"割之弥细,所失弥少,割之又割,以至于不可割,则与圆合体而无所失矣。"他的思想后来又得到祖冲之的推进和发展,计算出圆周率的近似值在世界上很长时间里处于领先地位。

刘徽从圆内接正六边形开始,让边数逐次加倍,逐个算出这些圆内接正多边形的面积,从而得到一系列逐渐递增的数值,一步一步地逼近圆面积,最后求出圆周率的近似值。可以想象在当时需要付出多么艰辛的劳动,现在让我们用刘徽的思想,使用计算机求圆周率的近似值,计算机最大的特点是运算速度快,只要我们将运算规律告诉计算机,计算机会迅速得到所求的答案。

同时刘徽还算出圆周率的近似值"3927/1250(3.1416)"。他设计的"牟合方盖"的几何模型为后人寻求球体积公式打下重要基础。在研究多面体体积过程中,刘徽运用极限方法证明了"阳马术"。另外,《海岛算经》也是刘徽所著的一部测量数学著作,是中国学者编撰的最早一部测量数学著作,亦为地图学提供了数

弧田图

学基础。

从中国古代数学几千年的发展历程中,我们不难看出中国古代数学思想与西方数学思想的诸多不同点,这是其独具特色的一面。中国古代数学思想特点:

1. 实用性

《九章算术》收集的每个问题都是与生产实践有联系的应用题,以解决问题为目的。从《九章算术》开始,中国古典数学著作的内容,几乎都与当时社会生活的实际需要有着密切的联系。这不仅表现在中国的算学经典基本上都遵从问题集解的体例编纂而成,而且它所涉及的内容反映了当时社会政治、经济、军事、文化等方面的某些实际情况和需要,以致史学家们常常把古代数学典籍作为研究中国古代社会经济生活、典章制度(特别是度量衡制度),以及工程技术(例如土木建筑、地图测绘)等方面的珍贵史料。而明代中期以后兴起的珠算著作,所论则更是直接应用于商业等方面的计算技术。中国古代数学典籍具有浓厚的应用数学色彩,在中国古代数学发展的漫长历史中,应用始终是数学的主题,而且中国古代数学的应用领域十分广泛,著名的十大算经清楚地表明了这一点,同时也表明"实用性"又是中国古代数学合理性的衡量标准。这与古代希腊数学追求纯粹"理性"形成强烈的对照。其实,中国古代数学一开始就同天文历法结下了不解之缘。中算史上许多具有世界意义的杰出成就就是来自历法推算的。例如,举世闻名的"大衍求一术"(一次同余式组解法)产于历法上元积年的推算,由于推算日、月、五星行度的需要中算家创立了"招差术"(高次内插法);而由于调整历法数据的要求,历算家发展了分数近似法。所以,实用性是中国传统数学的特点之一。

2. 算法程序化

中国传统数学的实用性,决定了它以解决实际问题和提高计算技术为其主要目标。不管是解决问题的方式还是具体的算法,中国数学都具有程序性的特点。中国古代的计算工具是算筹,是以算筹为计算工具来记数,列式和进行各种演算的方法。有人曾经将中国传统数学与今天的计算技术对比,认为算筹相应于电子计算机可以看作"硬件",那么中国古代的"算术"可以比做电子计算机计算的程序设计,是一种软件的思想。这种看法是很有道理的。中国的筹算不用运算符号,无须保留运算的中间过程,只要求通过筹式的逐步变换而最终获得问题的解答。因此,中国古代数学著作中的"术",都是用一套一套的"程序语言"所描写的程序化算法。各种不同的筹法都有其基本的变换法则和固定的演算程序。中算家善于运用演算的对称性、循环性等特点,将演算程序设计得十分简捷而巧妙。如果说古希腊的数学家以发现数学的定理为目标,那么中算家则以创造精致的算法为己任。这种设计等式、算法之风气在中算史上长盛不衰,清代李锐所设计的"调日法术"和"求强弱术"等都可以说是我国古代传统的遗风。古代数学大体可以分为两种不同的类型:一种是长于逻辑推理,一种是发展计算方法。这也大致代表了西方数学和东方数学的不同特色。虽然以算为主的某些特点也为东方的古代印度数学和中世纪的阿拉伯数学所具有,但是,中国传统数学在这方面更具有典型性。中算对于算具的依赖性和形成一整套程序化的特点尤为突出,例如,印度和阿拉伯在历史上虽然也使用过土盘等算具,但都是辅助性的,主要还是使用笔算,与中国长期使用的算筹和珠算的情形大不相同,自然也没有形成像中国这样一贯的与"硬件"相对应的整套"软件"。

3. 模型化

《九章算术》中大多数问题都具有一般性解法,是一类问题的模型,同类问题可以按同种方法解出。其实,以问题为中心、以算法为基础,主要依靠归纳思维建立数学模型,强调基本法则及其推广,是中国传统数学思想的精髓之一。中国传统数学的实用性,要求数学研究的结果能对各种实际问题进行分类,对每类问题给出统一的解法;以归纳为主的思维方式和以问题为中心的研究方式,倾向于建立基本问题的结构与解题模式,一般问题则被化归、分解为基本问题解决。由于中国传统数学未能建立起一套抽象的数学符号系统,对一般原理、法则的叙述一方面是借助文辞,一方面是通过具体问题的解题过程加以演示,使具体问题成为相应的数学模型。这种模型虽然和现代的数学模型有一定的区别,但二者在本质上是一样的。

4. 寓理于算

由于中国传统数学注重解决实际问题,而且因中国人综合、归纳思维的决定,所以中国传统数学不关心数学理论的形式化,但这并不意味中国传统仅停留在经验层次上而无理论建树。其实中国数学的算法中蕴涵着建立这些算法的理论基础,中国数学家习惯把数学概念与方法建立在少数几个不证自明、形象直观的数学原理之上,如代数中的"率"的理论,平面几何中的"出入相补"原理,立体几何中的"阳马术"、曲面体理论中的"截面原理"(或称刘祖原理,即卡瓦列利原理)等等。

中国传统数学思想有着自己的渊源和模式,有其长,也有其短。在初等数学领域之内,正是这种传统数学思想把我国数学推向世界的最高峰。许多国家与我国相比,望尘莫及。好的传统我们应当学会继承和发展。我们应当好好研究中国古代数学的独特之处,并将其加以应用,以指导当代的数学研究工作。对于落后不利于数学发展的思想我们又要学会放弃,要从中吸取教训,努力加强中西文化交流,尽可能多吸取西方数学的精华与长处。这样我们的数学才能在真正意义上走向成熟。继承和发展中国传统数学思想,"纯粹的"民族传统是不行的,要面向世界,面向现代化,我们应该恰当调节数学和环境的关系,为数学提供源源不断的动力机制。并建立一套完善的理论体系,把应用广泛地拓展开来。另一方面我们要提高数学抽象结构,加强其内在联系,注重分析,全面把握,只有这样才是真正意义上认识了我国古代数学思想中体现出来的优与劣,我们的数学也才能拥有一片光明的前景。

队　列

队列用来存储逻辑关系为"一对一"的数据,是一种"特殊"的线性存储结构。

和顺序表、链表相比,队列的特殊性体现在以下两个方面:

1. 元素只能从队列的一端进入,从另一端出去,如下图所示:

队列

通常将元素进入队列的一端称为"队尾",进入队列的过程称为"入队";将元素从队列中出去的一端称为"队头",出队列的过程称为"出队"。

2. 队列中各个元素的进出必须遵循"先进先出"的原则,即最先入队的元素必须最先出队。

以图 1 所示的队列为例,从各个元素在队列中的存储状态不难判定,元素 1 最先入队,然后是元素 2 入队,最后是元素 3 入队。如果此时想将元素 3 出队,根据"先进先出"原则,必须先将元素 1 和 2 依次出队,最后才能轮到元素 3 出队。

队列在操作系统中应用的十分广泛,比如用它解决 CPU 资源的竞争问题。对于一台计算机来说,CPU 通常只有 1 个,是非常重要的资源。如果在很短的时间内,有多个程序向操作系统申请使用 CPU,就会出现竞争 CPU 资源的现象。不同的操作系统,解决这一问题的方法是不一样的,有一种方法就用到了队列这种存储结构。

假设在某段时间里,有 A、B、C 三个程序向操作系统申请 CPU 资源,操作系统会根据它们的申请次序,将它们排成一个队列。根据"先进先出"原则,最先进队列的程序出队列,并获得 CPU 的使用权。待该程序执行完或者使用 CPU 一段时间后,操作系统会将 CPU 资源分配给下一个出队的程序,以此类推。如果该程序在获得 CPU 资源的时间段内没有执行完,则只能重新入队,等待操作系统再次将 CPU 资源分配给它。

4.10　习　题

一、选择题

1. 算法的时间复杂度是指(　　　)。

A. 执行算法程序所需要的时间　　　　B. 算法程序的长度

C. 算法执行过程中所需要的基本运算次数　　D. 算法程序中的指令条数

2. 算法的空间复杂度是指(　　　)。

A. 算法程序的长度　　　　　　　　　B. 算法程序中的指令条数

C. 算法程序所占的存储空间   D. 算法执行过程中所需要的存储空间

3. 下列叙述中正确的是(   )。

A. 线性表是线性结构   B. 栈与队列是非线性结构

C. 线性链表是非线性结构   D. 二叉树是线性结构

4. 数据的存储结构是指(   )。

A. 数据所占的存储空间量   B. 数据的逻辑结构在计算机中的表示

C. 数据在计算机中的顺序存储方式   D. 存储在外存中的数据

5. 下列关于队列的叙述中正确的是(   )。

A. 在队列中只能插入数据   B. 在队列中只能删除数据

C. 队列是先进先出的线性表   D. 队列是先进后出的线性表

6. 下列关于栈的叙述中正确的是(   )。

A. 在栈中只能插入数据   B. 在栈中只能删除数据

C. 栈是先进先出的线性表   D. 栈是先进后出的线性表

7. 设有下列二叉树：

对此二叉树中序遍历的结果为(   )。

A. ABCDEF   B. DBEAFC   C. ABDECF   D. DEBFCA

8. 在深度为 5 的满二叉树中,叶子结点的个数为(   )。

A. 32   B. 31   C. 16   D. 15

9. 对长度为 n 的线性表进行顺序查找,在最坏情况下所需要的比较次数为(   )。

A. $n+1$ B. n C. $(n+1)/2$ D. $n/2$

10. 设树 T 的度为 4,其中度为 1，2，3，4 的结点个数分别为 4，2，1，1。则 T 中的叶子结点数为(   )。

A. 8   B. 7   C. 6   D. 5

11. 设一棵二叉树的中序序列为 DBEAFC,前序序列为 ABDECF,则后序序列为(   )。

A. ABCDEF   B. DBEAFC   C. ABDECF   D. DEBFCA

12. 设一棵树完全二叉树共有 700 个结点,则该完全二叉树中的叶子结点数为(   )。

A. 351   B. 350   C. 349   D. 348

13. 对长度为 n 的有序线性表进行二分查找,在最坏情况下所需要的比较次数为(   )。

A. $n-1$ B. $n/2$ C. $(n-1)/2$ D. $\log_2 n$

14. 下列排序法中,在最坏情况下时间复杂度最小的是(   )。

A. 快速排序   B. 希尔排序   C. 堆排序   D. 冒泡排序

15. 设循环队列为 Q(1:m),其初始状态为 front=rear=m。经过一系列入队与退队运算后,front＝30,rear＝10.现要在该循环队列中作顺序查找,最坏情况下需要比较的次数为(　　)。

A. 19　　　　　　B. 20　　　　　　C. $m-19$　　　　　D. $m-20$

16. 设数据集合为 D＝{1,3,5,7,9},D 上的关系为 R。下列数据结构 B＝(D,R)中为非线性结构的是(　　)。

A. R＝{(5,1),(7,9),(1,7),(9,3)}　　　　B. R＝{(9,7),(1,3),(7,1),(3,5)}

C. R＝{(1,9),(9,7),(7,5),(5,3)}　　　　D. R＝{(1,3),(3,5),(5,9)}

17. 设某棵树的度为 3,其中度为 2,1,0 的结点个数分别为 3,4,15,则该树中总结点数为(　　)。

A. 30　　　　　　　　　　　　　B. 22

C. 35　　　　　　　　　　　　　D. 不存在这样一棵树

18. 设循环队列为 Q(1:50),其初始状态为 front＝rear＝50。经过一系列正常的入队与退队运算后,front＝rear＝25,此后又正常的插入了一个元素,则循环队列中的元素个数为(　　)。

A. 51　　　　　　B. 50　　　　　　C. 49　　　　　　D. 1

二、填空题

1. 在长度为 n 的有序线性表中进行二分查找,需要的比较次数＿＿＿＿。

2. 设一棵完全二叉树共有 700 个结点,则在该二叉树中有＿＿＿＿个叶子结点。

3. 设一棵二叉树的中序遍历结果为 DBEAFC,前序遍历结果为 ABDECF,则后序遍历结果＿＿＿＿。

4. 在最坏情况下,冒泡排序的时间复杂度为＿＿＿＿。

5. 在一个容量为 15 的循环队列中,若头指针 front＝6,尾指针 rear＝9,则该循环队列中共有＿＿＿＿个元素。

第五章　程序设计基础

5.1　程序设计方法与风格

程序设计是一门技术,需要相应的理论、技术、方法和工具来支持。就程序设计方法和技术的发展而言,主要经过了结构化程序设计和面向对象的程序设计阶段。

除了好的程序设计方法和技术之外,程序设计风格也是很重要的。因为程序设计风格会深刻地影响软件的质量和可维护性,良好的程序设计风格可以使程序结构清晰合理,使程序代码便于维护,因此,程序设计风格对保证程序的质量是很重要的。

一般来讲,程序设计风格是指编写程序时所表现出的特点、习惯和逻辑思路。程序是由人来编写的,为了测试和维护程序,往往还要阅读和跟踪程序,因此程序设计的风格总体而言应该强调简单和清晰,程序必须是可以理解的。可以认为,著名的"清晰第一,效率第二"的论点已成为当今主导的程序设计风格。

要形成良好的程序设计风格,主要应注重和考虑下述一些因素。

1. 源程序文档化

源程序文档化应考虑如下几点:

(1)符号名的命名:符号名的命名应具有一定的实际含义,以便于对程序功能的理解。

(2)程序注释:正确的注释能够帮助读者理解程序。注释一般分为序言性注释和功能性注释。序言性注释通常位于每个程序的开头部分,它给出程序的整体说明,主要描述内容可以包括:程序标题、程序功能说明、主要算法、接口说明、程序位置、开发简历、程序设计者、复审者、复审日期、修改日期等。功能性注释的位置一般嵌在源程序体之中,主要描述其后的语句或程序做什么。

(3)视觉组织:为使程序的结构一目了然,可以在程序中利用空格、空行、缩进等技巧使程序层次清晰。

2. 数据说明方法

在编写程序时,需要注意数据说明的风格,以便使程序中的数据说明更易于理解和维护。一般应注意如下几点:

(1)数据说明的次序规范化。鉴于程序理解、阅读和维护的需要,使数据说明次序固定,可以使数据的属性容易查找,也有利于测试、排错和维护。

(2)说明语句中变量安排有序化。当一个说明语句说明多个变量时变量按照字母顺序排序为好。

(3)使用注释来说明复杂数据的结构。

3. 语句的结构

程序应该简单易懂,语句构造应该简单直接,不应该为提高效率而把语句复杂化。一般应注意如下:

(1) 在一行内只写一条语句;

(2) 程序编写应优先考虑清晰性;

(3) 除非对效率有特殊要求,程序编写要做到清晰第一,效率第二;

(4) 首先要保证程序正确,然后才要求提高速度;

(5) 避免使用临时变量而使程序的可读性下降;

(6) 避免不必要的转移;

(7) 尽可能使用库函数;

(8) 避免采用复杂的条件语句;

(9) 尽量减少使用"否定"条件的条件语句;

(10) 数据结构要有利于程序的简化;

(11) 要模块化,使模块功能尽可能单一化;

(12) 利用信息隐蔽,确保每一个模块的独立性;

(13) 从数据出发去构造程序;

(14) 不要修补不好的程序,要重新编写。

4. 输入和输出

输入和输出信息是用户直接关心的,输入和输出方式和格式应尽可能方便用户的使用,因为系统能否被用户接受,往往取决于输入和输出的风格。无论是批处理的输入和输出方式,还是交互式的输入和输出方式,在设计和编程时都应该考虑如下原则:

(1) 对所有的输入数据都要检验数据的合法性;

(2) 检查输入项的各种重要组合的合理性;

(3) 输入格式要简单,以使得输入的步骤和操作尽可能简单;

(4) 输入数据时,应允许使用自由格式;

(5) 应允许缺省值;

(6) 输入一批数据时,最好使用输入结束标志;

(7) 在以交互式输入/输出方式进行输入时,要在屏幕上使用提示符明确提示输入的请求,同时在数据输入过程中和输入结束时,应在屏幕上给出状态信息;

(8) 当程序设计语言对输入格式有严格要求时,应保持输入格式与输入语句的一致性;给所有的输出加注释,并设计输出报表格式。

5.2　结构化程序设计

由于软件危机的出现,人们开始研究程序设计方法,其中最受关注的是结构化程序设计方法。20 世纪 70 年代提出了"结构化程序设计(Structured Programming)"的思想和方法。结构化程序设计方法引入了工程思想和结构化思想,使大型软件的开发和编程都得到了极大的改善。

5.2.1　结构化程序设计的原则

结构化程序设计方法的主要原则可以概括为：自顶向下，逐步求精，模块化，限制使用 GOTO 语句。

（1）自顶向下：程序设计时，应先考虑总体，后考虑细节；先考虑全局目标，后考虑局部目标。不要一开始就过多追求众多的细节，先从最上层总目标开始设计，逐步使问题具体化。

（2）逐步求精：对复杂问题，应设计一些子目标作过渡，逐步细化。

（3）模块化：一个复杂问题，肯定是由若干稍简单的问题构成。模块化是把程序要解决的总目标分解为分目标，再进一步分解为具体的小目标，每个小目标成为一个模块。

（4）限制使用 GOTO 语句。

实际上，结构化程序设计方法的起源来自对 GOTO 语句的认识和争论。肯定的结论是：在块和进程的非正常出口处往往需要用 GOTO 语句，使用 GOTO 语句会使程序执行效率较高；在合成程序目标时，GOTO 语句往往是有用的，如返回语句用 GOTO。否定的结论是：GOTO 语句是有害的，是造成程序混乱的祸根，程序的质量与 GOTO 语句的数量成反比，应该在所有高级程序设计语言中取消 GOTO 语句。取消 GOTO 语句后，程序易理解、易排错、易维护，程序容易进行正确性证明。作为争论的结论，1974 年 Knuth 发表了令人信服的总结，并证实了：

① 滥用 GOTO 语句确实有害，应尽量避免；

② 完全避免使用 GOTO 语句也并非是个明智的方法，有些地方使用 GOTO 语句，会使程序流程更清楚、效率更高；

③ 争论的焦点不应该放在是否取消 GOTO 语句，而应该放在用什么样的程序结构上。

其中最关键的是，肯定了以提高程序清晰性为目标的结构化方法。

5.2.2　结构化程序的基本结构与特点

结构化程序设计方法是程序设计的先进方法和工具。采用结构化程序设计方法编写程序，可使程序结构良好、易读、易理解、易维护。1966 年，Boehm 和 Jacopini 证明了程序设计语言仅仅使用顺序、选择和循环三种基本控制结构就足以表达出各种其他形式结构的程序设计方法。

（1）顺序结构：顺序结构是一种简单的程序设计，它是最基本、最常用的结构，如图 5.1 所示。顺序结构是顺序执行结构，所谓顺序执行，就是按照程序语句行的自然顺序，一条语句一条地执行程序。

（2）选择结构：选择结构又称为分支结构，它包括简单选择和多分支选择结构，这种结构可以根据设定的条件，判断应该选择哪一条分支来执行相应的语句序列。如图 5.2 所示列出了包含 2 个分支的简单选择结构，菱形表示条件表达式。

图 5.1 顺序结构　　　　图 5.2 选择结构

（3）循环结构：循环结构根据给定的条件，判断是否需要重复执行某一相同的或类似的程序段，利用循环结构可简化大量的程序行。在程序设计语言中，循环结构对应两类循环语句，对先判断后执行循环体的称为当型循环结构，如图 5.3 所示。对先执行循环体后判断的称为直到型循环结构，如图 5.4 所示。

图 5.3 当型循环结构　　　　图 5.4 直到型循结构

　　总之，遵循结构化程序的设计原则，按结构化程序设计方法设计出的程序具有明显的优点，其一，程序易于理解、使用和维护。程序员采用结构化编程方法，便于控制、降低程序的复杂性，因此容易编写程序。便于验证程序的正确性，结构化程序清晰易读，可理解性好，程序员能够进行逐步求精、程序证明和测试，以确保程序的正确性，程序员容易阅读并被人理解，便于用户使用和维护。其二，提高了编程工作的效率，降低了软件开发成本。由于结构化编程方法能够把错误控制到最低限度，因此能够减少调试和查错时间。结构化程序是由一些为数不多的基本结构模块组成，这些模块甚至可以由机器自动生成，从而极大地减轻了编程工作量。

5.2.3　结构化程序设计原则和方法的应用

　　基于对结构化程序设计原则、方法以及结构化程序基本构成结构的掌握和了解，在结构

化程序设计的具体实施中,要注意把握如下要素:

(1) 使用程序设计语言中的顺序、选择、循环等有限的控制结构表示程序的控制逻辑;

(2) 选用的控制结构只准许有一个入口和一个出口;

(3) 程序语句组成容易识别的块,每块只有一个入口和一个出口;

(4) 复杂结构应该用嵌套的基本控制结构进行组合嵌套来实现;

(5) 语言中所没有的控制结构,应该采用前后一致的方法来模拟;

(6) 严格控制 GOTO 语句的使用。其意思是指:

① 用一个非结构化的程序设计语言去实现一个结构化的构造;

② 若不使用 GOTO 语句会使功能模糊;

③ 在某种可以改善而不是损害程序可读性的情况下。

5.3　面向对象的程序设计

5.3.1　关于面向对象的方法

今天,面向对象(Object Oriented)方法已经发展成为主流的软件开发方法。面向对象方法的形成同结构化方法一样,起源于实现语言,首先对面向对象的程序设计语言开展研究,随之逐渐形成面向对象分析和设计方法。面向对象方法和技术历经 30 多年的研究和发展,已经越来越成熟和完善,应用也越来越深入和广泛。

面向对象的软件开发方法在 20 世纪 60 年代后期首次提出,以 60 年代末挪威奥斯陆大学和挪威计算机中心共同研制的 SIMULA 语言为标志,面向对象方法的基本要点首次在 SIMULA 语言中得到了表达和实现。后来一些著名的面向对象语言(如 Smalltalk、C++、Java、Eiffel)的设计者都曾从 SIMULA 得到启发。随着 80 年代美国加州的 Xerox 研究中心推出 Smalltalk 语言和环境,使面向对象程序设计方法得到比较完善的实现。Smalltalk - 80 等一系列描述能力较强、执行效率较高的面向对象编程语言的出现,标志着面向对象的方法与技术开始走向实用。

面向对象方法的本质,就是主张从客观世界固有的事物出发来构造系统,提倡用人类在生活中常用的思维方法来认识、理解和描述客观事物,强调最终建立的系统能够映射问题域,也就是说,系统中的对象以及对象之间的关系能够如实地反映问题域中固有事物及其关系。

面向对象方法之所以日益受到人们的重视和应用,成为流行的软件开发方法,是源于面向对象方法的以下主要优点。

1. 与人类习惯的思维方法一致

传统的程序设计方法是面向过程的,其核心方法是以算法为核心,把数据和过程作为相互独立的部分,数据代表问题空间中的客体,程序则用于处理这些数据,在计算机内部数据和程序是分开存放的,这样的做法往往会发生使用错误的数据调用正确的程序模块的情况。其原因是,传统的程序设计方法忽略了数据和操作之间的内在联系,用这种方法设计出来的软件系统其解空间与问题空间不一致,使人感到难于理解。实际上,用计算机解决的问题都是现实世界中的问题,这些问题无非由一些相互间存在一定联系的事物所组成,每个具体的事物都具有行为和属性两方面的特征。因此,把描述事物静态属性的数据结构和表示事物动态行为的操作放在一起构成一个整体,才能完整、自然地表示客观世界中的实体。

面向对象方法和技术以对象为核心。对象是由数据和容许的操作组成的封装体,与客观实体有直接的对应关系。对象之间通过传递消息互相联系,以模拟现实世界中不同事物彼此之间的联系。

面向对象的设计方法与传统的面向过程的方法有本质不同,这种方法的基本原理是,使用现实世界的概念抽象地思考问题从而自然地解决问题。它强调模拟现实世界中的概念而不强调算法,它鼓励开发者在软件开发的绝大部分过程中都用应用领域的概念去思考。

2. 稳定性好

面向对象方法基于构造问题领域的对象模型,以对象为中心构造软件系统。它的基本做法是用对象模拟问题领域中的实体,以对象间的联系刻画实体间的联系。因为面向对象的软件系统的结构是根据问题领域的模型建立起来的,而不是基于对系统应完成的功能的分解,所以,当对系统的功能需求变化时并不会引起软件结构的整体变化,往往仅需要做一些局部性的修改。由于现实世界中的实体是相对稳定的,因此以对象为中心构造的软件系统也是比较稳定的。而传统的软件系统的结构紧密地依赖于系统所要完成的功能,当功能需求发生变化时将引起软件结构的整体修改。事实上,用户需求变化大部分是针对功能的,因此,这样的软件系统是不稳定的。

3. 可重用性好

软件重用是指在不同的软件开发过程中重复使用相同或相似软件元素的过程。重用是提高软件生产率的最主要的方法。

传统的软件重用技术是利用标准函数库,也就是试图用标准函数库中的函数作为"预制件"来建造新的软件系统。但是,标准函数缺乏必要的"柔性",不能适应不同应用场合的不同需要,并不是理想的可重用的软件成分。实际的库函数往往仅提供最基本、最常用的功能,在开发一个新的软件系统时,通常多数函数是开发者自己编写的,甚至绝大多数函数都是新编的。

使用传统方法学开发软件时,人们强调的是功能抽象,认为具有功能内聚性的模块是理想的模块,也就是说,如果一个模块完成一个且只完成一个相对独立的子功能,那么这个模块就是理想的可重用模块,而且这样的模块也更容易维护。基于这种认识,通常尽量把标准函数库中的函数做成功能内聚的。但是,事实上具有功能内聚性的模块并不是自含的和独立的,相反,它必须在数据上运行。如果要重用这样的模块,则相应的数据也必须重用。如果新产品中的数据与最初产品中的数据不同,则要么修改数据要么修改这个模块。

事实上,离开了操作数据便无法处理,而脱离了数据的操作也是毫无意义的,我们应该对数据和操作同样重视。在面向对象方法中所使用的对象,其数据和操作是作为平等伙伴出现的。因此,对象具有很强的自含性,此外,对象所固有的封装性,使得对象的内部实现与外界隔离,具有较强的独立性。由此可见,对象提供了比较理想的模块化机制和比较理想的可重用的软件成分。

面向对象的软件开发技术在利用可重用的软件成分构造新的软件系统时,有很大的灵活性。有两种方法可以重复使用一个对象类:一种方法是创建该类的实例,从而直接使用它;另一种方法是从它派生出一个满足当前需要的新类。继承性机制使得子类不仅可以重复其父类的数据结构和程序代码,而且可以在父类代码的基础上方便地修改和扩充,这种修改并不影响对原有类的使用。可见,面向对象的软件开发技术所实现的可重用性是自然的和准确的。

4. 易于开发大型软件产品

当开发大型软件产品时,组织开发人员的方法不恰当往往是出现问题的主要原因。用面向对象范围开发软件时,可以把一个大型产品看作是一系列本质上相互独立的小产品来处理,这就不仅降低了开发的技术难度,而且也使得对开发工作的管理变得容易。这就是为什么对于大型软件产品来说,面向对象范型优于结构化范型的原因之一。许多软件开发公司的经验都表明,当把面向对象技术用于大型软件开发时,软件成本明显地降低了,软件的整体质量也提高了。

5. 可维护性好

用传统的开发方法和面向过程的方法开发出来的软件很难维护,是长期困扰人们的一个严重问题,是软件危机的突出表现。

由于下述因素的存在,使得用面向对象的方法开发的软件可维护性好。

(1) 用面向对象的方法开发的软件稳定性比较好

如前所述,当对软件的功能或性能的要求发生变化时,通常不会引起软件的整体变化,往往只需对局部做一些修改。由于对软件的改动较小且限于局部,自然比较容易实现。

(2) 用面向对象的方法开发的软件比较容易修改

在面向对象方法中,核心是类(对象),它具有理想的模块机制,独立性好,修改一个类通常很少会牵扯到其他类。如果仅修改一个类的内部实现部分(私有数据成员或成员函数的算法),而不修改该类的对外接口,则可以完全不影响软件的其他部分。

面向对象技术特有的继承机制,使得对所开发的软件的修改和扩充比较容易实现,通常只需从已有类派生出一些新类,无须修改软件原有成分。

面向对象技术的多态性机制,使得当扩充软件功能时对原有代码的修改进一步减少,需要增加的新代码也比较少。

(3) 用面向对象的方法开发的软件比较容易理解

在维护已有软件的时候,首先需要对原有软件与此次修改有关的部分有深入理解,才能正确地完成维护工作。传统软件之所以难于维护,在很大程度上是因为修改所涉及的部分分散在软件各个地方,需要了解的面很广,内容很多,而且传统软件的解空间与问题空间的结构很不一致,更增加了理解原有软件的难度和工作量。

面向对象的技术符合人们习惯的思维方式,用这种方法所建立的软件系统的结构与问题空间的结构基本一致。因此,面向对象的软件系统比较容易理解。

对于面向对象软件系统进行修改和扩充,通常是通过在原有类的基础上派生出一些新类来实现。由于,对象类有很强的独立性,当派生新类的时候通常不需要详细了解基类中操作的实现算法。因此,了解原有系统的工作量可以大幅度降低。

（4）易于测试和调试

为了保证软件质量,对软件进行维护之后必须进行必要的测试,以确保要求修改或扩充的功能已正确地实现了,而且没有影响到软件未修改的部分。如果测试过程中发现了错误,还必须通过调试改正过来。显然,软件是否易于测试和调试,是影响软件可维护性的一个重要因素。

对用面向对象的方法开发的软件进行维护,往往是通过从已有类派生出一些新类来实现。因此,维护后的测试和调试工作也主要围绕这些新派生出来的类进行。类是独立性很强的模块,向类的实例发消息即可运行它,观察它是否能争取地完成相应的工作,因此对类的测试通常比较容易实现。

5.3.2 面向对象方法的基本概念

关于面向对象方法,对其概念有许多不同的看法和定义,但是都涵盖对象及对象属性与方法、类、继承、多态性几个基本要素。下面分别介绍面向对象方法中这几个重要的基本概念,这些概念是理解和使用面向对象方法的基础和关键。

1. 对象（Object）

对象是面向对象方法中最基本的概念。对象可以用来表示客观世界中的任何实体,也就是说,应用领域中有意义的、与所要解决的问题有关系的任何事物都可以作为对象,它既可以是具体的物理实体的抽象,也可以是人为的概念,或者是任何有明确边界和意义的东西。例如,一个人、一家公司、一个窗口、贷款和借款等,都可以作为一个对象。总之,对象是对问题域中某个实体的抽象,设立某个对象就反映了软件系统保存有关它的信息并具有与它进行交互的能力。

面向对象的程序设计方法中涉及的对象是系统中用来描述客观事物的一个实体,是构成系统的一个基本单位,它由一组表示其静态特征的属性和它可执行的一组操作组成。

例如,一辆汽车是一个对象,它包含了汽车的属性（如颜色、型号、载重量等）及其操作（如激动、刹车等）。一个窗口是一个对象,它包含了窗口的属性（如大小、颜色、位置等）及其操作（如打开、关闭等）。

客观世界中的实体通常都既具有静态的属性,又具有动态的行为,因此,面向对象方法学中的对象是由描述该对象属性的数据以及可以对这些数据施加的所有操作封装在一起构成的统一体。对象可以做的操作表示它的动态行为,在面向对象分析和面向对象设计中,通常把对象的操作也称为方法或服务。

属性即对象所包含的信息,它在设计对象时确定,一般只能通过执行对象的操作来改变。如对象 Person 的属性有姓名、年龄、体重等。不同对象的同一属性可以具有相同或不同的属性值。如张三的年龄为 19,李四的年龄为 20。张三、李四是两个不同的对象,他们共同的属性"年龄"的值不同。要注意的是,属性值应该指的是纯粹的数据值,而不能指对象。

操作描述了对象执行的功能,若通过消息传递,还可以为其他对象使用。操作的过程对外是封闭的,即用户只能看到这一操作实施后的结果。这相当于事先已经设计好的各种过程,只需要调用就可以了,用户不必去关心这一过程是如何编写的。事实上,这个过程已经封装在对象中,用户也看不到。对象的这一特性,即是对象的封装性。

对象有如下一些基本特点:

(1) 标识唯一性。指对象是可区分的,并且由对象的内在本质来区分,而不是通过描述来区分。

(2) 分类性。指可以将具有相同属性和操作的对象抽象成类。

(3) 多态性。指同一个操作可以是不同对象的行为。

(4) 封装性。从外面看只能看到对象的外部特性,即只需知道数据的取值范围和可以对该数据施加的操作,根本无须知道数据的具体结构以及实现操作的算法。对象的内部,即处理能力的实行和内部状态,对外是不可见的。从外面不能直接使用对象的处理能力,也不能直接修改其内部状态,对象的内部状态只能由其自身改变。

(5) 模块独立性好。对象是面向对象的软件的基本模块,它是由数据及可以对这些数据施加的操作所组成的统一体,而且对象是以数据为中心的,操作围绕对其数据所需做的处理来设置,没有无关的操作。从模块的独立性考虑,对象内部各种元素彼此结合得很紧密,内聚性强。

2. 类(Class)和实例(Instance)

将属性、操作相似的对象归为类,也就是说,类是具有共同属性、共同方法的对象的集合。所以,类是对象的抽象,它描述了属于该对象类型的所有对象的性质,而一个对象则是其对应类的一个实例。

要注意的是,当使用"对象"这个术语时,既可以指一个具体的对象,也可以泛指一般的对象,但是,当使用"实例"这个术语时,必然是指一个具体的对象。

例如:Integer 是一个整数类,它描述了所有整数的性质。因此任何整数都是整数类的对象,而一个具体的整数"123"是类 Integer 的一个实例。

由类的定义可知,类是关于对象性质的描述,它同对象一样,包括一组数据属性和在数据上的一组合法操作。例如,一个面向对象的图形程序在屏幕左下角显示一个半径 3 cm 的红颜色的圆,在屏幕中部显示一个半径 4 cm 的绿颜色的圆,在屏幕右上角显示一个半径 1 cm 的黄颜色的圆。这三个圆心位置、半径大小和颜色均不相同的圆,是三个不同的对象。但是,他们都有相同的属性(圆心坐标、半径、颜色)和相同的操作(显示自己、放大缩小半径、在屏幕上移动位置,等等)。因此,它们是同一类事物,可以用"Circle 类"来定义。

3. 消息(Message)

面向对象的世界是通过对象与对象间彼此的相互合作来推动的,对象间的这种相互合作需要一个机制协助进行,这样的机制称为"消息"。消息是一个实例与另一个实例之间传递的信息,它请求对象执行某一处理或回答某一要求的消息,它统一了数据流和控制流。消息的使用类似于函数调用,消息中指定了某一个实例,一个操作名和一个参数表(可空)。接收消息的实例执行消息中指定的操作,并将形式参数与参数表中相应的值结合起来。消息传递过程中,由发送消息的对象(发送对象)的触发操作产生输出结果,作为消息传送至接收消息的对象(接收对象),引发接收消息的对象一系列的操作。所传送的消息实质上是接收对象所具有的操作/方法名称,有时还包括相应参数,如图5.5所示表示了消息传递的概念。

图5.5　消息传递示意图

消息中只包含传递者的要求,它告诉接收者需要做哪些处理,但并不指示接收者应该怎样完成这些处理。消息完全由接收者解释,接收者独立决定采用什么方式完成所需的处理,发送者对接收者不起任何控制作用。一个对象能够接收不同形式、不同内容的多个消息;相同形式的消息可以送往不同的对象,不同的对象对于形式相同的消息可以有不同的解释,能够做出不同的反应。一个对象可以同时往多个对象传递信息,两个对象也可以同时向某个对象传递消息。

例如,一个汽车对象具有"行驶"这项操作,那么要让汽车以时速50公里行驶的话,需要传递给汽车对象"行驶"及"时速50公里"的消息。

通常,一个消息由下述三部分组成:

- 接收消息的对象的名称;
- 消息标识符(也称为消息名);
- 零个或多个参数。

例如,MyCircle是一个半径4cm、圆心位于(100,200)的Circle类的对象,也就是Circle类的一个实例,当要求它以绿颜色在屏幕上显示自己时,在C++语言中应该向它发送下列消息:

MyCircle. Show(GREEN);

其中,MyCircle是接收消息的对象的名字,Show是消息名,Green是消息的参数。

4. 继承

继承是面向对象的方法的一个主要特征。继承是使用已有的类定义作为基础建立新类的定义技术。已有的类可当作基类来引用,而新类相应地可当作派生类来引用。

广义地说,继承是指能够直接获得已有的性质和特征,而不必重复定义它们。

面向对象软件技术的许多强有力的功能和突出的优点,都来源于把类组成一个层次结构的系统:一个类的上层可以有父类,下层可以有子类。这种层次结构系统的一个重要性质是继承性,一个类直接继承其父类的描述(数据和操作)或特性,子类自动地共享基类中定义的数据和方法。

为了更深入、具体地理解继承性的含义,如图 5.6 所示列出了实现继承机制的原理。

图 5.6　实现继承机制的原理图

如图 5.6 所示以 A、B 两个类为例,其中类 B 是从类 A 派生出来的子类,它除了具有自己定义的特性(数据和操作)之外,还从父类 A 继承特性。当创建类 A 的实例 a1 的时候,a1 以类 A 为样板建立实例变量。当创建类 B 的实例 b1 的时候,b1 既要以类 B 为样板建立实例变量,又要以类 A 为样板建立实例变量,b1 所能执行的操作既有类 B 中定义的方法,又有类 A 中定义的方法,这就是继承。

继承具有传递性,如果类 C 继承类 B,类 B 继承类 A,则类 C 继承类 A。因此,一个类实际上继承了它上层的全部基类的特性,也就是说,属于某类的对象除了具有该类所定义的特性外,还具有该类上层全部基类定义的特性。

继承分为单继承与多重继承。单继承是指,一个类只允许有一个父类,即类等级为树形结构。多重继承是指,一个类允许有多个父类。多重继承的类可以组合多个父类的性质构成所需要的性质。因此,功能更强,使用更方便;但是,使用多重继承时要注意避免二义性。继承性的优点是,相似的对象可以共享程序代码和数据结构,从而大大减少了程序中的冗余信息,提高软件的可重用性,便于软件修改维护。另外,继承性使得用户在开发新的应用系统时不必完全从零开始,可以继承原有的相似系统的功能或者从类库中选取需要的类再派生出新的类以实现所需要的功能。

5. 多态性(Polymorphism)

对象根据所接收的消息而做出动作,同样的消息被不同的对象接收时可导致完全不同的行动,该现象称为多态性。在面向对象的软件技术中,多态性是指子类对象可以像父类对象那样使用,同样的消息既可以发送给父类对象也可以发送给子类对象。

例如,在两个类 Male(男性)和 Female(女性)都有一项属性为 Friend。一个人的朋友必须属于类 Male 和 Female,这是一个多态性的情况。因为,Friend 指向两个类之一的实例。如果 Tom 的朋友或者是 Mary 或者是 John,类 Male 就不知道 Friend 应该与哪个类关联。这里参照量 Friend 必须是多态的,多态意味着可以关联不同的实例,而实例可以属于不同的类。

多态性机制不仅增加了面向对象软件系统的灵活性,进一步减少了信息冗余,而且显著地提高了软件的可重用性和可扩充性。当扩充系统功能增加新的实体类型时,只需派生出与新实体类相应的新的子类,完全无须修改原有的程序代码,甚至不需要重新编译原有的程序。利用多态性,用户能够发送一般形式的消息,而将所有的实现细节都留给接收消息的对象。

5.4　课程思政

杨芙清:爱国是本分,奋斗是幸福

有这样一位女科学家,她主持开发出我国第一台百万次集成电路计算机多道运行操作系统和我国第一个全部用高级语言编写的大型操作系统,主持了著名的"青鸟工程",创建了北京大学软件与微电子学院。

当别人称她为"学术泰斗"时,她说,我不是学术泰斗,我仅仅是一块铺路石。

人们亲切地称她为"燕园青鸟",她就是中国科学院院士杨芙清。

为解决石油勘探的计算问题,1969 年 12 月,国务院正式向北京大学下达了研制每秒100 万次的大型集成电路计算机(150 机)的任务。如能成功,不仅是中国计算机科学的重大突破,也是我国石油勘探数字化的第一次革命,国防工业、气象等部门及众多科研工作都将因此而获益。

37 岁的杨芙清被分配参加指令系统设计,并负责编写指令系统文本和主持操作系统的设计。

编写指令文本是一项十分精细、烦琐的工作。杨芙清在反复修改中,设计出一版、二版、三版,直至最后定稿,她不知熬过了多少不眠之夜。

写出了指令系统文本后,她又率领操作系统组的年轻人经过一年多的艰苦奋战,终于设计出 150 机所需的整套多道运行操作系统软件。

由于 150 机的软硬件同步研制,软件完成时,硬件尚未完成。为了调试 150 机软件,杨芙清和软件研制组创造性地编写了一套仿真程序。在大庆油田现有的 108 乙机上,模拟150 机进行调试。

杨芙清和同事们日夜奋战,仅用 23 天就成功完成了"百万次"多道运行操作系统的调试。调试期间,杨芙清即使慢性支气管炎发作也没有停止工作。

操作系统的研制成功大大促进了硬件调试的进展,1973 年 7 月的一天,"东方红"乐曲声从昌平 200 号的机房中传入大家的耳中,这首乐曲的播放向世界宣告着中国第一台百万次集成电路计算机——150 机研制成功。

百万次大型计算机的研制对我国石油、地质、气象等多个部门的工作开展提供了有力的帮助,并由此引发了我国石油勘探数字化的第一次革命。1978 年,150 机系统获全国科学大会奖。

150 机研制成功后,杨芙清又迎来了另一个挑战——240 机操作系统研制。1973 年,中国根据全球电子计算机的发展形势,提出了研制中国系列机计划。杨芙清参与了 200 系列机软件的总体设计,负责系列机操作系统文本编写和 240 机操作系统设计与实现。

命途多舛的 240 机操作系统承载着杨芙清无数个日夜的辛勤付出,项目中途曾经一度被迫下马。"为国奉献,我之所愿。"杨芙清经常这样说。面对国家需要,杨芙清从未想过退缩。

1984 年,杨芙清带领团队完成了 240 机操作系统全部程序的设计、实现和调试工作。我国从此拥有了第一个全部用高级语言书写的大型机操作系统。

1985 年,240 机操作系统荣获电子工业部科技成果一等奖,杨芙清参与设计的系统程序设计语言 XCY 也获得国家教委科技进步一等奖。

求伯君:WPS 之父

20 世纪 80 年代初,计算机刚刚来到中国,那个时候求伯君对计算机有着浓厚的兴趣,普通人看来特别复杂的代码,在他眼里就是一个个数学符号。接触代码之后没多久,他便成了学校的计算机大神。大三的时候,他给图书馆编译了一套图书系统获得了 40 元的奖励

金,并因此上了长沙日报,成了一个小有名气的人物。其中有个一个粉丝大家不会陌生,也在武汉读大学,还是一个牛人,他的名字叫雷军。求伯君毕业之后去了仪器厂工作,他的能力很快在工作岗位上得到大家的认可,他用了不到半年的时间,编写了一套办公软件,改变了整个产品的输入模式,让输入时间缩短一半。他为公司提供了巨大的效益,大家瞬间知道了这是一个计算机天才。很多单位都想挖他,都被他拒绝了。

1997 年,求伯君带领开发的 WPS97 获得了巨大的成功,打破了微软 Office 在桌面电脑文字处理的垄断。在 WPS97 推出的两个月里,就销售了一万三千多套。扛着民族软件的大旗,WPS 系列软件一直和微软的 Office 系列软件竞争到今天。我们现在下载的,已经是全免费的 WPS2022 了。虽然今天的 WPS 和求伯君没有直接关系了,但是 WPS 之父的名头,只有求伯君可以承担。求伯君创办的金山,后来转入游戏开发,成立了著名的六个游戏工作室。西山居、烈火、亚丁、雷霆、彩虹、鲸彩。2007 年,金山在香港联合交易所上市,这是求伯君多年心血换来的公司成功。

5.5　习　题

一、选择题

1. 结构化程序设计主要强调的是(　　)。

A. 程序的规模　　　　　　　　　　　B. 程序的易读性

C. 程序的执行效率　　　　　　　　　D. 程序的可移植性

2. 对建立良好的程序设计风格,下面描述正确的是(　　)。

A. 程序应简单、清晰、可读性好　　　B. 符号名的命名只要符合语法

C. 充分考虑程序的执行效率　　　　　D. 程序的注释可有可无

3. 在面向对象方法中,一个对象请求另一个对象为其服务的方式是通过发送(　　)。

A. 调用语句　　　B. 命令　　　　　C. 口令　　　　　D. 消息

4. 信息隐蔽的概念与(　　)概念直接相关。

A. 软件结构定义　　B. 模块独立性　　C. 模块类型划分　　D. 模块耦合度

5. 下面对对象概念描述错误的是(　　)。

A. 任何对象都必须有继承性　　　　　B. 对象是属性和方法的封装体

C. 对象间的通信靠消息传递　　　　　D. 操作是对象的动态属性

6. 将十进制整数设为整数类 I,则下面属于类 I 的实例的是(　　)。

A. 0x1f　　　　　B. 0.51　　　　　C. −51　　　　　D. 518E‐2

二、填空题

1. 结构化程序设计的三种基本逻辑结构顺序为顺序、选择和_____。

2. 源程序文档化要求程序应加注释。注释一般分为序言性注释和_____。

3. 在面向对象方法中,信息隐蔽是通过对象的_____性来实现的。

4. 类是一个支持集成的抽象数据类型,而对象是类的_____。

5. 在面向对象方法中,类之间共享属性和操作的机制称为_____。

第六章 软件工程基础

软件工程(Software Engineering)是计算机学科中一个年轻并且充满活力的研究领域。60 年代末期以来人们为克服"软件危机"在这一领域做了大量工作,逐渐形成了系统的软件开发理论、技术和方法,它们在软件开发实践中发挥了重要作用。今天,现代科学技术将人类带入了信息社会,计算机软件扮演着十分重要的角色,软件工程已成为信息社会高技术竞争的关键领域之一,而"软件工程"已成为高等学校计算机教学计划中的一门核心课程。软件工程是一门研究用工程化方法构建和维护有效的、实用的和高质量的软件的学科。

6.1 软件工程的基本概念

6.1.1 软件定义与软件特点

软件就是程序么?答案当然是否定的,一定要纠正软件就是程序,开发软件就是编写程序的错误观念,那么软件究竟该如何定义呢。

软件(Software)是能够完成预定功能和性能的可执行的计算机程序和使程序正常执行所需要的数据,加上描述软件开发过程及其管理、程序的操作和使用的有关文档。

软件还可以简要的定义为:软件=程序+数据+文档。其中,程序是软件开发人员根据用户需求开发的、用程序设计语言描述的、适合计算机执行的指令(语句)序列。数据是程序能正常操纵信息的数据结构。文档是与程序开发及过程管理、维护和使用有关的图文材料。

软件在开发、生产、维护和使用等方面与计算机硬件相比存在明显的差异。软件作为一种特殊的产品具有一些独特的特点,具体表现如下:

(1)软件是一种逻辑实体,不是物理实体,具有抽象性。软件的这个特点使它与其他工程对象有着明显的差异。人们可以把它记录在纸上或存储介质上,但却无法看到软件本身的形态,必须通过观察、分析、思考、判断,才能了解它的功能、性能等特性。

(2)软件不会磨损和老化,只会随着时间的推移进行升级或淘汰。软件虽然在生存周期后期不会因为磨损而老化,但为了适应硬件、环境以及需求的变化要进行修改,而这些修改又不可避免的引入错误,导致软件失效率升高,从而使得软件退化。所以,软件维护不同于硬件维修,易产生新的问题。

(3)软件主要是研制,生产是简单的拷贝。软件的生产与硬件不同,它没有明显的制作过程。一旦研制开发成功,可以大量拷贝同一内容的副本。所以对软件的质量控制,必须着重在软件开发方面下功夫。

(4)软件成本昂贵,其开发方式至今尚未摆脱手工方式。软件是人类有史以来生产的复杂度最高的工业产品。软件涉及人类社会的各行各业,软件开发常常涉及其他领域的专业知识。软件开发需要投入大量、高强度的脑力劳动,成本高、风险大。

(5)软件具有"复杂性",其开发和运行对计算机系统具有依赖性,受到计算机系统的限制,即受环境影响大,这就导致了软件移植的问题。

(6)软件开发涉及诸多的社会因素。许多软件开发和运行涉及软件用户的机构设置、体制问题以及管理方式等,甚至涉及人们的观念和心理,软件知识产权及法律等问题。

软件根据应用目标的不同,分类是多种多样的。一般情况下,软件被划分为系统软件、应用软件。

系统软件泛指那些为了有效地使用计算机系统、给应用软件与运行提供支持,或者能为用户管理与使用计算机提供方便的一类软件,例如基本输入/输出系统(BIOS)、操作系统(如 Windows、UNIX、Linux、macOS)、程序设计语言处理系统(如编译程序、翻译程序、汇编程序)、数据库管理系统(DBMS,如 ORACLE、Access、SQL、VFP、MySQL 等)、常用的实用程序(如磁盘清理程序、备份程序等)。

系统软件的主要特征是:它与计算机硬件有很强的交互性,能对硬件资源进行统一的控制、调度和管理;系统软件具有基础性和支撑作用,它是应用软件运行平台。在通用计算机系统中,系统软件是必不可少的。通常在购买计算机时,计算机供应厂商必须提供给用户一些最基本的系统软件,否则计算机无法启动工作。

系统软件并不针对某一特定应用领域,而应用软件则相反,不同的应用软件根据用户和所服务的领域提供不同的功能。应用软件是为了某种特定的用途而被开发的软件,它可以是一个特定的程序,比如一个图像浏览器,也可以是一组功能联系紧密、可以互相协作的程序的集合,比如微软的 Office 软件。

较常见的应用软件种类包括行业管理软件、文字处理软件、信息管理软件、辅助设计软件、媒体播放软件、系统优化软件、图形图像软件、数学软件、统计软件、杀毒软件、通信协作软件、远程控制软件、管理效率软件等。

6.1.2　软件危机与软件工程

软件工程概念的出现源自软件危机。

早期的软件主要指程序,采用个人工作方式,缺少相关文档、质量低、维护困难,这些问题称为"软件危机"。软件危机指的是计算机软件的开发和维护过程所遇到的一系列严重问题。实际上,几乎所有的软件都不同程度地存在这些问题。

随着计算机技术的发展和应用领域的扩大,计算机硬件性价比和质量稳步提高,软件规模越来越大,复杂程度不断增加,软件成本逐年上升,质量没有可靠的保证,软件已成为计算机科学发展的"瓶颈"。

在软件开发和维护过程中,软件危机主要表现如下:

(1)软件需求的增长得不到满足。用户对系统功能不满意的情况经常发生。

(2)软件开发成本和进度无法控制。对软件开发成本和进度的估算很不准确,如开发成本超出预算,开发周期大大超过规定日期的情况经常发生。

(3)软件质量很不可靠。

（4）软件成本比重不断上升。

（5）软件不可维护或维护程度非常低。

（6）供不应求：软件开发生产率跟不上计算机硬件的发展和应用需求的增长。

总之，可以将软件危机归结为成本、质量、生产率等问题。

软件危机的出现是由于软件的规模越来越大，复杂度不断增加，软件需求量增大。而软件开发过程是一种高密集度的脑力劳动，软件开发的模式及技术不能适应软件发展的需要。致使大量质量低劣的软件涌向市场，有的软件花费了大量人力财力，却在开发过程中就夭折。

分析带来软件危机的原因，宏观方面是由于软件日益深入社会生活的各个层面，对软件需求的增长速度大大超过了技术进步所能带来的软件生产率的提高。而就每一项具体的工程任务来看，许多困难来源于软件工程所面临的任务和其他工程之间的差异以及软件和其他工业产品的不同。

在软件开发和维护过程中，之所以存在这些严重的问题，一方面与软件本身的特点有关，例如，在软件运行前，软件开发过程的进展很难衡量，质量难以评价，因此管理和控制软件开发过程相当困难；在软件运行过程中，软件维护意味着改正或修改原来的设计；另外，软件的显著特点是规模庞大，复杂度超线性增长，在开发大型软件时，要保证高质量，极端复杂困难，不仅涉及技术问题（如分析方法、设计方法、版本控制），更重要的是必须有严格而科学的管理。另一方面与软件开发和维护方法不正确有关，这是主要原因。

例如，IBM公司的OS/360，共约100万条指令，花费了5 000个人年，经费达数亿美元，而结果却令人沮丧，错误多达2 000个以上，系统根本无法正常运行。OS/360系统的负责人Brooks这样描述开发过程的困难和混乱："……像巨兽在泥潭中做垂死挣扎，挣扎得越猛，泥浆就沾得越多，最后没有一个野兽能够逃脱淹没在泥潭中的命运……"

1963年美国飞往火星的火箭爆炸，造成1 000万美元的损失。原因是将FORTRAN程序："DO 5　I＝1,3"，误写为："DO 5　I＝1.3"。

1967年苏联"联盟一号"载人宇宙飞船在返航时，由于软件忽略一个小数点，在进入大气层时因打不开降落伞而烧毁。

那么，究竟是什么原因导致了软件危机的发生呢？软件本身具有逻辑部件复杂和规模庞大的特点是其客观原因，而不正确的开发方法、忽视需求分析、错误认为软件开发就是程序编写和轻视软件维护在主观上也导致了软件危机的发生。

软件工程是在克服60年代末所出现的"软件危机"的过程中逐渐形成与发展的。在不到40年的时间里，在软件工程的理论和实践两方面都取得了较大的进步。软件工程研究的目标是"以较少的投资获取较高质量的软件"。

软件工程是一门指导计算机软件系统开发和维护的工程学科，是一门新兴的边缘学科，涉及计算机科学、工程科学、管理科学、数学等多学科，研究的范围广，主要研究如何应用软件开发的科学理论和工程技术来指导大型软件系统的开发。例如，现代操作系统的开发，如果不采用软件工程的方法是不可能的。

关于软件工程的定义，国标（GB）中指出，软件工程是应用于计算机软件的定义、开发和维护的一整套方法、工具、文档、实践标准和工序。

1968 年,德国人 Fritz Bauer 在北大西洋公约组织会议(NATO 会议)上给出的定义:软件工程是建立并使用完善的工程化原则,以较经济的手段获得能在实际机器上有效运行的可靠软件的一系列方法。

1993 年,IEEE 给出了一个更加综合的定义:软件工程是将系统化的、规范的、可度量的方法应用于软件的开发、运行和维护的过程,即将工程化应用于软件中。

上述概念主要思想都是强调在软件开发过程中需要应用工程化原则。综合上述观点,软件工程是研究和应用如何以系统性的、规范化的、可定量的过程化方法去开发和维护软件,以及如何把经过时间考验而证明正确的管理技术和当前能够得到的最好的技术方法结合起来。它涉及程序设计语言、数据库、软件开发工具、系统平台、标准、设计模式等方面。

软件工程包括 3 个要素,即方法、工具和过程。方法是完成软件工程项目的技术手段;工具支持软件的开发、管理、文档生成;过程支持软件开发的各个环节的控制、管理。将方法和工具综合起来,以达到合理、及时地进行计算机软件开发的目的。

软件工程的进步是近几十年软件产业迅速发展的重要原动力。从根本上来说,其目的是研究软件的开发技术,软件工程的名称意味着用工业化的开发方法来替代小作坊的开发模式。但是,几十年的软件开发和软件发展的实践证明,软件开发是既不同于其他工业工程,也不同于科学研究的一组活动。软件不是自然界的有形物体,它作为人类智慧的产物有其本身的特点,所以软件工程的方法、概念、目标等都在发展,有的与最初的想法有了一定的差距。但是认识和学习过去和现在的发展演变,真正掌握软件开发技术的成果,并为进一步发展软件开发技术,以适应时代对软件的更高期望是有极大意义的。

软件工程的核心思想是把软件产品(就像其他工业产品一样)看作是一个工程产品来处理。把需求计划、可行性研究、工程审核、质量监督等工程化的概念引入到软件生产当中,以期达到工程项目的三个基本要素:进度、经费和质量的目标。同时,软件工程也注重研究不同于其他工业产品生产的一些独特特性,并针对软件的特点提出了许多有别于一般工业工程技术的一些技术方法。代表性的有结构化的方法、面向对象方法和软件开发模型及软件开发过程等。

特别地,从经济学的意义上来说,考虑到软件庞大的维护费用远比软件开发费用要高,因而开发软件不能只考虑开发期间的费用,而且应考虑软件生命周期内的全部费用。因此,软件生命周期的概念就变得特别重要。在考虑软件费用时,不仅仅要降低开发成本,更要降低整个软件生命周期的总成本。

6.1.3　软件工程过程与软件生命周期

1. 软件工程过程(Software Engineering Process)

ISO 9000 定义:软件工程过程是把输入转化为输出的一组彼此相关的资源和活动。该定义支持了软件工程过程的两个方面内涵。

其一,软件工程过程是指为获得软件产品,在软件工具支持下由软件工程师完成的一系列软件工程活动。基于这个方面,软件工程过程通常包含 4 中基本活动:

(1) P(Plan)——软件规格说明。规定软件的功能及其运行时的限制。

（2）D(Do)——软件开发。产生满足规格说明的软件。

（3）C(Check)——软件确认。确认软件能够满足客户提出的要求。

（4）A(Action)——软件演进。为满足客户的变更要求，软件必须在使用的过程中演进。

事实上，软件工程过程是一个软件开发机构针对某类软件产品为自己规定的工作步骤，它应当是科学的、合理的，否则必将影响软件产品的质量。

通常把用户的要求转变成软件产品的过程也叫做软件开发过程。此过程包括对用户的要求进行分析，解释成软件需求，把需求变成设计，把设计用代码来实现并进行代码测试，有些软件还需要进行代码安装和交付运行。

其二，从软件开发的观点看，它就是使用适当地资源（包括人员、硬软件工具、时间等），为开发软件进行的一组开发活动，在过程结束时将输入（用户要求）转化为输出（软件产品）。

所以，软件工程的过程是将软件工程的方法和工具综合起来，以达到合理、及时地进行计算机软件开发的目的。软件工程过程应确定方法使用的顺序、要求交付的文档资料、为保证质量和适应变化所需要的管理、软件开发各个阶段完成的任务。

2. 软件生命周期（Software Life Cycle）

图 6.1 软件生命周期

通常，将软件产品从提出、实现、使用、维护到停止使用退役的过程称为软件生命周期。也就是说，软件产品产品从软件的开发直到报废的整个时期都属于软件生命周期。周期内包括可行性研究、需求分析、设计（概要设计和详细设计）、编码实现、调试和测试、验收与运行、维护升级到废弃等活动，可以将这些活动以适当的方式分配到不同的阶段去完成，如图 6.1 所示。这些活动可以有重复，执行时也可以有迭代。

软件生命周期可以分为如图 6.1 所示的软件定义、软件开发及软件运行维护三个阶段。主要活动阶段是：

（1）软件定义阶段的任务是：确定软件开发工作必须完成的目标；确定工程的可行性。

① 可行性研究与计划制定。确定待开发软件系统的开发目标和总的要求，给出它的功能、性能、可靠性以及接口等方面的可能方案，制定完成开发任务的实施计划。

② 需求分析。对待开发软件提出的需求进行分析并给出详细定义，以确定软件系统必须做什么和必须具备哪些功能、确定系统的逻辑模型。编写软件规格说明书及初步的用户手册，提交评审。

（2）软件开发阶段的任务是：具体完成设计和实现定义阶段所定义的软件，通常包括总体设计、详细设计、编码和测试。其中总体设计和详细设计又称为系统设计，编码和测试又称为系统实现。

① 软件设计。软件设计分为概要设计和详细设计两个部分。系统设计人员和程序设

计人员应该在反复理解软件需求的基础上,给出软件的结构、模块的划分、功能的分配以及处理流程。

② 编码。把软件设计转换成计算机可以接受的程序代码。即完成源程序的编码,编写用户手册、操作手册等面向用户的文档,编写单元测试计划。

③ 软件测试。在设计测试用例的基础上,检验软件的各个组成部分。编写测试分析报告。

(3) 软件维护阶段的任务是:使软件在运行中持久地满足用户的需要。具体地说,当软件在使用过程中发现错误时应加以改正,当环境改变时应修改软件以适应新的环境,当用户有新的需求时应及时改进软件以满足用户需求的变更。

运行和维护。将已交付的软件投入运行,并在运行使用中不断地维护,根据新提出的需求进行必要而且可能的扩充和删改。

6.1.4　软件工程的目标与原则

1. 软件工程的目标

软件工程是为了提高软件的质量与生产率,最终实现软件的工业化生产。质量是软件需求方最关心的问题,用户即使不图物美价廉,也要求个货真价实。生产率是软件供应方最关心的问题,用户都想用更少的时间挣更多的钱。质量与生产率之间有着内在的联系,高生产率必须以质量合格为前提。如果质量不合格,对供需双方都是坏事情。从短期效益看,追求高质量会延长软件开发时间并且增大费用,似乎降低了生产率。从长期效益看,高质量将保证软件开发的全过程更加规范流畅,大大降低了软件的维护代价,实质上是提高了生产率,同时可获得很好的信誉。质量与生产率之间不存在根本的对立,好的软件工程方法可以同时提高质量与生产率。

软件工程的目标是在给定成本、进度的前提下,开发出具有可修改性、有效性、可靠性、可理解性、可维护性、可重用性、可适应性、可移植性、可追踪性和可互操作性并且满足用户需求的软件产品。追求这些目标有助于提高软件产品的质量和开发效率,减少维护的困难。

软件工程需要达到的基本目标应是:付出较低的开发成本;达到要求的软件功能;取得较好的软件性能;开发的软件易于移植;需要较低的维护费用;能按时完成开发,及时交付使用。

基于软件工程的目标,软件工程的理论和技术性研究的内容主要包括:软件开发技术和软件工程管理。

(1) 软件开发技术

软件开发技术包括:软件开发方法学、开发过程、开发工具和软件工程环境,其主体内容是软件开发方法学。软件开发方法学是根据不同的软件类型,按不同的观点和原则,对软件开发中应遵循的策略、原则、步骤和必须产生的文档资料都做出规定,从而使软件的开发能够进入规范化和工程化的阶段,以克服早期的手工方法生产中的随意性和非规范性做法。

(2) 软件工程管理

软件工程管理包括:软件管理学、软件工程经济学、软件心理学等内容。

软件工程管理是软件按工程化生产时的重要环节,它要求按照预先制定的计划、进度和预算执行,以实现预期的经济效益和社会效益。统计数据表明,多数软件开发项目的失败,并不是由于软件开发技术方面的原因,它们的失败是由于不适当的管理造成的。因此人们对软件项目管理重要性的认识有待提高。软件管理学包括人员组织、进度安排、质量保证、配置管理、项目计划等。

软件工程经济学是研究软件开发中成本的估算、成本效益分析的方法和技术,用经济学的基本原理来研究软件工程开发中的经济效益问题。

软件心理学是软件工程领域具有挑战性的一个全新的研究视角,它是从个体心理、人类行为、组织行为和企业文化等角度来研究软件管理和软件工程的。

2. 软件工程的原则

为了达到上述的软件工程目标,在软件开发过程中,必须遵循软件工程的基本原则。软件工程的原则是指围绕工程设计、工程支持以及工程管理在软件开发过程中必须遵循的原则。这些基本原则包括抽象、信息隐蔽、模块化、局部化、确定性、一致性、完备性和可验证性。

(1) 抽象。抽取事物最基本的特性和行为,忽略非本质细节。采用分层次抽象,自顶向下,逐层细化的办法控制软件开发过程的复杂性。

(2) 信息隐蔽。采用封装技术,将程序模块的实现细节隐藏起来,使模块接口尽量简单。

(3) 模块化。模块是程序中相对独立的成分,一个独立的编程单位,应有良好的接口定义。模块大小要适中,模块过大会使模块内部的复杂性增加,不利于对模块的理解和修改,也不利于模块的调试和重用;模块太小会导致整个系统表示过于复杂,不利于控制系统的复杂性。

(4) 局部化。要求在一个物理模块内集中逻辑上相互关联的计算资源,保证模块间具有松散的耦合关系,模块内部有较强的内聚性,这有助于控制系统的复杂性。

(5) 确定性。软件开发过程中所有概念的表达应是确定的、无歧义的且规范的。这有助于人与人的交互,不会产生误解和遗漏,以保证整个开发工作的协调一致。

(6) 一致性。包括程序、数据和文档的整个软件系统的各模块应使用已知的概念、符号和术语;程序内外部接口应保持一致,系统规格说明与系统行为应保持一致。

(7) 完备性。软件系统不丢失任何重要成分,完全实现系统所需的功能。

(8) 可验证性。开发大型软件系统需要对系统自顶向下,逐层分解。系统分解应遵循容易检查、测评、评审的原则,以确保系统的正确性。

6.1.5 软件开发工具与软件开发环境

现代软件工程方法之所以得以实施,其重要的保证是软件开发工具和开发环境的保证,使软件在开发效率、工程质量等多方面得到改善。软件工程鼓励研制和采用各种先进的软件开发方法、工具和环境。工具和环境的使用进一步提高了软件的开发效率、维护效率和软件质量。

1. 软件开发工具

早期的软件开发除了一般的程序设计语言外,尚缺少工具的支持,致使编程工作量大,质量和进度难以保证,导致人们将很多的精力和时间花费在程序的编制和调试上,而在更重要的软件的需求和设计上反而得不到必要的精力和时间投入。软件开发工具是协助开发人员进行软件开发活动所使用的软件或环境,它包括需求分析工具、设计工具、编码工具、排错工具、测试工具等。

软件开发工具的完善和发展将促进软件开发方法的进步和完善,促进软件开发的高速度和高质量。软件开发工具的发展是从单项工具的开发逐步向集成工具发展的,软件开发工具为软件工程方法提供了自动的或半自动的软件支撑环境。同时,软件开发方法的有效应用也必须得到相应工具的支持,否则方法将难以有效的实施。

2. 软件开发环境

软件开发环境或称软件工程环境,是指全面支持软件开发全过程的软件工具集合。这些软件工具按照一定的方法或模式组合起来,支持软件生命周期内的各个阶段和各项任务的完成。

计算机辅助软件工程(Computer Aided Software Engineering,CASE)是当前软件开发环境中富有特色的研究工作和发展方向。CASE 将各种软件工具、开发机器和一个存放开发过程信息的中心数据库组合起来,形成软件工程环境。CASE 的成功产品将最大限度地降低软件开发的技术难度并使软件开发的质量得到保证。

6.2 结构化分析方法

软件开发方法是软件开发过程所遵循的方法和步骤,其目的在于有效地得到一些工作产品,即程序和文档,并且满足质量要求。软件开发方法包括分析方法、设计方法和程序设计方法。

结构化方法经过 30 多年的发展,已经成为系统的、成熟的软件开发方法之一。结构化方法包括已经形成了配套的结构化分析方法、结构化设计方法和结构化编程方法,其核心和基础是结构化程序设计理论。

6.2.1 需求分析与需求分析方法

1. 需求分析

软件需求分析是软件生存期中重要的一步,是软件定义阶段的最后一个阶段,是关系到软件开发成败的关键步骤。软件需求分析过程就是对可行性研究确定的系统功能进一步具体化,并通过系统分析员与用户之间的广泛交流,最终完成一个完整、清晰、一致的软件需求规格说明书的过程。通过需求分析能把软件功能和性能的总体概念描述为具体的软件,从而奠定软件开发的基础。

软件需求分析是指用户对目标软件系统在功能、行为、性能、设计约束等方面的期望。需求分析的任务是发现需求、求精、建模和定义需求的过程。需求分析将创建所需的数据模型、功能模型和控制模型。

(1)需求分析的定义

所谓"需求分析",是指对要解决的问题进行详细的分析,弄清楚问题的要求,包括需要输入什么数据,要得到什么结果,最后应输出什么。可以说,在软件工程当中的"需求分析"就是确定要计算机"做什么",准确地说,应该是最终用户得到的系统或软件能完成哪些功能。

在软件工程领域,需求分析指的是在建立一个新的或改变一个现存的电脑系统时描写新系统的目的、范围、定义和功能时所要做的所有的工作。需求分析是软件工程中的一个关键过程。在这个过程中,系统分析员和软件工程师确定顾客的需要。只有在确定了这些需要后他们才能够分析和寻求新系统的解决方法。

1997 年 IEEE 软件工程标准词汇表对需求分析定义如下:

① 用户解决问题或达到目标所需的条件或权能;

② 系统或系统部件要满足合同、标准、规范或其他正式规定文档所需具有的条件或权能;

③ 反映①或②所描述的条件或权能的文档说明。

由需求分析的定义可知,需求分析的内容包括:提炼、分析和仔细审查已收集到的需求;确保所有利益相关者都明白其含义并找出其中的错误、遗漏或其他不足的地方;从用户最初的非形式化需求到满足用户对软件产品的要求的映射;对用户意图不断进行提示和判断。

(2) 需求分析阶段的工作

需求分析阶段的工作可以概括为 4 个方面:

① 需求获取。需获取求的目的是确定对目标系统的各方面需求。涉及的主要任务是建立获取用户需求的方法框架,并支持和监控需求获取的过程。

需求获取涉及的关键问题有:对问题空间的理解;人与人之间的通信;不断变化的需求。

需求获取是在同用户的交流过程中不断收集、积累用户的各种信息,并且通过认真理解用户的各项要求,澄清那些模糊的需求,排除不合理的,从而较全面地提炼系统的功能性需求与非功能性需求。一般功能性需求和非功能需求包括系统功能、物理环境、系统界面、用户因素、资源、安全性、质量保证及其他约束。

需要特别注意的是,在需求获取过程中,容易产生诸如与用户存在交流障碍,相互误解,缺乏共同语言,理解不完整,忽视需求变化,混淆目标和需求等问题,这些问题都将直接影响到需求分析和系统后续开发的成败。

② 需求分析。对获取的需求进行分析和综合,最终给出系统的解决方案和目标系统的逻辑模型。

③ 编写需求规格说明书。需求规格说明书作为需求分析的阶段成果,可以为用户、分析人员和设计人员直接的交流提供方便,可以直接支持目标软件系统的确认,又可以作为控制软件开发进程的依据。

④ 需求审评。在需求分析的最后一步,对需求分析阶段的工作进行复审,验证需求文档的一致性、可行性、完整性和有效性。需求评审的规程与其他重要工作产品(如系统设计文档、源代码)的评审规程非常相似,主要区别在于评审人员的组成不同。前者由开发方和客户方的代表共同组成,而后者通常来源于开发方内部。

2. 需求分析方法

在软件工程学的需求分析中常用的方法通常采用结构化分析技术和面向对象分析技术。

(1) 结构化分析方法。主要包括:面向数据流的结构化分析方法(Structured Analysis,

SA)、面向数据结构的 Jackson 方法(Jackson System Development Method,JSD)、面向数据结构的结构化数据系统开发方法(Data Structured System Development Method,DSSD)。

（2）面向对象的分析方法(Objedt-Oriented Method,OOA)。

从需求分析所建立模型的特性来分,需求分析方法又分为静态分析方法和动态分析方法。

6.2.2　结构化分析方法

1. 结构化分析方法

结构化分析方法是结构化程序设计理论在软件需求分析阶段的运用。结构化分析技术是 70 年代中期由 E・Yourdon 等人倡导的一种面向数据流的分析方法,其目的是帮助弄清用户对软件的需求。

按照 T・Demarco 的定义,"结构化分析就是使用数据流图(DFD)、数据词典(DD)、结构化英语、判定表和判定树等工具,来建立一种新的、称为结构化说明书的目标文档。"这里的结构化说明书,就是需求规格说明书。

结构化分析方法实质是着眼于数据流,自顶向下、逐层分解,建立系统的处理流程,以数据流图和数据字典为主要工具,建立系统的逻辑模型。

结构化分析的步骤如下:

（1）通过对用户的调查,以软件的需求为线索,获得当前系统的具体模型;

（2）去掉具体模型中非本质因素,抽象出当前系统的逻辑模型;

（3）根据计算机的特点分析当前系统与目标系统的差别,建立目标系统的逻辑模型;

（4）完善目标系统并补充细节,写出目标系统的软件需求规格说明书;

（5）评审直到确认完全符合用户对软件的需求。

结构化分析技术是将软件系统抽象为一系列的逻辑加工单元,各单元之间以数据流发生关联。按照数据流分析的观点,系统模型的功能是数据变换,逻辑加工单元接受输入数据流,使之变换成输出数据流。数据流模型常用数据流图表示。

2. 结构化分析常用工具

（1）数据流图(Data Flow Diagram,DFD)

数据流程图,又称数据流图,它是描述数据处理过程的工具,是需求理解的逻辑模型的图形表示,它直接支持系统的功能建模。

数据流程图有三个重要属性:

● 可以表示任何一个系统(人工的、自动的或混合的)中的信息流程。

● 每个圆圈可能需要进一步分解以求得对问题的全面理解。

● 着重强调的是数据流程而不是控制流程。

数据流图从数据传递和加工的角度,来刻画数据流从输入到输出的移动变换过程。数据流图中的主要元素与说明如下:

① 数据流。数据流是有名字有流向的数据,在数据流图中,数据流用标有名字的箭头来表示"——→",沿箭头方向传送数据的通道,一般在旁边标注数据流名。

② 加工。加工又称逻辑处理,表示数据所进行的加工或变换,一般以标有名字的圆圈"○"代表加工。指向加工的数据流是该加工的输入数据,离开加工的数据流是该加工的输

出数据。

③ 存储文件(数据源)。表示处理过程中存放各种数据的文件。文件是数据暂存的处所,可对文件进行必要的存取,以标有名字的双直线段"＝＝"表示。对文件的存取分别以指向或离开文件的箭头表示。

④ 数据的源点和终点。表示系统和环境的接口,属系统之外的实体。通常用来表示数据处理过程的数据来源或数据去向,也称为数据源及数据终点,在数据流图中均以命名的方框"□□□□"来表示。

一般通过对实际系统的了解和分析后,使用数据流图为系统建立逻辑模型。建立数据流图的步骤如下:

第1步:由外向里:先画系统的输入输出,然后画系统的内部;

第2步:自顶向下:顺序完成顶层、中间层、底层数据流图;

第3步:逐层分解。

数据流图的建立从顶层开始,顶层数据流图应该包含所有相关外部实体,以及外部实体与软件中间的数据流,其作用主要是描述软件的作用范围,对总体功能、输入、输出进行抽象描述,并反映软件和系统、环境的关系。对复杂系统的表达应采用控制复杂度策略,需要按照问题的层次结构逐步分解细化,使用分层的数据流图表达这种结构关系。

为保证构造的数据流图表达完整、准确、规范,应遵循以下数据流图的构造规则和注意事项:

① 对加工处理建立唯一、层次性的编号,且每个加工处理通常要求既有输入又有输出。

② 数据存储之间不应该有数据流。

③ 数据流图的一致性。它包括数据守恒和数据存储文件的使用,即某个处理用以产生输出的数据没有输入,即出现遗漏,另一种是一个处理的某些输入并没有在处理中用以生产输出;数据存储(文件)应被数据流图中的处理读和写,而不是仅读不写或仅写不读。

④ 父图、子图关系与平衡规则。相邻两层DFD直接具有父、子关系,子图代表了父图中某个加工的详细描述,父图表示了子图间的接口。子图个数不大于父图中的处理个数。所有子图的输入、输出数据流和父图中相应处理的输入、输出数据流必须一致。

如图6.2所示是旅行社订票业务的数据流图。

图 6.2　旅行社订票业务的数据流图

（2）数据字典（Data Dictionary，DD）

数据字典是结构化分析方法的核心。数据字典是对所有与系统相关的数据元素的一个有组织的列表，以及精确的、严格的定义，使得用户和系统分析员对于输入、输出、存储成分和中间计算结果有共同的理解。数据字典是各类数据描述的集合，它通常包括 5 个部分，即数据项、数据结构、数据流、数据存储和处理过程。

数据字典是结构化分析方法的一个有力工具，它对数据流程图中出现的所有数据元素给出逻辑定义。有了数据字典，使数据流程图中的数据流、加工和文件等图形元素能得到确切的解释。通常数据字典包含的信息有：名称、别名、何处使用/如何使用、内容描述、补充信息等。例如，对加工的描述应包括：加工名、反映该加工层次的加工编号、加工逻辑及功能简述、输入/输出数据流等。

在数据字典的编制过程中，常使用定义式方式描述数据结构。例如，银行取业务的数据流图中，存储文件"存折"的 DD 定义如下：

存折　＝户名＋所号＋账户＋开户日＋性质＋（印密）＋1{存取行}5O

户名　＝2{字母}24

所号　＝"001".."999"

账号　＝"00000001".."99999999"

开户日　＝年＋月＋日

性质　＝"1".."6"

印密　＝"0"

存取行　＝日期＋（摘要）＋支出＋存入＋余额＋操作＋复核

日期　＝年＋月＋日

年　＝"00".."99"

月　＝"01".."12"

日　＝"01".."31"

摘要　＝1{字母}4

支出　＝金额

金额　＝"0000000.01".."9999999.99"

操作　＝"00001".."99999"

（3）判定树

使用判定树进行描述时，应先从问题定义的文字描述中分清哪些是判定的条件，哪些是判定的结论，根据描述材料中的连接词找出判定条件之间的从属关系、并列关系、选择关系，根据它们构造判定树。

例如，某货物托运管理系统中，对发货情况的处理要依赖检查发货单，检查发货单受货物托运金额、欠款等条件的约束，可以使用类似分段函数的形式来描述这些约束和处理。对这种约束条件的描述，如果使用自然语言，表达易出现不准确和不清晰。如果使用如图 6.3 所示的判定树来描述，则简捷清晰。

图 6.3　"检查发货单"判定树

（4）判定表

判定表与判定树相似，当数据流图中的加工要依赖于多个逻辑条件的取值，即完成该加工的一组动作是由于某一组条件取值的组合引发的，使用判定表比较适宜。

判定表由四部分组成，如图 6.4 所示。其中标识为①的左上部称基本条件项，列出了各种可能的条件；标识②的右上部称条件项，它列出了各种可能的条件组合；标识为③的左下部称基本动作项，它列出了所有的操作；标识为④的右下部称动作项，它列出在对应的条件组合下所选的操作。

图 6.4　判定表组成

如图 6.5 所示为"检查发货单"判定表，其中"√"表示满足对应条件项时执行的操作。

判定表或判定树是以图形形式描述数据流图的加工逻辑，它结构简单，易读易懂。尤其遇到组合条件的判定，利用判定表或判定树可以使问题的描述清晰，而且便于直接映射到程序代码。在表达一个加工逻辑时，判定树、判定表都是好的描述工具，根据需要还可以交叉使用。

		1	2	3	4
条件	发货金额	＞500	＞500	≤500	≤500
	赊欠情况	＞60 天	≤60 天	＞60 天	≤60 天
操作	不发批准书	√			
	发出批准书		√	√	√
	发出发货单		√	√	√
	发出赊欠报告			√	

图 6.5　"检查发货单"判定表

6.2.3 软件需求规格说明书

软件需求规格说明书(Software Requirement Specification。SRS)是系统分析员在需求分析阶段需要完成的文档,是需求分析阶段的最后成果,是软件开发中的重要文档之一。软件需求规格说明书主要建立完整的信息描述、详细的功能和行为描述、性能需求和设计约束的说明、合适的验收标准,给出对目标软件的各种需求。

1. 软件需求规格说明书的作用

软件需求规格说明书有以下几个方面的作用:

(1) 便于用户、开发人员进行理解和交流,作为软件人员与用户之间事实上的技术合同书;

(2) 反映出用户问题的结构,可以作为软件人员下一步进行设计、编码工作的基础和依据;

(3) 作为确认测试和验收的依据;

(4) 为成本估算和编制计划进度提供基础;

(5) 软件不断改进的基础。

2. 软件需求规格说明书的内容

软件需求规格说明书是作为需求分析的一部分而制定的可交付文档。该说明把在软件计划中确定的软件范围加以展开,制定出完整的信息描述、详细的功能说明、恰当的检验标准以及其他与要求有关的数据。

软件需求规格说明书所包括的内容和书写框架如下:

```
一、概述
二、数据描述
● 数据流图
● 数据字典
● 系统接口说明
● 内部接口
三、功能描述
● 功能
● 处理说明
● 设计的限制
四、性能描述
● 性能参数
● 测试种类
● 预期的软件响应
● 应考虑的特殊问题
五、参考文献目录
六、附录
```

其中,概述是从系统的角度描述软件的目标和任务。

数据描述是对软件系统所必须解决的问题作出的详细说明。

功能描述中描述了为解决用户问题所需要的每一项功能的过程细节。对每一项功能要给出处理说明和在设计时需要考虑的限制条件。

在性能描述中说明系统应达到的性能和应该满足的限制条件,检测的方法和标准,预期的软件响应和可能需要考虑的特殊问题。

参考文献目录中应包括与该软件有关的全部参考文献,其中包括前期的其他文档、技术参考资料、产品目录手册以及标准等。

附录部分包括一些补充资料。如列表数据、算法的详细说明、框图、图表和其他材料。

3. 软件需求规格说明书的特点

软件需求规格说明书是确保软件质量的有力措施,软件需求规格说明书应具有完整性、无歧义性、正确性、可验证性、可修改性等特性,其中最重要的是无歧义性。衡量软件需求规格说明书质量好坏的标准、标准的优先级及标准的内涵是:

(1) 正确性。体现开发系统的真实要求。

(2) 无歧义性。对每一个需求只有一种解释,其陈述具有唯一性,是规格说明书最重要的。

(3) 完整性。包括全部有意义的需求,功能的、性能的、设计的、约束的,属性或外部接口等方面的需求。

(4) 可验证性。描述的每一个需求都是可以验证的,即存在有限代价的有效过程验证确认。

(5) 一致性。各个需求的描述不矛盾。

(6) 可理解性。需求说明书必须简明易懂,尽量少包含计算机的概念和术语,以便用户和软件人员都能接受它。

(7) 可修改性。SRS 的结构风格在需求有必要改变时是易于实现的。

(8) 可追踪性。每一个需求的来源、流向是清晰的,当产生和改变文件编制时,可以方便地引证每一个需求。

软件需求规格说明书是一份在软件生命周期中至关重要的文件,它在开发早期就为尚未诞生的软件系统建立了一个可见的逻辑模型,它可以保证开发工作的顺利进行,因而应及时地建立并保证它的质量。

作为设计的基础和验收的依据,软件需求规格说明书应该是精确而无二义性的,需求说明书越精确,则以后出现错误、混淆、反复的可能性越小。用户能看懂需求说明书,并且发现和指出其中的错误是保证软件系统质量的关键,因而需求说明必须简明易懂,尽量少包含计算机的概念和术语,以便用户和软件人员双方都能接受它。

6.3　结构化设计方法

软件设计阶段主要根据需求分析的结果,对整个软件系统进行设计。在系统需求分析和建模工作完成后,"系统是什么?"的问题已经得到了回答。在设计阶段,软件工程师要回答的是"怎样得到系统?",要从分析阶段得到的分析模型导出软件的设计模型。设计工作可以在不同的层面上进行,系统概要设计影响整个系统的结构层面,详细设计关注于系统的具体工作层面。

6.3.1　软件设计的基本概念

1. 软件设计的基础

软件设计是软件工程的重要阶段,是一个把软件需求转换为软件表示的过程。软件设计的基本目标是用比较抽象概况的方式确定目标系统如何完成预定的任务,即软件设计是确定系统的物理模型。

软件设计的重要性和地位概况为以下几点:

(1)软件开发阶段(设计、编码、测试)占据软件项目开发总成本绝大部分,是在软件开发中形成质量的关键环节。

(2)软件设计是开发阶段最重要的步骤,是将需求准确地转化为完整的软件产品或系统的唯一途径。

(3)软件设计作出的决策,最终影响软件实现的成败。

(4)设计是软件工程和软件维护的基础。

从技术观点来看,软件设计包括软件结构设计、数据设计、接口设计、过程设计。其中,结构设计是定义软件系统各主要部件之间的关系;数据设计是将分析时创建的模型转化为数据结构的定义;接口设计是描述软件内部、软件和协作系统之间以及软件与人之间如何通信;过程设计是把系统结构部件转换成软件的过程性描述。

从工程管理角度来看,软件设计分两步完成:概要设计和详细设计。概要设计(又称结构设计、总体设计)将软件需求转化为软件体系结构、确定系统级接口、全局数据结构或数据库模式;详细设计确立每个模式的实现算法和局部数据结构,用适当方法表示算法和数据结构的细节。

软件设计的一般过程是:软件设计是一个迭代的过程;先进行高层次的结构设计;后进行低层次的过程设计;穿插进行数据设计和接口设计。

2. 软件设计的基本原理

软件设计遵循软件工程的基本目标和原则,建立了适用于在软件设计中应该遵循的基本原理和与软件设计有关的概念。软件设计的基本原理包括:抽象、模块化、信息隐蔽和模块独立性。

(1)抽象

抽象是一种思维工具,就是把事物本质的共同特性提取出来而不考虑其他细节。抽象是人们认识复杂事物的基本方法。它的实质是集中表现事物的主要特征和属性,隐藏和忽略细节部分,并用于概括普遍的、具有相同特征和属性的事物。

人们一直都在使用抽象。如果每天你开门的时候都要单独考虑那些木纤维、油漆分子以及铁原子的话,你就别想再出入房间了。正如图6.5所示,抽象是我们用来得以处理现实世界中复杂度的一种重要手段。

图6.5　抽象可以让你用一种简化的观点来考虑复杂的概念

　　软件设计中考虑模块化解决方案时,可以定出多个抽象级别。抽象的层次从概要设计到详细设计逐步降低。在软件概要设计中的模块分层也是由抽象到具体逐步分析和构造出来的。

　　(2) 模块化

　　模块是软件被划分成独立命名的,并可被独立访问的成分。如高级语言中的过程、函数、子程序等。每个模块可以完成一个特定的子功能,各个模块可以按一定的方法组装起来成为一个整体,从而实现整个系统的功能。

　　模块化设计是对一定范围内的不同功能或相同功能不同性能、不同规格的产品进行功能分析的基础上,划分并设计出一系列功能模块,通过模块的选择和组合构成不同的顾客定制的产品,以满足市场的不同需求。所谓的模块化,简单地说就是将产品的某些要素组合在一起,构成一个具有特定功能的子系统,将这个子系统作为通用性的模块与其他产品要素进行多种组合,构成新的系统,产生多种不同功能或相同功能、不同性能的系列产品,它已经从理念转变为较成熟的设计方法。

　　为了解决复杂的问题,在软件设计中必须把整个问题进行分解来降低复杂性,这样就可以减少开发工作量并降低开发成本和提高软件生产率。但是划分模块并不是越多越好,因为这会增加模块之间接口的工作量,所以划分模块的层次和数量应该避免过多或过少。划分的依据是对应用逻辑结构的理解。

　　(3) 信息隐蔽和局部化

　　信息隐蔽是指在一个模块内包含的信息(过程或数据),对于不需要这些信息的其他模块来说是不能访问的。局部化与信息隐蔽概念密切相关。所谓局部化,是指把一些关系密切的软件元素彼此靠近,例如在模块中使用局部数据就是如此。实际上,隐蔽的不是有关模块的一切信息,而是模块的实现细节。局部化有助于实现信息隐蔽。

　　信息隐蔽是靠封装来实现的,采用封装的方式,隐藏各部分处理的复杂性,只留出简单的、统一形式的访问方式。这样可以减少各部分的依赖程度,增强可维护性。封装填补了抽象留下的空白。抽象是说:“可以让你从高层的细节来看待一个对象。”而封装则说:“除此之外,你不能看到对象的任何其他细节层次。”

　　(4) 模块独立性

　　模块独立性的概念是抽象、模块化、信息隐蔽和局部化的直接结果。模块的独立性是指软件模块的编写和修改应使其具有独立功能,且与其他模块的关联尽可能少。模块独立性是指每个模块只完成系统要求的相对独立的子功能,并且与其他模块的联系最少且接口简单。

　　模块分解的主要指导思想是信息隐蔽和模块独立性。

　　模块的独立程度是评价设计好坏的重要度量标准。模块的耦合性和内聚性是衡量软件的模块独立性的两个定性指标。模块的设计需要遵循高内聚、低耦合。

　　① 内聚性

　　内聚性是一个模块内部各个元素间彼此结合的紧密程度的度量。内聚是从功能角度来衡量模块内的联系。一个模块的内聚性越强则该模块的独立性越强。

　　内聚性源于结构化设计,内聚性指的是类内部的子程序或者子程序内的所有代码在支持一个中心目标上的紧密程度——这个类的目标是否集中。包含一组密切相关功能的类被称为有着高内聚性,而这种启发式方法的目标就是使内聚性尽可能地高。内聚性是用来管理复杂度的有用工具,因为当一个类的代码越集中在一个中心目标的时候,你就越容易记住这些代码的功能所在。

按内聚性由弱到强排列,内聚可以分为以下几种:

● 偶然内聚:指一个模块内的各处理元素之间没有任何联系。如果一个模块执行多个完全不相关的行为,则其具有偶然性的内聚。

● 逻辑内聚:指模块内执行几个逻辑上相关的功能,通过参数确定该模块完成哪一个功能。当一个模块进行一系列的相关操作,每个操作由调用模块来选择时,该模块就具有逻辑性的内聚。

● 时间内聚:把需要同时或顺序执行的动作组合在一起形成的模块为时间内聚模块。当模块执行一系列与时间有关的操作时,该模块具有时间性内聚。

● 过程内聚:如果一个模块内的处理元素是相关的,而且必须以特定次序执行则称为过程内聚。

● 通信内聚:指模块内所有处理功能都通过使用公用数据而发生关系。这种内聚也具有过程内聚的特点。

● 顺序内聚:只一个模块中各个处理元素和同一个功能密切相关,而且这些处理必须顺序执行,通常前一个处理元素的输出就是下一个处理元素的输入。

● 功能内聚:指模块内所有元素共同完成一个功能,缺一不可,模块已不可再分。这是最强的内聚。

内聚性是信息隐蔽和局部化概念的自然扩展。一个模块的内聚性越强则该模块的模块独立性越强。作为软件结构设计的设计原则,要求每一个模块的内部都具有很强的内聚性,它的各个组成部分彼此都密切相关。

② 耦合性

耦合性是模块间互相连接的紧密程度的度量。

模块之间的好的耦合关系应该是松散到恰好能使一个模块能够很容易地被其他模块使用。火车模型之间通过环钩彼此相连,把两辆列车连起来非常容易——只用把它们钩起来就可以了。设想如果你必须要把它们用螺丝拧在一起,或者要连很多的线缆,或者只能连接某些特定种类的车辆,那么连接工作会是多么复杂。火车模型之间之所以能够相连,就是因为这种连接尽可能的简单。在软件中,也要确保模块之间的连接关系尽可能的简单。

耦合性取决于各个模块之间接口的复杂度、调用方式以及哪些信息通过接口。按耦合性由高到低排列,耦合可以分为以下几种:

● 内容耦合:内容耦合是最高程度的耦合。如一个模块直接访问另一模块的内容,则这两个模块称为内容耦合。

● 公共耦合:如果两个模块都可存取相同的全局数据结构(而非传递参数),则它们是共用耦合。

● 外部耦合:一组模块都访问同一全局简单变量(而不是统一全局数据结构),且不通过参数传递该全局变量的信息,则称为外部耦合。

● 控制耦合:如果两个模块中一个模块给另一个模块传递控制要素(而非简单的数据),则它们具有控制耦合,即一个模块明确地控制另一个模块的逻辑。

● 标记耦合:若两个以上的模块都需要其余某一数据结构子结构时,不使用其余全局变量的方式而是用记录传递的方式,即两模块间通过数据结构交换信息,这样的耦合称为标记耦合。

● 数据耦合:若一个模块访问另一个模块,被访问的模块的输入和输出都是数据项参数,即两模块间通过数据参数交换信息,则这两个模块为数据耦合。软件系统中至少必须存在数据耦合。

● 非直接耦合:若两个模块没有直接关系,它们之间的联系完全是通过主模块的控制和调用来实现的,则称这两个模块为非直接耦合。非直接耦合独立性最强。

一个模块与其他模块的耦合性越强则该模块的独立性越弱。原则上讲,模块化设计总是希望模块之间的耦合表现为非直接耦合方式。但是,由于问题所固有的复杂性和结构化设计的原则,非直接耦合往往是不存在的。

耦合性和内聚性是模块独立性的两个定性标准,内聚和耦合是密切相关的,在程序结构中各模块的内聚性越强,则耦合性越弱。一个较优秀的软件设计,应尽量做到高内聚,低耦合,即减弱模块之间的耦合性和提高模块内的内聚性,这样有利于提高模块的独立性。

3. 结构化设计方法

与结构化需求分析方法相对应的是结构化设计方法。结构化设计就是采用最佳的可能方法设计系统的各个组成部分以及各成分之间的内部联系的技术。也就是说,结构化设计是这样一个过程,它决定用哪些方法把哪些部分联系起来,才能解决好某个具体有清楚定义的问题。

结构化设计方法的基本思想是将软件设计成由相对独立、单一功能的模块组成的结构。下面重点以面向数据流的结构化方法为例讨论结构化设计方法。

6.3.2 概要设计

1. 概要设计的任务

软件概要设计的基本任务是:

(1) 设计软件系统结构

在需求分析阶段,已经把系统分解成层次结构,而在概要设计阶段,需要进一步分解,划分为模块以及模块的层次结构。划分的具体过程是:

① 采用某种设计方法,将一个复杂的系统按功能划分成模块;

② 确定每个模块的功能;

③ 确定模块直接的调用关系;

④ 确定模块直接的接口,即模块之间传递的信息;

⑤ 评价模块结构的质量。

(2) 数据结构及数据库设计

数据结构是实现需求定义和规格说明过程中提出的数据对象的逻辑表示。数据结构设计的具体任务是:确定输入、输出文件的详细数据结构;结合算法设计,确定算法所必需的逻辑数据结构及其操作;确定对逻辑数据结构所必需的那些操作的程序模块;限制和确定各个数据设计决策的影响范围;需要与操作系统或调度程序接口所必需的控制表进行数据交换时,确定其详细的数据结构和使用规则;数据的保护性设计:防卫性、一致性、冗余性设计。

数据设计中应注意掌握以下设计原则：

① 用于功能和行为的系统分析原则也应用于数据。

② 应该标识所有的数据结构以及其上的操作。

③ 应当建立数据字典，并用于数据设计和程序设计。

④ 低层的设计决策应该推迟到设计过程的后期。

⑤ 只有那些需要直接使用数据结构、内部数据的模块才能看到该数据的表示。

⑥ 应该开发一个由有用的数据机构和应用于其上的操作组成的库。

⑦ 软件设计和程序设计语言应该支持抽象数据类型的规格说明和实现。

（3）编写概要设计文档

在概要设计阶段，需要编写的文档有概要设计说明说、数据库设计说明书、集成测试计划等。

（4）概要设计文档评审

在概要设计中，对设计部分是否完整地实现了需求中规定的功能、性能等要求，设计方案的可行性，关键的处理及内外部接口定义正确性、有效性，各部分之间的一致性等都要进行评审，以免在以后的设计中出现大的问题而返工。

常用的软件结构设计工具是结构图（Structure Chart，SC），也称程序结构图。使用结构图描述软件系统的层次和分块结构关系，它反映了整个系统的功能实现以及模块与模块之间的联系与通信，是未来程序中的控制层次体系。

Yourdon 提出的结构图是进行软件结构设计的图形工具，可用于基于数据流分析的设计工作。结构图的基本图符如图 6.6 所示。模块用一个矩形表示，矩形内注明模块的主要功能和名字；方框之间的箭头表示模块间的调用关系。在结构图中通常还用带注释的箭头表示模块调用过程中传递的信息。如果希望进一步表明传递的信息是数据还是控制信息，则可以利用注释箭头尾部的形状来区分：尾部是空心圆表示传递的是数据，实心圆表示传递的是控制信息。

图 6.6 结构图的基本图符

根据结构化设计思想，结构图构成的基本形式有基本形式、顺序形式、重复形式和选择形式，如图 6.7 所示。

图 6.7 结构图构成的基本形式

常用的结构图有四种模块类型：传入模块、传出模块、变换模块和协调模块。其表示形式和含义如图 6.8 所示。

图 6.8　传入模块、传出模块、变换模块和协调模块的表示形式和含义

下面通过图 6.9 所示结构图进一步了解程序结构图的有关术语。

① 深度：表示控制的层数。如图 6.9 所示的系统结构图中的深度为 4。

上级模块、从属模块：上、下两层模块 A 和 B，且有 A 调用 B，则 A 是上级模块，B 是从属模块。

② 宽度：最大模块层的模块数。如图 6.9 所示的系统结构图中的宽度为 6。

③ 扇入：调用一个给定模块的模块的个数。如图 6.9 所示的系统结构图中模块 L 的扇入为 2。

④ 扇出：一个模块直接调用其他模块的个数。如图 6.9 所示的系统结构图中模块 B 的扇出为 3。

⑤ 原子模块：树中位于叶子结点的模块。如图 6.9 所示的系统结构图中的原子模块数为 6。

图 6.9　系统结构图

2. 面向数据流的结构化设计方法

在需求分析阶段，主要是分析信息在系统中加工和流动的情况。面向数据流的设计方法定义了一些不同的映射方法，利用这些映射方法可以把数据流图变换成结构图表示的软件结构。首先需要了解数据流图表示的数据处理的类型，然后针对不同类型分别进行分析处理。

（1）数据流类型

典型的数据流类型有两种：变换型和事务型。

① 变换型。变换型是指信息沿输入通路进入系统,同时由外部形式变换成内部形式,进入系统的信息通过变换中心,经加工处理以后再沿输出通路变换成外部形式离开软件系统。变换型数据处理问题的工作过程大致分为三步,即取得数据、变换数据和输出数据,如图 6.10 所示。相应于取得数据、变换数据、输出数据的过程,变换型系统结构图由输入、中心变换、输出三部分组成,如图 6.11 所示。

图 6.10　变换型数据流结构

图 6.11　变换型数据流结构的组成

变换型数据流图映射的结构图如图 6.12 所示。

图 6.12　变换型数据流系统结构图

② 事务型。在很多软件应用中,存在某种作业数据流,它可以引发一个或多个处理,这些处理能够完成该作业要求的功能,这种数据流就叫做事务。事务型数据流的特点是接收一项事务,根据事务处理的特点和性质,选择分派一个适当的处理单元(事务处理中心),然后给出结果。这类数据流归为特殊的一类,称为事务型数据流。在一个事务型数据流中,事务中心接收数据,分析每个事务以确定它的类型,根据事务类型选取一条活动通路。

事务型数据流图映射的结构图如图 6.13 所示。

图 6.13　事务型数据流系统结构图

在事务型数据流系统结构图中,事务中心模块按所接收的事务类型,选择某一事务处理模块执行,各事务处理模块并列。每个事物处理模块可能要调用若干个操作模块,而操作模块又可能调用若干个细节模块。

（2）面向数据流设计方法的实施要点与设计过程

面向数据流的结构设计过程和步骤是：

第 1 步：分析、确认数据流图的类型，区分是事务型还是变换型；

第 2 步：说明数据流的边界；

第 3 步：把数据流图映射为程序结构。对于事务流区分事务中心和数据接收通路。将它映射成事务结构。对于变换流，区分输出和输入分支，并将其映射成变换结构；

第 4 步：根据设计准则对产生的结构进行细化和求精。

下面分别讨论变换型和事务型数据流图转换成程序结构图的实施步骤。

① 变换型。将变换型映射成结构图，又称为变换分析。其步骤如下：

第 1 步：确定数据流图是否具有变换特性。一般地说，一个系统中所有的信息流都可以认为是变换流，但是，当遇有明显的事务特性的信息流时，建议采用事务分析方法进行设计。在这时应该观察在整个数据流图中哪种属性占优势，先确定数据流的全局特性。此外还应把具有全局特性的不同特点的局部区域孤立起来，根据这些子数据流的特点做部分的处理；

第 2 步：确定输入流和输出流的边界，划分出输入、变换和输出，独立出变换中心；

第 3 步：进行第一级分解，将变换型映射成软件结构，其中输入数据处理模块协调对所有输入数据的接收；变换中心控制模块管理对内部形式的数据的所有操作；输出数据处理控制模块协调输出信息的产生过程；

第 4 步：按上述步骤如出现事务流也可按事务流的映射方式对各个子流进行逐级分解，直接分解到基本功能；

第 5 步：对每个模块写一个简要说明，内容包括该模块的接口描述、模块内部的信息、过程陈述、包括的主要判定点及任务等；

第 6 步：利用软件结构的设计原则对软件结构进一步转化。

② 事务型。将事务型映射成结构图，又称为事务分析。

事务分析的设计步骤与变换分析设计步骤大致类似，主要差别仅在于由数据流图到软件结构的映射方法不同（参见图 6.12 和图 6.13）。它是将事务中心映射成为软件结构中发送分支的调度模块，将接收通路映射成软件结构的接收分支。

3. 设计准则

人们在开发计算机软件的长期实践中积累了丰富的经验，总结这些经验得出了一些启发式规则。这些经验的总结虽不像基本原理和概念那样普遍适用，但是在许多场合仍然给软件工程师以有益的启示，能帮助设计人员提高软件设计质量。这些准则是：

（1）改进软件结构提高模块的独立性。对软件结构应着眼于改善模块的独立性，依据降低耦合提高内聚的原则，通过把一些模块取消或合并来修改程序结构。

（2）模块的规模应适中。经验表明，一个模块的规模不应过大，最好能写在一张纸内（通常不超过 60 行语句）。过大的模块往往是由于分解不充分，但是进一步分解必须符合问题结构，一般说来分解后不应该降低模块独立性。过小的模块开销大于有效操作，而且模块数目过多将使系统接口复杂。因此过小的模块有时不值得独立存在，特别是只有一个模块调用它时，通常可以把它合并到上级模块中。

（3）深度、宽度、扇出、扇入应适当。深度表示软件结构中控制的层数，它往往能粗略地标志一个系统的大小和复杂的程度。宽度是软件结构内同一个层次上的模块总数的最大值。一般说来，宽度越大系统越复杂。对宽度影响最大的因素是模块的扇出。扇出是一个模块直接控制（调用）的模块数目，扇出过大意味着模块过分复杂，需要控制和协调过多的下级模块；扇出过小也不好。经验表明，一个设计得好的典型的系统的平均扇出是 3～4。扇出太大一般是因为缺乏中间层次，应该适当增加中间层次的控制模块。扇出太小时，可以把下级模块进一步分解成若干个子功能模块，或者合并到它的上级模块中去。当然分解模块或合并模块必须符合问题结构，不能违背模块独立原理。一个模块的扇入表明有多少个上级模块直接调用它，扇入越大则共享该模块的上级模块数目越多，这是有好处的，但是，不能违背模块独立原理单纯追求高扇入。

好的软件设计结构通常顶层高扇出，中间扇出较少，底层高扇入。

（4）模块的作用域应该在控制域内。模块的作用域定义为该模块内一个判定影响的所有模块的集合。模块的控制域是这个模块本身以及所有直接或间接从属于它的模块集合。在一个设计得很好的系统中，所有受判定影响的模块应该都从属于做出判定的那个模块，最好局限于做出判定的那个模块本身及它的直属下级模块。对于那些不满足这一条件的软件结构，修改的办法是：将判定点上移或者将那些在作用范围内但是不在控制范围内的模块移到控制范围以内。

（5）应减少模块的接口和界面的复杂性。模块接口复杂是软件发生错误的一个主要原因。应该仔细设计模块接口，使得信息传递简单并且和模块的功能一致。接口复杂或不一致是紧耦合和低内聚的征兆，应该重新分析这个模块的独立性。应尽可能保证模块是单入口和单出口的，杜绝内容耦合的出现，提高软件的可理解性和可维护性。

（6）设计成单入口、单出口的模块。

（7）设计功能可预测的模块。如果一个模块可以当作一个"黑盒"，也就是不考虑模块的内部结构和处理过程，则这个模块的功能就是可以预测的。

6.3.3　详细设计

详细设计的任务是为软件结构图中的每一个模块确定实现算法和局部数据结构，用某种选定的表达工具表示算法和数据结构的细节。表达工具可以由设计人员自由选择，但它应该具有描述过程细节的能力，而且能够使程序员在编程时便于直接翻译成程序设计语言的源程序。本节重点介绍过程设计。

在过程设计阶段，要对每个模块规定的功能以及算法的设计，给出适当的算法描述，即确定模块内部的详细执行过程，包括局部数据组织、控制流、每一步具体处理要求和各种实现细节等。

常用的过程设计（即详细设计）工具有：

图形工具：程序流程图、N-S（方盒图）、PAD（问题分析图）和 HIPO（层次图＋输入/处理/输出图）。

表格工具：判定表。

语言工具：PDL（伪码）。

下面介绍其中集中主要的工具：

1. 程序流程图

图 6.14　程序流程图的基本图符

程序流程图是一种传统的、应用广泛的软件过程设计工具,通常也称为程序框图。程序流程图表达直观、清晰,易于学习掌握,且独立于任何一种程序设计语言。

构成程序流程图的最基本图符及含义如图 6.14 所示。用方框表示一个处理步骤,菱形代表一个逻辑条件,箭头表示控制流。

按照结构化程序设计的要求,程序流程图构成的任何程序描述限制为如图 6.15 所示的五种控制结构。这五种控制结构的含义是:

顺序型:几个连续的加工步骤依次排列构成;

选择型:由某个逻辑判断式的取值决定选择两个加工中的一个;

先判断重复型:先判断循环控制条件是否成立,成立则执行循环体语句;

后判断重复型:重复执行某些特定的加工,直到控制条件成立;

多分支选择型:列举多种加工情况,根据控制变量的取值,选择执行其中之一。

通过把程序流程图的五种基本控制结构相互组合或嵌套,可以构成任何复杂的程序流程图。

图 6.15　程序流程图构成的五种控制结构

例如,下面是求解一元二次方程 $ax^2 + bx + c = 0$ 的根的问题。求解步骤如下:

第 1 步:输入 a、b、c 值,求得 $D = b^2 - 4ac$ 的值;

第 2 步:如果 $D > 0$,则二元一次方程的根为 $x_1 = \dfrac{-b + \sqrt{D}}{2a}$ 和 $x_2 = \dfrac{-b - \sqrt{D}}{2a}$,输出结果,程序结束;如果 $D = 0$,则二元一次方程的根为 $x_1 = x_2 = \dfrac{-b}{2a}$,输出结果,程序结束;如果 $D < 0$,则二元一次方程的根为 $x_1 = \dfrac{-b}{2a} + \dfrac{\sqrt{|D|}}{2a}i$ 和 $x_1 = \dfrac{-b}{2a} - \dfrac{\sqrt{|D|}}{2a}i$,输出结果,程序结束。

该问题的程序流程图描述如图 6.16 所示。程序流程图虽然简单易学,但是若程序员不受任何约束,随意转移控制,会破坏结构化设计的原则,而且程序流程图不易表示数据结构。

图 6.16　程序流程图示例

2. N-S 图

为了避免程序流程图在描述程序逻辑时的随意性与灵活性,1973 年 Nossi 和 Shneiderman 发表了题为"结构化程序的流程图技术"的文章,提出了用方框图来代替传统的程序流程图,通常也把这种图称为 N-S 图。

N-S 图的基本图符及表示的五种基本控制结构如图 6.17 所示。

图 6.17　N-S 图图符与构成的 5 种控制结构

例如,上述二元一次方程跟的求解问题的 N-S 图描述如图 6.18 所示。

图 6.18　N-S 图示例

N-S图有以下特点：

(1) 每个构件具有明确的功能域；

(2) 控制转移必须遵守结构化设计要求；

(3) 易于确定局部数据和(或)全局数据的作用域；

(4) 易于表达嵌套关系和模块的层次结构。

3. PAD 图

PAD是问题分析图(Problem Analysis Diagram)的英文缩写。它是继程序流程图和方框图之后，提出的又一种主要用于描述软件详细设计的图形表示工具。PAD 图的一个独特之处在于，以 PAD 为基础，遵循一个机械的规则就能方便地编写出程序，这个规则称为走树(Tree Walk)。

PAD图的基本图符及表示的五种基本控制结构，如图 6.19 所示。

图 6.19　PAD 图图符与构成的五种控制结构

PAD 所描述程序的层次关系表现在纵线上。每条纵线表示了一个层次，把 PAD 图从左到右展开。随着程序层次的增加，PAD 逐渐向右展开。如图 6.20 所示为 PAD 图的示例。

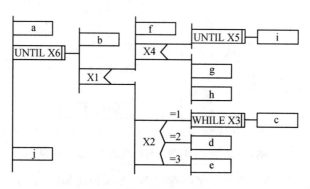

图 6.20　PAD 图示例

PAD 图有以下特征：

(1) 结构清晰，结构化程度高；

(2) 易于阅读；

(3) 最左端的纵线是程序主干线，对应程序的第一层结构；每增加一层 PAD 图向右扩展一条纵线，故程序的纵线数等于程序的层次数；

(4) 程序执行从 PAD 图最左主干线上端结点开始，自上而下、自左向右依次执行，程序终止于最左主干线。

4. PDL(Procedure Design Language)

PDL 过程设计语言,也称为结构化的英语或伪码,它是一种混合语言,采用英语的词汇和结构化程序设计语言的语法,类似编程语言。

用 PDL 表示的基本控制结构的常用词汇如下:

顺序:A/A END

条件:IF/THEN/ELSE/ENDIF

循环:DO WHILE/ENDDO

循环:REPEAT UNTIL/ENDREPEAT

分支:CASE_OF/WHEN/SELECT/WHEN/SELECT/ENDCASE

例如,使用 PDL 语言(过程设计语言)描述在数组 A[1]~A[10]中找出最大数的算法如下:

Procedure 数组找最大值

interface 数组 A 数组容量 10

begin

declare i as 整型

declare max as 整型

初始化 max 等于 A[0]

初始化 i 等于 1

loop while i 小于 10

if A[i]大于 max then

将 A[i]的值赋给 max

end loop

display max 的值

end

PDL 可以由编程语言转换得到,也可以是专门为过程描述而设计的。但应具备以下特征:

(1) 有为结构化构成元素、数据说明和模块化特征提供的关键词语法;

(2) 处理部分的描述采用自然语言语法;

(3) 可以说明简单和复杂的数据结构;

(4) 支持各种接口描述的子程序定义和调用技术。

6.4　程序编码

此阶段是将软件设计的结果转换成计算机可运行的程序代码。在程序编码中必须要制定统一、符合标准的编写规范。以保证程序的可读性、易维护性,提高程序的运行效率。

软件实现是软件产品由概念到实体的一个关键过程,它将详细设计的结果翻译成用某种程序设计语言编写的并且最终可以运行的程序代码,如使用 Java 或 C♯等编程语言。虽然软件的质量取决于软件设计,但是规范的程序设计风格将会对后期的软件维护带来不可忽视的影响。

有人认为"软件编码是将软件设计模型机械地转换成源程序代码,这是一种低水平的、缺乏创造性的工作。"这种观点显然是错误的,软件编码是设计的继续,它将影响软件质量和可维护性。

　　正确的观点是"软件编码是一个复杂而迭代的过程,它由设计模型和项目基础设施(诸如所选择的开发工具、标准、准则和过程)进行驱动,最终产生集成应用程序,并经得起最终测试。"

6.5　软件测试

　　随着计算机软、硬件技术的发展,计算机的应用领域越来越广泛,方方面面的应用对软件的功能要求也就越来越强,而且软件的复杂程度也就越来越高。但是,如何才能确保软件的质量并保证软件的高度可靠性呢? 无疑,对软件产品进行必要的测试是非常重要的一个环节。软件测试也是在软件投入运行前对软件需求、设计、编码的最后审查。

　　软件测试的投入,包括人员和资金投入是巨大的,通常其工作量、成本占软件开发总工作量、总成本的40%以上,而且具有很高的组织管理和技术难度。

　　软件测试是保证软件质量的重要手段,其主要过程涵盖了整个软件生命周期的过程,包括需求定义阶段的需求测试、编码阶段的单元测试、集成测试以及后期的确认测试、系统测试,验证软件是否合格、能否交付用户使用等。

6.5.1　软件测试的目的

　　1990 年在 IEEE 610.12 标准中给出了软件测试的定义:

　　● 在规定条件下运行系统或构件的过程:在此过程中观察和记录结果,并对系统或构件的某些方面给出评价。

　　● 软件项目的过程:检测现有状况和所需状况的不同(即 bug),并评估软件项目的特性。

　　GB/T11457—2006《信息技术——软件工程术语》中采用了 IEEE 的定义。定义表明软件测试是一项验证和评估活动,其目的是基于满足规定的需求来保证软件的质量。

　　Grenford J. Myers 在《The Art of Software Testing》一书中给出了软件测试的目的:

　　● 软件测试是为了发现错误而执行程序的过程;

　　● 一个好的测试用例是指很可能找到迄今为止尚未发现的错误的用例;

　　● 一个成功的测试是发现了至今尚未发现的错误的测试。

　　Myers 的观点告诉人们:软件测试是为了尽可能地多发现程序中的错误,不能也不可能证明程序没有错误。软件测试的关键是设计测试用例,测试用例(Test Case)是为测试设计的数据。测试用例由测试输入数据和与之对应的预期输出结果两部分组成。测试用例的格式为:

　　[(输入值集),(输出值集)]

　　由于测试的目标是暴露程序中的错误,从心理学角度看,由程序的编写者自己进行测试是不恰当的,因此,在综合测试阶段通常由其他人员组成测试小组来完成测试工作。

6.5.2　软件测试的准则

　　鉴于软件测试的重要性,要做好软件测试,设计出有效的测试方案和好的测试用例,软件测试人员需要充分理解和运用软件测试的一些基本准则：

1. 所有测试都应追溯到需求

软件测试的目的是发现错误，而最严重的错误不外乎是导致程序无法满足用户需求的错误。

2. 严格执行测试计划，排除测试的随意性

软件测试应当制定明确的测试计划并按照计划执行，以避免发生疏漏或者重复无效的工作。测试计划应包括：所测软件的功能、输入和输出、测试内容、各项测试的目的和进度安排、测试资料、测试工具、测试用例的选择、资源要求、测试的控制方式和过程等。

3. 充分注意测试中的群集现象

经验表明，程序中存在错误的概率与该程序中已发现的错误数成正比。这一现象说明，为了提高测试效率，测试人员应该集中对付那些错误群集的程序。

4. 程序员应避免检查自己的程序

不管是程序员还是开发小组都应当避免测试自己的程序或者本组开发的功能模块，因为从心理学角度讲，程序员或设计方在测试自己的程序时，要采取客观的态度是程度不同地存在障碍的。若条件允许，应当由独立于开发组和客户的第三方测试组或测试机构来进行软件测试，但这并不是说程序员不能测试自己的程序，而是更加鼓励程序员进行测试，因为测试由别人来进行可能会更加有效、客观，并且容易成功，而允许程序员自己测试也会更加有效和针对性。

5. 穷举测试不可能

所谓穷举测试是指把程序所有可能的执行路径都进行检查的测试。但是，即使规模较小的程序，其路径排列数也是相当大的，在实际测试过程中不可能穷举每一种组合。这说明，测试只能证明程序中有错误，不能证明程序中没有错误。

6. 妥善保存测试计划、测试用例、出错统计和最终分析报告，为维护提供方便

6.5.3　软件测试技术与方法综述

随着软件测试技术的不断发展，测试方法也越来越多样化，针对性更强。对于软件测试方法和技术，可以从不同的角度加以分类。

若从是否需要执行被测软件的角度，可以分为静态测试和动态测试方法。若按照功能划分可以分为白盒测试和黑盒测试方法。

1. 静态测试与动态测试

（1）静态测试

静态测试包括代码检查、静态结构分析、代码质量度量。静态测试不实际运行软件，主要由人工进行分析，充分发挥人的逻辑思维优势，也可以借助软件工具自动进行。经验表明，使用人工测试能够有效地发现 30% 到 70% 的逻辑设计和编码错误。

代码检查主要检查代码和设计的一致性，包括代码的逻辑表达的正确性，代码结构的合理性等方面。这项工作可以发现违背程序编写标准的问题，程序中不安全、不明确和模糊的部分，找出程序中不可移植部分、违背程序编程风格的问题，包括变量检查、命名和类型审查、程序逻辑审查、程序语法检查和程序结构检查等内容。代码检查包括代码审查、代码走查、桌面检查、静态分析等具体方法。

代码审查:由一组人通过阅读、讨论检查代码,对程序进行静态分析的过程。

代码走查:预先准备测试数据,让与会者充当"计算机"来检查程序的状态。有时比真正运行程序可能发现更多的错误。

桌面检查:由程序员自己检查自己编写的程序。程序员在程序通过编译之后,进行单元测试之前,对源代码进行分析、检验,并补充相关文档,目的是发现程序的错误。

静态分析:对代码的机械性、程序化的特性分析方法,包括控制流分析、数据流分析、接口分析、表达式分析。

(2) 动态测试

静态测试不实际运行软件,主要通过人工进行。动态测试是基于计算机的测试,是为了发现错误而执行程序的过程。或者说,是根据软件开发各阶段的规格说明和程序的内部结构而精心设计一批测试用例(即输入数据及其预期的输出结果),并利用这些测试用例去运行程序,以发现程序错误的过程。

动态测试主要包括白盒测试和黑盒测试方法。设计高效、合理的测试用例是动态测试的关键。高效的测试用例是指一个用例能够覆盖尽可能多的测试情况,从而提高测试效率。

下面重点讨论动态的白盒测试方法和黑盒测试方法。

2. 白盒测试方法与测试用例设计

白盒测试方法也称为结构测试或逻辑驱动测试。它是根据软件产品的内部工作过程,检查内部成分,以确认每种内部操作符合设计规格要求。白盒测试把测试对象看作一个打开的盒子,允许测试人员依据程序内部逻辑结构相关信息,设计或选择测试用例,对程序所有逻辑路径进行测试。通过在不同点检查程序的状态,确定实际的状态是否与预期的状态一致。所以,白盒测试是在程序内部进行,主要用于完成软件内部操作的验证。

白盒测试的基本原则:保证所测模块中每一独立路径至少执行一次;保证所测模块所有判断的每一分支至少执行一次;保证所测模块每一循环都在边界条件和一般条件下至少各执行一次;验证所有内部数据结构的有效性。

白盒法全面了解程序内部逻辑结构,对所有逻辑路径进行测试,白盒法是穷举路径测试。在使用这一方案时,测试者必须检查程序的内部结构,从检查程序的逻辑着手,得出测试数据。贯穿程序的独立路径数是天文数字,但即使每条路径都测试了,仍然可能有错误。第一,穷举路径测试决不能查出程序是否违反了设计规范,即程序本身是个错误的程序;第二,穷举路径测试不可能查出程序中因遗漏路径而出错;第三,穷举路径测试可能发现不了一些与数据相关的错误。

白盒测试法的测试用例是根据程序的内部逻辑来设计的,主要用于软件的单元测试,主要方法有逻辑覆盖、基本路径测试等。

(1) 逻辑覆盖测试

逻辑覆盖是泛指一系列以程序内部的逻辑结构为基础的测试用例设计技术。通常程序中的逻辑表示有判断、分支、条件等几种表示方法。

① 语句覆盖:选择足够的测试用例,使得程序中每一个语句至少都能被执行一次。语句覆盖是逻辑覆盖中最基本的覆盖,尤其对单元测试来说。但是语句覆盖往往没有关注判断中的条件有可能隐含的错误。

② 路径覆盖:执行足够的测试用例,使程序中所有可能的路径都至少经历一次。

③ 判定覆盖:使设计的测试用例保证程序中每个判断的每个取值分支(T 或 F)至少经历一次。

④ 条件覆盖:设计的测试用例保证程序中每个判断的每个条件的可能取值至少执行一次。

⑤ 判断—条件覆盖:设计足够的测试用例,使判断中每个条件的所有可能取值至少执行一次,同时每个判断的所有可能取值分支至少执行一次。

判断—条件覆盖也有缺陷,对质量要求高的软件单元,可根据情况提出多重条件组合覆盖以及其他更高的覆盖要求。

逻辑覆盖的强度依次是:语句覆盖<路径覆盖<判定覆盖<条件覆盖<判断—条件覆盖。

(2) 基本路径测试

基本路径测试的思想和步骤是,根据软件过程性描述中的控制流程确定程序的环路复杂性度量,用此度量定义基本路径集合,并由此导出一组测试用例对每一条独立执行路径进行测试。

3. 黑盒测试方法与测试用例设计

黑盒测试方法也称为功能测试或数据驱动测试。黑盒测试是对软件已经实现的功能是否满足需求进行测试和验证。在测试中,把程序看作一个不能打开的黑盒子,在完全不考虑程序内部结构和内部特性的情况下,在程序接口进行测试,它只检查程序功能是否按照需求规格说明书的规定正常使用,程序是否能适当地接收输入数据而产生正确的输出信息,并且保持外部信息(如数据库或文件)的完整性。黑盒测试着眼于程序外部功能和结构,不考虑内部逻辑结构,主要针对软件界面和软件功能进行测试。

黑盒测试是以用户的角度,从输入数据与输出数据的对应关系出发进行测试的。很明显,如果外部特性本身有问题或规格说明的规定有误,用黑盒测试方法是发现不了的。黑盒测试法注重于测试软件的功能需求,主要试图发现下列几类错误:一是功能不正确或遗漏;二是界面错误和数据库访问错误;三是性能错误、初始化和终止错误等。

黑盒测试主要诊断功能不对或遗漏、接口错误、数据结构或外部数据库访问错误、性能错误、初始化和终止条件错误。

黑盒测试不关心程序内部的逻辑,只是根据程序的功能说明来设计测试用例,主要方法有等价类划分法、边界值分析法、错误推测法、因果图法等,主要用于软件的确认测试。

(1) 等价类划分法

等价类划分法是一种典型的黑盒测试方法。它是将程序的所有可能的输入数据划分成若干部分(即若干等价类),然后从每个等价类中选取数据作为测试用例。对每一个等价类,各个输入数据对发现程序中的错误的概率都是相等的,因此只需要从每个等价类中选取一些有代表性的测试用例进行测试而发现错误。该方法是一种重要的、常用的黑盒测试用例设计方法。

使用等价类划分法设计测试方案,首先需要划分输入集合的等价类,然后根据等价类选取相应的测试用例。等价类分为两种不同的类型:有效等价类和无效等价类。

① 有效等价类:是指对于程序的规格说明来说是合理的,有意义的输入数据构成的集合。利用有效等价类可检验程序是否实现了规格说明中所规定的功能和性能。

②　无效等价类：与有效等价类的定义相反，指对于程序的规格说明来说是不合理的，无意义的输入数据构成的集合，用来验证程序的健壮性和可靠性。

划分等价类的方法常用的几条原则是：

①　在输入条件规定了取值范围或值的个数的情况下，则可以确立一个有效等价类和两个无效等价类。

②　在输入条件规定了输入值的集合或者规定了"必须如何"的条件情况下，可确立一个有效等价类和一个无效等价类。

③　在输入条件是一个布尔量的情况下，可确定一个有效等价类和一个无效等价类。

④　在规定了输入数据的一组值（假定 n 个），并且程序要对每一个输入值分别处理的情况下，可确立 n 个有效等价类和一个无效等价类。

⑤　在规定了输入数据必须遵守的规则情况下，可确立一个有效等价类（符合规则）和若干个无效等价类（从不同角度违反规则）。

⑥　在确定已划分的等价类中各元素在程序处理中的方式不同情况下，则应再将该等价类进一步划分为更小的等价类。

（2）边界值分析法

边界值分析法是对各种输入、输出范围的边界情况设计测试用例的方法。

经验表明，程序的大部分错误是发生在输入或输出范围的边界上，而不是发生在输入输出范围的内部，因此针对各种边界情况设计测试用例，可以查出更多的错误。

使用边界值分析方法设计测试用例，首先应确定边界情况，通常输入和输出等价类的边界，就是应着重测试的边界情况，应当选取正好等于，刚刚大于或刚刚小于边界的值作为测试数据，而不是选取等价类中的典型值或任意值作为测试数据。

基于边界值分析方法选择测试用例常用的几条原则是：

①　如果输入条件规定了值的范围，则应取刚达到这个范围的边界的值，以及刚刚超越这个范围边界的值作为测试输入数据；

②　如果输入条件规定了值的个数，则用最大个数、最小个数、比最小个数少一、比最大个数多一的数作为测试数据；

③　根据规格说明的每个输出条件，使用前面的原则①；

④　根据规格说明的每个输出条件，应用前面的原则②；

⑤　如果程序的规格说明给出的输入域或输出域是有序集合，则应选取集合的第一个元素和最后一个元素作为测试用例；

⑥　如果程序中使用了一个内部数据结构，则应当选择这个内部数据结构的边界上的值作为测试用例；

⑦　分析规格说明，找出其他可能的边界条件。

一般多用边界值分析法来补充等价类划分方法。

（3）错误推测法

测试人员也可以通过经验或直觉推测程序中可能存在的各种错误，从而有针对性地编写检查这些错误的例子，这就是错误推测法。

错误推测方法的基本思想：列举出程序中所有可能有的错误和容易发生错误的特殊情况，根据他们选择测试用例。错误推测法针对性强，可以直接切入可能的错误，直接定位，是一种非常实用、有效的方法。但是它需要丰富的经验和专业知识。

错误推测法的实施步骤一般是,对被测软件首先列出所有可能有的错误和易错情况表,然后基于该表设计测试用例。

例如,在单元测试时曾列出的许多在模块中常见的错误,以前产品测试中曾经发现的错误等,这些就是经验的总结。还有,输入数据和输出数据为 0 的情况,输入表格为空格或输入表格只有一行,这些都是容易发生错误的情况,可选择这些情况下的例子作为测试用例。

实际上,无论是使用白盒测试方法还是黑盒测试方法,或是其他测试方法,针对一种方法设计的测试用例,仅仅是易于发现某种类型的错误,对其他类型的错误不易发现。所以没有一种用例设计方法能适应全部的测试方案,而是各有所长。综合使用各种方法来确定合适的测试方案,应该考虑在测试成本和测试效果之间的一个合理折中。

6.5.4　软件测试的策略

测试必须按照软件需求和设计阶段所制订的测试计划进行,其结果以"测试分析报告"的形式提交。测试策略是在一定的开发周期和某种经济条件下,通过有限的测试以尽可能多地发现错误。按软件工程中的 40 - 20 - 40 规则(编程工作占开发工作的 20%,编程前和编程后各占开发工作的 40%),测试在整个软件的开发中必须占 40% 左右的工作量。各类测试在测试总工作量所占的比例根据具体项目及开发人员的配置情况而定。

软件测试是保证软件质量的重要手段,软件测试是一个过程,其测试流程是该过程规定的程序,目的是使软件测试工作系统化。

软件测试一般按 4 个步骤进行,即单元测试、集成测试、验收测试(确认测试)和系统测试。每个阶段的测试工作都有相应的侧重点,而且由不同的人员来实施相关测试工作,在软件测试实施的过程中要把握好每个阶段应该达到的目的,掌握好相应的测试方法,按照相应的步骤来实现对软件的完整的测试工作,验证软件是否合格、能否交付用户使用。

1. 单元测试

单元测试是对软件设计的最小单位——模块(程序单元)进行正确性检验测试。单元测试的目的是发现各模块内部可能存在的各种错误。

单元测试的依据是详细设计说明书和源程序。

单元测试的技术可以采用静态分析和动态测试。对动态测试通常以白盒测试为主,辅之以黑盒测试。

单元测试主要针对模块的下列 5 个基本特征进行:

(1)模块接口测试——测试通过模块的数据流。例如,检查模块的输入参数和输出参数、全局量、文件属性与操作等都属于模块接口测试的内容。

(2)局部数据结构测试。例如,检查局部数据说明的一致性,数据的初始化,数据类型的一致以及数据的下溢、上溢等。

(3)重要的执行路径的检查。

(4)出错处理测试。检查模块的错误处理功能。

(5)影响以上各点及其他相关点的边界条件测试。

单元测试是针对某个模块,这样的模块通常并不是一个独立的程序,因此模块自己不能运行,而要靠辅助其他模块调用或驱动。同时,模块自身也会作为驱动模块去调用其他模块,也就是说,单元测试要考虑它和外界的联系,必须在一定的环境下进行,这些环境可以是真实的也可以是模拟的。模拟环境是单元测试常用的。

所谓模拟环境就是在单元测试中,用一些辅助模块去模拟与被测模块的相联系的其他模块,即为被测模块设计和搭建驱动模块和桩模块。

其中,驱动模块相当于被测模块的主程序。它接收测试数据,并传给被测模块,输出实际测试结果。桩模块通常用于代替被测模块调用的其他模块,其作用仅作少量的数据操作,是一个模拟子程序,不必将子模块的所有功能代入。

2. 集成测试

集成测试是测试和组装软件的过程。它是把模块在按照设计要求组装起来的同时进行测试,主要目的是发现与接口有关的错误。集成测试的依据是概要设计说明书。

集成测试所涉及的内容包括:软件单元的接口测试、全局数据结构测试、边界条件和非法输入的测试等。

集成测试时将模块组装成程序,通常采用两种方式:非增量方式组装与增量方式组装。

非增量方式也称为一次性组装方式。将测试好的每一个软件单元依次组装在一起再进行整体测试。

增量方式是将已经测试好的模块逐步组装成较大系统,在组装过程中边连接边测试,以及发现连接过程中产生的问题。最后通过增值,逐步组装到所要求的软件系统。

增量方式包括自顶向下、自底向上、自顶向下与自底向上相结合的混合增量方法。

(1) 自顶向下的增量方式

将模块按系统程序结构,从主控模块(主程序)开始,沿控制层次自顶向下地逐个把模块连接起来。自顶向下的增量方式在测试过程中能较早地验证主要的控制盒判断点。

自顶向下集成的过程与步骤如下:

① 主控模块作为测试驱动器。直接附属于主控模块的各模块全都用桩模块代替;

② 按照一定的组装次序,每次用一个真模块取代一个附属的桩模块;

③ 当装入每个真模块时都要进行测试;

④ 做完每一组测试后再用一个真模块代替另一个桩模块;

⑤ 可以进行回归测试(即重新再做过去的做过的全部或部分测试),以便确定没有新的错误发生。

(2) 自底向上的增量方式

自底向上集成测试方法是从软件结构中最底层的、最基本的软件单元开始进行集成和测试。在模块的测试过程中需要从子模块得到的信息可以直接运行子模块得到。由于在逐步向上组装过程中下层模块总是存在的,因此不再需要桩模块,但是需要调用这些模块的驱动模块。

自底向上集成的过程与步骤如下:

① 底层的模块组成簇,以执行某个特定的软件子功能;

② 编写一个驱动模块作为测试的控制程序,和被测试的簇连在一起,负责安排测试用例的输入及输出;

③ 对簇进行测试;

④ 拆去各个小簇的驱动模块,把几个小簇合并成大簇,再重复做②、③及④步。这样在

软件结构上逐步向上组装。

（3）混合增量方式

自顶向下增量的方式和自底向上增量的方式各有优缺点，一种方式的优点是另一种方式的缺点。

自顶向下测试的主要优点是能较早显示出整个程序的轮廓，主要缺点是，当测试上层模块时使用桩模块较多，很难模拟出真实模块的全部功能，使部分测试内容被迫推迟，直至换上真实模块后再补充测试。

自底向上测试从下层模块开始，设计测试用例比较容易，但是在测试的早期不能显示出程序的轮廓。

针对自顶向下、自底向上方法各自的优点和不足，人们提出了自顶向下和自底向上相结合、从两头向中间逼近的混合式组装方法，被形象地称为"三明治"方法。这种方式，结合考虑软件总体结构的良好设计原则，在程序结构的高层使用自顶向下方式，在程序结构的低层使用自底向上方式。

3. 确认测试

确认测试的任务是验证软件的功能和性能及其他特性是否满足了需求规格说明中确定的各种需求，以及软件配置是否完全、正确。

确认测试的实施首先运用黑盒测试方法，对软件进行有效性测试，即验证被测软件是否满足需求规格说明确认的标准。复审的目的在于保证软件配置齐全、分类有序，以及软件配置所有成分的完备性、一致性、准确性和可操作性，并且包括软件维护所必需的细节。

4. 系统测试

系统测试是将通过测试确认的软件，作为整个基于计算机系统的一个元素，与计算机硬件、外设、支持软件、数据和人员等其他系统元素组合在一起，在实际运行（使用）环境下对计算机系统进行一系列的集成测试和确认测试。由此可知，系统测试必须在目标环境下运行，其功用在于评估系统环境下软件的性能，发现和捕捉软件中潜在的错误。

系统测试的目的是在真实的系统工作环境下检验软件是否能与系统正确连接，发现软件与系统需求不一致的地方。

系统测试的具体实施一般包括：功能测试、性能测试、操作测试、配置测试、外部接口测试、安全性测试等。

6.6　软件调试

6.6.1　软件调试的基本概念

在对程序进行成功测试之后将进行程序调试（通常称 Debug，即排错）。程序的调试任务是诊断和改正程序中的错误。它与软件测试不同，软件测试是尽可能多地发现软件中的错误。先要发现软件的错误，然后借助于一定的调试工具去执行找出软件错误的具体位置。软件测试贯穿整个软件生命周期，调试主要在开发阶段进行。

调试程序应该由编制源程序的程序员来完成。由程序调试的概念可知，程序调试活动由两部分组成,一是根据测试时发现的错误,找出原因和具体位置;其二进行程序修改,排除错误。

1. 程序调试的基本步骤

(1) 错误定位

从错误的外部表现形式入手,研究有关部分的程序,确定程序中出错位置,找出错误的内在原因。确定错误位置占据了软件调试绝大部分的工作量。

从技术角度来看,错误的特征和查找错误的难度在于:

① 现象与原因所处的位置可能相距很远。就是说,现象可能出现在程序的一个部分,而原因可能在离此很远的另一个位置。高耦合的程序结构中这种情况更为明显。

② 当纠正其他错误时,这一错误所表现出的现象可能会消失或暂时性的消失,但并未实际排除。

③ 现象可能并不是由错误引起的(如舍入误差)。

④ 现象可能是由于一些不容易发现的人为错误引起的。

⑤ 错误现象可能时有时无。

⑥ 现象是由于难于再现的输入状态(例如实时应用中输入顺序不确定)引起。

⑦ 现象可能是周期出现的。如在软件、硬件结合的嵌入式系统中常常遇到。

(2) 修改设计和代码,以排除错误

排错是软件开发过程中一项艰苦的工作,这也决定了调试工作是一个具有很强技术性和技巧性的工作。软件工程人员在分析测试结果的时候会发现,软件运行失效或出现问题,往往只是潜在错误的外部表现,而外部表现与内在原因之间常常没有明显的联系。如果要找出真正的原因,排除潜在的错误,不是一件易事。因此可以说,调试是通过现象找出原因的一个思维分析的过程。

(3) 进行回归测试,防止引进新的错误

因为修改程序可能带来新的错误,重复进行暴露这个错误的原始测试或某些有关测试,以确认该错误是否被排除、是否引进了新的错误。如果所做的修正无效,则撤销这次改动,重复上述过程,直到找到一个有效的解决办法为止。

2. 程序调试的原则

在软件调试方面,许多原则实际上是心理学方面的问题。因为调试活动由对程序中错误的定性、定位和排错两部分组成,因此调试原则也从以下两个方面考虑。

(1)确定错误的性质和位置时的注意事项:

① 分析思考与错误征兆有关的信息。

② 避开死胡同。如果程序调试人员在调试中陷入困境,最好暂时把问题抛开,留到后面适当的时间再去考虑,或者向其他人讲解这个问题,去寻求新的解决思路。

③ 只把调试工具当作辅助手段来使用。利用调试工具,可以帮助思考,但不能代替思考。因为调试工具给人提供的是一种无规律的调试方法。

④ 避免用试探法,最多只能把它当作最后手段。这是一种碰运气的盲目的动作,它的成功概率很小,而且还常把新的错误带到问题中来。

(2) 修改错误的原则

① 在出现错误的地方,很可能还有别的错误。经验表明,错误有群集现象,当在某一程

序段发现有错误时,在该程序段中还存在别的错误的概率也很高。因此,在修改一个错误时,还要观察和检查相关的代码,看是否还有别的错误。

② 修改错误的一个常见失误是只修改了这个错误的征兆或这个错误的表现,而没有修改错误本身。如果提出的修改不能解释与这个错误有关的全部现象,那就表明只修改了错误的一部分。

③ 注意修正一个错误的同时有可能会引入新的错误。不仅需要注意不正确的修改,而且还要注意看起来是正确的修改可能会带来的副作用,即引进新的错误。因此在修改了错误之后,必须进行回归测试。

④ 修改错误的过程将迫使人们暂时回到程序设计阶段。修改错误也是程序设计的一种形式。一般说来,在程序设计阶段所使用的任何方法都可以应用到错误修正的过程中来。

⑤ 修改源代码程序,不要改变目标代码。

6.6.2 软件调试方法

调试的关键在于推断程序内部的错误位置及原因。从是否跟踪和执行程序的角度,类似于软件测试,软件调试可分静态调试和动态调试。软件测试中讨论的静态分析方法同样适用静态调试。静态调试主要是指通过人的思维来分析源程序代码和排错,是主要的调试手段,而动态调试是辅助静态调试。主要的调试方法有:

1. 强行排错法

作为传统的调试方法,其过程可概括为设置断点、程序暂停、观察程序状态、继续运行程序。这是目前使用较多、效率较低的调试方法。涉及的调试技术主要是设置断点和监视表达式。

2. 回溯法

该方法适合于小规模程序的排错。即一旦发现了错误,先分析错误征兆,确定最先发现"症状"的位置。然后,从发现"症状"的地方开始,沿程序的控制流程,逆向跟踪源程序代码,直到找到错误根源或确定出错产生的范围。

回溯法对于小程序很有效,往往能把错误范围缩小到程序中的一小段代码,仔细分析这段代码不难确定出错的准确位置。但随着源代码行数的增加,潜在的回溯路径数目很多,回溯会变得很困难,而且实现这种回溯的开销大。

3. 原因排除法

原因排除法是通过演绎和归纳,以及二分法来实现。

演绎法是一种从一般原理或前提出发,经过排除和精化的过程来推导出结论的思考方法。演绎法排错是测试人员首先根据已有的测试用例,设想及枚举出所有可能出错的原因作为假设。然后再用原始测试数据或新的测试数据,从中逐个排除不可能正确的假设。最后,再用测试数据验证余下的假设确定出错的原因。

归纳法是一种从特殊推断出一般的系统化思考方法。其基本思想是从一些线索(错误征兆或与错误发生有关的数据)着手,通过分析寻找到潜在的原因,从而找出错误。

二分法实现的基本思想是,如果已知每个变量在程序中若干个关键点的正确值,则可以使用定值语句(如赋值语句、输入语句等)在程序中的某点附近给这些变量赋正确值,然后运行程序并检查程序的输出。如果输出结果是正确的,则错误原因在程序的前半部分;否则,错误原因在程序的后半部分。对错误原因所在的部分重复使用这种方法,直到将出错范围缩小到容易诊断的程度为止。

上面的每一种方法都可以使用调试工具来辅助完成。例如,可以使用带调试功能的编译器、动态编译器、自动测试用例生成器以及交叉引用工具等。

需要注意的一个实际问题是,调试的成果是排错,为了修改程序中的错误,往往会采用"补丁程序"来实现,而这种做法会引起整个程序质量的下降,但是从目前程序设计发展的状况看,对大规模的程序的修改和质量保证,又不失为一种可行的方法。

6.7 软件维护

在软件产品被开发出来并交付用户使用之后,由于多方面的原因,软件不能继续适应用户的要求。要延续软件的使用寿命,就必须对软件进行维护。这个阶段是软件生命周期的最后一个阶段,其基本任务是保证软件在一个相当长的时期能够正常运行。软件在交付给用户使用后,由于应用需求、环境变化以及自身问题,对它进行维护不可避免,并且软件维护是一个耗费较大、软件生命周期中持续时间最长的阶段。

所谓软件维护就是在软件已经交付使用之后,为了改正错误或满足新的需要而修改软件的过程。

软件维护内容有四种:正确性维护,适应性维护,完善性维护和预防性维护。

1. 正确性维护

正确性维护是指改正在系统开发阶段已发生而系统测试阶段尚未发现的错误。这方面的维护工作量要占整个维护工作量的 17%～21%。所发现的错误有的不太重要,不影响系统的正常运行,其维护工作可随时进行;而有的错误非常重要,甚至影响整个系统的正常运行,其维护工作必须制定计划,进行修改,并且要进行复查和控制。

2. 适应性维护

适应性维护是指为适应外界环境的变化而增加或修改系统部分功能的维护工作。例如,操作系统版本更新、新的硬件系统的出现和应用范围扩大等,为适应这些变化,系统需要进行维护。这方面的维护工作量占整个维护工作量的 18%～25%。由于目前计算机硬件价格的不断下降,各类系统软件层出不穷,人们常常为改善系统硬件环境和运行环境而产生系统更新换代的需求;企业的外部市场环境和管理需求的不断变化也使得各级管理人员不断提出新的信息需求。这些因素都将导致适应性维护工作的产生。进行这方面的维护工作也要像系统开发一样,有计划、有步骤地进行。

3. 完善性维护

这是为扩充功能和改善性能而进行的修改,主要是指对已有的软件系统增加一些在系统分析和设计阶段中没有规定的功能与性能特征。这些功能对完善系统功能是非常必要的。另外,还包括对处理效率和编写程序的改进,这方面的维护占整个维护工作的 50%～60%,比重较大,也是关系到系统开发质量的重要方面。这方面的维护除了要有计划、有步骤地完成外,还要注意将相关的文档资料加入前面相应的文档中去。

4. 预防性维护

为了改进应用软件的可靠性和可维护性,为了适应未来的软硬件环境的变化,应主动增加预防性的新的功能,以使应用系统适应各类变化而不被淘汰。例如将专用报表功能改成通用报表生成功能,以适应将来报表格式的变化。这方面的维护工作量占整个维护工作量的 4% 左右。

6.8　软件工程所面临的主要问题

1. 发展方向

敏捷开发(Agile Development)被认为是软件工程的一个重要的发展。它强调软件开发应当是能够对未来可能出现的变化和不确定性做出全面反应的。敏捷开发被认为是一种"轻量级"的方法。在轻量级方法中最负盛名的应该是"极限编程"(Extreme Programming,简称为 XP)。而与轻量级方法相对应的是"重量级方法"的存在。重量级方法强调以开发过程为中心,而不是以人为中心。重量级方法的例子比如 CMM/PSP/TSP。

面向侧面的程序设计(Aspect Oriented Programming,简称 AOP)被认为是近年来软件工程的另外一个重要发展,这里指的是完成一个功能的对象和函数的集合。在这一方面相关的内容有泛型编程(Generic Programming)和模板。

2. 面临问题

遗留系统的挑战:维护和更新这些软件,既要避免过多的支出,又要不断地交付基本的业务服务。

多样性的挑战:网络中包含不同类型的计算机和支持系统。必须开发新的技术,制作可靠的软件,从而足以灵活应对这种多样性。

交付上的挑战:在不损及系统质量的前提下,缩短大型、复杂系统的移交时间。

3. 职业和道德上的责任

机密:工程人员必须严格保守雇主或客户的机密,而不管是否签署了保密协议。

工作能力:工程人员应该实事求是地表述自己的工作能力,不应有意接受超出自己工作能力的工作。

知识产权:工程人员应当知晓专利权、著作权等知识产权使用的地方法律,必须谨慎行事,确保雇主和客户的知识产权受到保护。

计算机滥用:软件工程人员不应运用自己的技能滥用他人的计算机。

这里要求软件工程从业人员遵守 ACM/IEEE‐CS 联合制定以规范软件工程行业的《软件工程职业道德和职业行为准则》。

6.9　课程思政

中国数字技术助力新冠肺炎疫情精准防控

"疫情就是命令,防控就是责任。"

这次疫情发生以来,党中央高度重视、统一领导,充分发挥我们的制度优势,全面动员、全面部署,各方面共同努力、共同奋战,疫情防控工作正有力开展。疫情防控也离不开科技支撑,数字化治理是我们应对这些新形势高要求的有效途径之一。5G、云计算、大数据、人工智能、区块链等数字技术及其应用作为战"疫"武器,提升了数字化治理能力,在此次抗击疫情中发挥着重要作用。

数字健康技术未来可期

从新冠肺炎疫情蔓延之初到逐步复工复产，百度地图从时空大数据、信息点数据及出行服务三个方面采取相关战"疫"举措。百度地图慧眼迁徙大数据通过数据定向、分析等途径确定500万人员流出的方向，平台自2020年1月22日上线至5月8日累计为超过25亿人次提供迁徙大数据服务，百度地图还通过上线热力图图层、发热门诊地图、湖北籍游客定点酒店、疫情小区专题地图、复工地图等平台，充分利用大数据与人工智能技术为公众提供便捷的工具。

在数字抗疫技术应用方面，"中国经验"也在外媒报道中被多次提及，受到高度认可。例如，以面部识别技术闻名的中国高科技公司——商汤科技和旷视科技，已经开发并应用基于AI的非接触式体温检测软件。商汤科技还开发了"智能AI防流行病解决方案"，通过将AI算法与红外热技术集成在一起，可检测到0.3℃精度内的发烧，还可以识别未戴口罩的个人，其成功率超过99%。

在疫情面前，中国各大互联网企业纷纷用数字技术为抗疫和经济复苏提供了源源不断的辅助和动力，不仅获得世界卫生组织的认可，更为其他国家抗疫提供了借鉴。数字健康，未来可期。

数字技术优化协同调度

数字技术及其应用在疫情防控物资调配、市场供应、卫生防疫、应急救援等方面，有力支撑了各类资源的统筹、储备、生产、调度、协调和使用，提高资源配置效率，满足危机应对和治理需求。我国物流、快递的高效运营能力和遍布大街小巷的渗透力，成为疫情期间老百姓可依赖的生活保障和物资救援可依靠的配送平台。无人机的应用也大大降低了人员调度成本和病毒感染风险。例如，医疗无人机可通过配备红外线热成像镜头在居民楼外实现对窗边住户的体温测量，植保无人机可进行消毒液喷洒来减少公共环境的感染概率。

工信部通过疫情防控国家重点医疗物资保障调度平台的建设投用，优化调度、全力保障防控物资的生产供应。基础电信企业依托工业互联网平台，提供"物资供需对接"服务，助力医疗物资需求部门与供应方之间更加精准高效的对接；还通过"远程设备管控"服务，开展设备网络化、智能化的远程管控，从而实现对施工生产的精准调配。

杭州公安局科技民警钟毅

钟毅，杭州市公安局的一名科技民警。不管你听没听说过他的名字，你我他都绕不过他，甚至每时每刻，都得与他发生点关系。因为，他就是健康码开发团队的核心骨干。

从警多年，钟毅一直习惯隐身于一线冲锋陷阵的战友身后，为他们提供信息化的技术支撑。直到2020年2月，一场突如其来的新冠肺炎疫情，让他从幕后走到台前。那年2月6日，钟毅团队接到了开发"杭州健康码"的任务。

科技警察的价值

健康码？什么样的？要做成什么东西？应该用什么颜色？带着这些疑问，钟毅和他的团队从零开始，历经了一个接一个的不眠之夜，完成了第一个测试版。

钟毅团队就市民提出的问题，先后经过29轮技术调整、14个版本和63项功能迭代，解决了市民的困扰。最终，杭州健康码的正确率达到99%以上！钟毅团队仅用40天的时间，就让健康码从杭州走向了全国。

健康码，让钟毅真正感受到了科技警察的价值所在。

钟毅，杭州市公安局科技信息化局计算机应用管理科副科长，是杭州市公安机关首批提任的"90"后科级干部之一。

曾获"全国最美公务员""浙江省优秀共产党员""法治浙江建设十五周年十大法治人物""全省公安机关千名好民警""杭州市政法系统模范个人""全市青春力量·最美90后"等多项荣誉，荣立个人三等功1次、个人嘉奖2次。

"蛟龙号"数次测试

"蛟龙号"载人深潜器是我国首台自主设计、自主集成研制的作业型深海载人潜水器，设计最大下潜深度为7 000米级，也是目前世界上下潜能力最强的作业型载人潜水器。"蛟龙号"可在占世界海洋面积99.8%的广阔海域中使用，对于我国开发利用深海的资源有着重要的意义。

中国是继美、法、俄、日之后世界上第五个掌握大深度载人深潜技术的国家。在全球载人潜水器中，"蛟龙号"属于第一梯队。

目前全世界投入使用的各类载人潜水器约90艘，其中下潜深度超过1 000米的仅有12艘，更深的潜水器数量更少，目前拥有6 000米以上深度载人潜水器的国家包括中国、美国、日本、法国和俄罗斯。

除中国外，其他4国的作业型载人潜水器最大工作深度为日本深潜器的6 527米，因此"蛟龙号"载人潜水器在西太平洋的马里亚纳海沟海试成功到达7 020米海底，创造了作业类载人潜水器新的世界纪录。

从2009年至2012年，蛟龙号接连取得1 000米级、3 000米级、5 000米级和7 000米级海试成功。下潜至7 000米，说明蛟龙号载人潜水器集成技术的成熟，标志着我国深海潜水器成为海洋科学考察的前沿与制高点之一。

2012年6月27日11时47分，中国"蛟龙"再次刷新"中国深度"——下潜7 062米。6月3日，"蛟龙"出征以来，已经连续书写了5个"中国深度"新纪录：6月15日，6 671米；6月19日，6 965米；6月22日，6 963米；6月24日，7 020米；6月27日，7 062米。

下潜至7 000米，标志着我国具备了载人到达全球99%以上海洋深处进行作业的能力，标志着"蛟龙"载人潜水器集成技术的成熟，标志着我国深海潜水器成为海洋科学考察的前沿与制高点之一，标志着中国海底载人科学研究和资源勘探能力达到国际领先水平。

2013年6月17日16时30分左右，中国"蛟龙"号载人潜水器从南海一冷泉区海底回到母船甲板上，三名下潜人员出舱，标志着"蛟龙"号首个试验性应用航次首次下潜任务顺利完成。

从 2013 年起，蛟龙号正式进入试验性应用阶段。2017 年，当地时间 6 月 13 日，蛟龙号顺利完成了大洋 38 航次第三航段最后一潜，标志着试验性应用航次全部下潜任务圆满完成。

截至 2018 年 11 月，蛟龙号已成功下潜 158 次。

2 月 28 日，"蛟龙"号载人潜水器在国家深海基地试验水池，进行了大修与技术升级后的第一个测试下潜。这标志着"蛟龙"号大修与技术升级全系统勘验、维修、系统升级、总装联调等陆上工作已经全部完成，正式进入一个了新的阶段。

蛟龙号

下潜任务

1. 南海

2010 年 5 月 31 日至 7 月 18 日，蛟龙号在南中国海 3 000 米级的深海中共完成了 17 次下潜任务，其中 7 次穿越 2 000 米深度，4 次突破 3 000 米，最大下潜深度达到了 3 759 米；共在水底作业 9 小时零 3 分，这使中国成为继美国、法国、俄国、日本之后，第五个掌握 3 500 米以上大深度载人深潜技术的国家。

在其中一次下潜任务成功后，潜航员利用机械手在南中国海海底插上了一面中国国旗。

2. 东太平洋

2011 年 7 月 1 日上午，"蛟龙号"载人潜水器将伴随"向阳红 09"试验母船从江阴苏南国际码头启航，奔赴东太平洋执行为期 47 天的 5 000 米级海上深潜试验任务。

2011 年 7 月 21 日凌晨 3 点，中国载人深潜进行 5 000 米海试，"蛟龙号"成功下潜。5 时许，蛟龙号潜水器已达 4 027 米左右，突破去年创下的 3 759 米纪录。

经过 5 个多小时的水下作业，8 时许，"蛟龙号"首次深潜圆满成功。

北京时间 2011 年 7 月 26 日 6 时 12 分首次下潜至 5 038.5 米，顺利完成 5 000 米级海试主要任务。这个下潜深度意味着"蛟龙"号可以到达全球超过 70% 的海底。参加本次下潜的三位潜航员是叶聪、杨波和付文韬。

北京时间 2011 年 7 月 28 日 9 时 07 分，潜水器顺利下潜至 5 188 米水深，再次创造了新的下潜深度，验证了潜水器在大深度环境下的技术功能和性能指标。

北京时间 2011 年 7 月 30 日，凌晨 4 时 26 分至 13 时 02 分，蛟龙号在完成第四次下潜并在海底布放标志物后顺利返回到"向阳红 09"母船,历时近 9 个小时的下潜取得圆满成功。

"蛟龙"号载人潜水器在深度 5 182 米的位置坐底,并成功安放了中国大洋协会的标志和一个木雕的中国龙,之后完成了海水、海底生物的提取以及锰结核采样等工作。

2011 年 8 月 18 日,"向阳红 09"船搭载着蛟龙号顺利返回并抵达了江苏江阴苏南国际码头。

3. 马里亚纳海沟

2012 年 6 月 3 日上午,"向阳红 09"试验母船将搭载蛟龙号载人潜水器从江阴苏南国际码头起航,奔赴马里亚纳海沟区域执行蛟龙号载人潜水器 7 000 米级海试任务,来自中国 18 家单位的 96 名参试队员将挑战中国载人深潜历史的新纪录。

北京时间 6 月 27 日 5 点 29 分,"蛟龙"号开始了第五次的下潜试验。5 点 18 分,蛟龙号顺利布放入水,5 点 29 分,蛟龙号开始下潜,以每分钟 41 米的速度往海底前行。今天蛟龙号的目的地还是 7 000 米至 7 100 的深度。8 点 39 分蛟龙号完成第一组抛载,几分钟之后在 7 009 米水深成功坐底。

北京时间 9 点 50 分左右,蛟龙号下潜深度再创历史,达到 7 059 米并重新坐底。11 点 47 分左右到 7 062.68 米。是目前同类潜水器到达的最大深度。

"蛟龙"号今天在 7 062 米海底取得了 3 个水样,2 个沉积物样品和 1 个生物样品,完成了标志物布放,进行了潜水器定高、测深侧扫和重心调节试验。还利用诱饵吸引了很多生物过来,抓拍了大量照片和视频。完成了全流程验证计划。

12 点左右蛟龙号开始上浮。下午四点多返回母船。

蛟龙号下潜意义

我国是第五个成功研制深海载人潜水器的国家。除中国外,其他 4 国的载人潜水器最大工作深度均未超过 6 500 米,经常下潜深度也不过 5 000 米。"蛟龙"号成功突破 7 000 米深度,证明它可以在全球 99.8％的海底实现较长时间的海底航行、海底照相和摄像、沉积物和矿物取样、生物和微生物取样、标志物布放、海底地形地貌测量等作业,是我国深海技术的一项重大突破。

国家海洋局局长刘赐贵表示,随着"蛟龙"号载人潜水器逐步完成海上试验,将转向业务化运行,实现其业务化共享使用等问题将逐步提上日程,将在未来 3 至 5 年开展"蛟龙"号试验性应用。通过试验性应用航次,一方面尽快满足国内科技界对"蛟龙"号的急切需求,尽快取得一批高水平的研究成果,另一方面逐步形成"蛟龙"号的业务化运行能力,探索出一套面向全国开放的应用机制。

西方媒体普遍认为"蛟龙号""具有强大的军事潜能",可用于核潜艇外壳改进,水下通讯升级和破坏他国对中国的水下监听系统。

英国路透社分析说,"蛟龙号"虽然表面上看是国家海洋局的项目,但实际上中国一直在积极发展强大水下实力,军方很可能也会密切关注深潜技术的发展。

美国《华尔街日报》说,"蛟龙号"另有所图,这台潜水器可用于截获或剪断海底线缆,回收海床上的外国武器,或维修、救援海军潜艇。

中国专家也表示,虽然"蛟龙号"主要用于科研试验,但在通信遥控、电子、机械等方面的技术突破都可用于军事,尤其是用于深海潜艇的研制。

　　"蛟龙"号的抗压材料也可被用于潜艇研究。目前世界上潜水深度最深的潜水艇最大潜水深度是俄罗斯的 S Ⅱ 级攻击核潜艇：750 米（钛制艇体），美国海狼级攻击核潜艇：650 米。

　　"蛟龙"号具有针对作业目标稳定的悬停定位能力，可保障潜水器完成高精度作业任务；其先进的水声通信和海底微地形地貌探测能力，将有助绘制高精度的海床地图，并可在深海拦截敌方的机密通信，从而大大提高潜艇的大洋行动力。

　　当前，中国无论在东海还是南海都面临严峻的海权争端。不仅日本、菲律宾、越南等周边国家一再在海洋问题上兴风作浪，美国、印度等也在积极插手，试图乱中取利。

　　"蛟龙"号的海试活动既有助提升中国对海底资源的勘探开发水平，同时又可以帮助海军力量的建设。海底军事技术的提高，将使解放军的海洋立体作战体系更加完备，从而更好地维护海权。

6.10　习　题

一、选择题

1. 在软件生命周期中，能准确地确定软件系统必须做什么和必须具备哪些功能的阶段是（　　）。

　A. 概要设计　　　　　B. 详细设计　　　　　C. 可行性研究　　　　　D. 需求分析

2. 下面不属于软件工程的三个要素的是（　　）。

　A. 工具　　　　　　　B. 过程　　　　　　　C. 方法　　　　　　　　D. 环境

3. 检查软件产品是否符合需求定义的过程称为（　　）。

　A. 确认测试　　　　　B. 集成测试　　　　　C. 验证测试　　　　　　D. 验收测试

4. 数据流图用于抽象描述一个软件的逻辑模型，数据流图由一些特定的图符构成。下列图符名标识的图符不属于数据流图合法图符的是（　　）。

　A. 控制流　　　　　　B. 加工　　　　　　　C. 数据存储　　　　　　D. 源

5. 下面不属于软件设计原则的是（　　）。

　A. 抽象　　　　　　　B. 模块化　　　　　　C. 自底向上　　　　　　D. 信息隐蔽

6. 程序流程图（PFD）中的箭头代表的是（　　）。

　A. 数据流　　　　　　B. 控制流　　　　　　C. 调用关系　　　　　　D. 组成关系

7. 下列工具中为需求分析的常用工具的是（　　）。

　A. PAD　　　　　　　B. PFD　　　　　　　C. N-S　　　　　　　　D. DFD

8. 在结构化方法中，软件功能分解属于下列软件开发中的阶段是（　　）。

　A. 详细设计　　　　　　　　　　　　　　　B. 需求分析

　C. 总体设计　　　　　　　　　　　　　　　D. 编程调试

9. 软件调试的目的是（　　）。

　A. 发现错误　　　　　　　　　　　　　　　B. 改正错误

　C. 改善软件的性能　　　　　　　　　　　　D. 挖掘软件的潜能

10. 软件需求分析阶段的工作，可以分为四个方面：需求获取，需求分析，编写需求规格说明书，以及（　　）。

A. 阶段性报告　　　　　　　　　　B. 需求评审

C. 总结　　　　　　　　　　　　　D. 都不正确

11. 下列属于系统软件的是(　　)。

A. 户籍管理系统　　　　　　　　　B. 数据库管理系统

C. 演示软件　　　　　　　　　　　D. 画图软件

12. 下列属于系统软件的是(　　)。

A. 软件产品从提出、实现、使用维护到停止使用退役的过程

B. 软件的设计与实现阶段

C. 软件的开发与管理

D. 软件的实现和维护

二、填空题

1. 软件是程序、数据和_____的集合。

2. Jackson 方法是一种面向_____的结构化方法。

3. 软件工程研究的内容主要包括_____技术和软件工程管理。

4. 数据流图的类型有_____和事务型。

5. 软件开发环境是全面支持软件开发全过程的_____集合。

第七章 数据库设计基础

数据库技术是计算机领域的一个重要分支。在计算机应用的三大领域(科学计算、数据处理和过程控制)中,数据处理约占其中的70%,而数据库技术就是作为一门数据处理技术发展起来的。随着计算机应用的普及和深入,数据库技术变得越来越重要了,而了解、掌握数据库系统的基本概念和基本技术是应用数据库技术的前提。本章首先介绍数据库系统的基础知识,然后对数据模型进行讨论,特别是其中的 E-R 模型和关系模型;之后再介绍关系代数及其在关系数据库中的应用,并对关系的规范化理论做了简单说明;最后,较为详细地讨论了数据库的设计过程。

7.1 数据库系统的基本概念

计算机科学与技术的发展,计算机应用的深入与拓展,使得数据库在计算机应用中的地位与作用日益重要,它在商业中、事务处理中占主导地位。近年来在统计领域、在多媒体领域以及智能化应用领域中的地位与作用也变得十分重要。随着网络应用的普及,它在网络中的应用也日渐重要。因此,数据库已成为构成一个计算机应用系统的重要的支持性软件。

7.1.1 数据、数据库、数据库管理系统

1. 数据

数据(Data)实际上就是描述事物的符号记录,是数据库中存储的基本对象。数据包括如 80、-100 等数字形式,也包括文字、图像、图形、声音等多种形式。

计算机中的数据一般分为两部分,其中一部分与程序仅有短时间的交互关系,随着程序的结束而消亡,它们称为临时性(Transient)数据,这类数据一般存放于计算机内存中;而另一部分数据则对系统起着长期持久的作用,它们称为持久性(Persistent)数据。数据库系统中处理的就是这种持久性数据。

软件中的数据是有一定结构的。数据有型(Type)与值(Value)之分,数据的型给出了数据表示的类型,如整型、实型、字符型等,而数据的值给出了符合给定型的值,如整型值20。随着应用需求的扩大,数据的型有了进一步的扩大,它包括了将多种相关数据以一定结构方式组合构成特定的数据框架,这样的数据框架称为数据结构(Data Structure),数据库中在特定条件下称为数据模式(Data Schema)。

日常生活中,人们常常抽取感兴趣的事物特征或属性来描述事物。例如,可以用如下信息来描述一个学生:张三,男,1981 年出生,江苏南京人,1999 年入学,计算机科学与技术专业。在计算机中常常这样描述:(张三,男,1981,江苏省南京市,1999,计算机科学与技术)。这样的一行数据称为记录,记录是计算机中表示和存储数据的一种格式和方法。

　　在过去的软件系统中是以程序为主体,而数据则以私有形式从属于程序,此时数据在系统中是分散、凌乱的,这也造成了数据管理的混乱,如数据冗余度高,数据一致性差以及数据的安全性差等多种弊病。自数据系统出现以来,数据在软件系统中的地位产生了变化,在数据库系统及数据库应用系统中数据已占有主体地位,而程序已退居附属地位。在数据库系统中需要对数据进行集中、统一的管理,以达到数据被多个应用程序共享的目标。

　　2. 数据库

　　数据库(Database,DB)是数据的集合,它具有统一的结构形式并存放于统一的存储介质内,是多种应用数据的集成,并可被各个应用程序所共享。

　　数据库存放数据是按数据所提供的数据模式存放的,它能构造复杂的数据结构以建立数据间内在联系与复杂的关系,从而构成数据的全局结构模式。

　　数据库中的数据具有"集中""可共享"之特点即数据库集中了各种应用的数据,进行统一的构造与存储,而使它们可被不同应用程序所使用。

　　3. 数据库管理系统

　　数据库管理系统(Database Management System,DBMS)是数据库的机构,它是一种系统软件,负责数据库中的数据组织、数据操纵、数据维护、控制及保护和数据服务等。数据库中的数据是具有海量级的数据,并且其结构复杂,因此需要提供管理工具。数据库管理系统是数据库系统的核心,它主要有如下几方面的具体功能:

　　(1) 数据模式定义。数据库管理系统负责为数据库构建模式,也就是为数据库构建其数据框架。

　　(2) 数据存取的物理构建。数据库管理系统负责为数据模式的物理存取及构建提供有效的存取方法与手段。

　　(3) 数据操纵。数据库管理系统为用户使用数据库中的数据提供方便,它一般提供查询、插入、修改以及删除数据的功能。此外,它自身还具有做简单算术运算及统计的能力,而且还可以与某些过程性语言结合,使其具有强大的过程性操作能力。

　　(4) 数据的完整性、安全性定义与检查。数据库中的数据具有内在语义上的关联性与一致性,它们构成了数据的完整性,数据的完整性是保证数据库中数据正确的必要条件,因此必须经常检查以维护数据的正确。

　　数据库中的数据具有共享性,而数据共享可能会引发数据的非法使用,因此必须要对数据正确使用做出必要的规定,并在使用时做检查,这就是数据的安全性。

　　数据完整性与安全性的维护是数据库管理系统的基本功能。

　　(5) 数据库的并发控制与故障恢复。数据库是一个集成、共享的数据集合体,它能为多个应用程序服务,所以就存在着多个应用程序对数据库的并发操作。在并发操作中如果不加控制和管理,多个应用程序间就会相互干扰,从而对数据库中的数据造成破坏,因此,数据库管理系统必须对多个应用程序的并发操作做必要的控制以保证数据不受破坏,这就是数据库的并发控制。

　　数据库中的数据一旦遭受破坏,数据库管理系统必须有能力及时进行恢复,这就是数据库的故障恢复。

　　(6) 数据的服务。数据库管理系统提供对数据库中数据的多种服务功能,如数据拷贝、转存、重组、性能监测、分析等。

为完成以上六个功能,数据库管理系统一般提供相应的数据语言,它们是:

数据定义语言(DDL)。该语言负责数据的模式定义与数据的物理存取构建。

数据操纵语言(DML)。该语言负责数据的操纵,包括查询及增、删、改等操作。

数据控制语言(DCL)。该语言负责数据完整性、安全性的定义与检查以及并发控制、故障恢复等功能,包括系统初启程序、文件读写与维护程序、存取路径管理程序、缓冲区管理程序、安全性控制程序、完整性检查程序、并发控制程序、事务管理程序、运行日志管理程序、数据库恢复程序等。

上述数据定义语言按其使用方式具有两种结构形式:交互命令语言。它的语言简单,能在终端上即时操作,它又称为自含型或自主型语言;宿主型语言。它一般可嵌入某些宿主语言(Host Language)中,如 C/C++、Java 和 COBOL 等高级过程性语言中。

关系数据库中普遍使用了结构化查询语言 SQL(Structured Query Language),该语言是一种介于关系代数和关系演算之间的非过程性操作语言,它不仅具有丰富的查询功能,还兼具数据定义和数据控制功能,是集 DDL、DML 和 DCL 于一体的关系数据库语言。SQL 是高级的非过程性编程语言,允许用户在高层数据结构之上工作。SQL 不要求用户指定对数据的存放方法,也不需要用户了解具体的数据存放方式,所以,具有完全不同底层结构的不同数据库系统都可以使用相同的结构化查询语言作为数据输入与管理的接口。SQL 语言也可以嵌入到其他高级语言中使用。SQL 语言简洁,易学易用,数据统计方便直观,具有极大的灵活性和强大的功能。

此外,数据库管理系统还有为用户提供服务的服务性(Utility)程序,包括数据初始装入程序、数据转存程序、性能监测程序、数据库再组织程序、数据转换程序、通信程序等。

目前流行的 DBMS 均为关系数据库系统,比如 Oracle、Sybase 的 PowerBuilder 及 IBM 的 DB2、微软的 SQL Server 等,他们均为严格意义上的 DBMS 系统。另外有一些小型的数据库,如微软的 Visual FoxPro 和 Access 等,他们只具备数据库管理系统的一些简单功能。

4. 数据库管理员

由于数据库的共享性,因此对数据的规划、设计、维护、监视等需要有专人管理,称他们为数据库管理员(Database Administrator,DBA)。其主要工作如下:

(1) 数据库设计(Database Design)。DBA 的主要任务之一是做数据库设计,具体地说是进行数据模式的设计。由于数据库的集成与共享性,因此需要有专门人员(即 DBA)对多个应用的数据需求作全面的规划、设计与集成。

(2) 数据库维护。DBA 必须对数据库中的数据安全性、完整性、并发控制及系统恢复、数据定期转存等实施与维护。

(3) 改善系统性能,提高系统效率。DBA 必须随时监视数据库运行状态,不断调整内部结构,使系统保持最佳状态与最高效率。当效率下降时,DBA 需采取适当的措施,如进行数据库的重组、重构等。

5. 数据库系统

数据库系统(Database System,DBS)由如下几部分组成:数据库(数据)、数据库管理系统(软件)、数据库管理员(人员)、系统平台之一——硬件平台(硬件)、系统平台之二—软件平台(软件)。这五个部分构成了一个以数据库为核心的完整的运行实体,称为数据库系统。

在数据库系统中,硬件平台包括:

（1）计算机：它是系统中硬件的基础平台，目前常用的有微型机、小型机、中型机、大型机及巨型机。

（2）网络：过去数据库系统一般建立在单机上，但是近年来它较多的建立在网络上，从目前形势看，数据库系统今后将以建立在网络上为主，而其结构形式又以客户/服务器（C/S)方式与浏览器/服务器（B/S)方式为主。

在数据库系统中，软件平台包括：

（1）操作系统：它是系统的基础软件平台，目前常用的有各种 UNIX（包括 Linux）与 Windows 两种。

（2）数据库系统开发工具：为开发数据库应用程序所提供的工具，它包括过程性程序设计语言如 C/C++、Java 等，也包括可视化开发工具 VB、PB、Delphi 等，它还包括与 Internet Web 有关的 HTML 及 XML 等以及一些专用开发工具。

（3）接口软件：在网络环境下数据库系统中数据库与应用程序，数据库与网络间存在着多种接口，它们需要用接口软件进行连接，否则数据库系统整体就无法运作，这些接口软件包括 ODBC、JDBC、OLEDB、CORBA、COM、DCOM 等。

6. 数据库应用系统（Database Application System，DBAS）

利用数据库系统进行应用开发可构成一个数据库应用系统，数据库应用系统是数据库系统再加上应用软件及应用界面这三者所组成，具体包括：数据库、数据库管理系统、数据库管理员、硬件平台、软件平台、应用软件、应用界面。数据库应用系统的 7 个部分以一定的逻辑层次结构方式组成一个有机的整体，它们的结构关系是：应用系统、应用开发工具软件、数据库管理系统、操作系统、硬件。例如，以数据库为基础的财务管理系统、人事管理系统、图书管理系统等。无论是面向内部业务和管理的管理信息系统，还是面向外部，提供信息服务的开放式信息系统，从实现技术角度而言，都是以数据库为基础和核心的计算机应用系统。

7.1.2　数据库系统的发展

数据管理发展至今已经历了三个阶段：人工管理阶段、文件系统阶段和数据库系统阶段。20 世纪 60 年代之后，数据管理进入数据库系统阶段，主要包括层次数据库与网状数据库阶段、关系数据库阶段。

1. 人工管理阶段

人工管理阶段是在 20 世纪 50 年代中期以前，主要用于科学计算，硬件无磁盘，直接存取，软件没有操作系统。数据不共享，不具有独立性。

2. 文件系统阶段

20 世纪 50 年代后期到 20 世纪 60 年代中期，进入文件系统阶段。文件系统是数据库发展的初级阶段，它提供简单的数据共享与数据管理能力，但它仍存在缺点：数据共享性差，冗余度大，数据独立性差。由于它的功能简单，因此它附属于操作系统而不成为独立的软件，目前一般将其看成仅是数据库系统的雏形，而不是真正的数据库系统。

3. 层次数据库与网状数据库系统阶段

从 20 世纪 60 年代末期起，真正的数据库系统——层次数据库与网状数据库开始发展，它们为统一管理与共享数据提供了有力支撑，这个时期数据库系统蓬勃发展形成了有名的"数据库时代"。但是这两种系统也存在不足,主要是它们脱胎于文件系统,受文件的物理影响较大,对数据库使用带来诸多不便,同时,此类系统的数据模式构造烦琐不易于推广使用。

4. 关系数据库系统阶段

关系数据库系统出现于 20 世纪 70 年代,在 80 年代得到蓬勃发展,并逐渐取代前两种系统。关系数据库系统结构简单,使用方便,逻辑性强物理性少,因此在 80 年代以后一直占据数据库领域的主导地位。但是由于此系统来源于商业应用,适合于事务处理领域而对非事务处理领域应用受到限制,因此在 80 年代末期兴起与应用技术相结合的各种专用数据库系统:

- 工程数据库系统:是数据库与工程领域的结合;
- 图形数据库系统:是数据库与图形应用的结合;
- 图像数据库系统:是数据库与图像应用的结合;
- 统计数据库系统:是数据库与工程应用的结合;
- 知识库系统:是数据库与人工智能应用领域的结合;
- 分布式数据库系统:是数据库与网络应用的结合;
- 并行数据库系统:是数据库与多机并行应用的结合;
- 面向对象数据库系统:是数据库与面向对象方法的结合。

关于数据管理三个阶段中的软硬件背景及处理特点,简单概括如表 7.1 所示。

表 7.1　数据管理三个阶段的比较

		人工管理	文件系统	数据库系统
背景	应用背景	科学计算	科学计算、管理	大规模管理
	硬件背景	无直接存取设备	磁盘、磁鼓	大容量磁盘
	软件背景	没有操作系统	有文件系统	有数据库管理系统
	处理方式	批处理	联机实时处理 批处理	联机实时处理 分布处理 批处理
特点	数据管理者	人	文件系统	数据库管理系统
	数据面向对象	某个应用程序	某个应用程序	现实世界
	数据共享程度	无共享 冗余度大	共享性差 冗余度大	共享性大 冗余度小
	数据独立性	不独立,完全 依赖于程序	独立性差	具有高度的物理独立性 和一定的逻辑独立性
	数据结构化	无结构	记录内有结构 整体无结构	整体结构化,用数据模型描述
	数据控制能力	应用程序自己控制	应用程序自己控制	由 DBMS 提供数据安全性、 完整性、并发控制和恢复

目前,数据库技术也与其他信息技术一样在迅速发展之中,计算机处理能力的增强和越

来越广泛的应用是促进数据库技术发展的重要动力。分布式数据库技术是大数据时代云计算技术的基础,是数据的基本存储方式;在大量应用中对数据库管理系统提出了高可靠性、高性能、高可伸缩性(Scalability)和高安全性等"四高"要求。一般认为,未来的数据库系统应支持数据管理、对象管理和知识管理,应该具有面向对象的基本特征。在关于数据库的诸多新技术中,下面三种是比较重要的:

(1)面向对象数据库系统:用面向对象方法构筑面向对象数据模型,使其具有比关系数据库系统更为通用的能力;

(2)知识库系统:用人工智能中的方法特别是用谓词逻辑知识表示方法构筑数据模型,使其模型具有特别通用的能力;

(3)关系数据库系统的扩充:利用关系数据库作进一步扩展,使其在模型的表达能力与功能上有进一步的加强,如与网络技术相结合的 Web 数据库、数据仓库及嵌入式数据库等。

7.1.3　数据库系统的基本特点

数据库技术是在文件系统基础上发展产生的,两者都以数据文件的形式组织数据,但由于数据库系统在文件系统之上加入了 DBMS 对数据进行管理,从而使得数据库系统具有以下特点:

1. 数据的集成性

数据库系统的数据集成性主要表现在如下几个方面:

(1)在数据库系统中采用统一的数据结构方式,如在关系数据库中采用二维表作为统一结构方式。

(2)在数据库系统中按照多个应用的需要组织全局的统一的数据结构(即数据模式),数据模式不仅可以建立全局的数据结构,还可以建立数据间的语义联系从而构成一个内在紧密联系的数据整体。

(3)数据库系统中的数据模式是多个应用共同的、全局的数据结构,而每个应用的数据则是全局结构中的一部分,称为局部结构(即视图),这种全局与局部的结构模式构成了数据库系统数据集成性的主要特征。

2. 数据的高共享性与低冗余性

由于数据的集成性使得数据可为多个应用所共享,特别是在网络发达的今天,数据库与网络的结合扩大了数据关系的应用范围。数据的共享自身又可极大地减少数据冗余性,不仅减少了不必要的存储空间,更为重要的是可以避免数据的不一致性。所谓数据的一致性是指在系统中同一数据的不同出现应保持相同的值,而数据的不一致性指的是同一数据在系统的不同拷贝处有不同的值。因此,减少冗余性以避免数据的不同出现是保证系统一致性的基础。

3. 数据独立性

数据独立性是数据与程序间的互补依赖性,即数据库中数据独立于应用程序而不依赖于应用程序。也就是说,数据的逻辑结构、存储结构与存取方式的改变不会影响应用程序。

数据独立性一般分为逻辑独立性和物理独立性两级。

（1）物理独立性

物理独立性即是数据的物理结构（包括存储结构、存取方式等）的变化，如存储设备的更换、物理存储的更换、存取方式改变等都不影响数据库的逻辑结构，从而不致引起应用程序的变化。

（2）逻辑独立性

数据库总体逻辑结构的改变，如修改数据模式、增加新的数据类型、改变数据间联系等，不需要相应修改应用程序，这就是数据的逻辑独立性。

4. 数据统一管理与控制

数据由 DBMS 统一管理和控制，数据库系统不仅为数据提供高度集成环境，同时它还为数据提供统一管理的手段，这主要包含以下几个方面：

（1）数据的完整性检查：检查数据库中数据的正确性、有效性和相容性。

（2）数据的安全性保护：检查数据库访问者以防止非法访问。

（3）并发控制：控制多个应用的并发访问所产生的相互干扰以保证其正确性。

7.1.4 数据库系统的内部结构体系

数据库系统在其内部具有三级模式及二级映射。三级模式分别是概念级模式、内部级模式与外部级模式。二级映射分别是概念级到内部级的映射以及外部级到概念级的映射。

1. 数据库系统的三级模式

数据模式是数据库系统中数据结构的一种表示形式，具有不同的层次与结构方式。

（1）概念模式（Conceptual Schema）。概念模式是数据库系统中全局数据逻辑结构的描述，是全体用户（应用）公共数据视图。此种描述是一种抽象的描述，它不涉及具体的硬件环境与平台，也与具体的软件环境无关。

概念模式主要描述数据的概念记录类型以及它们间的关系，它还包括一些数据间的语义约束，对它的描述可用 DBMS 中的 DDL 语言定义。

（2）外模式（External Schema）。外模式也称子模式或用户模式，是用户的数据视图，也就是用户所见到的数据模式，是对现实系统中用户感兴趣的整体数据结构的局部描述，它由概念模式推导而出。

概念模式给出了系统全局的数据描述，而外模式则给出每个用户的局部数据描述。一个概念模式可以有若干个外模式，每个用户只关心与它有关的模式，这样不仅可以屏蔽大量无关信息而且有利于数据保护。在一般的 DBMS 中都提供有相关的外模式描述语言（外模式 DDL）。

（3）内模式（Internal Schema）。内模式又称物理模式，给出了数据库物理存储结构与物理存取方法，如数据存储的文件结构、索引、集簇及 Hash 等存取方式与存取路径。内模式的物理性主要体现在操作系统及文件级上，它还未深入到设备级上（如磁盘及磁盘操作）。内模式对一般用户是透明的，但它的设计直接影响数据库的性能。DBMS 一般提供相关的内模式描述语言（内模式 DDL）。

数据模式给出了数据库的数据框架结构，数据是数据库中的真正的实体，但这些数据必须按框架所描述的结构组织。内模式是最接近物理存储，考虑数据的物理存储；外模式最接近用户，主要考虑单个用户看待数据的方式；概念模式介于两者之间，提供数据的公共视图。

模式的三个级别层次反映了模式的三个不同环境以及它们的不同要求,其中内模式处于最底层,反映了数据在计算机物理结构中的实际存储形式,概念模式处于中层,它反映了设计者的数据全局逻辑要求,而外模式处于最外层,它反映了用户对数据的要求。

2. 数据库系统的两级映射

数据库系统的三级模式是对数据的三个级别抽象,它把数据的具体组织留给 DBMS 管理,这样用户就能逻辑地、抽象地处理数据,不必关心数据库的具体表示方式与存储方式;同时,它通过两级映射建立了模式间的联系与转换,使得概念模式与外模式虽然并不具备物理存在,但是也能通过映射而获得其实体。此外,两级映射也保证了数据库系统中数据的独立性,亦即数据的物理组织改变与逻辑概念级改变相互独立,使得只要调整映射方式而不必改变用户模式。

(1) 概念模式/内模式映射。该映射是数据物理独立性的关键,给出了概念模式中的数据的全局逻辑结构到数据的物理存储结构的对应关系,此映射一般由 DBMS 实现。

(2) 外模式/概念模式映射。该映射是数据逻辑独立性的关键,概念模式是一个全局模式而外模式是用户的局部模式。一个概念模式中可以定义多个外模式,而每个外模式是概念模式的一个基本视图。外模式到概念模式的映射给出了外模式与概念模式的对应关系,这种映射一般也是由 DBMS 来实现的。

7.2　数据模型

7.2.1　数据模型的基本概念

数据库中的数据模型可以将复杂的现实世界要求反映到计算机数据库中的物理世界,这种反映是一个逐步转化的过程,它分为两个阶段:由现实世界开始,经历信息世界而至计算机世界,从而完成整个转化。

现实世界:用户为了某种需要,需将现实世界中的部分需求用数据库实现,这样,我们所见到的是客观世界中的划定边界的一个部分环境,它称为现实世界。

信息世界:通过抽象对现实世界进行数据库级上的刻画所构成的逻辑模型叫信息世界。信息世界与数据库的具体模型有关,如层次、网状、关系模型等。

计算机世界:在信息世界基础上致力于其在计算机物理结构上的描述,从而形成的物理模型叫计算机世界。现实世界的要求只有在计算机世界中才得到真正的物理实现,而这种实现是通过信息世界逐步转化得到的。

1. 数据模型的组成要素

数据是现实世界符号的抽象,而数据模型是对现实世界数据特征的抽象。一般地讲,数据模型是严格定义的一组概念的集合,这些概念精确地描述了系统的静态特征、动态特征和完整性约束条件。因此数据模型通常由数据结构、数据操作和完整性约束三部分组成。

(1) 数据结构。数据模型中的数据结构主要描述数据的类型、内容、性质以及数据间的联系等。数据结构是数据模型的基础,数据操作与约束均建立在数据结构上。不同数据结构有不同的操作与约束,因此,一般数据模型的分类均以数据结构的不同而分。

(2) 数据操作。数据操作是指对数据库中各种对象(型)的实例(值)允许执行的操作的集合,包括操作及有关的操作规则。数据库主要有查询和更新(包括插入、删除、修改)两大类操作。

(3)数据约束。数据的完整性约束条件是一组完整性规则。数据模型中的数据约束主要描述数据结构内数据间的语法、语义联系,它们之间的制约与依存关系,以及数据动态变化的规则,以保证数据的正确、有效与相容。

2. 数据模型的类型

数据模型按不同的应用层次分成三种类型,它们是概念数据模型、逻辑数据模型、物理数据模型。

(1)概念数据模型简称概念模型,也称信息模型,它是一种面向客观世界、面向用户的模型;与具体的数据库管理系统无关,与具体的计算机平台无关。是按用户的观点来对数据和信息建模,主要用于数据库设计。概念模型是整个数据模型的基础,目前,较为有名的数据模型有 E-R 模型,扩充的 E-R 模型,面向对象模型及谓词模型等。

(2)逻辑数据模型又称数据模型,它是一种面向数据系统的模型,该模型着重在于数据库系统一级的实现。概念模型只有在转换成数据模型后才能在数据库中得以表示。目前,逻辑数据模型也有很多种,较为成熟并先后被人们大量使用过的有:层次模型、网状模型、关系模型、面向对象模型等。

(3)物理数据模型又称物理模型,是对数据最底层的抽象,描述数据在系统内部的表示方式和存取方法,是一种面向计算物理表示的模型,给出了数据模型在计算机上物理结构的表示。

7.2.2 E-R 模型

概念模型是面向现实世界的,它的出发点是有效的和自然地模拟现实世界,给出数据的概念化结构。长期以来被广泛使用的概念模型是 E-R 模型(或实体联系模型),它于 1976 年由 Peter Chen 首先提出。该模型将现实世界的要求转化成实体、联系、属性等几个基本概念,以及它们间的两种基本连接关系,并且可以用一种图非常直观地表示出来,称为 E-R 图。

1. E-R 模型的基本概念

(1)实体

现实世界中的实物可以抽象成为实体,实体是概念世界中的基本单位,它们是客观存在的且又能相互区别的事物。凡是有共性的实体可组成一个集合称为实体集。如小赵、小李是实体,他们又均是学生而组成一个实体集。在 E-R 图中用矩形框表示具体的实体,把实体名写在框内。

(2)属性

现实世界中事物均有一些特性,这些特性可以用属性来表示。属性刻画了实体的特征。一个实体往往可以有若干个属性。每个属性可以有值,一个属性的取值范围称为该属性的值域或值集。如小赵年龄取值为 17,小李为 19。在 E-R 图中属性用椭圆形表示,并用无向边将其与相应的实体型连接起来。

(3)联系

现实世界中事物间的关联称为联系。在概念世界中联系反映了实体集间的一定关系,如工人与设备之间的操作关系,上、下级间的领导关系,生产者与消费者之间的供求关系。

联系用菱形框表示,菱形框内写明联系名,并用无向边分别与有关实体型连接起来,同时在无向边旁标上联系的类型(1∶1,1∶n或m∶n)。

联系也可以附有属性,联系和它的所有属性构成了联系的一个完整描述,因此,联系与属性间也有连接关系。如有教师与学生两个实体集间的教与学的联系,该联系尚可附有属性"教室号"。在E-R图中属性也要用无向边与该联系连接起来。

2. 实体集之间的联系

实体集间的联系有多种,就实体集的个数而言有:

(1) 两个实体集之间的联系

两个实体集间的联系是一种最为常见的联系,前面举的例子均属两个实体集间的联系。实体集间联系的个数可以是单个也可以是多个。如工人与设备之间有操作联系,另外还有维修联系。两个实体集间的联系实际上是实体集间的函数关系,这种函数关系可以有下面几种:

一对一联系(1∶1):如果对于实体集A中的每一个实体,实体集B中至多有一个(也可以没有)实体与之联系,反之亦然。如学校与校长之间的联系,一个学校与一个校长间相互一一对应。

一对多联系(1∶n):如果对于实体集A中的每一个实体,实体集B中有n个实体与之联系,反之,对于实体集B中的每一个实体,实体集A中至多只有一个实体与之联系,则称实体集A与实体集B有一对多联系。如一个班级中有若干学生,而每个学生只在一个班级中学习,则班级与学生之间具有一对多联系。

这两种函数关系实际上是一种函数关系,如学生与其宿舍房间的联系是多对一的联系(反之,则为一对多联系),即多个学生对应一个房间。

多对多联系(m∶n):如果对于实体集A中的每一个实体,实体集B中有n个实体与之联系,反之,对于实体集B中的每一个实体,实体集A中也有M个实体与之联系,则称实体集A与实体集B具有多对多联系。例如,一门课程同时有若干个学生选修,而一个学生同时可以选修多门课程,则课程与学生之间具有多对多联系。

实际上,一对一联系是一对多联系的特例,而一对多联系又是多对多联系的特例。

(2) 多个实体集间的联系

这种联系包括三个实体集间的联系以及三个以上实体集间的联系。如工厂、产品、用户这三个实体集间存在着工厂提供产品为用户服务的联系。

(3) 一个实体集内部的联系

一个实体集内有若干个实体,它们之间的联系称实体集内部联系。如某公司职工这个实体集内部可以有上、下级联系。

3. 一个实例

下面用E-R图来表示某个工厂物资管理的概念模型。

物资管理涉及的实体有:

仓库:属性有仓库号、面积、电话号码;

零件:属性有零件号、名称、规格、单价、描述;

供应商:属性有供应商号、姓名、地址、电话号码、账号;

项目:属性有项目号、预算、开工日期;

职工：属性有职工号、姓名、年龄、职称。

这些实体间的联系如下：

（1）一个仓库可以存放多种零件，一种零件可以存放在多个仓库中，因此仓库和零件具有多对多的联系。用库存量来表示某种零件在某个仓库中的数量。

（2）一个仓库有多个职工当仓库保管员，一个职工只能在一个仓库工作，因此仓库和职工之间是一对多的联系。

（3）职工之间具有领导、被领导关系。即仓库主任领导若干保管员，因此职工实体型中具有一对多的联系。

（4）供应商、项目和零件之间具有多对多的联系。即一个供应商可以供给若干项目多种零件，每个项目可以使用不同供应商供应的零件，每种零件可由不同供应商供给。

如图 7.1 所示为此工厂的物资管理 E-R 图。

图 7.1　物资管理 E-R 图

7.2.3　层次模型

层次模型是数据库系统中最早出现的数据模型。层次数据库系统采用层次模型作为数据的组织方式，典型代表是 IBM 公司的 IMS，它是 IBM 公司 1968 年推出的第一个大型的商用数据库管理系统。

层次模型用树型结构表示实体和实体之间的联系，这种结构自顶向下、层次分明。如图 7.2 所示给出了一个学校行政机构的简化 E-R 图，略去了其中的属性。

由图论中树的性质可知，任一树结构均有如下特性：

（1）每棵树有且仅有一个无双亲结点，称为根。

（2）根以外的其他结点有且只有一个双亲结点。

在层次模型中，每个结点表示一个记录类型，记录之间的联系用结点之间的连线表示，这种联系是父子之间的一对多的联系。这就使得层次数据库系统只能处理一对多的实体联系。每个记录类型可包含若干个字段，记录类型描述的是实体，字段描述的是实体的属性。各个记录类型及其字段都必须命名。各个记录类型、同一记录类型中各个字段不能同名。

层次数据模型支持的操作主要有查询、插入、删除和更新。在对层次模型进行查询、插入、删除和更新操作时,要满足层次模型的完整性约束条件:进行插入操作时,如果没有相应的双亲结点值就不能插入子女结点值;在进行删除操作时,如果删除双亲结点值,则相应的子女结点值也被同时删除;进行更新操作时,应更新所有相应记录,以保证数据的一致性。

图 7.2　学校行政机构简化 E-R 图

层次模型的数据结构比较简单,操作简单;对于实体间联系是固定的且预先定义好的应用系统,层次模型有较高的性能;同时,层次模型还可以提供良好的完整性支持。但由于层次模型形成早,受文件系统影响大,模型受限制多,物理成分复杂,操作与使用均不甚理想,它不适合于表示非层次性的联系;对于插入和删除操作的限制比较多;此外,查询子女结点必须通过双亲结点。

7.2.4　网状模型

现实世界中,事物之间的联系更多是非层次关系的,用层次数据模型表示现实世界中的联系有很多限制,如果去掉层次模型中的两个限制,即允许每个结点可以有多个父结点,便构成了网状模型。

网状模型和层次模型在本质上是一样的。从逻辑上看,它们都是用连线表示实体之间的联系,用结点表示实体;从物理上看,层次模型和网状模型都用指针来实现两个文件之间的联系。

从图论观点看,网状模型是一个不加任何条件限制的无向图。网状模型在结构上较层次模型好,不像层次模型那样满足严格的条件。如图 7.3 所示是学校

图 7.3　一个简化的教学关系 E-R 图

行政机构图中学校与学生联系的简化 E-R 图。

在网状模型的 DBTG 标准中,基本结构简单二级树叫系,系的基本数据单位是记录,它相当于 E-R 模型中的实体(集);记录又可由若干数据项组成,它相当于 E-R 模型中的属性。系有一个首记录,它相当于简单二级树的根;系同时有若干个成员记录,它相当于简单二级树的叶;首记录与成员记录之间的联系用有向的线段表示(线段方向仅表示由首记录至成员记录的方向,而并不表示搜索方向),在系中首记录与成员记录间是一对多联系(包括一对一联系)。

一般地,现实世界的一个实体结构往往可以由若干个系组成。在网状模型的数据库管理系统中,一般提供 DDL 语言,用它可以构造系。网状模型中的基本操作是简单二级树中的操作,它包括插入、增加、删除、修改等操作,对于这些操作,不仅需要说明做什么,还要说明怎么做。比如,在进行查询时,不但要说明查找对象,而且还要规定存取的路径。在 DBTG 报告中,提供了在系上进行操纵的 DML 语言。它们包括打开、关闭、定位、读取、删除、存储等在内的许多操作。

网状模型明显优于层次模型,不管是数据表示或数据操纵均显示了更高的效率、更为成熟。但是,网状模型数据库系统也有一定的不足,在使用时涉及系统内部的物理因素较多,用户操作使用并不方便,其数据模式与系统实现也均不甚理想。

7.2.5 关系模型

1. 关系的数据结构

关系模型采用二维表来表示,简称表。二维表由表框架及表的元组组成。表框架由 n 个命名的属性组成,n 称为属性元数。每个属性有一个取值范围称为值域。表框架对应了关系的模式,即类型的概念。

在表框架中按行可以存放数据,每行数据称为元组,实际上一个元组是由 n 个元组分量所组成,每个元组分量是表框架中每个属性的投影值。一个表框架可以存放 m 个元组,m 称为表的基数。

一个 n 元表框架及框架内 m 个元组构成了一个完整的二维表。表 7.2 给出了有关学生登记二维表的一个实例。

表 7.2　学生登记表

学号	姓名	性别	年龄
0211101	王小东	男	18
0211102	张小丽	女	18
0221101	李　海	男	19
0221103	赵　耀	男	19

二维表一般满足下面 7 个性质:

(1) 二维表中元组的个数有限——元组个数有限性。

(2) 二维表中元组均不相同——元组的唯一性。

(3) 二维表中元组的顺序无关可以任意调换——元组的次序无关性。

　　(4) 二维表中元组中的分量是不可分割的数据项——元组分量的原子性。

　　(5) 二维表中各属性名各不相同——属性名唯一性。

　　(6) 二维表中各属性与次序无关,可以任意交换——属性的次序无关性。

　　(7) 二维表属性的分量具有与该属性相同的值域——分量值域的同一性。

　　满足以上 7 个性质的二维表称为关系,以二维表为基本结构所建立的模型称为关系模型。

　　在关系模型中的一个重要概念是键(Key)或码。键具有标识元组、建立元组间联系等重要作用。

　　在二维表中凡能唯一标识元组的最小属性集称为该表的键或码。二维表中可能有若干个键,它们称为该表的候选码或候选键。从二维表的所有候选键中选取一个座位用户使用的键称为主键或主码,一般主键也简称键或码。表 A 中的某属性集是某表 B 的键,则称该属性集为 A 的外键或外码。表中一定要有键,因为如果表中所有属性的子集均不是键,则表中属性的全集必为键(称为全键),因此也一定有主键。

　　在关系元组的分量重允许出现空值(Null Value)以表示信息的空缺。空值用于表示未知的值或不可能出现的值,一般用 NULL 表示。一般关系数据库系统都支持空值,但是有两个限制:关系的主键中不允许出现空值,因为如主键为空值则失去了其元组标识的作用;需要定义有关空值的运算。

　　关系框架与关系元组构成了一个关系。一个语义相关的关系集合构成一个关系数据库(Relational Database)。关系的框架称为关系模式,而语义相关的关系模式集合构成了关系数据库模式。

　　关系模式支持子模式,关系子模式是关系数据库模式中用户所见到的那部分数据模式描述。关系子模式也是二维表结构,关系子模式对应用户数据库称视图(View)。关系模式一般表示为:关系名(属性 1,属性 2,…,属性 n)。如表 7.2 中的关系可描述为:学生(学号,姓名,性别,年龄)。

　　2. 关系操纵

　　关系数据模型的数据操纵即是建立在关系上的数据操作,一般有查询、增加、删除、修改四种操作。

　　(1) 数据查询

　　用户可以查询关系数据库中的数据,它包括一个关系内的查询及多个关系间的查询。

　　对一个关系内查询的基本单位是元组分量,其基本过程是先定位后操作。所谓定位包括纵向定位与横向定位两部分,纵向定位即是指定关系中的一些属性(称列指定),横向定位即是选择满足某些逻辑条件的元组(称行选择)。通过纵向与横向定位后一个关系中的元组分量即可确定了。在定位后即可进行查询操作,就是将定位的数据从关系数据库中取出并放入至指定内存。

　　对多个关系间的数据查询可分为三步:第一步,将多个关系合并成为一个关系;第二步,对合并后的一个关系进行定位;第三步,操作。其中第二步与第三步为对一个关系的查询。对多个关系的合并可分解两个关系的逐步合并,如果有三个关系 R1、R2、R3,合并过程是先是将 R1 与 R2 合并成 R4,然后将 R4 与 R3 合并成最终结果 R5。

因此,关系数据库的查询可以分解成一个关系内的属性指定、一个关系内的元组选择、两个关系的合并三个基本定位操作以及一个查询操作。

（2）数据删除

数据删除的基本单位是一个关系内的元组,它的功能是将指定关系内的指定元组删除。它也分为定位与操作两个部分,其中定位部分只需要横向定位而无须纵向定位,定位后即执行删除操作。因此数据删除可以分解为一个关系内的元组选择与关系中元组删除两个基本操作。

（3）数据插入

数据插入仅对一个关系而言,在指定关系中插入一个或多个元组。在数据插入中不需定位,仅需做关系中元组插入操作,因此数据插入只有一个基本操作。

（4）数据修改

数据修改是在一个关系中修改指定的元组与属性。数据修改不是一个基本操作,它可以分解为删除需修改的元组与插入修改后的组两个更基本的操作。

以上四种操作的对象都是关系,而操作结果也是关系,因此都是建立在关系上的操作。这四种操作可以分解成六种基本操作,称为关系模型的基本操作:

（1）关系的属性指定;

（2）关系的元组选择;

（3）两个关系合并;

（4）一个或多个关系的查询;

（5）关系中元组的插入;

（6）关系中元组的删除。

3. 关系中的数据约束

关系模型允许定义三类数据约束,它们是实体完整性约束、参照完整性约束以及用户定义的完整性约束,其中前两种完整性约束由关系数据库系统自动支持。对于用户定义的完整性约束,则由关系数据库系统提供完整性约束语言,用户利用该语言写出约束条件,运行时由系统自动检查。

（1）实体完整性约束

该约束要求关系的主键中属性值不能为空值,这是数据库完整性的最基本要求,因为主键是唯一决定元组的,如为空值则其唯一性就成为不可能的了。

（2）参照完整性约束

该约束是关系之间相关联的基本约束,它不允许关系引用不存在的元组:即在关系中的外键要么是所关联关系中实际存在的元组,要么就为空值。比如在关系 S(S♯、SN、SD、SA)与 SC(S♯、C♯、G)中,SC 中主键为(S♯、C♯)而外键为 S♯,SC 与 S 通过 S♯ 相关联,参照完整性约束要求 SC 中的 S♯ 的值必在 S 中有相应元组值,如有 SC(S13,C8,70),则必在 S 中存在 S(S13,……)。

（3）用户定义的完整性约束

这是针对具体数据环境与应用环境由用户具体设置的约束,它反映了具体应用中数据的语义要求。用户定义的完整性主要是限制属性的取值范围,也称为域的完整性,这属于应用级的约束。数据库管理系统应该支持这些数据完整性。

实体完整性约束和参照完整性约束是关系数据库所必须遵守的规则,在任何一个关系数据库管理系统(RDBMS)中均由系统自动支持。

7.3　关系代数

关系数据库系统的特点之一是它建立在数学理论的基础之上,有很多数学理论可以表示关系模型的数据操作,其中最为著名的是关系代数与关系演算。数学上已经证明两者在功能上是等价的。关系数据库中使用 SQL 语言可以支持关系代数和关系演算中的运算和操作。下面将介绍关于关系数据库的理论——关系代数。

1. 关系模型的基本操作

关系是由若干个不同的元组所组成,因此关系可视为元组的集合。n 元关系是一个 n 元有序组的集合。

设有一个 n 元关系 R,它有 n 个域,分别是 $D_1,D_2,\cdots,D_n$,此时,它们的笛卡尔积是:

$$D_1\times D_2\times\cdots\times D_n$$

该集合的每个元素都是具有如下形式的 n 元有序组:

$$(d_1,d_2,\cdots,d_n)\quad d_i\in D_i\quad(i=1,2,\cdots,n)$$

该集合与 n 元关系 R 有如下联系:

$$R\subseteq D_1\times D_2\times\cdots\times D_n$$

即 n 元关系 R 是 n 元有序组的集合,是它的域的笛卡尔积的子集。

关系模型有插入、删除、修改和查询四种操作,它们又可以进一步分解成六种基本操作:

(1) 关系的属性指定。指定一个关系内的某些属性,用它确定关系这个二维表中的列,它主要用于检索或定位。

(2) 关系的元组的选择。用一个逻辑表达式给出关系中所满足此表达式的元组,用它确定关系这个二维表的行,它主要用于检索或定位。

用上述两种操作即可确定一张二维表内满足一定行、列要求的数据。

(3) 两个关系的合并。将两个关系合并成一个关系。用此操作可以不断合并从而可以将若干个关系合并成一个关系,以建立多个关系间的检索与定位。

用上述三个操作可以进行多个关系的定位。

(4) 关系的查询。在一个关系或多个关系间做查询,查询的结果也为关系。

(5) 关系元组的插入。在关系中增添一些元组,用它完成插入与修改。

(6) 关系元组的删除。在关系中删除一些元组,用它完成删除与修改。

2. 关系模型的运算

由于操作是对关系的运算,而关系是有序组的集合,因此,可以将操作看成是集合的运算。

(1) 插入

设有关系 R 需插入若干元组,要插入的元组组成关系 R',则插入可用集合并运算表示为:

$$R\cup R'$$

（2）删除

设有关系 R 需删除一些元组，要删除的元组组成关系 R'，则删除可用集合差运算表示为：

$$R-R'$$

（3）修改

修改关系 R 内的元组内容可用下面的方法实现：

① 设需修改的元组构成关系 R'，则先做删除得：

$$R-R'$$

② 设修改后的元组构成关系 R''，次数将其插入即得到结果：

$$(R-R')\cup R''$$

（4）查询

用于查询的三个操作无法用传统的集合运算表示，需要引入一些新的运算。

① 投影（Projection）运算

对于关系内的域指定可引入新的运算叫投影运算，是从列的角度进行的运算。投影运算是一个一元运算，一个关系通过投影运算（并由该运算给出所指定的属性）后仍为一个关系 R'。R' 是这样一个关系，它是 R 中投影运算所指出的那些域的列所组成的关系。设 R 有 n 个域：$A_1, A_2, \cdots, A_n$，则在 R 上对域 $A_{i_1}, A_{i_2}, \cdots, A_{i_m}\ (A_{i_m} \in \{A_1, A_2, \cdots, A_n\})$ 的投影可表示成为下面的一元运算：

$$\pi_{A_{i_1}, A_{i_2}, \cdots A_{i_m}}(R)$$

如查询表 7.2 中学生的姓名和性别，即求学生关系中学生姓名和性别两个属性的投影。结果见表 7.3 所示。

表 7.3　投影结果信息表

姓名	性别
王小东	男
张小丽	女
李　海	男
赵　耀	男

② 选择（Selection）运算

选择运算也是一个一元运算，关系 R 通过选择运算（并由该运算给出所选择的的逻辑条件）后仍为一个关系。这个关系式由 R 中那些满足逻辑条件的元组所组成的，是从行的角度进行的运算。设关系的逻辑条件为 F，则 R 满足 F 的选择运算可写成为：

$$\sigma_F(R)$$

逻辑条件 F 是一个逻辑表达式，它由下面的规则组成。

它可以具有 $\alpha\theta\beta$ 的形式,其中 α,β 是域(变量)或常量,但 α,β 又不能同为常量,θ 是比较符,它可以式 $<,>,\leqslant,\geqslant,=$ 及 $\neq$。α,β 叫基本逻辑条件。

由若干个基本逻辑条件经逻辑运算得到,逻辑运算为 $\wedge$(并且)、$\vee$(或者)及 $\sim$(否)构成,称为复合逻辑条件。

有了上述两个运算后,我们对一个关系内的任意行、列的数据都可以方便地找到。

如从表 7.2 中查询女生的信息,结果见表 7.4 所示。

表 7.4　女生信息表

学号	姓名	性别	年龄
0211102	张小丽	女	18

③ 笛卡尔积运算

对于两个关系的合并操作可以用笛卡尔积表示。两个分别为 n 目和 m 目的关系 R_1 和 S_1 的笛卡尔积是一个 $(n+m)$ 列的元组的集合。元组的前 n 列是关系 R_1 的一个元组,后 m 列是关系 S_1 的一个元组。若 R_1 和 S_1 分别有 p、q 个元组,则关系 R_1 和 S_1 经笛卡尔积记为 $R_1 \times S_1$,元组个数是 $p \times q$。表 7.5 给出了关系 R_1、S_1 以及它们的笛卡尔积 T_1。

表 7.5　关系 R_1、S_1 以及笛卡尔积 T_1

R_1

A	B	C
a	b	c
d	e	f
g	h	i

S_1

D	E	F
j	k	l
m	n	o
p	q	r

T_1

A	B	C	D	E	F
a	b	c	j	k	l
a	b	c	m	n	o
a	b	c	p	q	r
d	e	f	j	k	l
d	e	f	m	n	o
d	e	f	p	q	r
g	h	i	j	k	l
g	h	i	m	n	o
g	h	i	p	q	r

3. 关系代数中的运算

关系代数中除了上述几个最基本的运算外,为操纵方便还需要增添一些运算。

设关系 R 和关系 S 具有相同的目 n(即两个关系都有 n 个属性),且相应的属性取自同一个域。R 和 S 的关系见表 7.6 所示。

表7.6 关系 R、S

R

A	B	C	D
1	2	3	4
2	2	5	7
9	0	3	8

S

A	B	C	D
2	2	3	8
1	2	3	4
9	1	2	3

(1) 并(Union)运算

关系 R 与 S 经并运算后所得到的关系是由那些在 R 内或在 S 内的元组组成,记为 $R \cup S$。表7.7给出了关系 R 与 S 经过并运算后得到的关系 T_1。

表7.7 关系 $T_1 = R \cup S$

A	B	C	D
1	2	3	4
2	2	5	7
9	0	3	8
2	2	3	8
9	1	2	3

(2) 交(Intersection)运算

关系 R 与 S 经交运算后所得到的关系是由那些既在 R 内又在 S 内的元组所组成,记为 $R \cap S$。表7.8给出了两个关系 R 与 S 经过交运算后得到的关系 T_2。

表7.8 关系 $T_2 = R \cap S$

A	B	C	D
1	2	3	4

(3) 差(Except)运算

关系 R 与 S 经差运算后所得到的关系是由那些属于 R 而不属于 S 的元组所组成,记为 $R - S$。表7.9给出了两个关系 R 与 S 经过差运算后得到的关系 T_3。

表7.9 关系 $T_3 = R - S$

A	B	C	D
2	2	5	7
9	0	3	8

(4) 除(Division)运算

如果将笛卡尔积运算看作乘运算的话,那么除运算就是它的逆运算。当关系 $T = R \times S$ 时,则可将除运算写成为:

$$T \div R = S \text{ 或 } T/R = S$$

由于除是采用的逆运算，因此除运算的执行是需要满足一定条件的。设有关系 T、R，T 能被除的充分必要条件是：T 中的域包含 R 中的所有属性；T 中有一些域不出现在 R 中。

在除运算中 S 的域由 T 中那些不出现在 R 中的域所组成，对于 S 中任一有序组，由它与关系 R 中每个有序组所构成的有序组均出现在关系 T 中。

表 7.10 给出了关系 R 及一组 S，对这一组不同的 S 给出了经除法运算后的商 R/S，从中可以清楚地看出除法的含义及商的内容。

表 7.10　三个除法

R

A	B	C	D
1	2	3	4
7	8	5	6
7	8	3	4
1	2	5	6
1	2	4	2

S

C	D
3	4
5	6

S

C	D
3	4

S

C	D
3	4
5	6
1	2

T

A	B
1	2
7	8

T

A	B
1	2
7	8

T

A	B
1	2

（5）连接（Join）与自然连接（Natural Join）运算

在数学上，可以用笛卡尔积建立两个关系间的连接，但这样得到的关系庞大，而且数据大量冗余。在实际应用中一般两个相互连接的关系往往须满足一些条件，所得到的结果也较为简单。这样就引入了连接运算与自然连接运算。

连接运算又可称为 θ 连接运算，这是一种二元运算，通过它可以将两个关系合并成一个大关系。设有关系 R、S 以及比较式 $i\theta j$，其中 i 为 R 中的域，j 为 S 中的域，θ 含义同前。则可以将 R、S 在域 i，j 上的 θ 连接记为：

它的含义可用下式定义：

$$R \underset{i\theta j}{\overset{|\times|}{}} S = \sigma_{i\theta j}(R \times S)$$

即 R 与 S 的 θ 连接是由 R 与 S 的笛卡尔积中满足限制 $i\theta j$ 的元组构成的关系，一般其元组的数目远远少于 $R \times S$ 的数目。应当注意的是，在 θ 连接中，i 与 j 需具有相同域，否则无法作比较。

在 θ 连接中如果 θ 为"="，就称此连接为等值连接，否则称为不等值连接；如 θ 为"<"时

称为小于连接;如 θ 为">"时称为大于连接。

设有关系 R、S,以及 $T_1 = R_{D>E}^{|x|}S$, $T_2 = R_{D=E}^{|x|}S$,见表 7.11 所示。

表 7.11　R、S 及 T_1、T_2

R

A	B	C	D
1	2	3	4
3	2	1	8
7	3	2	1

S

E	F
1	8
7	9
5	2

T_1

A	B	C	D	E	F
1	2	3	4	1	8
3	2	1	8	1	8
3	2	1	8	7	9
3	2	1	8	5	2

T_2

A	B	C	D	E	F
7	3	2	1	1	8

在实际应用中最常用的连接是一个叫自然连接的特例。它满足下面的条件:

① 两关系间有公共域;

② 通过公共域的相等值进行连接。

设有关系 R,S,R 有域 $A_1, A_2, \cdots, An$,S 有域 $B_1, B_2, \cdots, Bm$,并且,$Ai_1, Ai_2, \cdots, Ai_j$ 与 $B_1, B_2, \cdots, Bj$ 分别为相同域,此时它们自然连接可记为:$R \mid x \mid S$。

自然连接的含义可用下式表示:

$$R \mid x \mid S = \pi_{A_1, A_2, \cdots, A_n, B_{j+1}, \cdots, B_m}(\sigma_{A_{i_1}=B_1 \wedge A_{i_2}=B_2 \wedge \cdots \wedge A_{i_j}=B_j}(R \times S))$$

设关系 R、S 以及 $T = R \mid x \mid S$ 见表 7.12 所示。

表 7.12　R、S 及 $T = R \mid x \mid S$

R

A	B	C	D
1	2	3	4
1	5	8	3
2	4	2	6
1	1	4	7

S

D	E
5	1
6	4
7	3
6	8

T

A	B	C	D	E
2	4	2	6	4
2	4	2	6	8
1	1	4	7	3

7.4　数据库设计与管理

　　数据库设计是指利用现有的数据库管理系统为具体的应用对象构造适合的数据库模式,建立数据库及其应用系统,使之能有效地收集、存储、操作和管理数据,满足企业中各类用户的应用需求(信息需求和处理需求)。从本质上讲,数据库设计的过程是将数据库系统与现实世界密切地、有机地、协调一致地结合起来的过程。

　　数据库设计是数据库应用的核心。本节讨论数据库设计的任务特点、基本步骤和方法,重点介绍数据库的需求分析、概念设计及逻辑设计三个阶段,并用实际例子说明如何进行相关的设计。此外本节还简单讨论数据库管理的内容及 DBA 的工作。

7.4.1　数据库设计概述

　　在数据库应用系统中的一个核心问题就是设计一个能满足用户要求,性能良好的数据库,这就是数据库设计(Database Design)。

　　数据库设计的基本任务是根据用户对象的信息需求、处理需求和数据库的支持环境(包括硬件、操作系统与 DBMS)设计出数据模式。所谓信息需求主要是指用户对象的数据及其结构,它反映了数据库的静态要求;所谓处理需求则表示用户对象的行为和动作,它反映了数据库的动态要求。数据库设计中有一定的制约条件,它们是系统设计平台,包括系统软件、工具软件以及设备、网络等硬件。因此,数据库设计即是在一定平台制约下,根据信息需求与处理需求设计出性能良好的数据模式。

　　1. 数据库设计的特点

　　数据库的设计和开发是一项庞大的工程,是涉及多学科的综合性技术。数据库建设和一般的软件系统的设计、开发和运行与维护有许多相同之处,更有自身的一些特点。

　　(1) 综合性

　　数据库设计涉及的范围很广,包含了计算机专业知识和业务系统的专业知识,同时还要解决技术与非技术两方面的问题。

　　非技术问题包括组织机构的调整、经营方针的改变、管理体制的变更等等。这些问题都不是设计人员所能解决的,但新的管理信息系统要求必须有与之相适应的新的组织机构、新的经营方针、新的管理体制,这就是一个较为尖锐的矛盾。另一方面,数据库设计者需要具备两方面的知识,但同时具备两方面知识的人是很少的。数据库设计者一般都会花费相当长的时间去熟悉应用业务系统知识,这一过程有时很麻烦,会使设计人员产生厌烦情绪,而这会影响系统的最后成功。

　　(2) 结构(数据)设计和行为(处理)设计相结合

　　数据库设计应该和应用系统设计相结合。也就是说,整个设计过程中要把数据库结构设计和对数据的处理设计密切结合起来。

　　但是在早期的数据库应用系统开发过程中,常把数据库设计和应用系统的设计分离开来。由于数据库设计有专门的技术和理论,因此需要专门来讲解数据库设计。这并不等于数据库设计和在数据库之上开发应用系统是相互分离的。相反,必须强调设计过程中数据库设计和应用程序设计的密切结合,并把它作为数据库设计的重要特点。

　　传统的软件工程忽视对应用中数据语义的分析和抽象,对于数据库应用系统的设计显然是不妥的。早期的数据库设计致力于数据模型和数据库建模方法的研究,着重结构性的设计而忽视了行为的设计对结构设计的影响,这种方法也是不完善的。我们则强调在数据库设计中要把结构特性和行为特性结合起来。

　　2. 数据库设计方法与步骤

　　在数据库设计中有两种方法,一种是以信息需求为主,兼顾处理需求,称为面向数据的方法;另一种方法是以处理需求为主,兼顾信息需求,称为面向过程的方法。这两种方法目前都有使用,在早期由于应用系统中处理多于数据,因此以面向过程的方法使用较多,而近期由于大型系统中数据结构复杂、数据量庞大,而相应处理流程趋于简单,因此用面向数据的方法较多。由于数据在系统中稳定性高,数据已成为系统的核心,因此面向数据的设计方法已成为主流方法。

图 7.4　数据库设计的四个阶段

　　数据库设计目前一般采用生命周期法,即将整个数据库应用系统的开发分解成目标独立的若干阶段。它们是:需求分析阶段、概念设计阶段、逻辑设计阶段、物理设计阶段、编码阶段、测试阶段、运行阶段、进一步修改阶段。在数据库设计中采用上面几个阶段中的前四个阶段,并且重点以数据结构与模型的设计为主线,如图 7.4 所示。

7.4.2　数据库设计的需求分析

　　需求分析简单地说就是分析用户的需求。需求分析是数据库设计的起点,其结果将直接影响到后面各阶段的设计,并影响到最终的数据库系统能否被合理地使用。

　　需求分析阶段的主要任务是详细调查现实世界要处理的对象(公司、部门、企业),在了解现行系统的概况、确定新系统功能的过程中,收集支持系统目标的基础数据及其处理方法。需求分析是在用户调查的基础上,通过分析,逐步明确用户对系统的需求,包括数据需求以及与这些数据有关的业务处理需求。

　　进行用户调查的重点是"数据"和"处理",通过调查,要从中获得每个用户对数据库的如下要求:

　　(1) 信息要求。指用户需要从数据库中获得信息的内容与性质。由信息要求可以导出数据要求,即在数据库中需存储哪些数据。

　　(2) 处理要求。指用户要完成什么处理功能,对处理的响应时间有何要求,处理的方式是批处理还是联机处理。

　　(3) 安全性和完整性的要求。为了很好地完成调查的任务,设计人员必须不断地与用户交流,与用户达成共识,以便逐步确定用户的实际需求,然后分析和表达这些需求。需求分析是整个设计活动的基础,也是最困难、最花时间的一步。需求分析人员既要懂得数据库技术,又要对应用环境的业务比较熟悉。

　　分析和表达用户的需求,经常采用的方法有结构化分析方法和面向对象的方法。结构化分析方法用自顶向下、逐层分解的方式分析系统。用数据流图表达了数据和处理过程的关系,数据字典对系统中数据的详尽描述,是各类数据属性的清单。对数据库设计来讲,数据字典是进行详细的数据收集和数据分析所获得的主要结果。

数据字典是各类数据描述的集合,它通常包括5个部分,即数据项,是数据的最小单位;数据结构,是若干数据项有意义的集合;数据流,可以是数据项,也可以是数据结构,表示某一处理过程的输入或输出;数据存储,处理过程中存取的数据,常常是手工凭证、手工文档或计算机文件;处理过程。

数据字典是需求分析阶段建立,在数据库设计过程中不断修改、充实、完善的。

在实际开展需求分析工作时有两点需要特别注意:

第一,在需求分析阶段一个重要而困难的任务是收集将来应用所涉及的数据。若设计人员仅仅按当前应用来设计数据库,新数据的加入不仅会影响数据库的概念结构,而且将影响逻辑结构和物理结构,因此设计人员应充分考虑到可能的扩充和改变,使设计易于更动。

第二,必须强调用户的参与,这是数据库应用系统设计的特点。数据库应用系统和广泛的用户有密切的联系,其设计和建立又可能对更多人的工作环境产生重要影响。因而,设计人员应该和用户充分合作进行设计,并对设计工作的最后结果承担共同的责任。

7.4.3　数据库概念设计

1. 数据库概念设计概述

数据库概念设计的目的是分析数据间内在语义关联,在此基础上建立一个数据的抽象模型。数据库概念设计的方法有以下两种:

(1) 集中式模式设计法

这是一种统一的模式设计方法,它根据需求由一个统一机构或人员设计一个综合的全局模式。这种方法设计简单方便,它强调统一与一致,适用于小型或并不复杂的单位或部门,而对大型的或语义关联复杂的单位则并不适合。

(2) 视图集成设计法

这种方法是将一个单位分解成若干个部分,先对每个部分作局部模式设计,建立各个部分的视图,然后以各视图为基础进行集成。在集成过程中可能会出现一些冲突,这是由于视图设计的分散性形成的不一致所造成的,因此需对视图作修正,最终形成全局模式。

视图集成设计法是一种由分散到集中的方法,它的设计过程复杂但它能较好地反映需求,适合于大型与复杂的单位,避免设计的粗糙与不周到,目前此种方法使用较多。

2. 数据库概念设计的过程

使用E-R模型与视图集成法进行设计时,需要按以下步骤进行:首先选择局部应用,再进行局部视图设计,最后对局部视图进行集成得到概念模式。

(1) 选择局部应用

根据系统的具体情况,在多层的数据流图中选择一个适当层次的数据流图,让这组图中每一部分对应一个局部应用,以这一层次的数据流图为出发点,设计E-R图。

(2) 视图设计

视图设计一般有三种设计次序,它们是:

① 自顶向下。这种方法是先从抽象级别高且普遍性强的对象开始逐步细化、具体化与

特殊化,如学生这个视图可先从一般学生开始,再分成大学生、研究生等,进一步再由大学生细化为大学本科与专科,研究生细化为硕士生与博士生等,还可以再细化成学生姓名、年龄、专业等细节。

② 由底向上。这种设计方法是先从具体的对象开始,逐步抽象,普遍化与一般化,最后形成一个完整的视图设计。

③ 由内向外。这种设计方法是先从最基本与最明显的对象着手逐步扩充至非基本、不明显的其他对象,如学生视图可从最基本的学生开始逐步扩展至学生所读的课程、上课的教师与任课的教师等其他对象。

上面3种方法为视图设计提供了具体的操作方法,设计者可根据实际情况灵活掌握,可以单独使用也可混合使用。有某些共同特性和行为的对象可以抽象为一个实体。对象的组成成分可以抽象为实体的属性。

在进行设计时,实体与属性是相对而言的。同一事物,在一种应用环境中作为"属性",在另一种应用环境中就必须作为"实体"。但是,在给定的应用环境中,属性必须是不可分的数据项,属性不能与其他实体发生联系,联系只发生在实体之间。

例:课程管理局部视图的设计:在这一视图中共有五个实体,分别是学生、课程、教室、教师及教科书,描述这些实体的属性分别为:

学生:{学号,姓名,年龄,性别,入学时间}

课程:{课程号,课程名,学时数}

选修:{学号,课程号,成绩}

教科书:{书号,书名,ISBN,作者,出版时间,关键字}

教室:{教室编号,地址,容量}

同样,省略了实体的属性后课程管理的 E－R 图如图 7.5 所示。

图 7.5　课程管理局部 E－R 图

(3) 视图集成

视图集成的实质是将所有的局部视图统一与合并成一个完整的数据模式。在进行视图集成时,最重要的工作便是解决局部设计中的冲突。在集成过程中由于每个局部视图在设计时的不一致性因而会产生矛盾,引起冲突,常见冲突有下列几种:

① 命名冲突。命名冲突有同名异义和同义异名两种。如上面的实例中学生属性"何时入学"与"入学时间"属同义异名。

② 概念冲突。同一概念在一处为实体而在另一处为属性或联系。

③ 域冲突。相同的属性在不同视图中有不同的域,如学号在某视图中的域为字符串而在另一个视图中可为整数,有些属性采用不同度量单位也属域冲突。

④ 约束冲突。不同的视图可能有不同的约束。

视图经过合并生成的是初步 E-R 图,其中可能存在冗余的数据和冗余的实体间联系。冗余数据和冗余联系容易破坏数据库的完整性,给数据库维护增加困难。因此,对于视图集成后所形成的整体的数据库概念结构还必须进行进一步验证,确保它能够满足下列条件:

- 整体概念结构内部必须具有一致性,即不能存在互相矛盾的表达;
- 整体概念结构能准确地反映原来的每个视图结构,包括属性、实体及实体间的联系;
- 整体概念结构能满足需求分析阶段所确定的所有要求;
- 整体概念结构最终还应该提交给用户,征求用户和有关人员的意见,进行评审、修改和优化,然后把它确定下来,作为数据库的概念结构,作为进一步设计数据库的依据。

7.4.4　数据库的逻辑设计

逻辑结构设计的任务是把在概念结构设计阶段设计好的基本 E-R 图转换为具体的数据库管理系统支持的数据模型,一般包含两个步骤:

(1) 将概念模型转换为某种组织层数据模型;

(2) 对数据模型进行优化。

1. 将 E-R 图向关系模式转换

数据库的逻辑设计主要工作是将 E-R 图转换成指定的 RDBMS 中的关系模式。首先,从 E-R 图到关系模式的转换是比较直接的,实体域联系都可以表示成关系,E-R 图中属性也可以转换成关系的属性。实体集也可以转换成关系。E-R 模型与关系间的转换见表 7.12 所示。

表 7.12　E-R 模型与关系间的比较表

E-R 模型	关系	E-R 模型	关系
属性	属性	实体集	关系
实体	元组	联系	关系

下面讨论由 E-R 图转换成关系模式时会遇到的一些转换问题。

(1) 命名与属性域的处理

关系模式中的命名可以用 E-R 图中原有命名,也可另行命名,但是应尽量避免重名,RDBMS 一般只支持有限种数据类型而 E-R 中的属性域则不受此限制,如出现有 RDBMS 不支持的数据类型时则要进行类型转换。

(2) 非原子属性处理

E-R 图中允许出现非原子属性,但是在关系模式中一般不允许出现非原子属性,非原子属性主要有集合型和元组型。如出现此种情况时可以进行转换,其转换办法是集合属性纵向展开而元组属性则横向展开。

例:学生实体由学号、学生姓名及选读课程,其中前两个为原子属性而后一个为集合型非原子属性,因为一个学生可选读若干课程,设有学生 S1307,王承志,他选读 Database,Operating System 及 Computer Network 三门课,此时可用关系形式其纵向展开,见表 7.13 所示。

表 7.13　学生实体

学号	学生姓名	选读课程
S1307	王承志	Database
S1307	王承志	Operating System
S1307	王承志	Computer Network

（3）联系的转换

在一般情况下联系可用关系表示，但是在有些情况下联系可归并到相关联的实体中。

2. 逻辑模式规范化及调整、实现

（1）规范化

关系数据库设计的关键是关系数据库模式的设计，即确定构造几个关系模式及每一模式各自包含的属性，将相互关联的模式组成合适的关系模型。关系数据库的设计必须在关系数据库规范化理论的指导下进行。

设计不良的关系模式会有数据冗余、插入异常、删除异常及修改异常等问题。下面将通过一个例子展示设计不好的模式会出现的问题，以及如何通过分解的方法来进行规范化，设计出相对合理的关系模式。

例：对某关系模式 SC(S#，Sn，Sd，Dc，Sa，C#，Cn，P#，G)，其关键字是复合关键字(S#，C#)。如表 7.14 所示是这一关系的一个实例。

表 7.14　不当学生选课表关系 SC

S#	Sn	Sd	Dc	Sa	C#	Cn	P#	G
200101	张浩然	EE	李槐	18	C001	数据结构	—	90
200101	张浩然	EE	李槐	18	C010	操作系统	C001	92
200102	李一明	EE	李槐	19	C001	数据结构	—	93
200102	李一明	EE	李槐	19	C010	操作系统	C001	89
200103	王伟	EE	李槐	18	C010	操作系统	C001	89

显然，这样设计的关系中存在如下的问题：

① 数据冗余：表中每个学生相关的信息会多次出现，选几门课就会出现几次。而每门课的信息也会重复多次，有多少学生选就出现多少次；

② 插入异常：如果有学生当前没有选课，则该学生无法插入到表中。类似的，如果有课程没有学生选修，课程也不能插入到表中；

③ 删除异常：如果一门课只有一个学生选修，则删除学生会同时删掉课程。反之，删掉课程也会同时删除学生；

④ 修改异常：如果某学生改名，则该学生的所有记录都要逐一修改，一旦某一记录漏改，就会造成数据的不一致，比如对学生王伟和课程数据库的记录。

解决这一问题的方法是对关系通过分解进行规范化，其中进行分解的依据是关系属性之间的函数依赖。函数依赖就是一个属性集依赖于别的属性集，或一个属性集决定别的属性集。属性集 Y 依赖于属性集 X 记为 X→Y，比如上面的关系中学生所在系依赖于学号，即

S＃→Sd,课程名称依赖于课号,即 C＃→Cn。

对于关系模式,若其中的每个属性都已不能再分为简单项,则它属于第一范式模式(1NF),比如关系 SC 已经是第一范式了。如果某个关系模式 R 为第一范式,并且 R 中每一个非主属性完全函数依赖于 R 的某个候选键,则称其为第二范式模式(2NF)。第二范式消除了非主属性对主键的部分依赖。对上面的模式 SC,主键为复合键(S＃,C＃),但显然有S＃→Sd、S＃→Sa、S＃→Dc,以及 C＃→Cn、C＃→P＃等,存在非主属性对主属性的部分依赖。对上述模式进行如下的分解,就可以消除对非主属性的部分依赖:

S1(S＃,Sn,Sd,Dc,Sa)

C(C＃,Cn,P＃)

SC1(S＃,C＃,G)

此时就把原来的关系 SC 分解成了第二范式。

但分解后的第二范式仍然存在一些问题,比如系主任的名字在表中仍会对此重复。造成这一数据冗余的原因是属性 Dc 对主属性 S＃ 的传递依赖。在关系模式中,如果 Y→X,X→A,且 X 不决定 Y 和 A 不属于 X,那么 Y→A 是传递依赖。对关系模式 S1,学生所在系依赖于学号(S＃→Sd),但系本身就确定了系主任(Sd→Dc),所以此时属性 Dc 传递依赖于主属性 S＃。

如果关系模式 R 是第二范式,并且每个非主属性都不传递依赖于 R 的候选键,则称 R 为第三范式模式(3NF)。把传递依赖于主属性的属性放到另外一个关系中,消除传递依赖,如上面 S1 中把属性 Dc 放到另外一个表中,得到下面的关系:

S1(S＃,Sn,Sd,Dc,Sa)

D(Sd,Dc)

C(C＃,Cn,P＃)

SC1(S＃,C＃,G)

该关系即是第三范式。在大部分应用中都需要将关系分解为 3NF,否则数据冗余太大。比 3NF 更高级的范式是 BCNF,它要求所有属性都不传递依赖于关系的任何候选键。在实际应用中,并不一定要求全部模式都达到 BNCF 不可,有时故意保留部分冗余可能更方便数据查询,尤其对于那些更新频率度不高、查询频度极高的数据关系更是如此。

关系模式进行规范化的目的是使关系结构更合理,消除存储异常,使数据冗余尽量小,便于插入、删除和更新等操作。关系模式进行规范化的原则是:遵从概念单一化"一事一地"原则,即一个关系模式描述一个实体或实体间的一种联系。规范化的实质就是概念的单一化。

(2) RDBMS

对逻辑模式进行调整以满足 RDBMS 的性能、存储空间等要求,同时对模式做适应RDBMS 限制条件的修改,他们包括如下内容:

(1) 调整性能以减少连接运算;

(2) 调整关系大小,使每个关系数量保持在合理水平,从而可以提高存取效率;

(3) 尽量使用快照,因在应用中经常仅需某固定时刻的值,此时可用快照将某时刻值固定,并定期更换,此种方式可以显著提高查询速度。

　　3. 关系视图设计

　　逻辑设计的另一个重要内容是关系视图的设计,它又称为外模式设计。关系视图是在关系模式基础上所设计的直接面向操作用户的视图,它可以根据用户需求随时创建,一般 RDBMS 均提供关系视图的功能。

　　关系视图的作用大致有如下几点:

　　(1) 提供数据逻辑独立性:使应用程序不受逻辑模式变化的影响。数据的逻辑模式会随着应用的发展而不断变化,逻辑模式的变化必然会影响到应用程序的变化,这就会产生极为麻烦的维护工作。关系视图则起了逻辑模式与应用程序之间的隔离墙作用,有了关系视图后建立在其上的应用程序就不会随逻辑模式修改而产生变化,此时变动的仅是关系视图的定义。

　　(2) 能适应用户对数据的不同需求:每个数据库有一个非常庞大的结构,而每个数据库用户则希望只知道他们自己所关心的那部分结构,不必知道数据的全局结构以减轻用户在此方面的负担。此时,可用关系视图屏蔽用户所不需要的模式,而仅将用户感兴趣的部分呈现出来。

　　(3) 有一定数据保密功能:关系视图为每个用户划定了访问数据的范围,从而在应用的各用户间起了一定的保密隔离作用。

7.4.5　数据库的物理设计

　　数据库物理设计的主要目标是对数据库内部物理结构做调整并选择合理的存取路径,以提高数据库访问速度及有效利用存储空间。在现代关系数据库中已大量屏蔽了内部物理结构,因此留给用户参与物理设计的余地并不多,一般的 RDBMS 中留给用户参与物理设计的内容大致有如下几种:索引设计、集簇设计和分区设计。

7.4.6　数据库管理

　　数据库是一种共享资源,它需要维护与管理,这种工作称为数据库管理,而实施此项管理的人则称为数据库管理员。数据库管理一般包含如下一些内容:数据库的建立、数据库的调整、数据库的重组、数据库的安全性控制与完整性控制、数据库的故障恢复和数据库的监控。

　　1. 数据库的建立

　　数据库的建立包括两部分内容,数据模式的建立及数据加载。

　　(1) 数据模式建立。数据模式由 DBA 负责建立,DBA 利用 RDBMS 中的 DDL 语言定义数据库名,定义表及相应属性,定义主关键字、索引、集簇、完整性约束、用户访问权限,申请空间资源,定义分区等,此外还需定义视图。

　　(2) 数据加载。在数据模式确定以后即可加载数据,DBA 可以编制加载程序将外界数据加载至数据模式内,从而完成数据库的建立。

　　2. 数据库的调整

　　在数据库建立并经一段时间运行后往往会产生一些不适应的情况,此时需要对其做调整,数据库的调整一般由 DBA 完成,调整包括下面一些内容:

　　(1) 调整关系模式与视图使之更能适应用户的需求;

　　(2) 调整索引与集簇使数据库性能与效率更佳;

（3）调整分区、数据库缓冲区大小以及并发度使数据库物理性能更好。

3. 数据库的重组

数据库在经过一定时间运行后，其性能会逐步下降，下降的原因主要是由于不断的修改、删除与插入所造成的。由于不断的删除而造成盘区内废块的增多而影响 I/O 速度，由于不断的删除与插入而造成集簇的性能下降，同时也造成了存储空间分配的零散化，使得一个完整表的空间分散，从而造成存取效率下降。基于这些原因需要对数据库进行重新整理，重新调整存储空间，此种工作叫数据库重组。一般数据库重组需花大量时间，并做大量的数据变迁工作。实际中，往往是先做数据卸载，然后再重新加载从而达到数据重组的目的。目前一般 RDBMS 都提供一定手段，以实现数据重组功能。

4. 数据库安全性控制与完整性控制

数据库是一个单位的重要资源，它的安全性是极端重要的，DBA 应采取措施保证数据不受非法盗用与破坏。此外，为保证数据的正确性，使录入库内数据均能保持正确，需要有数据库的完整性控制。

5. 数据库的故障恢复

一旦数据库中的数据遭受破坏，需要及时进行恢复，RDBMS 一般都提供此种功能，并由 DBA 负责执行故障恢复功能。

6. 数据库监控

DBA 需随时观察数据库的动态变化，并在发生错误、故障或产生不适应情况时随时采取措施，如数据库死锁、对数据库的误操作等；同时还需监视数据库的性能变化，在必要时对数据库做调整。

7.5　课程思政

中国人自己的数据库

众所周知，在互联网时代，尤其是大数据时代，数据库是非常重要的产品，因为利用数据库可以高效、有组织地存储数据，使人们能够更快、更方便地管理数据。

而说起数据库软件，大家最熟悉的是甲骨文的 Oracle，也确实是鼎鼎大名了，当时差不多大型数据库软件都是使用的它，由此诞生了很多和 Oracle 相关的岗位和职位。

不过，这些年各种数据库崛起，尤其是国产数据库的崛起，国内很多金融、电信级的大企业已经不再使用 Oracle 数据库，转而使用起了国产数据库了。

当下国产最强的三大数据库，分别是华为、阿里、中兴的产品，它们已经在很多行业上取代了 Oracle，让中国的企业用上了中国的数据库。

华为的数据库叫高斯数据库（Gauss DB），按照媒体的说法，目前出货量已超 3 万套，在国产数据库中，名列前茅。

高斯数据库 2007 年的时候就开始研发，先后有三代，分别是 GaussDB100、GaussDB200、GaussDB300，目前已经到了招商、工商银行的验证和认可，同时还在很多运营商中使用，已经得到了认可。

而阿里的数据库则是阿里自主研发的金融级的、分布式关系数据库 OceanBase，去年有一份成绩公布，在 TPC-C 的测试排名中，以两倍于 Oracle（甲骨文）的成绩，排名全球第一。第一次中国的数据库在 TPC-C 测试中，进入前 10 名。

中兴的数据库则是 GoldenDB 数据库，在 2019 年 6 月 4 日的时候，中国信息通信院组织了一场"分布式数据库能力测评"。中兴 GoldenDB 数据库是全场唯一一个通过全部 50 项测评、并获得满分的选手。就算西方国家再加大抵制力度，中兴数据库也在不断进步中。

此后，媒体报道称中信银行选择将核心业务迁移到中兴 GoldenDB 数据库，能够为银行提供核心业务数据库，这个数据库有多强，相信已不必多说。

2022 年 8 月墨天轮中国数据库流行度排行榜火热出炉，8 月排行榜共有 236 个数据库参与排名。本月榜单前十名的变化可以用"两反超"来概括：openGauss 以 12.7 分优势反超达梦重回第二。PolarDB 得分较上月上涨 5.9%，反超人大金仓位列第六。

以上两个反超的主角，openGauss 和 PolarDB 都是开源产品，可以看出，"开源"依旧是一个热点。

排行	上月	半年前	名称	模型	属性	三方评测	生态	专利	论文	得分	上月	半年前
🏆	1	1	TiDB +	关系型				15	23	597.74	-37.07	+8.36
🏆	↑ 3	2	openGauss +	关系型				562	65	564.97	+3.19	+12.82
🏆	↓ 2	↑ 4	达梦 +	关系型				381	0	552.27	-14.46	+68.36
4	4	↓ 3	OceanBase +	关系型				137	17	487.65	-6.60	-27.06
5	5	5	GaussDB +	关系型				562	65	445.72	-29.84	+17.86
6	↑ 7	7	PolarDB +	关系型				512	26	418.78	+23.49	+101.14
7	↓ 6	↑↑ 9	人大金仓 +	关系型				232	0	395.20	-0.88	+131.99
8	8	8	GBase +	关系型				152	0	307.34	-23.45	-5.56
9	9	↑↓ 7	TDSQL +	关系型				39	0	250.95	-17.21	-64.78
10	10	10	AnalyticDB +	关系型				480	28	201.33	+9.65	+22.57

云集而景从，云的战争也必须要过数据仓库这一关。根据 IDC 数据，2021 年，中国分析型数据库市场规模为 249.9 亿元，预计 2024 年，中国分析型数据库市场规模将达到 521.4 亿元，复合增长率 CAGR 为 27.7%。

近年来，国内传统数据库厂商、新锐厂商和公有云等各类厂商纷纷加大了对分析型数据库的投入和布局。他们或推出新一代的智能湖仓产品抑或对传统的数据仓库、数据湖进行升级。

阿里云 AnalyticDB 一直稳坐墨天轮排行榜第十名。近日，阿里云 AnalyticDB 迎来了"升舱"，与部分传统数仓需要专有硬件平台不同，ADB 本身支持 x86 通用硬件部署，同时也支持 Arm 架构，以及国产化鲲鹏平台、海光处理器、麒麟系统等。

8 月，墨天轮排行榜新增 4 个数据库（CSGGraph、Yukon 禹贡、CUDB、FusionDB）参与排名。此外，本月排名规则上有微调，论文数这一细则有所变化，为了更加真实客观地展现各厂商在学术领域和前沿技术上的成就，在 VLDB、SIGMOD、ICDE 三大顶会上发表论文每篇额外加 2 分。阿里巴巴、华为一直走在数据库前沿技术前列。2022 年起，阿里云数据库团队共有 15 篇论文被数据库三大国际顶级会议 SIGMOD、VLDB、ICDE 收录；华为总共有 17 篇数据库论文入选。

2022 年 7 月，墨天轮新增了俄罗斯数据库流行度排行榜，排行榜现收录了 32 个俄罗斯数据库，竞相争艳。2022 年对于俄罗斯数据库产业而言，是一个新起点。目前 ClickHouse、GigaBASE、Postgres Pro 分别位于前三名。

时人不识凌云木，直待凌云始道高。从陪跑到领跑，各国产数据库厂商在细分领域不断尝试、打磨产品，向着高标准、严要求前进。经历三十年的沧桑巨变，现在的国产数据库已经能够独当一面，并能在市场需求中衍生出新的产品，抓住机遇，绝地反击。二百余种国产数据库在市场竞争中角逐，交相辉映。我们要怀抱着包容之心，等待下一个国产明星。

中美之间的芯片之争，为什么说美国输不起，中国肯定会赢呢？

美国在近二十年来对我国的芯片制裁就从未停歇过。先是在 1996 年，美国就联合了 30 多个西方发达国家签署了《瓦森纳协议》对华技术出口管制。

然后又签署了一份《芯片和科学法案》，限制外国芯片企业对我国芯片产业的投资和出口，并断供我国的集成电路设计软件 EDA。

2022 年 3 月份，美国又想搞个"芯片四方联盟"，其中就包括美国、日本、韩国和中国台湾地区。不过人家韩国根本就没有表态。不表态的原因就是人家还不想放弃中国的市场。

2022 年 8 月份，美国又要求芯片设计公司英伟达不准向中国出口两款被用于加速人工智能任务的最新 GPU 计算芯片。今年 9 月份，美国更要求 AMD 公司生产的 M250 芯片禁止对中国出口。

　　2022 年 10 月份，美国又出台了一系列的新规定，将禁止使用美国设备制造的某些芯片销售给中国。此外，美国政府还将 31 家中国公司、研究机构和其他团体列入所谓的"未经核实的名单"当中，限制它们获得某些受监管的美国半导体技术的能力。

　　通过以上这一系列的事情我们就可以看出来，美国在不断地打破规则，能使出来的招数都使完了，最终的目的那就是制裁中国芯片产业的发展。

　　但是结果呢？我们还是先来看一些数据吧！

　　近十年来，美国向中国出口的芯片产品平均每年超过 3 000 亿美元，是其最大的海外市场。另根据媒体给出的数据，如果中国企业决定不购买英伟达提供的替代产品，那么后者将在本季度损失 4 亿美元的销售额。

　　美国对我国芯片出口的管控，导致现在美国甚至全球的芯片产业低迷，股价大跌，芯片从之前的一芯难求到现在的堆积如山。前段时间 AMD 股价一夜之间暴跌 13.9%，市值蒸发 151.8 亿美元，约合近 1 000 亿元人民币，年内累计跌幅近 60%，股价回到了两年前的水平。同时像台积电、英伟达、三星电子等芯片企业股价都纷纷迎来了暴跌，导致该行业的全球市值损失超过 2 400 亿美元。

　　这不，现在就有很多美国领袖和龙头企业的 CEO 开始醒悟了，表态说美国当初的断供措施就是很愚蠢的行为。

　　既然美国限制芯片对华出口，可以说是伤敌八百，自损一千的行为，但是美国为什么还要歇斯底里地这么干呢？

　　那就是美国在芯片产业上输不起。用美国的话说，中国将成为美国唯一的竞争对手，是越来越有能力重塑国际秩序的竞争者。

　　我们都知道，美国敢这么无底线地破坏市场规则，凭借的就是手中的美元霸权。而美元霸权又建立在其核心的技术之上。比如像军工、芯片等技术。说白了，如果美国失去了手中这张技术王牌，美元又能够霸权多久呢？这也是美国手中紧握的最后一张王牌，能够轻言放弃吗？

　　而且美国也明说了，中国是美国唯一的竞争对手，也是越来越有能力重塑国际秩序的竞争者。如果国际秩序一旦重塑，美国还能够喝着咖啡，打着高尔夫球，享受着高人一等的生活吗？显示不能。那么我国在芯片产业的突围就肯定动了美国的核心奶酪。在美国的眼里，企业的股价掉点算个啥，别让我美元说了不算话这才是重点。

　　说到这里，大家都应该明白了，为什么美国宁愿打断胳膊、打断腿都要限制我国在芯片产业上的发展了？因为这是美国维护自身利益的底线，也是最后的一道防线，美国输不起啊！

但是美国这样死防硬卡,真的会限制我国在芯片产业上的发展吗? 在这里我可以先告诉你答案,那就是在中美芯片之战上,中国一定会赢。为什么会这么说? 我们接着往下看。

根据相关的数据,在之前的四个季度,全世界里 20 家增长最快的芯片行业公司当中,有 19 家来自全球第二大经济体——中国。而 2021 年同个时间段只有 8 家。

根据中国半导体行业协会的相关数据显示,中国大陆芯片制造总销售额(包含制造和设计类企业)在去年提升了 18％,创了历史新高,达到纪录的 1 万亿元人民币(约合 1 500 亿美元)以上。

另外,在不到一年时间里,中国就已经注册了半导体企业接近 2.28 万家。

可以这样说,美国对中国企业进行了制裁之后,中国的企业不但没有一蹶不振,反而化压力为动力,迎来了快速增长。目前我国芯片行业的增长速度极快,甚至已经超越了全球的其他任何地方。

除了肉眼可见的喜人成绩,我国还制定了芯片自给率超过 70％ 的目标,并将第三代半导体纳入下一个五年规划当中,出台了一系列激烈措施和发展布局指导。这一系列的政策将会引导大量的资金涌向这一行业。那么在接下来中国科技企业在半导体芯片上可能会出现一波热潮,而在这波热潮当中非常有可能会让中国拥有属于自己的芯片技术。

另外,这一次我国在芯片上的突破也有了更多的底气。因为现在中国是全世界唯一全产业链的国家。另外,目前中国在科技创新、专利申请、和授权数量上也已经超过了美国,并且在人工智能、数字应用、5G 技术、新能源等领域上都领先全球。

现在美国媒体就简明扼要地指出,美国对中国芯片的制裁,恰恰促进了中国芯片产业的"超速"增长。大家听好,是超速而不是快速!

最后我想说的是,中国从来都是在制裁中成长,在围剿中突破。大到从原子弹到航天、航空事业的突破;小到从粮食安全到维生素 C 的突破,哪一次不是全胜而归呢?

换句话说,自古以来,国际秩序重塑也不是没发生过,有因必有果。美国今天的所作所为,即使国际秩序真的重塑了也不意外,更是大势所趋。

7.6　习　题

一、选择题

1. 在数据管理技术的发展过程中,经历了人工管理阶段、文件系统阶段和数据库系统阶段。其中数据独立性最高的阶段是(　　)。

A. 数据库系统　　　　　　　　　B. 文件系统

C. 人工管理　　　　　　　　　　D. 数据项管理

2. 下述关于数据库系统的叙述中正确的是(　　　)。

A. 数据库系统减少了数据冗余

B. 数据库系统避免了一切冗余

C. 数据库系统中数据的一致性是指数据类型一致

D. 数据库系统比文件系统能管理更多的数据

3. 数据库系统的核心是(　　　)。

A. 数据库 　　　　　　　　　　　　B. 数据库管理系统

C. 数据模型 　　　　　　　　　　　D. 软件工具

4. 用树形结构来表示实体之间联系的模型称为(　　　)。

A. 关系模型 　　　B. 层次模型 　　　C. 网状模型 　　　D. 数据模型

5. 关系表中的每一横行称为一个(　　　)。

A. 元组 　　　　　B. 字段 　　　　　C. 属性 　　　　　D. 码

6. 关系数据库管理系统能实现的专门关系运算包括(　　　)。

A. 排序、索引、统计 　　　　　　　B. 选择、投影、连接

C. 关联、更新、排序 　　　　　　　D. 显示、打印、制表

7. 在关系数据库中,用来表示实体之间联系的是(　　　)。

A. 树结构 　　　　B. 网结构 　　　　C. 线性表 　　　　D. 二维表

8. 数据库设计包括两个方面的设计内容,它们是(　　　)。

A. 概念设计和逻辑设计 　　　　　　B. 模式设计和内模式设计

C. 内模式设计和物理设计 　　　　　D. 结构特性设计和行为特性设计

9. 将 E－R 图转换到关系模式时,实体与联系都可以表示成(　　　)。

A. 属性 　　　　　B. 关系 　　　　　C. 键 　　　　　　D. 域

10. 在关系数据库中,用户所见的数据模式是数据库的(　　　)。

A. 概念模式 　　　B. 外模式 　　　　C. 内模式 　　　　D. 物理模式

11. 下面属于数据库逻辑模型的是(　　　)。

A. 关系模型 　　　B. 谓词模型 　　　C. 物理模型 　　　D. 实体-联系模型

12. 数据库系统中完成查询操作使用的语言是(　　　)。

A. 数据控制语言 　B. 数据定义语言 　C. 数据操纵语言 　D. 数据巡查语言

13. 设有关系 R、S 和 T 如下：

R
A
m
n

S	
B	C
1	3

T		
A	B	C
m	1	3
n	1	3

则由关系 R 和 S 得到关系 T 的操作是(　　　)。

A. 交 　　　　　　B. 并 　　　　　　C. 笛卡尔积 　　　D. 自然连接

14. 一个运动队有多个队员,一个队员仅属于一个运动队,一个队一般都有一个教练,则实体运动队和队员间的联系是(　　　)。

A. 多对多 　　　　B. 一对一 　　　　C. 多对一 　　　　D. 一对多

15. 大学生学籍管理系统中有关系模式 $S(S\#, Sn, Sg, Sd, Sa)$，其中属性 $S\#, Sn, Sg,$ Sd, Sa 分别是学生学号、姓名、性别、系别和年龄，关系的关键字是 $S\#$。检索全部大于 20 岁男生的姓名的表达式为（　　）。

A. $\pi_{S_n}(\sigma_{S_g='男' \wedge S_a>20}(S))$　　　　　　B. $\pi_{S_n}(\sigma_{S_g='男'}(S))$

C. $\sigma_{S_g='男'}(S)$　　　　　　　　　　D. $\pi_{S_n}(\sigma_{S_g='男' \vee S_a>20}(S))$

16. 设有表示客户、产品及购买的三张表，其中客户(<u>客户号</u>,姓名,性别,年龄,地址)，产品(<u>产品号</u>,产品名,规格,进价,出厂时间)，购买(客户号,产品号,价格,时间)，其中表客户和产品的关键字为客户号和产品号，则关系表购买的关键字(键或码)为（　　）。

A. 产品号　　　　　　　　　　B. 客户号

C. 客户号,产品号　　　　　　　D. 客户号,产品号,价格

17. 数据库设计的四个阶段是需求分析、概念设计、逻辑设计和（　　）。

A. 编码设计　　　B. 测试阶段　　　C. 运行阶段　　　D. 物理设计

18. 学生和课程的关系模式定义为（　　）。

$S(\underline{S\#}, Sn, Sd, Dc, Sa)$(其属性分别为学号、姓名、所在系、所在系的系主任、年龄)；

$C(\underline{C\#}, Cn, P\#)$(其属性分别为课程号、课程名、先选课)；

$SC(\underline{S\#}, \underline{C\#}, G)$(其属性分别为学号、课程号和成绩)。

关系中包含对主属性传递依赖的是（　　）。

A. $S\# \to Sd, Sd \to Dc$　　　　　　B. $S\# \to Sd$

C. $S\# \to Sd, (S\#, C\#) \to G$　　　D. $C\# \to P\#, (S\#, C\#) \to G$

二、填空题

1. 一个项目具有一个项目主管，一个项目主管可管理多个项目，则实体"项目主管"与实体"项目"的联系属于_____的联系。

2. 数据独立性分为逻辑独立性与物理独立性。当数据的存储结构改变时，其逻辑结构可以不变，因此，基于逻辑结构的应用程序不必修改，称为_____。

3. 数据库系统中实现各种数据管理功能的核心软件称为_____。

4. 关系模型的完整性规则是对关系的某种约束条件，包括实体完整性、_____和自定义完整性。

5. 在关系模型中，把数据看成一个二维表，每一个二维表称为一个_____。

附录1　全国计算机等级考试一级计算机
基础及 MS Office 应用考试大纲
（2022 年版）

基本要求

1. 掌握算法的基本概念。
2. 具有微型计算机的基础知识（包括计算机病毒的防治常识）。
3. 了解微型计算机系统的组成和各部分的功能。
4. 了解操作系统的基本功能和作用，掌握 Windows 7 的基本操作和应用。
5. 了解计算机网络的基本概念和因特网（Internet）的初步知识，掌握 IE 浏览器软件和 Outlook 软件的基本操作和使用。
6. 了解文字处理的基本知识，熟练掌握文字处理软件 Word 2016 的基本操作和应用，熟练掌握一种汉字（键盘）输入方法。
7. 了解电子表格软件的基本知识，掌握电子表格软件 Excel 2016 的基本操作和应用。
8. 了解多媒体演示软件的基本知识，掌握演示文稿制作软件 PowerPoint 2016 的基本操作和应用。

考试内容

一、计算机基础知识

1. 计算机的发展、类型及其应用领域。
2. 计算机中数据的表示与存储。
3. 多媒体技术的概念与应用。
4. 计算机病毒的概念、特征、分类与防治。
5. 计算机网络的概念、组成和分类；计算机与网络信息安全的概念和防控。

二、操作系统的功能和使用

1. 计算机软、硬件系统的组成及主要技术指标。
2. 操作系统的基本概念、功能、组成及分类。
3. Windows 7 操作系统的基本概念和常用术语，文件、文件夹、库等。
4. Windows 7 操作系统的基本操作和应用：
(1) 桌面外观的设置，基本的网络配置。

（2）熟练掌握资源管理器的操作与应用。

（3）掌握文件、磁盘、显示属性的查看、设置等操作。

（4）中文输入法的安装、删除和选用。

（5）掌握对文件、文件夹和关键字的搜索。

（6）了解软、硬件的基本系统工具。

5. 了解计算机网络的基本概念和因特网的基础知识，主要包括网络硬件和软件，TCP / IP 协议的工作原理，以及网络应用中常见的概念，如域名、IP 地址、DNS 服务等。

6. 能够熟练掌握浏览器、电子邮件的使用和操作。

三、文字处理软件的功能和使用

1. Word 2016 的基本概念，Word 2016 的基本功能、运行环境、启动和退出。

2. 文档的创建、打开、输入、保存、关闭等基本操作。

3. 文本的选定、插入与删除、复制与移动、查找与替换等基本编辑技术；多窗口和多文档的编辑。

4. 字体格式设置、文本效果修饰、段落格式设置、文档页面设置、文档背景设置和文档分栏等基本排版技术。

5. 表格的创建、修改；表格的修饰；表格中数据的输入与编辑；数据的排序和计算。

6. 图形和图片的插入；图形的建立和编辑；文本框、艺术字的使用和编辑。

7. 文档的保护和打印。

四、电子表格软件的功能和使用

1. 电子表格的基本概念和基本功能，Excel 2016 的基本功能、运行环境、启动和退出。

2. 工作簿和工作表的基本概念和基本操作，工作簿和工作表的建立、保存和退出；数据输入和编辑；工作表和单元格的选定、插入、删除、复制、移动；工作表的重命名和工作表窗口的拆分和冻结。

3. 工作表的格式化，包括设置单元格格式、设置列宽和行高、设置条件格式、使用样式、自动套用模式和使用模板等。

4. 单元格绝对地址和相对地址的概念，工作表中公式的输入和复制，常用函数的使用。

5. 图表的建立、编辑、修改和修饰。

6. 数据清单的概念，数据清单的建立，数据清单内容的排序、筛选、分类汇总，数据合并，数据透视表的建立。

7. 工作表的页面设置、打印预览和打印，工作表中链接的建立。

8. 保护和隐藏工作簿和工作表。

五、PowerPoint 的功能和使用

1. PowerPoint 2016 的基本功能、运行环境、启动和退出。

2. 演示文稿的创建、打开、关闭和保存。

3. 演示文稿视图的使用，幻灯片的基本操作（编辑版式、插入、移动、复制和删除）。

4. 幻灯片的基本制作方法（文本、图片、艺术字、形状、表格等插入及格式化）。

5. 演示文稿主题选用与幻灯片背景设置。

6. 演示文稿放映设计(动画设计、放映方式设计、切换效果设计)。

7. 演示文稿的打包和打印。

考试方式

上机考试,考试时长 90 分钟,满分 100 分。

一、题型及分值

单项选择题(计算机基础知识和网络的基本知识)20 分

Windows 7 操作系统的使用　　10 分

Word 2016 操作　　25 分

Excel 2016 操作　　20 分

PowerPoint 2016 操作　　15 分

浏览器(IE)的简单使用和电子邮件收发　　10 分

二、考试环境

操作系统：Windows 7

考试环境：Microsoft Office 2016

附录 2 全国计算机等级考试一级计算机基础及 MS Office 试题样例

一、选择题

1. 以下语言本身不能作为网页开发语言的是(　　)。

A. C++　　　　　　B. ASP　　　　　　C. JSP　　　　　　D. HTML

2. 主要用于实现两个不同网络互联的设备是(　　)。

A. 转发器　　　　　B. 集线器　　　　　C. 路由器　　　　　D. 调制解调器

3. 根据域名代码规定,表示政府部门网站的域名代码是(　　)。

A. net　　　　　　B. com　　　　　　C. gov　　　　　　D. org

4. 如果删除一个非零无符号二进制偶整数后的 2 个 0,则此数为原数(　　)。

A. 4 倍　　　　　　B. 2 倍　　　　　　C. 1/2　　　　　　D. 1/4

5. 在标准 ASCII 编码表中,数字码、小写英文字母和大写英文字母的前后次序是(　　)。

A. 数字、小写英文字母、大写英文字母　　B. 小写英文字母、大写英文字母、数字

C. 数字、大写英文字母、小写英文字母　　D. 大写英文字母、小写英文字母、数字

6. 计算机系统软件中,最基本、最核心的软件是(　　)。

A. 操作系统　　　　　　　　　　　　B. 数据库管理系统

C. 程序语言处理系统　　　　　　　　D. 系统维护工具

7. 按照网络的拓扑结构划分以太网(Ethernet)属于(　　)。

A. 总线型网络拓扑结构　　　　　　　B. 树型网络拓扑结构

C. 星型网络结构　　　　　　　　　　D. 环型网络结构

8. 要在 Web 浏览器中查看某一电子商务公司的主页,应知道(　　)。

A. 该公司的电子邮件地址　　　　　　B. 该公司法人的电子邮箱

C. 该公司的 WWW 地址　　　　　　　D. 该公司法人的 QQ 号

9. 无线移动网络最突出的优点是(　　)。

A. 资源共享和快速传输信息　　　　　B. 提供随时随地的网络服务

C. 文献检索和网上聊天　　　　　　　D. 共享文件和收发邮件

10. 下列度量单位中,用来度量 CPU 时钟主频的是(　　)。

A. MB/s　　　　　　B. MIPS　　　　　　C. GHz　　　　　　D. MB

11. 以下上网方式中采用无线网络传输技术的是(　　)。

A. ADSL　　　　　　B. Wi-Fi　　　　　　C. 拨号接入　　　　　　D. 以上都是

12. 调制解调器(Modem)的功能是(　　)。

A. 将计算机的数字信号转换成模拟信号

B. 将模拟信号转换成计算机的数字信号

C. 将数字信号与模拟信号互相转换

D. 为了上网与接电话两不误

13. 局域网硬件中主要包括工作站、网络适配器、传输介质和（　　）。

A. Modem　　　　　　B. 交换机　　　　　　C. 打印机　　　　　　D. 中继站

14. 英文缩写 ROM 的中文译名是（　　）。

A. 高速缓冲存储器　　　　　　　　　B. 只读存储器

C. 随机存取存储器　　　　　　　　　D. U 盘

15. 计算机网络是一个（　　）。

A. 管理信息系统　　　　　　　　　　B. 编译系统

C. 在协议控制下的多机互联系统　　　D. 网上购物系统

16. 计算机硬件系统主要包括：中央处理器（CPU）、存储器和（　　）。

A. 显示器和键盘　　　　　　　　　　B. 打印机和键盘

C. 显示器和鼠标器　　　　　　　　　D. 输入/输出设备

17. 在微型计算机内部，对汉字进行传输、处理和存储时使用汉字的（　　）。

A. 国标码　　　　　　B. 字形码　　　　　　C. 输入码　　　　　　D. 机内码

18. 解释程序的功能是（　　）。

A. 解释执行汇编语言程序　　　　　　B. 解释执行高级语言程序

C. 将汇编语言程序解释成目标程序　　D. 将高级语言程序解释成目标程序

19. 下列说法正确的是（　　）。

A. CPU 可直接处理外存上的信息

B. 计算机可以直接执行高级语言编写的程序

C. 计算机可以直接执行机器语言编写的程序

D. 系统软件是买来的软件，应用软件是自己编写的软件

20. 下列各族软件中，全部属于应用软件的是（　　）。

A. 音频播放系统、语言编译系统、数据库管理系统

B. 文字处理程序、军事指挥程序、UNXI

C. 导弹飞行系统、军事信息系统、航天信息系统

D. Word 2010、Photoshop、Windows 7

二、基本操作题

1. 将考生文件夹下 WANG 文件夹中的 RAGE. COM 文件复制到考生文件夹下的 ADZK 文件夹中，并将文件重命名为 SHAN. COM。

2. 在考生文件夹下 WUE 文件夹中创建名为 ATUDENT. TXT 的文件，并设置属性为只读。

3. 为考生文件夹下 LUKY 文件夹中 ANEWS. EXE 文件建立名为 KANEWS 的快捷方式，并存放在考生文件夹下。

4. 搜索考生文件夹中的 AUTXIAN. BAT 文件，然后将其删除。

5. 在考生文件夹下 LUKY 文件夹中建立名为 GUANG 的文件夹。

三、上网题

向部门经理发一个 E-mail,并将考生文件夹下的一个 Word 文档 Sell. DOC 作为附件一起发送,同时抄送给总经理。

具体如下:

【收件人】zhangdeli@126. com

【抄送】wenjiangzhou@126. com

【主题】销售计划演示

【内容】"发去全年季度销售计划文档,在附件中,请审阅。"

四、字处理题

1. 在考生文件夹下,打开文档 WORD1. docx,按照要求完成下列操作并以该文件名(WORD1. docx)保存文档。

(1) 将标题段文字("冻豆腐为什么会有许多小孔?")设置为小二号红色阴影黑体、加波浪下划线、居中、并添加浅绿底纹。

(2) 将正文第四段文字("当豆腐冷到……压缩成网络形状。")移至第三段文字("等到冰融化时……许多小孔。")之前,并将两段合并;正文各段文字("你可知道……许多小孔。")设置为小四号宋体;各段落左右各缩进 1 字符、悬挂缩进 2 字符、段前间距 0.5 行,行距设置为 1.5 倍行距。

(3) 将文档页面的纸张大小设置为"16 开(18.4×26 厘米)"、左右页边距各为 3 厘米;为文档页面添加内容为"生活常识"的文字水印。

2. 在考生文件夹下,打开文档 WORD2. docx,按照要求完成下列操作并以该文件名(WORD2. docx)保存文档。

(1) 在"外汇牌价"一词后插入脚注(页面底端)"据中国银行提供的数据";将文中后 6 行文字转换为一个 6 行 4 列的表格、表格居中;并按"卖出价"列降序排列表格内容。

(2) 设置表格列宽为 2.5 厘米、表格框线为蓝色 0.75 磅浅蓝(标准色)单实线;表格中所有文字设置为小五号宋体、表格第 1 行文字水平居中,其余各行文字中第 1 列文字中部两端对齐、其余列文字中部右对齐。

五、电子表格题

1. 打开工作簿文件 EXCEL. XLSX。

(1) 将 Sheet1 工作表的 A1:E1 单元格合并为一个单元格,内容水平居中,计算"总产量(吨)"、"总产量排名"(利用 RANK 函数,降序);利用条件格式"数据条"下的"蓝色数据条"渐变填充修饰 D3:D9 单元格区域。

(2) 选择"地区"和"总产量(吨)"两列数据区域的内容建立"簇状圆锥图",图标标题为"水果产量统计图",图例位置靠上;将图插入到表 A12:E28 单元格区域,将工作表命名为"水果产量统计表",保存 EXCEL. XLSX 文件。

2. 打开工作簿 EXC. XLSX,对工作簿"'计算机动画技术'成绩单"内数据清单的内容进行排序,条件是:主要关键字"系别"、"降序",次要关键字为"总成绩"、"降序",工作表名为不变,保存 EXC. XLSX。

六、演示文稿题

打开考生文件夹下的演示文稿 yswg. pptx,按照下列要求完成对此文稿的修饰并保存。

(1) 使用"元素"主题修饰全文,将全部幻灯片的切换方案设置成"摩天轮",效果选项为"自左侧"。

(2) 将第一张幻灯片版式改为"两栏内容",标题为"电话管理系统",将考生文件夹下的图片文件 ppt1. jpg 插入到第一张幻灯片右侧内容区,左侧文本动画设置为"进入"、"下拉",并插入备注:"一定要放眼未来,统筹规划"。第三张幻灯片主标题为"普及天下,运筹帷幄",主标题设置"黑体",61 磅字、黄色(RGB 模式:红色 30,绿色 230,蓝色 10),第三张幻灯片移到第一张幻灯片之前。第三张幻灯片在水平为 2.8 厘米,自左上角,垂直为 4.1 厘米,自左上角的位置处插入样式为"填充—白色,投影"的艺术字"全国公用电话管理系统",艺术字高度为 5.3 厘米,文字效果为"转换—弯曲—正三角"。使第三张幻灯片成为第二张幻灯片。

附录3 全国计算机等级考试二级公共基础知识考试大纲(2022年版)

基本要求

1. 掌握计算机系统的基本概念,理解计算机硬件系统和计算机操作系统。
2. 掌握算法的基本概念。
3. 掌握基本数据结构及其操作。
4. 掌握基本排序和查找算法。
5. 掌握逐步求精的结构化程序设计方法。
6. 掌握软件工程的基本方法,具有初步应用相关技术进行软件开发的能力。
7. 掌握数据库的基本知识,了解关系数据库的设计。

考试内容

一、计算机系统

1. 掌握计算机系统的结构。
2. 掌握计算机硬件系统结构,包括 CPU 的功能和组成,存储器分层体系,总线和外部设备。
3. 掌握操作系统的基本组成,包括进程管理、内存管理、目录和文件系统、I/O 设备管理。

二、基本数据结构与算法

1. 算法的基本概念;算法复杂度的概念和意义(时间复杂度与空间复杂度)。
2. 数据结构的定义;数据的逻辑结构与存储结构;数据结构的图形表示;线性结构与非线性结构的概念。
3. 线性表的定义;线性表的顺序存储结构及其插入与删除运算。
4. 栈和队列的定义;栈和队列的顺序存储结构及其基本运算。
5. 线性单链表、双向链表与循环链表的结构及其基本运算。
6. 树的基本概念;二叉树的定义及其存储结构;二叉树的前序、中序和后序遍历。
7. 顺序查找与二分法查找算法;基本排序算法(交换类排序,选择类排序,插入类排序)。

三、程序设计基础

1. 程序设计方法与风格。

2. 结构化程序设计。

3. 面向对象的程序设计方法,对象,方法,属性及继承与多态性。

四、软件工程基础

1. 软件工程基本概念,软件生命周期概念,软件工具与软件开发环境。

2. 结构化分析方法,数据流图,数据字典,软件需求规格说明书。

3. 结构化设计方法,总体设计与详细设计。

4. 软件测试的方法,白盒测试与黑盒测试,测试用例设计,软件测试的实施,单元测试、集成测试和系统测试。

5. 程序的调试,静态调试与动态调试。

五、数据库设计基础

1. 数据库的基本概念:数据库,数据库管理系统,数据库系统。

2. 数据模型,实体联系模型及 E-R 图,从 E-R 图导出关系数据模型。

3. 关系代数运算,包括集合运算及选择、投影、连接运算,数据库规范化理论。

4. 数据库设计方法和步骤:需求分析、概念设计、逻辑设计和物理设计的相关策略。

考试方式

1. 公共基础知识不单独考试,与其他二级科目组合在一起,作为二级科目考核内容的一部分。

2. 上机考试,10 道单项选择题,占 10 分。

附录4 全国计算机等级考试二级公共基础知识样题及参考答案样题

下列各选项中,只有一个选项是正确的。

1. 下列数据结构中,属于非线性结构的是(　　)。
   A. 双向链表 B. 循环链表
   C. 二叉链表 D. 循环队列

2. 设循环队列的存储空间为 Q(1∶35),初始状态为 front＝rear＝35。现经过一系列入队与退队运算后,front＝15,rear＝15,则循环队列中的元素个数为(　　)。
   A. 16 B. 15 C. 20 D. 0 或 35

3. 一棵二叉树共有 25 个结点,其中 5 个是叶子结点,则度为 1 的结点数为(　　)。
   A. 16 B. 10 C. 4 D. 6

4. 下列叙述中正确的是(　　)。
   A. 循环队列是队列的一种链式存储结构
   B. 循环队列是队列的一种顺序存储结构
   C. 循环队列是非线性结构
   D. 循环队列是一种逻辑结构

5. 下面对软件特点的描述中不正确的是(　　)。
   A. 软件是一种逻辑实体,具有抽象性
   B. 软件开发、运行对计算机系统具有依赖性
   C. 软件开发涉及软件知识产权、法律及心理等社会因素
   D. 软件运行存在磨损和老化问题

6. 下面属于黑盒测试方法的是(　　)。
   A. 基本路径测试 B. 等价类划分
   C. 判定覆盖测试 D. 语句覆盖测试

7. 数据库管理系统是(　　)。
   A. 操作系统的一部分
   B. 系统软件
   C. 一种编译系统
   D. 一种通信软件系统

8. 在 E-R 图中,表示实体的图元是(　　)。
   A. 矩形 B. 椭圆 C. 菱形 D. 圆

9. 有两个关系 R 和 T 如下:

R

A	B	C
1	2	3
2	2	5
9	0	3

T

A	C
1	3
2	5
9	3

则由关系 R 得到关系 T 的操作是(　　)。

A. 选择　　　　　　B. 交　　　　　　C. 投影　　　　　　D. 并

10. 对图书进行编目时,图书有如下属性:ISBN 书号,书名,作者,出版社,出版日期。能作为关键字的是(　　)。

A. ISBN 书号　　　B. 书名　　　　　C. 作者　　　　　　D. 出版社

E. 出版日期

参考答案

1. C　2. D　3. A　4. B　5. D　6. B　7. B　8. A　9. C　10. A

习题参考答案

第一章

一、选择题

1. C 2. B 3. A 4. D 5. D 6. A 7. B 8. A 9. C 10. C 11. B 12. C 13. D 14. A 15. C 16. B 17. B 18. D 19. D 20. A

第二章

一、选择题

1.【答案】C。　【评析】鼠标是最常用的输入设备。

2.【答案】C。　【评析】计算机的性能和很多指标有关系,不能简单地认定一个指标。除了主频之外,字长、运算速度、存储容量、存取周期、可靠性、可维护性等都是评价计算机性能的重要指标。

3.【答案】B。　【评析】为了存取到指定位置的数据,通常将每8位二进制组成一个存储单元,称为字节,并给每个字节编号,称为地址。

4.【答案】B。　【评析】总线(Bus)是系统部件之间连接的通道。

5.【答案】B。　【评析】打印机按打印原理可分为击打式和非击打式两大类。字符式打印机和针式打印机属于击打式一类。

6.【答案】A。　【评析】RAM中的数据一旦断电就会消失;外存中信息要通过内存才能被计算机处理。故B、C、D有误。

7.【答案】D。　【评析】系统软件包括操作系统、程序语言处理系统、数据库管理系统以及系统辅助处理程序。应用软件种类就比较多了,大致可以分为通用应用软件和专用应用软件两类。

8.【答案】D。　【评析】数据库系统属于系统软件一类。

9.【答案】C。　【评析】机器语言中每条指令都是一串二进制代码,因此可读性差,不容易记忆,编写程序复杂,容易出错。

10.【答案】D。　【评析】计算机的性能主要和计算机硬件配置有关系,安装软件的数量多少不会影响。

二、填空题

1.【答案】不会丢失。　【评析】内存的信息是临时性信息,断电后会全部丢失;而外存中的信息不会丢失。

2.【答案】存储程序控制。

3.【答案】dpi。

4.【答案】多任务处理。　【评析】为了提高CPU的利用率,操作系统一般都支持若干个程序同时运行,这称为多任务处理。

5.【答案】操作系统。　【评析】操作系统是直接运行在计算机硬件上的,最基本的系统软件,是系统软件的核心。

第三章

一、选择题

1.【答案】B。 【解析】将发送端数字脉冲信号转换成模拟信号的过程称为调制（Modulation）；将接收端模拟信号还原成数字脉冲信号的过程称为解调（Demodulation）。将调制和解调两种功能结合在一起的设备称为调制解调器（Modem）。

2.【答案】C。 【解析】TCP/IP 参考模型的分层结构，它将计算机网络划分为四个层次：应用层（Application Layer）、传输层（Transport Layer）、互联层（Internet Layer）、主机至网络层（Host-to-Network Layer）。

3.【答案】D。 【解析】路由器（Router），是连接因特网中各局域网、广域网的设备，它会根据信道的情况自动选择和设定路由，以最佳路径，按前后顺序发送信号的设备。

4.【答案】C。 【解析】IP 地址的个字节取值范围为 0 至 255，而 C 项第三字节为 256。

5.【答案】D。 【解析】各级域名必须以"."分割，而 D 项以","分割。

6.【答案】C。 【解析】URL（UniformResourceLocator），中文翻译为统一资源定位器，是 WWW 页的地址，它从左到右由下述部分组成：Internet 资源类型：指出 WWW 客户程序用来操作的工具。如"http://"表示 WWW 服务器，"ftp://"表示 FTP 服务器，"gopher://"表示 Gopher 服务器，而"new:"表示 Newgroup 新闻组。服务器地址（host）：指出 WWW 页所在的服务器域名。端口（port）：有时（并非总是这样）对某些资源的访问来说，需给出相应的服务器提供端口号。路径（path）：指明服务器上某资源的位置（其格式与 DOS 系统中的格式一样，通常有目录/子目录/文件名这样结构组成）。与端口一样，路径并非总是需要的。域名各级名称中不得有空格，且路径由"/"分割。

7.【答案】A。 【解析】DNS 服务器，也叫域名服务器，实现 IP 地址和域名之间转换；FTP 为远程文件传输协议；WWW 为万维网；ADSL 为非对称数字用户线路，用于接入 Internet。

8.【答案】A。 【解析】历史记录帮你找回曾经浏览过的网页地址，但时间过久后记录自动消失，收藏夹能永久性保留常去的网页地址，方便组织并且省去记忆复杂地址的麻烦。

9.【答案】C。 【解析】邮政编码为手工信件必填项，在电子邮件中不需要。

10.【答案】B。 【解析】在 FTP 服务器程序允许用户进入 FTP 站点并下载文件之前，必须使用一个 FTP 账号和密码进行登录，一般专有的 FTP 站点只允许使用特定的账号和登录密码。还有一些 FTP 站点允许任何人进入，但是用户也必须输入账号和密码，这种情况下，通常可以使用"anonymous"作为账号，使用用户的电子邮件地址作为密码即可，这种 FTP 站点被称为匿名 FTP 站点。

11.【答案】D。 【解析】常见的有线局域网建设，其中铺设、检查电缆是一项费时费力的工作，在短时间内也不容易完成。而在很多实际情况中，一个企业的网络应用环境不断更新和发展，如果使用有线网络重新布局，则需要重新安装网络线路，维护费用高，难度大。在这方面，无线网络相对具有优势。本题的答案为 D。

12.【答案】B。 【解析】流媒体是指采用流式传输的方式在因特网播放的媒体格式。流式传输时，音/视频文件由流媒体服务器向用户计算机连续，实时地传送。用户不必等到整个文件全部下载完毕，而是需要经过几秒或很短时间的启动延时即可进行观看，即"边下载边播放"，这样当下载的一部分播放时，后台也在不断下载文件的剩余部分。流媒体方式不仅使播放延时大大缩短，而且不需要本地硬盘留有太大的缓存容量，避免了用户必须等待整个文件全部从因特网上下载完成之后才能播放观看的缺点。

第四章

一、选择题

1. C 2. D 3. A 4. B 5. C 6. D 7. B 8. C 9. B 10. A 11. D 12. B 13. D 14. C 15. D 16. D 17. D 18. D

二、填空题

1. $\log_2 n$

2. 350

3. DEBFCA

4. $n(n-1)/2$

5. 3

第五章

一、选择题

1. B 2. A 3. D 4. B 5. A 6. C

二、填空题

1. 重复(或循环)

2. 功能性

3. 封装

4. 实例

5. 继承

第六章

一、选择题

1.【答案】D。　【评析】软件生命周期三个阶段:软件定义、软件开发、运行维护。软件生命周期的主要活动阶段有可行性研究与计划、需求分析、概要设计、详细设计、实现、软件测试、运行与维护。需求分析的任务是发现需求、求精、建模和定义需求的过程。

2.【答案】D。　【评析】软件工程包括3个要素,即方法、工具和过程。方法是完成软件工程项目的技术手段;工具支持软件的开发、管理、文档生成;过程支持软件开发的各个环节的控制、管理。

3.【答案】A。　【评析】软件测试过程分4个步骤,即单元测试、集成测试、验收测试和系统测试。确认测试的任务是验证软件的功能和性能及其他特性是否满足了需求规格说明中确定的各种需求,以及软件配置是否完全、正确。

4.【答案】A。　【评析】数据流图(DFD—Data Flow Diagram)的主要元素:

○ 加工

→数据流

═存储文件(数据源)

□数据源表示系统和环境的接口,属系统之外的实体。

5.【答案】C。　【评析】软件设计设计原则的有抽象、模块化、信息隐蔽、模块独立性。

6.【答案】B。　【评析】程序流程图(PFD)用方框表示一个处理步骤,菱形代表一个逻辑条件,箭头表示控制流。

7.【答案】D。　【评析】PAD 问题分析图、PFD 程序流程图、N-S图、PDL 过程设计语言四项是过程设计的工具。DFD 数据流图、DD 数据字典、判定数、判定表四项是需求分析的常用工具。

8.【答案】C。　【评析】从工程管理角度来看,软件设计包括:概要设计和详细设计。在概要设计阶段完成软件功能分解。

9.【答案】B。　【评析】软件测试的目的是改正错误。

10.【答案】B。　【评析】需求分析阶段的工作概括为4个方面:① 需求获取;② 需求分析;③ 编写需求规格说明书;④ 需求审评。

11.【答案】B。　【评析】系统软件主要包括:基本输入/输出系统(BIOS)、操作系统(如 Windows、

UNIX、Linux、macOS)、程序设计语言处理系统(如编译程序、翻译程序、汇编程序)、数据库管理系统(DBMS,如 ORACLE、Access、SQL、VFP、MySQL 等)、常用的实用程序(如磁盘清理程序、备份程序等)。

12.【答案】A。 【评析】将软件产品从提出、实现、使用、维护到停止使用退役的过程称为软件生命周期。

二、填空题

1.【答案】文档。

2.【答案】数据结构。 【评析】需求分析方法有:① 结构化分析方法。主要包括:面向数据流的结构化分析方法(SA)、面向数据结构的 Jackson 方法(JSD)、面向数据结构的结构化数据系统开发方法(DSSD)。② 面向对象的分析方法(OOA)。

3.【答案】软件开发。

4.【答案】变换型。 【评析】典型的数据流类型有两种:变换型和事务型。变换型系统结构图由输入、中心变换、输出三部分组成。事务型数据流的特点是:接受一项事务,根据事务处理的特点和性质,选择分派一个适当的处理单元,然后给出结果。

5.【答案】软件工具。 【评析】软件开发环境。是指全面支持软件开发全过程的软件的工具集合。软件开发工具是协助开发人员进行软件开发活动所使用的软件或环境。

第七章

一、选择题

1. A   2. A   3. B   4. B   5. A   6. B   7. D   8. A   9. B   10. B   11. A   12. C   13. C   14. D   15. A   16. C   17. D   18. A

二、填空题

1. 一对多(或 1:N)

2. 逻辑独立性

3. 数据库管理系统

4. 参照完整性

5. 关系